教育部高等学校电子信息类专业教学指导委员会规划教材
高等学校电子信息类专业系列教材

信息论与编码简明教程

（第2版）

岳殿武◎编著

清華大學出版社
北京

内 容 简 介

本书介绍信息论与编码的基本理论和方法。全书共分9章，主要内容包括信息与信息论的概念、通信系统模型、信息论的形成和发展、离散信源与信息熵、离散信道与平均互信息量、无失真信源编码、限失真信源编码、有扰信道编码、线性分组码、连续信源与连续信道、信息论的发展与应用。每章后面附有习题，并给出详细解答，以便加深理解。

本书系统简明，深入浅出，举例经典，注重思路。适合作为高等院校信息科学与信息技术相关专业的本科生教材或教学参考书，也适合作为从事通信、雷达、导航、计算机、控制、系统工程、生物工程、管理工程等科研和工程技术人员的入门参考书。

图书在版编目(CIP)数据

信息论与编码简明教程/岳殿武编著. —2版. —北京：清华大学出版社，2022.11(2025.7重印)
高等学校电子信息类专业系列教材
ISBN 978-7-302-61927-7

Ⅰ. ①信… Ⅱ. ①岳… Ⅲ. ①信息论—高等学校—教材 ②信源编码—高等学校—教材
Ⅳ. ①TN911.2

中国版本图书馆CIP数据核字(2022)第178352号

责任编辑：盛东亮　崔　彤
封面设计：李召霞
责任校对：李建庄
责任印制：沈　露

出版发行：清华大学出版社
网　　址：https://www.tup.com.cn，https://www.wqxuetang.com
地　　址：北京清华大学学研大厦A座　　**邮　　编**：100084
社 总 机：010-83470000　　**邮　　购**：010-62786544
投稿与读者服务：010-62776969，c-service@tup.tsinghua.edu.cn
质量反馈：010-62772015，zhiliang@tup.tsinghua.edu.cn
课件下载：https://www.tup.com.cn，010-83470236
印 装 者：三河市铭诚印务有限公司
经　　销：全国新华书店
开　　本：185mm×260mm　　**印　　张**：19　　**字　　数**：464千字
版　　次：2015年4月第1版　2022年11月第2版　　**印　　次**：2025年7月第2次印刷
印　　数：1501～1700
定　　价：59.00元

产品编号：097554-01

高等学校电子信息类专业系列教材

序

FOREWORD

我国电子信息产业销售收入总规模在2013年已经突破12万亿元，行业收入占工业总体比重已经超过9%。电子信息产业在工业经济中的支撑作用凸显，更加促进了信息化和工业化的高层次深度融合。随着移动互联网、云计算、物联网、大数据和石墨烯等新兴产业的爆发式增长，电子信息产业的发展呈现了新的特点，电子信息产业的人才培养面临着新的挑战。

（1）随着控制、通信、人机交互和网络互联等新兴电子信息技术的不断发展，传统工业设备融合了大量最新的电子信息技术，它们一起构成了庞大而复杂的系统，派生出大量新兴的电子信息技术应用需求。这些"系统级"的应用需求，迫切要求具有系统级设计能力的电子信息技术人才。

（2）电子信息系统设备的功能越来越复杂，系统的集成度越来越高。因此，要求未来的设计者应该具备更扎实的理论基础知识和更宽广的专业视野。未来电子信息系统的设计越来越要求软件和硬件的协同规划、协同设计和协同调试。

（3）新兴电子信息技术的发展依赖于半导体产业的不断推动，半导体厂商为设计者提供了越来越丰富的生态资源，系统集成厂商的全方位配合又加速了这种生态资源的进一步完善。半导体厂商和系统集成厂商所建立的这种生态系统，为未来的设计者提供了更加便捷却又必须依赖的设计资源。

教育部2012年颁布了新版《高等学校本科专业目录》，将电子信息类专业进行了整合，为各高校建立系统化的人才培养体系，培养具有扎实理论基础和宽广专业技能的、兼顾"基础"和"系统"的高层次电子信息人才给出了指引。

传统的电子信息学科专业课程体系呈现"自底向上"的特点，这种课程体系偏重对底层元器件的分析与设计，较少涉及系统级的集成与设计。近年来，国内很多高校对电子信息类专业课程体系进行了大力度的改革，这些改革顺应时代潮流，从系统集成的角度，更加科学合理地构建了课程体系。

为了进一步提高普通高校电子信息类专业教育与教学质量，贯彻落实《国家中长期教育改革和发展规划纲要(2010—2020年)》和《教育部关于全面提高高等教育质量若干意见》(教高〔2012〕4号)的精神，教育部高等学校电子信息类专业教学指导委员会开展了"高等学校电子信息类专业课程体系"的立项研究工作，并于2014年5月启动了《高等学校电子信息类专业系列教材》(教育部高等学校电子信息类专业教学指导委员会规划教材)的建设工作。其目的是为推进高等教育内涵式发展，提高教学水平，满足高等学校对电子信息类专业人才培养、教学改革与课程改革的需要。

本系列教材定位于高等学校电子信息类专业的专业课程，适用于电子信息类的电子信息工程、电子科学与技术、通信工程、微电子科学与工程、光电信息科学与工程、信息工程及其相近专业。经过编审委员会与众多高校多次沟通，初步拟定分批次（2014—2017 年）建设约 100 门课程教材。本系列教材将力求在保证基础的前提下，突出技术的先进性和科学的前沿性，体现创新教学和工程实践教学；将重视系统集成思想在教学中的体现，鼓励推陈出新，采用“自顶向下”的方法编写教材；将注重反映优秀的教学改革成果，推广优秀的教学经验与理念。

为了保证本系列教材的科学性、系统性及编写质量，本系列教材设立顾问委员会及编审委员会。顾问委员会由教指委高级顾问、特约高级顾问和国家级教学名师担任，编审委员会由教育部高等学校电子信息类专业教学指导委员会委员和一线教学名师组成。同时，清华大学出版社为本系列教材配置优秀的编辑团队，力求高水准出版。本系列教材的建设，不仅有众多高校教师参与，也有大量知名的电子信息类企业支持。在此，谨向参与本系列教材策划、组织、编写与出版的广大教师、企业代表及出版人员致以诚挚的感谢，并殷切希望本系列教材在我国高等学校电子信息类专业人才培养与课程体系建设中发挥切实的作用。

吕志伟 教授

前言

PREFACE

1948 年，香农（C. E. Shannon）发表了著名的论文《通信的数学理论》，从而为一门科学——信息论，奠定了理论基础。信息论是人们在长期通信工程的实践中将通信技术与统计数学相结合而逐渐形成的一门交叉科学。

作为通信技术的数学基础，信息论特别强调通过编码处理来提高通信的有效性和可靠性。随着信息技术的不断发展，信息论在通信领域发挥着越来越重要的作用，显示出它是解决信息与通信领域中有关问题的有力工具的本色。在当今的信息时代，信息论已渗透到其他相关的自然科学，甚至社会科学领域，与电子技术、自动控制、计算机网络及管理学、经济学、生物学、医学、心理学等学科密切结合，显示出它的勃勃生机和不可估量的发展前景。信息论是信息科学中极为重要的组成部分，是信息科学发展的起源与基石。

在这种背景下，国内高校普遍在相关专业为本科生和研究生开设了"信息论基础"或"信息论与编码"课程。从 2003 年到 2014 年，作者一直在大连海事大学为本科生讲授"信息论基础"课程。本书就是在该课程的讲义基础之上编著而成的。书中也包含了作者多年研究信息理论与编码技术的经验和体会。

本书主要讲述经典信息论内容。为了便于理解，首先讨论比较简单的离散信源和离散信道模型下的信息与编码理论，然后讨论比较复杂的连续信源和连续信道情况。不论是离散情况还是连续情况，都先侧重讲解便于理解的单维、无记忆的情况，再逐步过渡到比较抽象的多维、有记忆情况。最后为了进一步引起学生的学习兴趣，还简要介绍了信息论在密码学中的应用，以及网络信息论的基础知识。

本书重视基本概念和基本结论的讲解，以及思维方式的培养。在数学工具运用上，努力使数学符号规范和统一、证明方法简洁和统一。此外，面向初学者和本科生，还有意识地删除了一些冗长、难以把握的证明过程。

本书在第 1 版的基础上增加了部分内容，并对书中的所有习题都提供了详细解答。

最后，值得一提的是，在本书的编写过程中，所指导的一些研究生为本书做了大量录入和绘图工作，在此致以真挚的谢意！

由于时间和水平所限，书中难免存在不当之处，恳请读者批评和指正。

岳殿武

2022 年 10 月于大连

目录

CONTENTS

第1章 绪　论

CHAPTER 1

1.1 信息与信息论

我们现在所处的时代可称为信息时代。“信息”这个词相信大家不会陌生，几乎每时每刻都会接触到。那么什么是信息？信息与我们熟悉的消息与信号这两个概念有什么区别与联系？在了解信息含义的基础上，我们还想知道信息论的概念，它与信息科学、信息技术有什么联系呢？

1. 信息的概念

信息是信息论中最基本、最重要的概念，是一个既复杂又抽象的概念。迄今为止，信息并没有形成一个很完整的系统的概念。不同的研究学派对信息的本质及其定义还没有形成一个统一的意见和认识。

人们通常把信息与消息混为一谈，但它们并不是一回事，不能等同。举例来说，有人告诉你一条消息，这条消息包含许多原来不知道的新内容，这条消息就很有意义，信息量就大；反之，如果这条消息告诉的是原来就已经知道的内容，那么这条消息意义就不大，信息量就小。信息与任何事情发生后所包含的内容密切相关，其量大小与该事情发生的不确定性密切关联。显然，出现概率小的事情信息量大，出现概率大的事情信息量小。信息不等同于消息，也不同于信号。它们三者的定义如下：

信息　(香农的定义)是事物运动状态或存在方式的不确定性的描述。

消息　是信息的载体，是包含信息的语言、文字、图像等。

信号　是消息的物理体现，为传送消息，必须把消息加载到具有某种物理特征的信号上去。

从以上的讨论中可以看到，信息、消息和信号之间有着密切的关系。信息是通信系统所要传递的内容，而消息作为信息的载体只能是一种“高级”载体；信号作为消息的物理体现，是信息的一种“低级”载体。信号最终要变成消息的形式才能使人们得到有用的信息。

2. 信息的主要特征

信息这一概念是在人类社会互相通信的实践过程中产生的。作为通信所要传递的主要内容，信息具有以下几个特征。

(1) 信息在收到之前，它的内容是未知的；

（2）信息可以产生、消失、被携带、存储及处理；

（3）信息可以使认识主体逐渐了解和认识某一未知事物；

（4）信息可以度量，信息量有多少之分。

3. 什么是信息论

获取信息是人类了解自然、认识自然的唯一途径。在以信息为主要特征的现代社会中，如何有效地存储信息、处理与传递信息成为研究的主要问题。

信息论 是在信息可以度量的基础之上，应用统计数学的方法来研究如何有效地、可靠地和安全地传递信息的一门科学。

信息论是信息科学的主要理论基础之一。它研究信息的基本理论，主要研究可能性和存在性问题，为具体实现提供理论依据，与之对应的是信息技术，主要研究如何实现、怎样实现的问题。

1.2 通信系统模型

各种通信系统如电话、电视、计算机、雷达、导航等系统，虽然它们的形式和用途各不相同，但本质是相同的，都是信息的传输系统。为了便于研究信息传输和处理的普遍规律，我们将各种通信系统中具有共同特征的部分抽取出来，概括成一个统一的理论模型，如图1.1所示。下面介绍该模型中各个部分的作用及需要研究的核心问题。

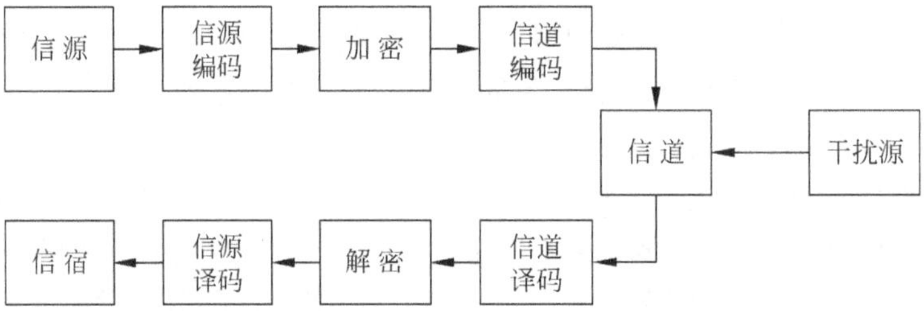

图1.1 通信系统模型

信源 是向通信系统提供消息的人和机器。信源发出的一般是具有随机性的消息。信源的核心问题是包含多少信息，如何确定信息量。

信宿 是消息传递的对象，即接收消息的人或机器。信宿需要研究的问题是能收到或提取多少信息。

信道 是传递消息的通道，又是传递物理信号的设施。信道的问题主要是它能够传递多少信息的问题，即信道容量的大小。

干扰源 是整个通信系统中各个干扰的集中反映，用以表示消息在信道中传输时遭受干扰的情况。对于任何通信系统而言，干扰的性质、大小是影响系统性能的重要因素。

一般地，通信系统的性能指标主要有有效性、可靠性和安全性。通信系统优化就是使这些指标达到最佳，这些指标正是信息论的研究对象。根据上述通信系统的指标和信息论中的各种编码定理，编码处理可划分为三类，即信源编码、信道编码、加密编码（密码）。

信源编码 是把信源发出的消息变换成由二进制码元（或多进制码元）组成的代码组，同时压缩信源的冗余度，以提高通信系统传输消息的效率。从提高通信系统的有效性意义上说，信源编码的主要指标是它的编码效率，即理论上能达到的码率与实际达到的码率之比。

信源译码 是把信道译码与解密输出的代码组变换成信宿所需要的消息形式。它的作用相当于信源编码的逆过程。

信道编码 是在信源编码与加密输出的代码组上有目的地增加一些监督码元，使之具有检错或纠错能力，以提高传输消息的可靠性。信道编码增加信息的冗余度，这恰恰与信源编码作用相反。

信道译码 是信道编码的逆过程。信道译码具有检错或纠错的功能，即能将落在其检错或纠错范围内的错传码元检出或纠正。

加密 能够隐蔽消息中的信息内容，使它在传输过程中不被窃听，从而提高通信系统的安全性。

解密 是加密的逆过程。加密将明文（真实消息）变成密文，而解密则将密文恢复成明文。

图 1.1 给出的模型是目前较常用的、也是较为完整的通信系统模型。但它只适用于收发两端单向通信的情况。它只有一个信源和一个信宿，信息传输也是单向的。更一般的情况是，信源和信宿各有若干个，即信道有多个输入多个输出，另外信息传输方向也可以双向进行。要讨论这些情况下的通信系统，只需对图 1.1 给出的模型做些适当修正，就可得到所需的系统模型。因此，图 1.1 所给出的系统模型是最为基本的通信系统模型。

此外，在安全的通信环境下，通信系统可以没有加密与解密处理部分；相应地，系统模型可以删掉加密与解密模块。本书也像传统信息论与编码教材一样侧重讨论信源编码和信道编码，只是在最后一章简单讨论加密编码。

1.3 信息论的形成和发展

信息论是信息科学的基础与起点，它是在长期的通信工程实践和理论研究的基础上发展起来的。值得一提的是：

- 1832 年，莫尔斯（F. B. Morse）建立了电报系统；
- 1876 年，贝尔（A. G. Bell）发明了电话系统；
- 1895 年，马可尼（G. Marconi）进行了无线电通信；
- 1924 年，奈奎斯特（H. Nyquist）解释了信号带宽和信息率之间的关系；
- 1928 年，哈特莱（L. R. V. Hartley）最早研究通信系统传输信息的能力，给出了信息度量方法；
- 1936 年，阿姆斯特朗（E. H. Armstrong）提出了增大带宽可以使抗干扰能力加强。

所有这些工作都促进了信息论的诞生。

- 1948 年，香农（见图 1.2）在贝尔系统技术杂志上发表了两篇有关通信的数学理论的文章。在这两篇文章中，他用概率论的方法研究通信系统，揭示了通信系

图 1.2 香农

统传递的对象就是信息,提出了信息熵的概念;然后系统地讨论通信的基本问题,得出了几个重要且带有普遍意义的结论,并由此奠定了信息论的基础。

- 20 世纪 50 年代,信息论在学术界引起巨大的反响。特别在 1951 年,美国 IEEE 协会成立了信息论组,并于 1955 年正式出版信息论汇刊。在此期间,香农信息理论得到了进一步完善和发展。
- 1959 年,香农系统地提出了信息率失真理论,它是数据压缩的数学基础,为各种信源编码奠定了理论基础。直到今天,信源编码仍然是信息与通信领域的重要研究课题。
- 20 世纪五六十年代,信道编码有较大进展,出现了循环码和卷积码,使它成为信息论的又一重要分支。之后,在香农信道编码定理指引下,信道编码理论与技术不断向前发展。
- 1949 年,香农发表了"保密系统的通信理论"论文,也为保密通信奠定了理论基础。自从 1976 年 W. Diffie 与 M. E. Hellman 提出公开密钥密码体制后,密码学取得了惊人的进展,并成为信息安全的基础和核心。
- 1961 年,香农发表的论文《双路通信信道》开拓了多用户理论的研究。多用户信息论是 20 世纪七八十年代的热门话题,卫星通信、计算机通信网的发展,使其研究异常活跃。多用户信息论的发展结果就是今天的网络信息论。

从 20 世纪 40 年代开始,信息理论与技术在人类历史长河中已经取得了长足的进展,它已形成一门综合性的新兴学科,并在人们面前展示出光辉灿烂的前景。现在,信息理论与技术不仅直接应用于通信、计算机和自动控制等领域,而且还广泛渗透到生物学、医学、语言学、社会学和经济学等领域。

第 2 章 离散信源与信息熵

CHAPTER 2

通信系统的主要任务是将信源的消息有效地、可靠地和安全地传送到信宿。从本章开始，我们将对组成通信系统模型(如图 1.1 所示)的各个模块分别进行讨论。本章将讨论信源模块，并重点探讨离散信源及其信息统计度量——信息熵。

2.1 信源的分类和描述

信源是信息的发源地，可以是人、生物、机器或其他事物。由于信息是十分抽象的东西，所以要通过信息载荷者，即消息来研究信源。信源的具体输出称为消息，消息的形式可以是离散的(如文字、数字、符号)或连续的(如语音、图像、波形)。这样信源可以分成如下两类。

离散信源 信源输出的消息在时间和幅值上均是离散的，即信源的具体输出是离散的消息符号形式，如人写出的书信、计算机输出的代码等。这些信源可能输出的消息数目是有限的或可数无穷的，而且每次输出只是其中一个或多个消息符号。

连续信源 信源输出的消息不是离散信号，而是连续信号，如人类发出的声音、遥控测得的连续数据等。连续信源可能输出的消息数目是不可数的无穷值。

我们将侧重分析离散信源。根据符号的特点及符号间的关联性，离散信源分为离散无记忆信源和离散有记忆信源。对于前者，又可根据代表一个消息而发送符号数目的多少，分为发送单个符号的无记忆信源和发送符号序列的无记忆信源；对于后者，可根据信源记忆长度的有限性与无限性，分为发送符号序列的马尔可夫信源和发送符号序列的非马尔可夫信源，即

- 离散信源
  - 离散无记忆信源
    - 发送单个符号的无记忆信源
    - 发送符号序列的无记忆信源
  - 离散有记忆信源
    - 发送符号序列的马尔可夫信源
    - 发送符号序列的非马尔可夫信源

此外，对于发送符号序列的离散信源，还可根据其输出的统计特性，分为平稳信源和非平稳信源。对于离散信源，从不同角度出发就可产生一个分类。但其分类应是自然的，且应为研究的方便而产生。

离散信源对应数字通信系统，而连续信源对应模拟通信系统。在数字通信系统中，收信者在未收到消息之前，对离散信源发出什么消息是不确定(随机)的，因此可以用随机变量或随机序列来描述信源发出的消息，或者说用概率空间来描述信源。

例如，抛掷一枚质地均匀的硬币，把出现朝上一面的事件作为这个随机试验结果。显然，出现正面与反面事件的概率各占 50%。如果把试验结果看作信源输出的消息，那么这个随机试验就可看作一个信源。这是一个发出单个符号的离散信源。我们将它表示为 X，出现正面用 1 表示，出现反面用 0 表示。X 是一个随机变量，其概率空间表示为

$$\begin{bmatrix} X \\ P \end{bmatrix} = \begin{bmatrix} 1 & 0 \\ \frac{1}{2} & \frac{1}{2} \end{bmatrix}$$

如果抛掷两枚质地均匀的硬币，并把试验结果看作信源输出消息，那么这个随机试验就可看作一个发出符号序列的离散信源。将其表示为 $\boldsymbol{X}$，每枚硬币出现正面仍用 1 表示，出现反面用 0 表示。$\boldsymbol{X}=(X_1,X_2)$是一个随机矢量，则其概率空间表示为

$$\begin{bmatrix} \boldsymbol{X} \\ P \end{bmatrix} = \begin{bmatrix} (0,0) & (0,1) & (1,0) & (1,1) \\ \frac{1}{4} & \frac{1}{4} & \frac{1}{4} & \frac{1}{4} \end{bmatrix}$$

一般地，对一个发出单个符号的离散信源，其概率空间可描述为

$$\begin{bmatrix} X \\ P \end{bmatrix} = \begin{bmatrix} x_1 & x_2 & \cdots & x_n \\ P(x_1) & P(x_2) & \cdots & P(x_n) \end{bmatrix}$$

其中

$$\begin{cases} P(x_i) \geqslant 0, & i=1,2,\cdots,n \\ \sum_{i=1}^{n} P(x_i)=1 \end{cases}$$

这里 n 表示随机变量 X 可能的取值个数。进一步地，对于对一个发出符号序列的离散信源，其概率空间可描述为

$$\begin{bmatrix} \boldsymbol{X} \\ P \end{bmatrix} = \begin{bmatrix} \boldsymbol{x}_1 & \boldsymbol{x}_2 & \cdots & \boldsymbol{x}_N \\ P(\boldsymbol{x}_1) & P(\boldsymbol{x}_2) & \cdots & P(\boldsymbol{x}_N) \end{bmatrix}$$

其中

$$\boldsymbol{X}=(X_1,X_2,\cdots,X_K)$$

$$\boldsymbol{x}_i=(x_{i1},x_{i2},\cdots,x_{iK}), \quad i=1,2,\cdots,N$$

$$N=n_1 \times n_2 \times \cdots \times n_K$$

这里 n_k 表示 $\boldsymbol{X}$ 的第 k 维随机变量可能取值个数。

我们不研究信源的内部结构，也不研究信源为什么产生和怎样产生各种不同的、可能的消息，而只研究信源各种可能的输出，以及输出各种可能消息的不确定性。既然概率空间能表征信源的统计特征，因此可以用概率空间来描述一个信源。

2.2 离散信源的信息熵

2.2.1 自信息量

首先从最简单、最基本的发出单符号离散信源出发，考虑信源提供的信息量问题。对于发出单符号的离散信源，其数学模型用概率空间描述为

$$\begin{bmatrix} X \\ P \end{bmatrix} = \begin{bmatrix} x_1 & x_2 & \cdots & x_n \\ P(x_1) & P(x_2) & \cdots & P(x_n) \end{bmatrix} \tag{2.1}$$

那么信源 X 能输出多少信息量？可能出现的随机事件 x_i 携带多少信息量？依据式(2.1)从统计上进行考虑。

1. 自信息量

给定信源 X，其可能出现的随机事件 x_i 作为一条消息发出时对外提供的信息量用 $I(x_i)$ 来表示，并称为事件 x_i 的自信息量。那么如何定义 $I(x_i)$ 呢？首先，要定义的 $I(x_i)$ 应该满足如下几个客观要求。

(1) 确知事件的自信息量为 0，即若 $P(x_i)=1$，有 $I(x_i)=0$。

(2) 事件发生的概率越大，则其自信息量越小；反之，事件发生的概率越小，则其自信息量越大。即若 $P(x_i)<P(x_j)$，则有 $I(x_i)>I(x_j)$。

(3) 假定两个单符号离散信源 X 与 Y 是统计独立的，那么 X 中出现事件 x_i 与 Y 中出现事件 y_j 一起所携带的联合信息量（记为 $I(x_i,y_j)$）应是这两个事件自信息量之和，即有 $I(x_i,y_j)=I(x_i)+I(y_j)$。

就如同猜谜语一样，给出函数 $I(x_i)$ 的显著特征后，能够发现该函数应是对数函数。下面给出自信息量定义。

定义 2.1　单符号离散信源 X，其上事件 x_i 的自信息量定义为

$$I(x_i) \overset{\text{def}}{=} -\log P(x_i) = -\log_a P(x_i) \tag{2.2}$$

自信息量的单位与所用的对数底有关。若对数底 a 为 2，信息量的单位是比特(bit)；若对数底 a 为 e，信息量的单位为奈特(nat)；若对数底 a 为 10，信息量的单位变为笛特(det)。这三个信息量单位之间转换关系如下：

$$1\text{nat} = \log_2 \text{e} \approx 1.433(\text{bit})$$

$$1\text{det} = \log_2 10 \approx 3.322(\text{bit})$$

在信息论中，常用的信息量单位为比特。为此，以后都取 $a=2$，且为了书写简洁起见，我们把底数“2”略去，只写“log”。

例 2.1　抛掷一枚质地均匀的硬币，并把出现朝上一面的事件作为这个随机试验结果。现把试验结果看作信源输出消息，求出现正面事件和反面事件的自信息量。

解　这是一个发出单个符号的离散信源，表示为 X，出现正面事件用 1 表示，出现反面事件用 0 表示。那么 X 的概率空间表示为

$$\begin{bmatrix} X \\ P \end{bmatrix} = \begin{bmatrix} 1 & 0 \\ \frac{1}{2} & \frac{1}{2} \end{bmatrix}$$

这样出现正面事件和反面事件的自信息量计算为

$$I(0) = -\log P(0) = 1(\text{bit})$$

$$I(1) = -\log P(1) = 1(\text{bit})$$

■

有了自信息量这一概念，建筑信息论就有了砖和瓦。我们从这个简单的概念出发可以引出很多很重要的概念和结论。

例 2.1 考虑了抛掷一枚硬币的随机试验，并得出出现正面事件的自信息量为 1 比特。如果进一步考虑掷两枚硬币，那么同时出现两个正面事件的自信息量会是多少？从直觉上，

容易想到答案应是 2 比特。为什么会是这样？这需要引入联合自信息量这一概念。

2. 联合自信息量与条件自信息量

设有两个发出单符号离散信源 X 与 Y，X 中出现事件 x_i 与 Y 中出现事件 y_j 一起所携带的信息量称为联合自信息量，并记为 $I(x_i,y_j)$。事实上，将这两个信源 X 与 Y 联合就会形成一个发出双符号的离散信源 $\boldsymbol{Z}=(X,Y)$。则信源 $\boldsymbol{Z}$ 上的任意随机事件 $\boldsymbol{z}_k=(x_i,y_j)$ 发生概率为 $P(\boldsymbol{z}_k)=P(x_i,y_j)$。既然通过某种一一对应的方式二维随机变量可用一维随机变量来描述，那么由式(2.2)，有

$$I(x_i,y_j)=I(\boldsymbol{z}_k)=-\log P(\boldsymbol{z}_k)=-\log P(x_i,y_j)$$

因此联合自信息量可定义如下。

定义 2.2 对于两个发出单符号离散信源 X 与 Y，X 中出现事件 x_i 与 Y 中出现事件 y_j 的联合自信息量定义为

$$I(x_i,y_j)\overset{\text{def}}{=}-\log P(x_i,y_j) \tag{2.3}$$

进一步，如果信源 X 与 Y 是统计独立的，那么 $P(x_i|y_j)=P(x_i)$，或者说 $P(x_i,y_j)=P(x_i)P(y_j)$，则

$$I(x_i,y_j)=I(x_i)+I(y_j) \tag{2.4}$$

式(2.4)验证了自信息量满足其客观要求中的第三条，并能解释抛掷两枚硬币时同时出现两个正面的事件的自信息量为什么是 2bit。

一般情况下，信源 X 与 Y 不一定是统计独立的，即 $P(x_i|y_j)\neq P(x_i)$。由于 $P(x_i,y_j)=P(x_i|y_j)P(y_j)$，那么

$$I(x_i,y_j)=-\log P(x_i|y_j)-\log P(y_j)=-\log P(x_i|y_j)+I(y_j) \tag{2.5}$$

在式(2.5)中，$I(x_i,y_j)$表示随机事件 x_i 与随机事件 y_i 一起出现而提供的信息量，而 $I(y_j)$表示随机事件 y_j 出现所提供的信息量，因此$-\log P(x_i|y_j)$应表示随机事件 x_i 在随机事件 y_j 已发生的情况下再发生时所提供的信息量，这就引出了如下定义。

定义 2.3 对于两个发出单符号离散信源 X 与 Y，X 中事件 x_i 在 Y 中事件 y_j 已出现的情况下再出现时所能提供的信息量定义为

$$I(x_i|y_j)\overset{\text{def}}{=}-\log P(x_i|y_j) \tag{2.6}$$

反之，Y 中事件 y_j 在 X 中事件 x_i 已出现的情况下再出现时所能提供的信息量定义为

$$I(y_j|x_i)\overset{\text{def}}{=}-\log P(y_j|x_i) \tag{2.7}$$

称 $I(x_i|y_j)$和 $I(y_j|x_i)$为条件自信息量。

显然，自信息量、联合自信息量与条件自信息量三者有如下关系

$$I(x_i,y_j)=I(y_j|x_i)+I(x_i)=I(x_i|y_j)+I(y_j) \tag{2.8}$$

2.2.2 平均自信息量

对于离散信源 X，自信息量 $I(x_i)$是其可能出现的随机事件 x_i 作为一条消息发出时对外提供的信息量。自信息量 $I(x_i)$是一个随机变量，对于不同的随机事件 x_i，$I(x_i)$可能会有所不同。下面考虑其统计平均。

1. 信息熵

例 2.2 一个布袋内放 100 个球，其中 80 个球是红色的，20 个球是白色的。若随机摸取一个球，猜测其颜色，求平均摸取一次所能获得的信息量。

解　把这个随机试验看作一个信源，把试验结果看作信源输出消息。这是一个发出单个符号的离散信源，其概率空间为

$$\begin{bmatrix} X \\ P \end{bmatrix} = \begin{bmatrix} x_1 & x_2 \\ 0.8 & 0.2 \end{bmatrix}$$

其中，x_1 表示摸出的球为红球事件，x_2 表示摸出的球为白球事件。如果摸出的球为红色的，那么获得的信息量为

$$I(x_1) = -\log P(x_1) = -\log 0.8(\text{bit})$$

如果摸出的球为白色的，那么获得的信息量为

$$I(x_2) = -\log P(x_2) = -\log 0.2(\text{bit})$$

如果每次摸出一个球后又放回袋中，然后再进行下一次摸取，如此摸取重复多次，并记次数为 q，那么红球出现的次数会是 $qP(x_1)$，而白球出现次数会是 $qP(x_2)$。随机摸取 q 次后总共获得的信息量为

$$qP(x_1)I(x_1) + qP(x_2)I(x_2)$$

这样平均随机摸取一次所能获得的信息量计算为

$$P(x_1)I(x_1) + P(x_2)I(x_2) = E(I(X)) = 0.72\text{bit}$$

这里 $E(I(X))$ 表示对 $I(X)$ 作统计平均即取数学期望。 ■

不同于自信息量 $I(x_i)$，平均自信息量 $E(I(X))$ 能表征信源 X 的总体特征，特别是能在统计上表示平均每个符号所携带的信息量。在通信系统中，这应是我们对信源最为关心的信息度量。我们称为信息熵，简称熵，其确切定义如下。

定义 2.4　对于一个单符号离散信源 X，其概率空间用式(2.1)描述，则其信息熵定义为

$$H(X) \overset{\text{def}}{=} E(I(X)) = -\sum_{i=1}^{n} P(x_i)\log P(x_i) \tag{2.9}$$

信息熵的表达式和统计物理学中热熵的表达式相似。在热力学中，热熵描述了在某一给定时刻一个系统可能出现的有关状态的不确定程度。故在含义上，这两种熵也有相似之处。像自信息量 $I(x_i)$一样，熵的单位也常用比特来表示。

例 2.3　英文 26 个字母和空格出现概率如表 2.1 所示。计算发出单个英文字母和空格的信源的信息熵。

表 2.1　英文字母的概率分布

字　母	概　率	字　母	概　率
空格	0.1859	I	0.0575
A	0.0642	J	0.0008
B	0.0127	K	0.0049
C	0.0218	L	0.0321
D	0.0317	M	0.0198
E	0.1031	N	0.0574
F	0.0208	O	0.0632
G	0.0152	P	0.0152
H	0.0467	Q	0.0008

续表

字　母	概　率	字　母	概　率
R	0.0484	W	0.0175
S	0.0514	X	0.0013
T	0.0796	Y	0.0164
U	0.0228	Z	0.0005
V	0.0083		

解　让 X 表示英文26个字母和空格组成的信源。依据表2.1计算其信息熵为

$$H(X)=-\sum_{i=1}^{27}P(x_i)\log P(x_i)=4.03(\text{bit})$$ ■

2. 联合熵与条件熵

信息熵是信息论中最重要、最基本的概念。自信息量可以推广到联合自信息量和条件自信息量，类似地，信息熵也可以推广到联合熵和条件熵。

定义2.5　对于两个发出单符号离散信源 X 与 Y，X 有 n 个符号，而 Y 有 m 个符号。则其联合熵定义为

$$H(X,Y)\overset{\text{def}}{=}E(I(X,Y))=-\sum_{i=1}^{n}\sum_{j=1}^{m}P(x_i,y_j)\log P(x_i,y_j) \tag{2.10}$$

联合熵 $H(X,Y)$ 是联合自信息量 $I(x_i,y_j)$ 的概率加权平均值。

定义2.6　对于两个发出单符号离散信源 X 与 Y，X 有 n 个符号，而 Y 有 m 个符号。在已知 Y 的条件下关于 X 的条件熵定义为

$$H(X\mid Y)\overset{\text{def}}{=}E(I(X\mid Y))=-\sum_{i=1}^{n}\sum_{j=1}^{m}P(x_i,y_j)\log P(x_i\mid y_j) \tag{2.11}$$

在已知 X 的条件下关于 Y 的条件熵定义为

$$H(Y\mid X)\overset{\text{def}}{=}E(I(Y\mid X))=-\sum_{i=1}^{n}\sum_{j=1}^{m}P(x_i,y_j)\log P(y_j\mid x_i) \tag{2.12}$$

条件熵 $H(X|Y)$ 是条件自信息量 $I(x_i|y_j)$ 的概率加权平均值。但要注意，条件熵用联合概率而不是条件概率进行加权平均，原因如下。

在已知一个确定的 y_j 条件下，关于 x_i 的条件自信息量为 $I(x_i|y_j)$，故在已知 y_j 条件下关于 X 的条件熵应表示为

$$H(X\mid y_j)=\sum_{i}P(x_i\mid y_j)I(x_i\mid y_j)$$

如随机给定 y_j，$H(X|y_j)$ 将随机地变动。这意味着 $H(X|y_j)$ 是一个随机变量。因此，在给定 Y 条件下，关于 X 的条件熵应表示为

$$\begin{aligned}H(X\mid Y)&=\sum_{j}P(y_j)H(X\mid y_j)\\&=\sum_{i,j}P(y_j)P(x_i\mid y_j)I(x_i\mid y_j)\\&=\sum_{i,j}P(x_i,y_j)I(x_i\mid y_j)\end{aligned}$$

如果 X 和 Y 相互独立，则 $I(x_i|y_j)=I(x_i)$，于是有

$$\begin{aligned} H(X \mid Y) &= \sum_{i,j} P(x_i, y_j) I(x_i \mid y_j) \\ &= \sum_{i,j} P(x_i, y_j) I(x_i) \\ &= \sum_{i} P(x_i) I(x_i) \\ &= H(X) \end{aligned} \tag{2.13}$$

命题 2.1 信息熵、联合熵与条件熵三者之间存在下述关系

$$H(X,Y) = H(X) + H(Y \mid X) = H(Y) + H(X \mid Y) \tag{2.14}$$

进一步，当 X 与 Y 独立时，有

$$H(X,Y) = H(X) + H(Y) \tag{2.15}$$

证明 因为 $I(x_i, y_j) = I(x_i | y_j) + I(y_j)$，故有

$$\begin{aligned} H(X,Y) &= \sum_{i,j} P(x_i, y_j)(I(x_i \mid y_j) + I(y_j)) \\ &= \sum_{i,j} P(x_i, y_j) I(x_i \mid y_j) + \sum_{i,j} P(x_i, y_j) I(y_j) \\ &= H(X \mid Y) + H(Y) \end{aligned}$$

类似可证 $H(X,Y) = H(X) + H(Y|X)$。于是式(2.14)成立。进一步，当 X 与 Y 独立时，由式(2.13)可知式(2.15)成立。 ■

2.2.3 熵的性质

对于离散信源 X，其概率空间用式(2.1)描述。简记 $p_i = P(x_i)$，$i = 1, 2, \cdots, n$。信息熵 $H(X)$ 是概率分布 $\{p_1, p_2, \cdots, p_n\}$ 的函数，因此 $H(X)$ 可再表示为

$$H(p_1, p_2, \cdots, p_n) = -\sum_{i=1}^{n} P(x_i) \log P(x_i) = H(X)$$

熵函数 $H(p_1, p_2, \cdots, p_n)$（$H(X)$）具有下列性质。

1. 对称性

$$H(p_1, p_2, \cdots, p_n) = H(p'_1, p'_2, \cdots, p'_n) \tag{2.16}$$

其中，$p'_1, p'_2, \cdots, p'_n$ 是变量 $p_1, p_2, \cdots, p_n$ 的一个重排。这意味着熵函数的所有变量可以互换，而不影响函数值。这说明信息熵仅与信源总体的统计特性有关。如果某些信源总体的统计特性相同，那么不管其内部结构如何，这些信源的熵值是一样的。熵函数的对称性表明它是一个具有普遍性和概括性的信息度量函数。

2. 非负性

$$H(p_1, p_2, \cdots, p_n) \geqslant 0 \tag{2.17}$$

由于 $0 \leqslant p_i \leqslant 1$，因此熵函数的非负性是显然的，这意味着任何离散信源对外都不可能提供负信息。

3. 确定性

$$H(1, 0, 0, \cdots, 0) = 0 \tag{2.18}$$

如果在信源符号集合中有一个符号表示必然事件，其他均表示不可能事件，则该信源的熵函数值为 0。

4. 扩展性

$$\lim_{\varepsilon\to 0} H_{n+1}(p_1,p_2,\cdots,p_n-\varepsilon,\varepsilon)=H_n(p_1,p_2,\cdots,p_n) \tag{2.19}$$

通过$\lim\limits_{\varepsilon\to 0}\varepsilon\log\varepsilon=0$不难证明熵函数扩展性。该性质表明,若信源增加一个出现概率相当小的符号,虽然发出这个新符号时,能提供相当大的信息量,但终因其出现概率非常低,以至于在熵值的计算中只占非常小的比重,这样信息熵几乎保持不变。

5. 可加性

$$H(X,Y)=H(X)+H(Y\mid X)=H(Y)+H(X\mid Y) \tag{2.20}$$

信息熵的可加性就是前面命题2.1给出的结果。它表明两个信源X与Y的联合熵等于X的信息熵与已知X下Y的条件熵之和,也等于Y信息熵与已知Y下X的条件熵之和。特别地,当X与Y统计上独立时,联合熵等于两个信息熵之和。

在讨论熵函数的上凸性之前,先引入凸函数的概念。

定义2.7 设$f(\boldsymbol{x})=f(x_1,x_2,\cdots,x_n)$为一个多元函数。若对于任意一个小于1的正实数$\alpha(0<\alpha<1)$及$f(\boldsymbol{x})$定义域内的任意两个不相同的矢量$\boldsymbol{x}_1$和$\boldsymbol{x}_2$有

$$f(\alpha\boldsymbol{x}_1+(1-\alpha)\boldsymbol{x}_2)\geqslant\alpha f(\boldsymbol{x}_1)+(1-\alpha)f(\boldsymbol{x}_2) \tag{2.21}$$

则称$f(\boldsymbol{x})$为定义域上的上凸函数。进一步,若

$$f(\alpha\boldsymbol{x}_1+(1-\alpha)\boldsymbol{x}_2)>\alpha f(\boldsymbol{x}_1)+(1-\alpha)f(\boldsymbol{x}_2) \tag{2.22}$$

则称$f(\boldsymbol{x})$为定义域上的严格上凸函数。反之,若

$$f(\alpha\boldsymbol{x}_1+(1-\alpha)\boldsymbol{x}_2)\leqslant\alpha f(\boldsymbol{x}_1)+(1-\alpha)f(\boldsymbol{x}_2) \tag{2.23}$$

则称$f(\boldsymbol{x})$为定义域上的下凸函数。进一步,若

$$f(\alpha\boldsymbol{x}_1+(1-\alpha)\boldsymbol{x}_2)<\alpha f(\boldsymbol{x}_1)+(1-\alpha)f(\boldsymbol{x}_2) \tag{2.24}$$

则称$f(\boldsymbol{x})$为定义域上的严格下凸函数。

例2.4 验证二元函数$f(\boldsymbol{x})=f(x_1,x_2)=x_1\cdot x_2$在条件$\begin{cases}x_1+x_2=10\\x_1,x_2\geqslant 0\end{cases}$下为一个上凸函数。

解 由约束条件,有

$$f(\boldsymbol{x})=x_1(10-x_1)=25-(5-x_1)^2 \tag{2.25}$$

因此$f(\boldsymbol{x})$实际上为一个无约束的单变量x_1的函数。由式(2.25),容易通过一些代数操作验证式(2.21)成立,即说明$f(\boldsymbol{x})$为一个上凸函数。图2.1也显示出$f(\boldsymbol{x})$的上凸性。■

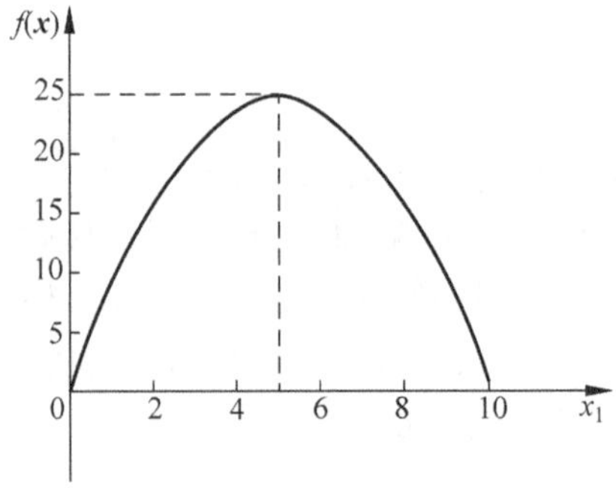

图2.1 凸函数$f(\boldsymbol{x})$的几何描述

6. 上凸性

熵函数$H(p_1,p_2,\cdots,p_n)$是关于概率分布$\{p_1,p_2,\cdots,p_n\}$的严格上凸函数。

在证明熵函数的上凸性之前,先引入两个引理。

引理2.1 对任意实数$x>0$,有

$$1-\frac{1}{x}\leqslant\ln x\leqslant x-1 \tag{2.26}$$

式(2.26)等号成立的充分必要条件是$x=1$。

证明 先考虑证明第二个不等式。为此定义函数

$$f(x)=x-1-\ln x$$

由于

$$f'(x)=1-\frac{1}{x},\quad f''(x)=\frac{1}{x^2}>0$$

因此 $f(x)$ 是一个下凸函数,其最小值在 $x=1$ 处。故 $f(x)\geqslant f(1)=0$ 对 $x>0$ 成立,即式(2.26)第二个不等式成立,其中等号成立的充分必要条件是 $x=1$。

现在考虑证明第一个不等式。对于式(2.26)中的第二个不等式,令 $x=\frac{1}{y}$,则有

$$1-\frac{1}{y}\leqslant \ln y,\quad y>0$$

即式(2.26)第一个不等式成立,且其中等号成立的充分必要条件是 $x=1$。 ■

引理 2.2

$$\sum_{i=1}^{n} p_i \log \frac{p_i}{q_i}\geqslant 0 \tag{2.27}$$

其中,$\sum p_i=1$,$\sum q_i=1$,$p_i\geqslant 0$,$q_i\geqslant 0$。式(2.27)等号成立的充分必要条件是 $p_i=q_i$,$i=1,2,\cdots,n$。

证明　由引理 2.1,可得

$$\log\frac{p_i}{q_i}=\log e\cdot\ln\frac{p_i}{q_i}\geqslant \log e\cdot\left(1-\frac{q_i}{p_i}\right)$$

从而

$$\sum_{i=1}^{n} p_i\log\frac{p_i}{q_i}\geqslant \log e\cdot\sum_{i=1}^{n} p_i\left(1-\frac{q_i}{p_i}\right)=0$$

即式(2.27)成立。由引理 2.1 中式(2.26)等号成立的充分必要条件容易推出式(2.27)等号成立的充分必要条件。 ■

引理 2.2 能够方便我们证明很多涉及信息熵的不等式。下面就应用引理 2.2 来证明熵函数的上凸性。

证明　设 $\boldsymbol{p}=(p_1,p_2,\cdots,p_n)$ 和 $\boldsymbol{p}'=(p'_1,p'_2,\cdots,p'_n)$ 是两组不同的概率分布。对于 $0<\alpha<1$,记 $\bar{\alpha}=1-\alpha$。于是有

$$\begin{aligned}
H(\alpha\boldsymbol{p}+\bar{\alpha}\boldsymbol{p}') &= -\sum_{i=1}^{n}(\alpha p_i+\bar{\alpha}p'_i)\log(\alpha p_i+\bar{\alpha}p'_i)\\
&= -\alpha\sum_{i=1}^{n} p_i\log(\alpha p_i+\bar{\alpha}p'_i)-\bar{\alpha}\sum_{i=1}^{n} p'_i\log(\alpha p_i+\bar{\alpha}p'_i)\\
&= -\alpha\sum_{i=1}^{n} p_i\log\left[(\alpha p_i+\bar{\alpha}p'_i)\frac{p_i}{p_i}\right]-\bar{\alpha}\sum_{i=1}^{n} p'_i\log\left[(\alpha p_i+\bar{\alpha}p'_i)\frac{p'_i}{p'_i}\right]\\
&= \alpha H(\boldsymbol{p})+\bar{\alpha}H(\boldsymbol{p}')+A+B
\end{aligned}$$

式中,

$$A=-\alpha\sum_{i=1}^{n} p_i\log\left[\frac{(\alpha p_i+\bar{\alpha}p'_i)}{p_i}\right]$$

$$B=-\bar{\alpha}\sum_{i=1}^{n} p'_i\log\left[\frac{(\alpha p_i+\bar{\alpha}p'_i)}{p'_i}\right]$$

由引理 2.2 可知 $A>0$ 和 $B>0$ 成立。因此

$$H(\alpha\boldsymbol{p}+\bar{\alpha}\boldsymbol{p})>\alpha H(\boldsymbol{p})+\bar{\alpha}H(\boldsymbol{p}')$$

这样按照定义 2.7 可知熵函数 $H(\boldsymbol{p})=H(p_1,p_2,\cdots,p_n)$是严格上凸函数。 ■

正因为熵函数具有上述的上凸性，所以其具有如下的极值性。

7. 极值性(最大熵定理)

$$H(p_1,p_2,\cdots,p_n)\leqslant H\left(\frac{1}{n},\frac{1}{n},\cdots,\frac{1}{n}\right)=\log n \tag{2.28}$$

且在各符号具有等概率分布时熵函数达到最大值 $\log n$。

证明 在引理 2.2 之式(2.27)中，取 $q_i=\frac{1}{n}$，即证得。 ■

8. 信息熵不小于条件熵

$$H(X)\geqslant H(X\mid Y) \tag{2.29}$$

证明 再次应用引理 2.2 进行证明。从信息熵和条件熵定义有

$$\begin{aligned}H(X\mid Y)-H(X)&=-\sum_{i,j}p(x_i,y_j)\log p(x_i\mid y_j)+\sum_{i}p(x_i)\log p(x_i)\\&=-\sum_{i,j}p(x_i,y_j)\log p(x_i\mid y_j)+\sum_{i,j}p(x_i,y_j)\log p(x_i)\\&=-\sum_{i,j}p(x_i,y_j)\log\frac{p(x_i\mid y_j)p(y_j)}{p(x_i)p(y_j)}\\&=-\sum_{i,j}p(x_i,y_j)\log\frac{p(x_i,y_j)}{p(x_i)p(y_j)}\end{aligned}$$

通过一一对应方式，可以用一维符号来表示二维符号。为此，可以定义 $\boldsymbol{z}_k=(x_i,y_j)$，进而令

$$p_k=p(\boldsymbol{z}_k)=p(x_i,y_j),\quad q_k=q(\boldsymbol{z}_k)=p(x_i)p(y_j)$$

显然

$$\sum_k p_k=\sum_k q_k=1$$

这样应用引理 2.2 可得

$$H(X\mid Y)-H(X)=-\sum_k p_k\log\frac{p_k}{q_k}\leqslant 0$$

即式(2.29)成立。 ■

另外，由熵函数可加性和式(2.29)还可以推出

$$H(X,Y)\leqslant H(X)+H(Y) \tag{2.30}$$

2.3 离散无记忆信源

前面讨论了比较简单的发出单个符号的离散信源的信息熵。单个符号离散信源的基本特征是一个信源符号代表一条完整消息。但实际信源发出的消息往往不止一个符号，而是由多个符号的时间或空间序列组成。为此，下面讨论发出符号序列的离散信源的信息熵。

2.3.1 离散无记忆信源的数学描述

发出单符号的离散信源比较简单，可用一个随机变量产生的概率空间描述。而发出符号序列的离散信源要用多个随机变量联合形成的概率空间来刻画。在数学上，对于一个发

出 K 维符号序列的离散信源 $\boldsymbol{X}$，其概率空间可描述为

$$\begin{bmatrix}\boldsymbol{X}\\P\end{bmatrix}=\begin{bmatrix}\boldsymbol{x}_1 & \boldsymbol{x}_2 & \cdots & \boldsymbol{x}_N\\P(\boldsymbol{x}_1) & P(\boldsymbol{x}_2) & \cdots & P(\boldsymbol{x}_N)\end{bmatrix} \tag{2.31}$$

其中

$$\boldsymbol{X}=(X_1,X_2,\cdots,X_K)$$
$$\boldsymbol{x}_i=(x_{i1},x_{i2},\cdots,x_{iK}),\quad i=1,2,\cdots,N$$
$$N=n_1\times n_2\times\cdots\times n_K$$

这里 n_k 表示 $\boldsymbol{X}$ 的第 k 维随机变量可能取值个数。

在某些典型而简单的情况下，信源 $\boldsymbol{X}$ 先后发出的一个个彼此可以统计独立的符号。也就是说，信源输出的随机矢量 $\boldsymbol{X}=(X_1,X_2,\cdots,X_K)$ 中，各个随机变量 $X_1,X_2,\cdots,X_K$ 之间是无依赖的、统计独立的。在这种情况下，联合概率分布满足

$$P(\boldsymbol{x}_i)=\prod_{k=1}^{K}P(x_{ik}),\quad i=1,2,\cdots,N \tag{2.32}$$

则称这样的信源 $\boldsymbol{X}$ 为离散无记忆信源。

2.3.2 离散平稳无记忆信源的信息熵

对于一个离散无记忆信源 $\boldsymbol{X}=(X_1,X_2,\cdots,X_K)$，若 $\boldsymbol{X}$ 还具有平稳的特性，则意味着其上的各维概率分布都相同，即 $X_1=X_2=\cdots=X_K=X$，称为离散平稳无记忆信源，并简记为 X^K。X^K 也称为离散无记忆 K 次扩展信源。

例 2.5 设有一个发出单个符号的离散信源 X，其概率空间为

$$\begin{bmatrix}X\\P\end{bmatrix}=\begin{bmatrix}x_1 & x_2 & x_3\\\frac{1}{2} & \frac{1}{4} & \frac{1}{4}\end{bmatrix}$$

求出二维离散平稳无记忆信源 X^2 的信息熵 $H(X^2)$并与 $H(X)$进行比较。

解 二维离散平稳无记忆信源 X^2 有共 9 个符号，其概率分布如下

$$\begin{bmatrix}X^2\\P\end{bmatrix}=\begin{bmatrix}x_1x_1 & x_1x_2 & x_1x_3 & x_2x_1 & x_2x_2 & x_2x_3 & x_3x_1 & x_3x_2 & x_3x_3\\\frac{1}{4} & \frac{1}{8} & \frac{1}{8} & \frac{1}{8} & \frac{1}{16} & \frac{1}{16} & \frac{1}{8} & \frac{1}{16} & \frac{1}{16}\end{bmatrix}$$

于是有

$$H(X^2)=-\sum_{i,j}P(x_ix_j)\log P(x_ix_j)=3(\text{bit})$$

容易计算信源 X 的信息熵为

$$H(X)=\frac{1}{2}\log 2+2\times\frac{1}{4}\log 4=1.5(\text{bit})$$

故有，$H(X^2)=2H(X)$。 ■

这个结果不是偶然的，因为有如下命题成立。

命题 2.2 $H(X^K)=KH(X)$。

证明 应用式(2.32)，可推得

$$H(X^K)=-\sum_{i}P(\boldsymbol{x}_i)\log P(\boldsymbol{x}_i)$$

$$
\begin{aligned}
&= -\sum_i P(\boldsymbol{x}_i)\log\Big(\prod_{k=1}^{K} P(x_{ik})\Big)\\
&= -\sum_i P(\boldsymbol{x}_i)\Big(\sum_{k=1}^{K}\log P(x_{ik})\Big)\\
&= -\sum_{k=1}^{K}\Big(\sum_i P(\boldsymbol{x}_i)\log P(x_{ik})\Big)\\
&= -\sum_{k=1}^{K}\Big(\sum_i\Big(\prod_{k=1}^{K} P(x_{ik})\Big)\log P(x_{ik})\Big)\\
&= -\sum_{k=1}^{K}\Big(\sum_i\Big(\prod_{j=1,j\neq k}^{K} P(x_{ij})\Big)P(x_{ik})\log P(x_{ik})\Big)\\
&= -\sum_{k=1}^{K}\Big(\sum_{ik}\Big(\prod_{j=1,j\neq k}^{K}\Big(\sum_{ij} P(x_{ij})\Big)\Big)P(x_{ik})\log P(x_{ik})\Big)\\
&= \sum_{k=1}^{K}\Big(-\sum_{ik} P(x_{ik})\log P(x_{ik})\Big)\\
&= KH(X)
\end{aligned}
$$

即证得该命题。 ■

可见，离散平稳无记忆信源的平均每个符号的信息熵等于单个符号离散信源的信息熵。

2.4 离散平稳信源

有记忆信源的信息熵就不像无记忆信源那样简单，必须要引入条件熵来讨论。因为对于一般的有记忆信源如文字、数据等，它们输出的不是单个符号，而是由多个符号组成的序列，并且这些输出符号之间还存在相互依存的关系。下面讨论两类典型的有记忆信源：平稳信源和马尔可夫信源。

2.4.1 离散平稳信源的定义

在一般情况下，离散信源的输出是时间（或空间）的离散符号序列，且在序列中符号之间有依赖关系，此时可用随机序列来描述信源发出的消息，即 $\boldsymbol{X}=(\cdots,X_1,X_2,\cdots,X_t,\cdots)$，其中任一个变量 X_t 都是离散随机变量，它表示 t 时刻所发出的符号。信源在 t 时刻将要发出什么样的符号决定于两方面。

(1) 与信源在 t 时刻随机变量 X_t 的取值概率分布 $\{P(x_t)\}$ 有关。一般情况下 t 不同时，概率分布也不同，即若 $t\neq s$，有 $\{P(x_t)\}\neq\{P(x_s)\}$。

(2) 与 t 时刻以前信源发出的符号有关，即与条件概率 $P(x_t|x_{t-1}x_{t-2}\cdots)$ 有关。同样，在一般情况下，它也是时间 t 的函数，所以若 $t\neq s$，有

$$\{P(x_t \mid x_{t-1}x_{t-2}\cdots x_{t-N}\cdots)\}\neq\{P(x_s \mid x_{s-1}x_{s-2}\cdots x_{s-N}\cdots)\}$$

以上所叙述的是一般随机序列的情况，它比较复杂，因此现在只讨论平稳随机序列。所谓平稳随机序列，就是序列的统计性质与时间推移无关，即信源所发出符号序列的概率分布与时间起点无关。下面将阐述其数学上的严格定义。

1. 一维平稳信源

对于不同时刻的 t 与 s，均有 $\{P(x_t)\}=\{P(x_s)\}=\{P(x)\}$，则序列是一维平稳的。这里等号表示任意两个不同时刻信源发出符号的概率分布完全相同，即

$$\begin{cases} P(x_t=a_1)=P(x_s=a_1)=P(a_1) \\ P(x_t=a_2)=P(x_s=a_2)=P(a_2) \\ \qquad\vdots \\ P(x_t=a_n)=P(x_s=a_n)=P(a_n) \end{cases}$$

具有这样性质的信源称为一维平稳信源。一维平稳信源无论在什么时刻均按概率分布 $\{P(x)\}$ 发出符号。

2. 二维平稳信源

除上述一维平稳这个条件外，如果二维联合概率分布 $\{P(x_t,x_{t+1})\}$ 也与时间起点无关，即对于不同时刻的 t 与 s，有

$$\{P(x_t,x_{t+1})\}=\{P(x_s,x_{s+1})\}$$

表示任意时刻信源连续发出两个符号的联合概率分布也完全相同，则该信源称为二维平稳信源。

3. 完全平稳信源

如果各维联合概率分布均与时间起点无关，即对于给定维数 N 及不同时刻的 t 与 s，有

$$\begin{cases} \{P(x_t)\}=\{P(x_s)\} \\ \{P(x_t,x_{t+1})\}=\{P(x_s,x_{s+1})\} \\ \qquad\vdots \\ \{P(x_t,x_{t+1},\cdots,x_{t+N})\}=\{P(x_s,x_{s+1},\cdots,x_{s+N})\} \end{cases} \tag{2.33}$$

那么称该信源是完全平稳的。这种各维联合概率分布均与时间起点无关的完全平稳信源就称为**离散平稳信源**。

4. 平稳信源的性质

因为联合概率与条件概率有以下关系

$$\begin{aligned} &P(x_t,x_{t+1})=P(x_t)P(x_{t+1}\mid x_t) \\ &P(x_t,x_{t+1},x_{t+2})=P(x_t)P(x_{t+1}\mid x_t)P(x_{t+2}\mid x_{t+1}x_t) \\ &\qquad\vdots \\ &P(x_t,x_{t+1},\cdots,x_{t+N})=P(x_t)P(x_{t+1}\mid x_t)\cdots P(x_{t+N}\mid x_{t+N-1}\cdots x_t) \end{aligned}$$

对于不同时刻的 t 与 s，则由式(2.33)可推知

$$\begin{aligned} &\{P(x_{t+1}\mid x_t)\}=\{P(x_{s+1}\mid x_s)\} \\ &\{P(x_{t+2}\mid x_{t+1}x_t)\}=\{P(x_{s+2}\mid x_{s+1}x_s)\} \\ &\qquad\vdots \\ &\{P(x_{t+N}\mid x_{t+N-1}x_{t+N-2}\cdots x_t)\}=\{P(x_{s+N}\mid x_{s+N-1}x_{s+N-2}\cdots x_s)\} \end{aligned}$$

所以对于平稳信源来说，其条件概率均与时间起点无关，只与关联长度 N 有关。它表示平稳信源发出的平稳随机序列前后的依赖关系与时间起点无关。如果某时刻发出什么符号与之前发出的 N 个符号有关，那么任何时刻它们的依赖关系都是一样的，即

$$\{P(x_{t+N}\mid x_{t+N-1}x_{t+N-2}\cdots x_t)\}=\{P(x_{s+N}\mid x_{s+N-1}x_{s+N-2}\cdots x_s)\}=\{P(x_N\mid x_{N-1}x_{N-2}\cdots x_0)\}$$

2.4.2 平均符号熵与二维平稳信源

多维离散平稳无记忆信源的平均每个符号的信息熵等于单个符号离散信源的信息熵。对于一般的多维离散平稳有记忆信源，其平均每个符号的信息熵会怎样呢？下面将探讨这一问题。为此，先给出离散信源平均每个符号的信息熵的定义。

定义 2.8 对于一个发出 K 个符号的离散信源 $\boldsymbol{X}=(X_1,X_2,\cdots,X_K)$，假定 $X_1=X_2=\cdots X_K=X$，则其平均每个符号的信息熵定义为

$$H_K(\boldsymbol{X}) \stackrel{\text{def}}{=} \frac{1}{K}H(\boldsymbol{X}) \tag{2.34}$$

并简称之为平均符号熵或者符号熵。

现在考虑简单的 $K=2$ 的情况。从熵的性质讨论中可知

$$H(X_1,X_2)=H(X_1)+H(X_2 \mid X_1)$$
$$H(X_2) \geqslant H(X_2 \mid X_1)$$

另外，$H(X_2)=H(X_1)$，因此

$$H(X_2 \mid X_1) \leqslant H_2(X_1,X_2) \leqslant H(X_1)$$

由于信源的有记忆性，上面不等式中的等号不能成立。

最简单的平稳有记忆信源就是二维平稳信源，二维平稳信源就是信源输出的随机序列$\cdots X_1X_2\cdots X_t\cdots$，满足其一维和二维概率分布与时间起点无关，且二维平稳信源也就是所发出随机序列中只有两个相邻符号之间有依赖关系的信源。因为离散二维平稳信源输出的符号序列中，相邻两个符号是有依赖的，即只与前一个符号有关联，而且依赖关系不随时间推移而变化，那么我们可以把这个二维信源输出的随机序列分成每两个符号一组，每组代表新信源 $\boldsymbol{X}=(X_1,X_2)$中的一个符号（消息）。并且还假定组与组之间是统计独立的。实际上，每组组尾的符号与下一组组头的符号是有关联的，不是统计独立的。这个假设只是为了简化问题的数学分析。这时，二维平稳信源就可等效成这个新的离散逐组无记忆信源 $\boldsymbol{X}$。显然，$\boldsymbol{X}$ 的平均符号熵为

$$H_2(X_1,X_2)=\frac{1}{2}H(X_1,X_2)$$

事实上，二维平稳信源的平均符号熵不会等于 $H_2(X_1,X_2)$，此值只能作为它的近似值。因为在新信源 $\boldsymbol{X}$ 中已假设组与组之间是统计独立的，但实际上它们之间是有关联的。虽然二维平稳信源发出的随机序列中每个符号只与前一个符号有直接关系，但在整个输出序列中，由于每一时刻的符号都通过前一个符号与更前一个符号联系起来，因此序列的关联是可延伸到无穷的。当然，考虑信源的有记忆性，我们也可以用条件熵 $H(X_2|X_1)$来近似二维平稳信源的平均符号熵。因为条件熵正好描述了前后两个符号有依赖关系时平均不确定性大小。在 $H_2(X_1,X_2)$与 $H(X_2|X_1)$中到底选取哪个值更能接近实际二维平稳信源的平均符号熵呢？下面进一步分析。

2.4.3 离散平稳信源的极限熵

在一般平稳有记忆信源中，符号的相互依赖关系往往不仅存在于相邻两个符号之间，而且存在于更多的符号之间。所以对一般平稳有记忆信源，要从一般信息熵表达式出发，推导

出一般情况下平均符号熵。

设有一个平稳信源 $\boldsymbol{X}$ 具有一维概率空间

$$\begin{bmatrix}\boldsymbol{X}\\P\end{bmatrix}=\begin{bmatrix}a_1 & a_2 & \cdots & a_n\\P(a_1) & P(a_2) & \cdots & P(a_n)\end{bmatrix}$$

其中，

$$\begin{cases}P(a_i)\geqslant 0, & i=1,2,\cdots,n\\ \sum_{i=1}^{n}P(a_i)=1\end{cases}$$

$\boldsymbol{X}$ 所发出符号序列表示为$\cdots,X_1,X_2,\cdots,X_K,X_{K+1},\cdots$，假设信源符号之间相互依赖长度为 K，其各维概率分布不随时间推移而变化，故可描述如下：

$$\begin{cases}P(a_{i_1},a_{i_2})\\P(a_{i_1},a_{i_2},a_{i_3})\\ \quad\vdots\\P(a_{i_1},a_{i_2},\cdots,a_{i_K})\end{cases}\qquad \begin{array}{l}\sum_{i_1}\sum_{i_2}\cdots\sum_{i_k}P(a_{i_1},a_{i_2},\cdots,a_{i_k})=1\\ i_1,i_2,\cdots,i_k\in\{1,2,\cdots,n\},1\leqslant k\leqslant K\end{array}$$

进而序列化的联合熵和条件熵可分别表示为

$$H(X_1,X_2,\cdots,X_K)=-\sum_{i_1}\sum_{i_2}\cdots\sum_{i_K}P(a_{i_1},a_{i_2},\cdots,a_{i_K})\log P(a_{i_1},a_{i_2},\cdots,a_{i_K})$$

$$H(X_K\mid X_{K-1}X_{K-2}\cdots X_1)=-\sum_{i_1}\sum_{i_2}\cdots\sum_{i_K}P(a_{i_1},a_{i_2},\cdots,a_{i_K})\log P(a_{i_K}\mid a_{i_{K-1}}a_{i_{K-2}}\cdots a_{i_1})$$

由一般联合概率与条件概率关系式

$$\begin{aligned}P(a_{i_1},a_{i_2},\cdots,a_{i_K})&=P(a_{i_1})P(a_{i_2}\mid a_{i_1})\cdots P(a_{i_K}\mid a_{i_{K-1}}\cdots a_{i_1})\\&=\prod_{k=1}^{K}P(a_{i_k}\mid a_{i_{k-1}}\cdots a_{i_1})\end{aligned}$$

容易推得

$$\begin{aligned}H(\boldsymbol{X})&=H(X_1,X_2,\cdots,X_K)\\&=H(X_1)+H(X_2\mid X_1)+H(X_3\mid X_2X_1)+\cdots+H(X_K\mid X_{K-1}X_{K-2}\cdots X_1)\\&=\sum_{k=1}^{K}H(X_k\mid X_{k-1}\cdots X_1)\end{aligned}\tag{2.35}$$

式(2.35)启发我们应先探讨条件熵性质并借此分析平均符号熵的性质和极限。

命题 2.3　离散平稳信源 $\boldsymbol{X}$ 有以下几点性质：

(1) $H(X_K|X_{K-1}X_{K-2}\cdots X_1)$随 K 的增加是非递增的；

(2) $H_K(\boldsymbol{X})\geqslant H(X_K|X_{K-1}X_{K-2}\cdots X_1)$；

(3) $H_K(\boldsymbol{X})$随 K 增加是非递增的；

(4) 当 $H_1(\boldsymbol{X})=H(X_1)<\infty$时，$\lim\limits_{K\to\infty}H_K(\boldsymbol{X})$存在。

证明　(1) 利用熵的性质 8(信息熵不小于条件熵)和信源的平稳性质，显然有

$$H(X_2\mid X_1)\leqslant H(X_2),\quad H(X_2)=H(X_1)$$

$$H(X_3\mid X_2X_1)\leqslant H(X_3\mid X_2),\quad H(X_3\mid X_2)=H(X_2\mid X_1)$$

因此

$$H(X_3\mid X_2X_1)\leqslant H(X_2\mid X_1)\leqslant H(X_1)$$

一般地，通过递推可得

$$\begin{aligned}H(X_K \mid X_{K-1}X_{K-2}\cdots X_1) &\leqslant H(X_{K-1} \mid X_{K-2}X_{K-3}\cdots X_1)\\ &\leqslant H(X_{K-2} \mid X_{K-3}X_{K-4}\cdots X_1)\\ &\vdots\\ &\leqslant H(X_3 \mid X_2X_1)\\ &\leqslant H(X_2 \mid X_1)\\ &\leqslant H(X_1)\end{aligned}$$

这就证得性质(1)。

(2) 由式(2.35)可得

$$\begin{aligned}&KH_K(X_1,X_2,\cdots,X_K)\\ &=H(X_1)+H(X_2 \mid X_1)+H(X_3 \mid X_2X_1)+\cdots+H(X_K \mid X_{K-1}X_{K-2}\cdots X_1)\end{aligned}$$

再应用性质(1)可知

$$KH_K(\boldsymbol{X}) \geqslant KH(X_K \mid X_{K-1}X_{K-2}\cdots X_1)$$
$$H_K(\boldsymbol{X}) \geqslant H(X_K \mid X_{K-1}X_{K-2}\cdots X_1)$$

这就证得性质(2)。

(3) 由平均符号熵定义和熵的可加性可知

$$NH_K(\boldsymbol{X})=H(X_1X_2\cdots X_K)$$
$$(K-1)H_{K-1}(\boldsymbol{X})=H(X_1X_2\cdots X_{K-1})$$
$$\begin{aligned}KH_K(\boldsymbol{X})&=H(X_K \mid X_{K-1}X_{K-2}\cdots X_1)+H(X_1X_2\cdots X_{K-1})\\ &=H(X_K \mid X_{K-1}X_{K-2}\cdots X_1)+(K-1)H_{K-1}(\boldsymbol{X})\end{aligned}$$

进而应用性质(2)可得

$$KH_K(\boldsymbol{X}) \leqslant H_K(\boldsymbol{X})+(K-1)H_{K-1}(\boldsymbol{X})$$

即

$$H_K(\boldsymbol{X}) \leqslant H_{K-1}(\boldsymbol{X})$$

这就证得性质(3)。

(4) 从性质(3)和已知条件可知

$$0 \leqslant H_N(\boldsymbol{X}) \leqslant H_{N-1}(\boldsymbol{X}) \leqslant H_{N-2}(\boldsymbol{X}) \leqslant \cdots \leqslant H_1(\boldsymbol{X}) < \infty$$

故由数学分析知识可知极限 $\lim\limits_{N\to\infty} H_N(\boldsymbol{X})$ 存在，且该极限为 0 和 $H_1(\boldsymbol{X})$ 之间的某一值。 ■

命题 2.3 中的性质(1)表明在信源输出序列中符号之间前后依赖关系越强，前面若干符号发生后，其后发生什么符号的平均不确定性就越弱。也就是说，条件较多的熵必定小于或等于条件较少的熵，而条件熵必定小于等于无条件熵。另外几条性质是在性质(1)基础上推出来的。特别地，性质(4)表明平均符号熵存在极小值，该值称为极限熵。

定义 2.9 对于一个离散平稳信源 $\boldsymbol{X}$，若 $H_1(\boldsymbol{X})<\infty$，则其极限熵定义为

$$H_\infty(\boldsymbol{X}) \stackrel{\text{def}}{=} \lim_{K\to\infty} H_K(\boldsymbol{X}) \tag{2.36}$$

命题 2.4 对于一个离散平稳信源 $\boldsymbol{X}$，若 $H_1(\boldsymbol{X})<\infty$，则有

$$H_\infty(\boldsymbol{X}) = \lim_{K\to\infty} H(X_K \mid X_1X_2\cdots X_{K-1}) \tag{2.37}$$

证明 由命题 2.3 中的性质(2)可知 $\lim\limits_{K\to\infty} H_K(\boldsymbol{X}) \geqslant \lim\limits_{K\to\infty} H(X_K|X_{K-1}X_{K-2}\cdots X_1)$，下面只需证明 $\lim\limits_{K\to\infty} H_K(\boldsymbol{X}) \leqslant \lim\limits_{K\to\infty} H(X_K|X_{K-1}X_{K-2}\cdots X_1)$ 便可推知命题结论成立。

给定两个整数 K 和 N，则有

$$
\begin{aligned}
&H_{K+N}(X_1X_2\cdots X_K\cdots X_{K+N})\\
=&\frac{1}{K+N}H(X_1X_2\cdots X_K\cdots X_{K+N})\\
=&\frac{1}{K+N}[H(X_1\cdots X_{K-1})+H(X_K\mid X_{K-1}\cdots X_1)+\cdots+H(X_{K+N}\mid X_{K+N-1}\cdots X_1)]
\end{aligned}
$$

由条件熵非增性即命题 2.3 中的性质(1)得

$$
\begin{aligned}
&H_{K+N}(X_1X_2\cdots X_K\cdots X_{K+N})\\
\leqslant&\frac{1}{K+N}[H(X_1X_2\cdots X_{K-1})+H(X_K\mid X_{K-1}\cdots X_2X_1)+\cdots+H(X_K\mid X_{K-1}\cdots X_2X_1)]\\
=&\frac{1}{K+N}H(X_1X_2\cdots X_{K-1})+\frac{N+1}{K+N}H(X_K\mid X_{K-1}\cdots X_2X_1)
\end{aligned}
$$

固定 K，则 $H(X_1X_2\cdots X_{K-1})$ 与 $H(X_K|X_{K-1}\cdots X_2X_1)$ 为固定值。令 $N\to\infty$，则有

$$\frac{1}{K+N}H(X_1X_2\cdots X_{K-1})\to 0,\quad \frac{N+1}{K+N}\to 1$$

所以有

$$\lim_{N\to\infty}H_{K+N}(X_1X_2\cdots X_K\cdots X_{K+N})\leqslant H(X_K\mid X_{K-1}\cdots X_2X_1)$$

对上面不等式两边再令 $K\to\infty$，则

$$\lim_{K\to\infty}H_K(\boldsymbol{X})\leqslant\lim_{K\to\infty}H(X_K\mid X_{K-1}X_{K-2}\cdots X_1)$$

于是证得该命题。 ■

命题 2.4 表明，对于离散平稳信源，当考虑依赖关系为无限长时，平均符号熵和条件熵都非递增地一致趋于平稳信源的极限熵，所以我们可以考虑用条件熵或者平均符号熵来近似描述平稳信源。特别值得一提的是，在很多情况下，当 K 不大时 $H_\infty(\boldsymbol{X})$ 就已充分接近 $H_K(\boldsymbol{X})$ 或者 $H(X_K|X_{K-1}\cdots X_2X_1)$ 了。

2.5 马尔可夫信源

本节将讨论马尔可夫信源，它不一定具有平稳特性，却是一种重要而又实用的有记忆信源。

2.5.1 马尔可夫信源的数学描述

对于马尔可夫信源，信源输出的符号序列中符号之间的依赖关系是有限的，即任一时刻信源符号发生的概率仅与前面已经发出的若干符号有关，而与更前面发出的符号无关。

定义 2.10 记忆长度有限为 $m+1$ 的离散信源 $\boldsymbol{X}$ 称为 m 阶马尔可夫信源，其 t 时刻的数学模型可由一组(不随 t 变化)信源符号集合和一组(可随 t 变化)条件概率确定

$$\begin{bmatrix}\boldsymbol{X}\\P\end{bmatrix}=\begin{bmatrix}a_1 & a_2 & \cdots & a_n\\ \multicolumn{4}{c}{P^{(t)}(a_{i_{m+1}}\mid a_{i_m}a_{i_{m-1}}\cdots a_{i_1})}\end{bmatrix}\tag{2.38}$$

其中，

$$\begin{cases}\displaystyle\sum_{i_{m+1}}P^{(t)}(a_{i_{m+1}}\mid a_{i_m},a_{i_{m-1}},\cdots,a_{i_1})=1\\ i_1,i_2,\cdots,i_{m+1}\in\{1,2,\cdots,n\}\end{cases}$$

进一步地，如果上述条件概率与时间起点 t 无关，即

$$P^{(t)}(a_{i_{m+1}} \mid a_{i_m} a_{i_{m-1}} \cdots a_{i_1}) = P(a_{i_{m+1}} \mid a_{i_m} a_{i_{m-1}} \cdots a_{i_1})$$

则称为时齐(或齐次)的马尔可夫信源。

对于 m 阶马尔可夫信源 $\boldsymbol{X}$，它在任何时刻符号发生概率只与前面 m 个符号有关，可以把这前面 m 个符号序列($a_{i_m}, a_{i_{m-1}}, \cdots, a_{i_1}$)看作信源在此时刻所处的状态。时齐马尔可夫信源可很方便地采用状态转移图来描述。

例 2.6 对于一个二进制一阶时齐马尔可夫信源，其符号集只有两个元素：$a_1=0, a_2=1$，而其状态集也只有两个元素：$S_1=0, S_2=1$。已知条件概率为

$$P(a_1 \mid S_1)=0.25, \quad P(a_2 \mid S_1)=0.75$$

$$P(a_1 \mid S_2)=0.50, \quad P(a_2 \mid S_2)=0.50$$

则由于条件概率可求得状态转移概率为

$$P(S_1 \mid S_1)=0.25, \quad P(S_2 \mid S_1)=0.75$$

$$P(S_1 \mid S_2)=0.50, \quad P(S_2 \mid S_2)=0.50$$

这样就能画出该信源的状态转移图，如图 2.2 所示。

例 2.7 设有一个二进制二阶时齐马尔可夫信源，其符号集有两个元素：$a_1=0, a_2=1$，而其状态集要有四个元素：$S_1=00, S_2=01, S_3=10, S_4=11$，其条件概率具体为

$$\begin{cases} P(a_1 \mid S_1)=P(a_2 \mid S_4)=0.8 \\ P(a_2 \mid S_1)=P(a_1 \mid S_4)=0.2 \\ P(a_1 \mid S_2)=P(a_1 \mid S_3)=P(a_2 \mid S_2)=P(a_2 \mid S_3)=0.5 \end{cases}$$

相应地，其状态转移概率为

$$\begin{cases} P(S_1 \mid S_1)=0.8, \quad P(S_2 \mid S_1)=0.2 \\ P(S_3 \mid S_2)=0.5, \quad P(S_4 \mid S_2)=0.5 \\ P(S_1 \mid S_3)=0.5, \quad P(S_2 \mid S_3)=0.5 \\ P(S_3 \mid S_4)=0.2, \quad P(S_4 \mid S_4)=0.8 \end{cases}$$

这样就能画出该信源的状态转移图，如图 2.3 所示。

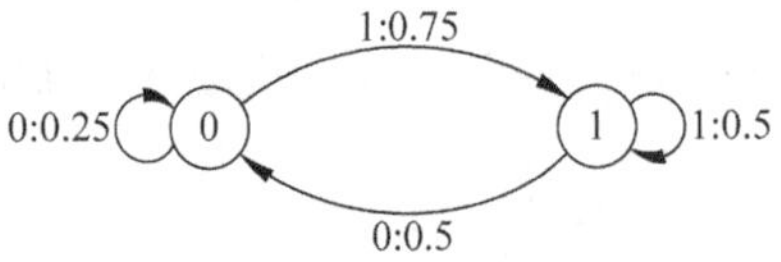

图 2.2 一阶马尔可夫信源状态转移图

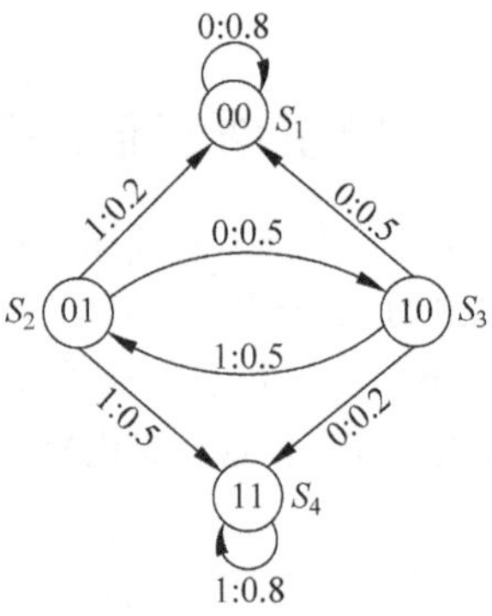

图 2.3 二阶马尔可夫信源状态转移图

对于一般由式(2.38)定义的 m 阶马尔可夫信源，共有 n^m 个不同状态，记为

$$S_i, \quad i=1,2,\cdots,n^m$$

那么该马尔可夫信源 t 时刻的状态空间可描述为

$$\begin{bmatrix} S_1 & S_2 & \cdots & S_{n^m} \\ P^{(t)}(S_j \mid S_i) \end{bmatrix}$$

其中状态转移概率 $P^{(t)}(S_j|S_i)$要由信源符号条件概率 $P^{(t)}(a_{i_{m+1}}|a_{i_m},a_{i_{m-1}},\cdots,a_{i_1})$来确定。

马尔可夫信源输出符号序列同时也产生状态序列，两个序列满足如下条件。

(1) 某一时刻信源符号的输出只与当时的信源状态有关，而与以前的状态及以前的输出符号都无关，即

$$P(a_{i_t} \mid S_{i_t},a_{i_{t-1}},S_{i_{t-1}},\cdots)=P(a_{i_t} \mid S_{i_t})$$

(2) 信源当前状态只由当前输出符号和前一时刻信源状态唯一确定，即

$$P(S_{i_t} \mid S_{i_{t-1}},a_{i_t})=\begin{cases}1, & S_{i_t}=(a_{i_t},a_{i_{t-1}},\cdots,a_{i_{t-m+1}}) \\ 0, & \text{其他}\end{cases}$$

由(1)和(2)可知信源输出符号序列完全由状态序列描述。于是可将符号序列不确定性问题转化为信源状态序列不确定性问题。在数学上这可通过马尔可夫链来处理。

2.5.2 马尔可夫链

由于

$$P(S_{i_t} \mid S_{i_{t-1}},S_{i_{t-2}},\cdots,S_{i_0})=P(S_{i_t} \mid S_{i_{t-1}})$$

因此称状态序列$\{S_{i_t},t\in N^+\}$形成一个马尔可夫链，其中 $N^+=\{0,1,2,\cdots\}$表示有序时刻集合。

在处理实际问题时，常常需要知道系统状态的转化情况。为此，对于两个不同时刻 t 和 t'，引入状态转移概率表示

$$P_{ij}(t,t')=P(S_{i_{t'}}=S_j \mid S_{i_t}=S_i),\quad t'>t$$

显然，转移概率具有下述性质

(1) $P_{ij}(t,t')\geqslant 0,\quad i,j\in\{1,2,\cdots,n^m\}$。

(2) $\sum_j P_{ij}(t,t')=1,\quad i\in\{1,2,\cdots,n^m\}$。

我们特别关心 $t'-t=1$ 的情况，将 $P_{ij}(t,t+1)$简记为 $P_{ij}(t)$，并称其为基本转移概率或一步转移概率。类似地，可定义 k 步转移概率为 $P_{ij}^{(k)}(t)=P_{ij}(t,t+k)$，并规定

$$P_{ij}^{(0)}(t)=\begin{cases}1, & i=j \\ 0, & i\neq j\end{cases}$$

此外，如果在马尔可夫链中，一直有

$$P_{ij}(t)=P_{ij},\quad i,j\in\{1,2,\cdots,n^m\}$$

则称这类马尔可夫链为时齐(或齐次)马尔可夫链。显然，马尔可夫信源若是时齐的，则其状态序列会形成时齐马尔可夫链。对于时齐马尔可夫链，显然满足

$$\begin{cases} P_{ij}\geqslant 0, & i,j\in\{1,2,\cdots,n^m\} \\ \sum_j P_{ij}=1, & i\in\{1,2,\cdots,n^m\}\end{cases}$$

并且还有 $P_{ij}^{(k)}(t)=P_{ij}^{(k)}$ 成立。

命题 2.5　对于具有 $p+q$ 步转移概率的时齐马尔可夫链，存在下述切普曼-柯尔莫哥

洛夫方程

$$P_{ij}^{(p+q)}=\sum_k P_{ik}^{(p)}P_{kj}^{(q)} \tag{2.39}$$

证明 $P_{ij}^{(p+q)}=P(S_{i_{t+p+q}}=S_j \mid S_{i_t}=S_i)$

$$=P(S_{i_{t+p+q}}=S_j,S_{i_t}=S_i)/P(S_{i_t}=S_i)$$

$$=\sum_k \frac{P(S_{i_{t+p+q}}=S_j,S_{i_{t+p}}=S_k,S_{i_t}=S_i)}{P(S_{i_{t+p}}=S_k,S_{i_t}=S_i)}\cdot\frac{P(S_{i_{t+p}}=S_k,S_{i_t}=S_i)}{P(S_{i_t}=S_i)}$$

$$=\sum_k P(S_{i_{t+p+q}}=S_j \mid S_{i_{t+p}}=S_k,S_{i_t}=S_i)\cdot P(S_{i_{t+p}}=S_k \mid S_{i_t}=S_i)$$

$$=\sum_k P(S_{i_{t+p+q}}=S_j \mid S_{i_{t+p}}=S_k)\cdot P(S_{i_{t+p}}=S_k \mid S_{i_t}=S_i)$$

$$=\sum_k P_{ik}^{(q)}\cdot P_{kj}^{(p)}$$

注：由于 $P(S_{i_{t'}}|S_{i_{t'-1}},S_{i_{t'-2}},\cdots)=P(S_{i_{t'}}|S_{i_{t'-1}})$，因此有

$$P(S_{i_{t+p+q}}=S_j \mid S_{i_{t+p}}=S_k,S_{i_t}=S_i)$$

$$=\sum_{\begin{Bmatrix} i_{t+p+q-1}\\ \vdots \\ i_{t+p+1}\end{Bmatrix}} P(S_{i_{t+p+q}}=S_j,S_{i_{t+p+q-1}},S_{i_{t+p+q-2}},\cdots,S_{i_{t+p+1}} \mid S_{i_{t+p}}=S_k,S_{i_t}=S_i)$$

$$=\sum_{\begin{Bmatrix} i_{t+p+q-1}\\ \vdots \\ i_{t+p+1}\end{Bmatrix}} P(S_{i_{t+p+q}}=S_j \mid S_{i_{t+p+q-1}})P(S_{i_{t+p+q-1}} \mid S_{i_{t+p+q-2}})\cdots P(S_{i_{t+p+1}} \mid S_{i_{t+p}}=S_k,S_{i_t}=S_i)$$

$$=P(S_{i_{t+p+q}}=S_j \mid S_{i_{t+p}}=S_k)$$ ■

利用上述命题可知

$$P_{ij}^{(2)}=\sum_k P_{ik}P_{kj}$$

$$P_{ij}^{(t+1)}=\sum_k P_{ik}^{(t)}P_{kj}=\sum_k P_{ik}P_{kj}^{(t)}$$

值得注意的是，转移概率不包含初始分布，即在 $t=0$ 时随机试验中 $S_{i_0}=S_i$ 的概率不能由转移概率 P_{ij} 表达。因此，还需引入初始分布。由初始分布及各时刻的一步转移概率就可以完整描述马尔可夫链$\{S_{i_t},t\in N^+\}$的统计特征。

若时齐马尔可夫链对一切 i、j 存在不依赖于 i 的极限

$$\lim_{t\to\infty}P_{ij}^{(t)}=P_j$$

且有

$$P_j>0,\quad P_j=\sum_i P_iP_{ij},\quad \sum_j P_j=1$$

则称该马尔可夫链具有**遍历性**，而概率集合$\{P_j\}$称为其稳态分布。遍历性的直观意义是，马尔可夫链不论从哪个状态 S_i 出发，当转移步数 t 足够大时，转移到状态 S_j 的概率 $P_{ij}^{(t)}$ 都近似等于某个非零常数 P_j。反过来说，如果转移步数 t 充分大，就可以用常数 P_j 作为 t 步转移概率 $P_{ij}^{(t)}$ 近似值。这意味着马尔可夫信源在初始时刻可以处在任意状态，然后信源状态之间可以转移；经过足够长时间后，信源处于什么状态已与初始状态无关。这时，每种状

态出现的概率已达到一种稳定的分布，即稳态分布。

在数学上，由于

$$
\begin{aligned}
P(S_{i_t}=S_j) &= \sum_i P(S_{i_0}=S_i, S_{i_t}=S_j) \\
&= \sum_i P(S_{i_0}=S_i)P(S_{i_t}=S_j \mid S_{i_0}=S_i) \\
&= \sum_i P_i^{(0)} P_{ij}^{(t)} \qquad (2.40)
\end{aligned}
$$

式中，$\{P_i^{(0)}\}$表示该马尔可夫链的初始分布。故若当 $t\to\infty$ 时有 $P_{ij}^{(t)}\to P_j$，则必有 $P(S_{i_t}=S_j)\to P_j$。令 $r=n^m$，$W_j^{(t)}=P(S_{i_t}=S_j)$，则还有

$$W_j^{(t)}=W_1^{(t-1)}P_{1j}+W_2^{(t-1)}P_{2j}+\cdots+W_r^{(t-1)}P_{rj},\quad j=1,2,\cdots,r \qquad (2.41)$$

式(2.40)和式(2.41)也能用矩阵形式递推表示。如令 $\boldsymbol{P}$ 表示该马尔可夫链的一步状态转移矩阵，并记 $\boldsymbol{W}^{(t)}=[W_1^{(t)}\quad W_2^{(t)}\quad \cdots \quad W_r^{(t)}]$，则可推得

$$\boldsymbol{W}^{(t)}=\boldsymbol{W}^{(t-1)}\boldsymbol{P}=\boldsymbol{W}^{(t-2)}\boldsymbol{P}^2=\cdots=\boldsymbol{W}^{(0)}\boldsymbol{P}^t$$

对于有限状态马尔可夫链，如果存在一个数集$\{W_1,W_2,\cdots,W_r\}$，且满足

$$\lim_{t\to\infty}P_{ij}^{(t)}=W_j,\quad i,j\in\{1,2,\cdots,r\}$$

则称该马尔可夫链的稳态分布存在(注：W_j 即上述的 P_j)。关于马尔可夫链稳态分布的存在性和求解性，有下面两个命题。

命题 2.6 设 $\boldsymbol{P}$ 为某一时齐马尔可夫链的状态转移矩阵，则该链稳态分布存在的充要条件是存在一个正整数 b，使 $\boldsymbol{P}^b$ 中所有元素均大于零。

命题 2.6 所给定的条件等价于存在一个状态 S_j 和正整数 b，使得从任意初始状态出发，经过 b 步转移之后，一定可以到达状态 S_j。同时，从命题 2.6 可以推论出，如果 $\boldsymbol{P}$ 中没有零元素，即任一状态经一步转移后便可到达其他状态，则稳态分布存在。

命题 2.7 设有一时齐马尔可夫链，其状态转移矩阵为 $\boldsymbol{P}=(P_{ij})$，其稳态分布为$\{W_j: 1\leqslant j\leqslant r\}$，记 $\boldsymbol{W}=(W_1,W_2,\cdots,W_r)$，则有

$$\begin{cases}\boldsymbol{WP}=\boldsymbol{W}\\ \sum_j W_j=1\end{cases} \qquad (2.42)$$

并且 $\boldsymbol{W}$ 是该链的唯一稳态分布。

例 2.8 设有一个时齐马尔可夫链，其状态转移矩阵为

$$\boldsymbol{P}=\begin{bmatrix}0 & 0 & 1\\ 1/2 & 1/3 & 1/6\\ 1/2 & 1/2 & 0\end{bmatrix}$$

应用命题 2.6 可验证其稳态分布存在性

$$\boldsymbol{P}=\begin{bmatrix}0 & 0 & \times\\ \times & \times & \times\\ \times & \times & 0\end{bmatrix}\Rightarrow \boldsymbol{P}^2=\begin{bmatrix}\times & \times & 0\\ \times & \times & \times\\ \times & \times & \times\end{bmatrix}\Rightarrow \boldsymbol{P}^3=\begin{bmatrix}\times & \times & \times\\ \times & \times & \times\\ \times & \times & \times\end{bmatrix}$$

其中“×”表示非零元素。因此，这个马尔可夫链是遍历的，其稳态分布存在。

应用命题 2.7 可计算出稳态分布

$$\boldsymbol{WP}=\boldsymbol{W},\quad \sum_j W_j=1$$

$$\begin{cases} \boldsymbol{WP}=\boldsymbol{W} \\ \sum_j W_j=1 \end{cases} \Rightarrow \begin{cases} W_1=\frac{1}{2}W_2+\frac{1}{2}W_3 & (1) \\ W_2=\frac{1}{3}W_2+\frac{1}{2}W_3 & (2) \\ W_3=W_1+\frac{1}{6}W_2 & (3) \\ W_1+W_2+W_3=1 & (4) \end{cases} \Rightarrow \begin{cases} W_1=\frac{1}{3} \\ W_2=\frac{2}{7} \\ W_3=\frac{8}{21} \end{cases}$$

注意：方程(1)+(2)+(3)有 $W_1+W_2+W_3=W_1+W_2+W_3$，故还需方程(4)。

2.5.3 极限熵与条件熵

下面考虑计算遍历的 m 阶马尔可夫信源 $\boldsymbol{X}$ 所能提供的平均信息量，即信源的极限熵 $H_\infty(\boldsymbol{X})$，简记为 H_∞。由前面的分析可知，当时间足够长后，遍历的 m 阶马尔可夫信源可以视为平稳信源来处理。又因为信源发出的符号只与最近的 m 个符号有关，所以由 2.5.2 节内容可知

$$\begin{aligned} \boldsymbol{H}_\infty &= \lim_{K\to\infty} H(X_K \mid X_{K-1},X_{K-2},\cdots,X_1) \\ &= H(X_{m+1} \mid X_m,X_{m-1},\cdots,X_1) \end{aligned}$$

即 m 阶马尔可夫信源的极限熵 $\boldsymbol{H}_\infty$ 等于 m 阶条件熵。为此需要计算出条件熵 $H(X_{m+1} \mid X_m,X_{m-1},\cdots,X_1)$，简记为 $\boldsymbol{H}_{m+1}$。对于时齐而遍历的马尔可夫链，其状态 S_{i_j} 由 $(a_{i_m},a_{i_{m-1}},\cdots,a_{i_1})$ 唯一确定，因此有

$$\begin{aligned} \boldsymbol{H}_{m+1} &= H(X_{m+1} \mid X_m,X_{m-1},\cdots,X_1) \\ &= -\sum_{i_{m+1},i_m,\cdots,i_1} P(a_{i_{m+1}},a_{i_m},\cdots,a_{i_1})\log P(a_{i_{m+1}} \mid a_{i_m}a_{i_{m-1}}\cdots a_{i_1}) \\ &= -\sum_{i_{m+1},i_m,\cdots,i_1;\,i_j} P(a_{i_{m+1}},a_{i_m},\cdots,a_{i_1},S_{i_j})\log P(a_{i_{m+1}} \mid a_{i_m}a_{i_{m-1}}\cdots a_{i_1}) \\ &= -\sum_{i_{m+1}}\sum_{i_j} P(a_{i_{m+1}},S_{i_j})\log P(a_{i_{m+1}} \mid S_{i_j}) \\ &= -\sum_{i_{m+1}}\sum_{i_j} P(S_{i_j})P(a_{i_{m+1}} \mid S_{i_j})\log P(a_{i_{m+1}} \mid S_{i_j}) \\ &= +\sum_{i_j} P(S_{i_j})H(X_{m+1} \mid S_{i_j}) \\ &= \sum_i P(S_i)H(X \mid S_i) \end{aligned} \tag{2.43}$$

式(2.43)表明，m 阶马尔可夫信源的极限熵 $\boldsymbol{H}_\infty$ 可通过相应的马尔可夫链的稳态分布和稳态下的条件熵来计算。

例 2.9 考虑如图 2.3 所示的二阶时齐马尔可夫信源状态转移图，试求其极限熵 $\boldsymbol{H}_\infty$。

解 由图 2.3 可知，该马尔可夫信源具有如下状态转移矩阵

$$\boldsymbol{P}=\begin{bmatrix} 0.8 & 0.2 & 0 & 0 \\ 0 & 0 & 0.5 & 0.5 \\ 0.5 & 0.5 & 0 & 0 \\ 0 & 0 & 0.2 & 0.8 \end{bmatrix}$$

若用×表示矩阵非零元素，显然有

$$\boldsymbol{P}\times\boldsymbol{P}=\begin{bmatrix}\times&\times&\times&\times\\\times&\times&\times&\times\\\times&\times&\times&\times\\\times&\times&\times&\times\end{bmatrix}$$

应用命题 2.6 可知，该马尔可夫信源所对应的马尔可夫链的稳态分布存在。

依据命题 2.7 可求出稳态分布

$$\begin{cases}\sum W_i=1\\\boldsymbol{WP}=\boldsymbol{W}\end{cases}\Rightarrow\begin{cases}W_1=W_4=\dfrac{5}{14}\\W_2=W_3=\dfrac{1}{7}\end{cases}$$

这意味着在稳定情况下图 2.3 中的四个状态出现的概率分别为

$$P(S_1)=P(S_4)=\frac{5}{14}$$

$$P(S_2)=P(S_3)=\frac{1}{7}$$

于是应用式(2.43)，有

$$\begin{aligned}\boldsymbol{H}_\infty=\boldsymbol{H}_3&=\sum_i P(S_i)H(X\mid S_i)\\&=-\sum_i\sum_j P(S_i)P(a_j\mid S_i)\log P(a_j\mid S_i)\\&=\frac{5}{14}H(0.8,0.2)+\frac{1}{7}H(0.5,0.5)+\frac{1}{7}H(0.5,0.5)+\frac{5}{14}H(0.8,0.2)\\&=\frac{5}{7}\times0.7219+\frac{2}{7}\times1=0.8(\text{bit})\end{aligned}$$

■

2.6 信源的相关性与冗余度

前几节讨论了各类离散信源及其信息熵，尤其重点讨论了平稳信源及其极限熵 $\boldsymbol{H}_\infty$。然而，实际的离散信源可能是非平稳的，对于非平稳信源来说，其 $\boldsymbol{H}_\infty$ 不一定存在，但可以假定它是平稳的，用平稳信源的 $\boldsymbol{H}_\infty$ 来近似。即便如此，对于一般平稳的离散信源，求 $\boldsymbol{H}_\infty$ 值也是极其困难的。那么，进一步可以假定它是记忆长度有限的 m 阶马尔可夫信源，用 m 阶马尔可夫信源的条件熵 $\boldsymbol{H}_{m+1}$ 来近似。实际上，对于大多数平稳信源确实可以用马尔可夫信源来近似。当 $m=1$ 时，信源的条件熵就可简化为 $\boldsymbol{H}_{m+1}=\boldsymbol{H}_2=H(X_2|X_1)$。若要再进一步简化，则可假设信源为无记忆信源，而信源符号要有一定的概率分布。这时，可用信源的平均自信息量 $\boldsymbol{H}_1=H(X)$来近似。最后，若可以假定是等概率分布的离散无记忆信源，则可用最大熵 $\boldsymbol{H}_0=\log n$ 来近似。因此，对于一般的离散信源都可以近似地用不同记忆长度的马尔可夫信源来逼近。由前面讨论可知

$$\boldsymbol{H}_0\geqslant\boldsymbol{H}_1\geqslant\boldsymbol{H}_2\geqslant\cdots\geqslant\boldsymbol{H}_{m+1}\geqslant\cdots\geqslant\boldsymbol{H}_\infty$$

由此可见，信源符号间的依赖关系使信源的熵减小。它们的前后依赖关系越强，则信源的熵越小，只当信源符号间彼此无依赖、等概率分布时，信源的熵才会达到最大。也就是说，信源符号之间依赖关系越强，每个符号提供的平均信息量越小。每个符号提供的平均自信息随

着符号间依赖关系强度的增加而减少。为此,引进信源的冗余度来衡量信源的相关性程度。

定义 2.11 平稳信源 $\boldsymbol{X}$ 具有极限熵 $\boldsymbol{H}_{\infty}$。给定 m,假定其条件熵 $\boldsymbol{H}_{m+1}$ 已知,那么定义关于 m 信源的信传率为

$$\eta_m = \frac{\boldsymbol{H}_{\infty}}{\boldsymbol{H}_{m+1}} \tag{2.44}$$

定义关于 m 信源的冗余度为

$$\gamma_m = 1 - \eta_m = 1 - \frac{\boldsymbol{H}_{\infty}}{\boldsymbol{H}_{m+1}} \tag{2.45}$$

对于一般平稳信源来说,极限熵为 $\boldsymbol{H}_{\infty}$,这就是说我们需要传送这一信源的信息,理论上只需要有传送 $\boldsymbol{H}_{\infty}$ 的手段即可。但实际上我们对它的统计特性未能完全掌握,只能算出 $\boldsymbol{H}_{m+1}$,若用能传送 $\boldsymbol{H}_{m+1}$ 的手段传送具有 $\boldsymbol{H}_{\infty}$ 的信源,当然很不经济。因此 η_m 反映信息传送效率——信传率,显然 $0 \leqslant \eta_m \leqslant 1$。而 $\gamma_m = (1-\eta_m)$ 则表示信源肯定性的程度,因为肯定性不含有信息量,所以是冗余的。因此,γ_m 反映信息冗余度。

以信源传送英文字母的符号为例来计算 $\boldsymbol{H}_{m+1}$。英文共有 26 个字母,加上空格共有 27 个符号,则可计算出 $m=-1$ 时最大熵为

$$\boldsymbol{H}_0 = \log 27 = 4.76(\text{bit})$$

对英文书中各个符号出现概率加以统计,见表 2.1。如果认为英文字母之间是无记忆的,则依据表 2.1 计算出 $m=0$ 时符号熵为

$$\boldsymbol{H}_1 = 4.03(\text{bit})$$

事实上,英文字母之间是有记忆的。考虑前后两个、三个甚至无穷多个字母之间存在的相关性,依据字母出现的统计规律,可以求得任意 $m>0$ 情况下的条件熵为

$$\boldsymbol{H}_2 = 3.32(\text{bit})$$

$$\boldsymbol{H}_3 = 3.10(\text{bit})$$

$$\vdots$$

$$\boldsymbol{H}_{\infty} = 1.40(\text{bit})$$

若用最简单、最不经济的传送方式,即采用等概率假设下的最大熵传送方式,则信源冗余度会达到

$$\gamma_0 = 1 - \frac{\boldsymbol{H}_{\infty}}{\boldsymbol{H}_0} = 0.71$$

这意味着要传送 100 页的英文书,理论上可以压缩掉其中的 71 页,只需要传送 29 页就可以了。在接收端,对收到的 29 页,依据英文的统计特性就可以恢复出完整的 100 页英文书。

在实际通信系统中,为了提高传输效率,往往需要把信源的大量冗余进行压缩,即所谓信源编码。这是第 4 章将要讨论的主题。

习题解答

2.1 同时抛掷一对质地均匀的骰子,也就是各面朝上发生的概率均为 $\frac{1}{6}$。试求:

(1)“3 和 5 同时发生”这一事件的自信息量;

(2)“两个6同时发生”这一事件的自信息量；

(3)“两个点数中至少有一个是2”这一事件的自信息量；

(4)“两个点数之和为7”这一事件的自信息量。

解 对于质地均匀的骰子，扔的某一点数面朝上的概率是相等的，其概率为1/6(骰子共六个面，六个点数)，同时抛一对均匀的骰子，这两个事件是相互独立的，所以两骰子面朝上点数的状态共有6×6=36种，其中任一状态的分布都是等概率的，出现的概率为1/36。

(1) 设“3和5同时发生”为事件A，则A的发生有两种情况：甲3乙5，甲5乙3。因此，事件A发生的概率为

$$p(A)=\frac{1}{36}\times 2=\frac{1}{18}$$

故事件A的自信息量为

$$I(A)=-\log p(A)=\log 18=4.17(\text{bit})$$

(2) 设“两个6同时发生”为事件B，则B的发生只有一种情况：甲6乙6。所以事件B发生概率为

$$p(B)=\frac{1}{36}$$

故事件B的自信息为

$$I(B)=-\log p(B)=\log 36=5.17(\text{bit})$$

(3) 设“两个点数至少有一个是2”为事件C，则C发生的概率为

$$p(C)=1-\frac{5}{6}\times\frac{5}{6}=\frac{11}{36}$$

故事件C的自信息量为

$$I(C)=-\log p(C)=\log\frac{36}{11}=1.71(\text{bit})$$

(4) 设“两个点数之和为7”为事件D，则D发生有六种情况：甲1乙6，甲6乙1，甲2乙5，甲5乙2，甲3乙4，甲4乙3。所以事件D发生的概率为

$$p(D)=\frac{6}{36}=\frac{1}{6}$$

故事件D的自信息为

$$I(D)=-\log p(D)=\log 6=2.585(\text{bit})$$ ■

2.2 一副充分洗乱了的牌(没有大王和小王，只含52张牌)，试问：

(1) 任意一个特定排列所给出的信息量是多少？

(2) 若从中抽取13张牌，所给出的点数都不相同时得到多少信息量？

解 (1) 一副充分洗乱的扑克牌，共有52张，这52张牌不同排列的总数为

$$P_{52}^{52}=52!$$

因为牌充分洗乱，所以任一特定排列(设为事件A)的概率是相同的，为

$$p(A)=\frac{1}{52!}=1.24\times 10^{-68}$$

所以，任一特定排列所给的信息量为

$$I(A)=-\log p(A)=225.58(\text{bit})$$

(2) 设事件 B 为“从中取出13张牌，所给的点数都不相同”。从扑克牌中取出13张，不考虑排列顺序共有 C_{52}^{13} 种。而扑克牌中每一点数有4种不同的花色，每一花色都有13种不同的点数，13张牌中点数都不相同的状态数为 4^{13}；因为牌是充分洗乱的，所以在这 C_{52}^{13} 种组合中所有点数都不相同的事件是等概率发生的，这样有

$$p(B)=(C_4^1)^{13}/C_{52}^{13}=1.057\times10^{-4}$$

则事件 B 发生所得的信息量为

$$I(B)=-\log p(B)=13.21(\text{bit})$$

■

2.3 从大量统计资料知道，男性中红绿色盲的发病率为7%，女性发病率为0.5%。如果你问一位男同志：“你是否是红绿色盲?”他的回答可能是“是”，可能是“否”，问这两个回答中各含有多少信息量？平均每个回答中含有多少信息量？如果你问一位女同志，则回答中含有的平均自信息量是多少？

解 对于男性，是红绿色盲的概率记作 $p(a_1)=7\%$，不是红绿色盲的概率记作 $p(a_2)=93\%$，这两种情况各含的信息量为

$$I(a_1)=\log[1/p(a_1)]=\log\frac{100}{7}=3.83(\text{bit})$$

$$I(a_2)=\log[1/p(a_2)]=\log\frac{100}{93}=0.105(\text{bit})$$

平均每个回答中含有的信息量为

$$\begin{aligned}H(A)&=p(a_1)\log[1/p(a_1)]+p(a_2)\log[1/p(a_2)]\\&=\frac{7}{100}\times3.83+\frac{93}{100}\times0.105=0.366(\text{bit})\end{aligned}$$

对于女性，是红绿色盲的概率记为 $p(b_1)=0.5\%$，不是红绿色盲的概率记作 $p(b_2)=99.5\%$，则平均每个回答中含有的信息量为

$$\begin{aligned}H(B)&=p(b_1)\log[1/p(b_1)]+p(b_2)\log[1/p(b_2)]\\&=\frac{5}{1000}\times\log\frac{1000}{5}+\frac{995}{1000}\times\log\frac{1000}{995}\\&=0.045(\text{bit})\end{aligned}$$

显然有

$$H(A)>H(B)$$

■

2.4 每帧电视图像可以认为由 3×10^5 像素组成，所有像素均独立变化，且每一像素又取128个不同的亮度电平，并设亮度电平等概率分布，问每帧含有多少信息量？若现有一广播员在约10 000个汉字的字汇中选出1000个字来口述此电视图像，试问广播员描述此图像所广播的信息量是多少(假设汉字词汇等概率分布，并彼此无依赖)？若要恰当地描述此图像，广播员在口述中至少需要多少汉字？

解 平均每帧图像含有的信息量为

$$H_1(X)=\sum_{i=1}^{128^{3\times10^5}}p(a_i)\log\frac{1}{p(a_i)}=\log128^{3\times10^5}=2.1\times10^6(\text{比特每帧图像})$$

广播员口述从10 000个汉字有效且独立地取1000个描述此事件，广播含有的信息量为

$$H_2(X)=\sum_{i=1}^{10\,000^{1000}} p(b_i)\log\frac{1}{p(b_i)}=\log 10\,000^{1000}=\log 10^{4000}$$
$$\approx 1.3\times 10^4\text{(比特每则广播)}$$

假设需要 N 个汉字，令

$$H'_2(X)=\sum_{i=1}^{10\,000^N} p'(b_i)\log\frac{1}{p'(b_i)}=\log 10^{4N}=H_1(X)=2.1\times 10^6\text{(比特每帧图像)}$$

则可以解得

$$N=1.58\times 10^5$$ ■

2.5 如有 6 行 8 列的棋盘形方格，若有 2 个质点 A 和 B，分别以等概率落入任一方格内，且它们的坐标分别为(X_A, Y_A)、(X_B, Y_B)，但 A 和 B 不能落入同一方格内。试求：

(1) 若仅有质点 A，求 A 落入任一方格的平均自信息量；

(2) 若已知 A 已入，求 B 落入的平均自信息量；

(3) 若 A、B 是可分辨的，求 A、B 同时落入的平均自信息量。

解 (1) A 落入任一方格的概率为

$$p(a_i)=\frac{1}{6\times 8}=\frac{1}{48}$$

则平均自信息量为

$$H(A)=\sum_{i=1}^{48} p(a_i)\log\frac{1}{p(a_i)}=\log 48=5.58\text{(bit)}$$

(2) A 落入后，B 再落入的概率

$$p(b_j)=\frac{1}{47}$$

$$H(B)=\sum_{j=1}^{47} p(b_j)\log\frac{1}{p(b_j)}=\log 47=5.55\text{(bit)}$$

(3) A、B 同时落入的联合熵

$$H(A,B)=\sum_{i=1}^{48}\sum_{j=1}^{47} p(a_ib_j)\log\frac{1}{p(a_ib_j)}=\log(47\times 48)=11.14\text{(bit)}$$ ■

2.6 对某城市进行交通忙闲的调查，并把天气分成晴雨两种状态，气温分成冷暖两个状态。调查结果得到联合出现的相对频度如下：

忙	晴	冷	12
		暖	8
	雨	冷	27
		暖	16
闲	晴	冷	8
		暖	15
	雨	冷	4
		暖	12

若把这些频度视为概率测度，求：

(1) 忙闲的无条件熵；

(2) 天气状态和气温状态已知时的条件熵。

解 (1) 以频率取代概率，调查样本的总体为 102 天，其中"忙"为 63 天，"闲"为 39 天。故

$$p(\text{忙})=\frac{63}{102},\quad p(\text{闲})=\frac{39}{102}$$

因此忙闲的无条件熵为

$$H_1=-\frac{63}{102}\log\frac{63}{102}-\frac{39}{102}\log\frac{39}{102}=0.959(\text{bit})$$

(2) 先求天气状况和冷暖状态的分布(p_i)

$$p(\text{晴冷})=\frac{20}{102},\quad p(\text{晴暖})=\frac{23}{102},\quad p(\text{雨冷})=\frac{31}{102},\quad p(\text{雨暖})=\frac{28}{102}$$

再求已知上述条件下的"忙闲"条件分布(p_{ji})

$$p(\text{忙}\mid\text{晴冷})=\frac{12}{12+8}=\frac{3}{5},\quad P(\text{闲}\mid\text{晴冷})=\frac{2}{5}$$

$$p(\text{忙}\mid\text{晴暖})=\frac{8}{15+8}=\frac{8}{23},\quad P(\text{闲}\mid\text{晴暖})=\frac{15}{23}$$

$$p(\text{忙}\mid\text{雨冷})=\frac{27}{27+4}=\frac{27}{31},\quad P(\text{闲}\mid\text{雨冷})=\frac{4}{31}$$

$$p(\text{忙}\mid\text{雨暖})=\frac{16}{16+12}=\frac{4}{7},\quad P(\text{闲}\mid\text{雨暖})=\frac{3}{7}$$

故所求条件熵为

$$H_2=-\sum p_i p_{ji}\log p_{ji}=0.84(\text{bit})$$ ■

2.7 某无记忆信源的符号集为{0,1}，已知信源的概率空间为

$$\begin{bmatrix}X\\P\end{bmatrix}=\begin{bmatrix}0 & 1\\1/4 & 3/4\end{bmatrix}$$

(1) 求消息符号的平均熵；

(2) 由100个符号构成的序列，求每一特定序列[例如由 m 个"0"和($100-m$)个"1"构成]自信息量的表达式；

(3) 计算(2)中的熵。

解 (1) 消息符号的平均熵为

$$\begin{aligned}H(X)&=-\frac{1}{4}\log\frac{1}{4}-\frac{3}{4}\log\frac{3}{4}\\&=0.81(\text{bit})\end{aligned}$$

(2) 自信息量为

$$\begin{aligned}I(X)&=m\log4+(100-m)\log\frac{4}{3}\\&=200-(100-m)\log3\end{aligned}$$

(3) (2)中的熵为

$$\begin{aligned}H(X)&=\frac{1}{100}I(X)\\&=2-\left(1-\frac{m}{100}\right)\log3\end{aligned}$$ ■

2.8 令 X 为抛掷硬币直至其正面第一次向上所需的次数，求 $H(X)$。

解 抛掷 n 次硬币就使其正面向上的概率为

$$P(X=n)=\left(\frac{1}{2}\right)^{n-1}\cdot\frac{1}{2}=\left(\frac{1}{2}\right)^{n}$$

则有

$$H(X)=-\sum_{n=1}^{\infty}\frac{1}{2}\left(\frac{1}{2}\right)^{n-1}\log\left(\frac{1}{2}\right)^{n}=\sum_{n=1}^{\infty}\frac{n}{2^{n}}=2(\text{bit})$$ ■

2.9　已知随机变量 X 和 Y 的联合概率分布 $p(a_i,b_j)$满足

$$p(a_1)=\frac{1}{2},\quad p(a_2)=p(a_3)=\frac{1}{4},\quad p(b_1)=\frac{2}{3},\quad p(b_2)=p(b_3)=\frac{1}{6}$$

试求能使 $H(X,Y)$取最大值的联合概率分布。

解　因为 $H(X,Y)\leqslant H(X)+H(Y)$，只有在 X 和 Y 相互独立时等号成立，$H(X,Y)$取最大值。此时

$$p(a_kb_j)=p(a_k)p(b_j)$$

所以当联合概率分布为

$$p(a_1b_1)=\frac{1}{3},\quad p(a_1b_2)=\frac{1}{12},\quad p(a_1b_3)=\frac{1}{12}$$

$$p(a_2b_1)=\frac{1}{6},\quad p(a_2b_2)=\frac{1}{24},\quad p(a_2b_3)=\frac{1}{24}$$

$$p(a_3b_1)=\frac{1}{6},\quad p(a_3b_2)=\frac{1}{24},\quad p(a_3b_3)=\frac{1}{24}$$

此时 $H(X,Y)$取最大值。 ■

2.10　应用引理 2.2 证明：

(1) $H(X,Y|Z)\leqslant H(X|Z)+H(Y|Z)$；

(2) 当且仅当 $P(x_i,y_j|z_k)=P(x_i|z_k)P(y_j|z_k)$时等号成立。

证明　既然有

$$H(X,Y\mid Z)=\sum_k P(Z_k)H(X,Y\mid Z_k)$$

若能证 $H(X,Y|Z_k)\leqslant H(X|Z_k)+H(Y|Z_k)$成立，则有

$$\begin{aligned}H(X,Y\mid Z)&\leqslant\sum_k P(Z_k)H(X\mid Z_k)+\sum_k P(Z_k)H(Y\mid Z_k)\\&=H(X\mid Z)+H(Y\mid Z)\end{aligned}$$

为此只需证明 $H(X,Y|Z_k)\leqslant H(X|Z_k)+H(Y|Z_k)$成立即可。

下面运用引理 2.2 来证明。

由于

$$\begin{aligned}&H(X,Y\mid Z_k)-H(X\mid Z_k)-H(Y\mid Z_k)\\&=-\sum_i\sum_j p(x_i,y_j\mid z_k)\log p(x_i,y_j\mid z_k)+\sum_i p(x_i\mid z_k)\log p(x_i\mid z_k)+\\&\quad\sum_j p(y_j\mid z_k)\log p(y_j\mid z_k)\\&=-\sum_{ij}p(x_i,y_j\mid z_k)\log p(x_i,y_j\mid z_k)+\sum_{ij}p(x_i,y_j\mid z_k)\log p(x_i\mid z_k)+\\&\quad\sum_{ij}p(x_i,y_j\mid z_k)\log p(y_j\mid z_k)\\&=+\sum_{ij}p(x_i,y_j\mid z_k)\log\frac{p(x_i\mid z_k)p(y_j\mid z_k)}{p(x_i,y_j\mid z_k)}\leqslant 0\end{aligned}$$

故得证。

注意证明所需细节如下:

令 $p(x_i,y_j|z_k)=P(u_b)$,且 $b\leftrightarrow(i,j)$,再令

$$p(x_i\mid z_k)p(y_j\mid z_k)=Q(u_b)$$

则

$$\sum_b P(u_b)=1,\quad \sum_b Q(u_b)=1$$

故可应用引理 2.2 完成证明。

另外,如要等号成立,则再由引理 2.2 可知,成立的充要条件是

$$P(u_b)=Q(u_b),\quad \forall b$$

即

$$P(x_i,y_j\mid z_k)=P(x_i\mid z_k)P(y_j\mid z_k),\quad \forall i,j,k$$ ■

2.11 一个消息符号由 0,1,2,3 组成,已知 $p(0)=3/8$,$p(1)=1/4$,$p(2)=1/4$,$p(3)=1/8$。试求由无记忆信源产生的 60 个符号构成的消息的平均自信息量。

解 先计算一个符号的平均自信息量(熵)

$$\begin{aligned}H(X)&=-\sum_{i=0}^{3}p(i)\log p(i)\\&=-p(0)\log p(0)-p(1)\log p(1)-p(2)\log p(2)-p(3)\log p(3)\\&=-\frac{3}{8}\log\frac{3}{8}-2\times\frac{1}{4}\log\frac{1}{4}-\frac{1}{8}\log\frac{1}{8}\\&=1.9056(\text{bit})\end{aligned}$$

无记忆信源 60 个符号组成的消息的熵

$$H(X^{60})=60H(X)=60\times1.9056=114.34(\text{bit})$$ ■

2.12 设有一个信源,它产生 0,1 序列的消息。该信源在任意时间而且不论以前发出过什么消息符号,均按 $P(0)=0.4$,$P(1)=0.6$ 的概率发出信号。

(1) 试问这个信源是否平稳;

(2) 试计算 $H(X^2)$、$H(X_3|X_1,X_2)$及 $\lim\limits_{N\to\infty}H_N(\boldsymbol{X})$;

(3) 试计算 $H(X^4)$并写出 X^4 信源中可能发出的所有符号。

解 (1) 由题中条件,该信源是离散无记忆信源,对任意 $i_1,i_2,\cdots,i_N$ 和 $h>0$,有

$$\begin{aligned}&x_1,x_2,\cdots,x_N\in\{0,1\}\\&p\{X_{i_1}=x_1,X_{i_2}=x_2,\cdots,X_{i_N}=x_N\}\\&=0.4^{N_1}\times0.6^{N-N_1}\\&=p\{X_{i_1+h}=x_1,X_{i_2+h}=x_2,\cdots,X_{i_N+h}=x_N\}\end{aligned}$$

其中,N_1 为 $x_1,x_2,\cdots,x_N$ 中 0 的个数。故该信源是平稳的。

(2) 由离散无记忆信源的扩展信源的性质,有

$$\begin{aligned}H(X^2)&=2H(X)\\&=2\cdot[-0.4\log0.4-0.6\log0.6]\\&=1.94(\text{bit})\end{aligned}$$

$$H(X_3 \mid X_1, X_2) = H(X_3) = 0.971(\text{bit})$$

$$\lim_{N\to\infty} H_N(X) = \lim_{N\to\infty} H_N(X_N \mid X_1 X_2 \cdots X_{N-1}) = H(X) = 0.971(\text{bit})$$

(3)

$$H(X^4) = 4H(X) = 4 \cdot [-0.4\log 0.4 - 0.6\log 0.6] = 3.884(\text{bit})$$

可能发出的符号有0000,0001,0010,0011,0100,0101,0110,0111,1000,1001,1010,1011,1100,1101,1110,1111。 ■

2.13 有一个二阶马尔可夫信源,其状态转移概率如图2.4所示,括号中的数表示转移时发出的符号。求各状态的稳定概率和信源的符号熵。

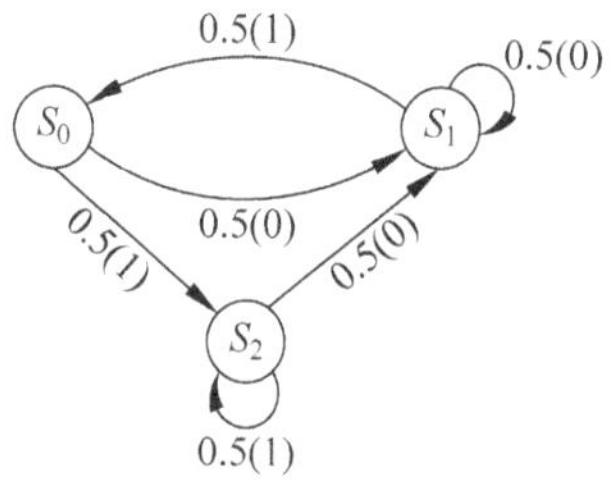

图2.4 习题2.13图

解 状态转移概率矩阵为

$$\boldsymbol{P} = \begin{bmatrix} 0 & \frac{1}{2} & \frac{1}{2} \\ \frac{1}{2} & \frac{1}{2} & 0 \\ 0 & \frac{1}{2} & \frac{1}{2} \end{bmatrix}$$

由 $\boldsymbol{WP}=\boldsymbol{W}$ 求稳态分布

$$\begin{cases} W_1 = \frac{1}{2}W_2 \\ W_2 = \frac{1}{2}(W_1 + W_2 + W_3) \\ W_3 = \frac{1}{2}(W_1 + W_3) \end{cases} \Rightarrow \begin{cases} W_1 = \frac{1}{4} \\ W_2 = \frac{1}{2} \\ W_3 = \frac{1}{4} \end{cases}$$

因此

(1)

$$P(S_0) = W_1 = \frac{1}{4}$$

$$P(S_1) = W_2 = \frac{1}{2}$$

$$P(S_2) = W_3 = \frac{1}{4}$$

(2)

$$\boldsymbol{H}_\infty = \sum_j P(S_j) H(X \mid S_j) = \frac{1}{4}H\left(\frac{1}{2},\frac{1}{2}\right) + \frac{1}{2}H\left(\frac{1}{2},\frac{1}{2}\right) + \frac{1}{4}H\left(\frac{1}{2},\frac{1}{2}\right) = 1(\text{比特}/\text{符号})$$

■

2.14 设某时齐马尔可夫链的一步转移概率矩阵为

$$\begin{array}{c} \\ 0 \\ 1 \\ 2 \end{array}\begin{array}{c} \begin{matrix} 0 & 1 & 2 \end{matrix} \\ \begin{bmatrix} q & p & 0 \\ q & 0 & p \\ 0 & q & p \end{bmatrix} \end{array}$$

试求：

(1) 该马尔可夫链的二步转移概率矩阵；

(2) 达到稳态后状态“0”“1”“2”的极限概率。

解 (1) 由一步转移概率矩阵与二步转移概率矩阵的公式 $\boldsymbol{P}^2=\boldsymbol{P}\times\boldsymbol{P}$ 得

$$\boldsymbol{P}^2=\begin{bmatrix} q^2+pq & pq & p^2 \\ q^2 & 2pq & p^2 \\ q^2 & pq & pq+p^2 \end{bmatrix}$$

(2) 设平稳状态 $\boldsymbol{W}=\{W_1,W_2,W_3\}$，由马尔可夫信源性质知 $\boldsymbol{WP}=\boldsymbol{W}$，即

$$\begin{cases} qW_1+qW_2=W_1 \\ pW_1+qW_3=W_2 \\ pW_2+pW_3=W_3 \\ W_1+W_2+W_3=1 \end{cases}$$

解得稳态后的概率分布为

$$\begin{cases} W_1=\dfrac{q^2}{1-p+p^2} \\ W_2=\dfrac{pq}{1-p+p^2} \\ W_3=\dfrac{p^2}{1-p+p^2} \end{cases}$$

■

2.15 设有一信源，它在开始时以 $p(a)=0.6, p(b)=0.3, p(c)=0.1$ 的概率发出 X_1。X_1 为 a 时，X_2 为 a,b,c 的概率为 1/3；X_1 为 b 时，X_2 为 a,b,c 的概率为 1/3；X_1 为 c 时，X_2 为 a,b 的概率为 1/2，为 c 的概率为 0。而且后面发出 X_i 的概率只与 X_{i-1} 有关。$P(X_i|X_{i-1})=P(X_2|X_1), i\geqslant 3$。试利用马尔可夫信源的图示法画出状态转移图，并计算信源极限熵 $\boldsymbol{H}_\infty$。

解 设状态空间 $\boldsymbol{S}=[a,b,c]$，符号空间 $\boldsymbol{X}=[a,b,c]$，则

$$\begin{aligned} P(X_2=a \mid X_1=a) &= P(X_2=b \mid X_1=a) \\ &= P(X_2=c \mid X_1=a) \\ &= \frac{1}{3} \end{aligned}$$

$$\begin{aligned} P(X_2=a \mid X_1=b) &= P(X_2=b \mid X_1=b) \\ &= P(X_2=c \mid X_1=b) \\ &= \frac{1}{3} \end{aligned}$$

$$\begin{aligned} P(X_2=a \mid X_1=c) &= P(X_2=b \mid X_1=c) \\ &= \frac{1}{2} \end{aligned}$$

$$P(X_2=c \mid X_1=c)=0$$

故一步转移概率矩阵

$$\boldsymbol{P}=\begin{bmatrix} \frac{1}{3} & \frac{1}{3} & \frac{1}{3} \\ \frac{1}{3} & \frac{1}{3} & \frac{1}{3} \\ \frac{1}{2} & \frac{1}{2} & 0 \end{bmatrix}$$

状态转移图如图 2.5 所示

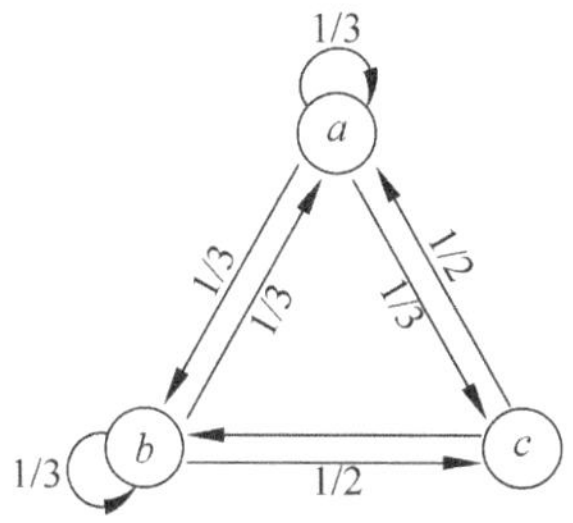

图 2.5 习题 2.15 图

设平稳状态 $\boldsymbol{W}=\{W_1,W_2,W_3\}$，由马尔可夫信道性质有

$$\boldsymbol{WP}=\boldsymbol{W}$$

即

$$\begin{cases} \frac{1}{3}W_1+\frac{1}{3}W_2+\frac{1}{2}W_3=W_1 \\ \frac{1}{3}W_1+\frac{1}{3}W_2+\frac{1}{2}W_3=W_2 \\ \frac{1}{2}W_1+\frac{1}{2}W_2=W_3 \end{cases}$$

可得

$$\begin{cases} W_1=\frac{3}{8} \\ W_1=\frac{3}{8} \\ W_1=\frac{1}{4} \end{cases}$$

马尔可夫链只与前一个符号有关，故有

$$\begin{aligned} \boldsymbol{H}_\infty &= -\sum_{i=1}^{3} p(S_i)\left[\sum_{k=1}^{3} p(a_k \mid S_i)\log p(a_k \mid S_i)\right] \\ &= -\frac{3}{8}\left[3\times\frac{1}{3}\log\frac{1}{3}\right]-\frac{3}{8}\left[3\times\frac{1}{3}\log\frac{1}{3}\right]-\frac{1}{4}\left[2\times\frac{1}{2}\log\frac{1}{2}\right] \\ &= 1.435(\text{bit}) \end{aligned}$$

■

2.16 设离散无记忆信源发出两个消息 x_1 和 x_2，它们的概率分布为 $p(x_1)=\frac{3}{4}$，$p(x_2)=\frac{1}{4}$。求该信源的最大熵及与最大熵有关的冗余度。

解 可知消息的最大熵 $\boldsymbol{H}_0=\log 2=1(\text{bit})$，此信源的极限熵为

$$\boldsymbol{H}_\infty=\boldsymbol{H}_1=-\frac{3}{4}\log\frac{3}{4}-\frac{1}{4}\log\frac{1}{4}=0.811(\text{bit})$$

由冗余度计算公式得

$$R=1-\frac{\boldsymbol{H}_\infty}{\boldsymbol{H}_0}=1-\frac{0.811}{1}=0.189$$ ■

2.17 有一个一阶平稳马尔可夫链 $X_1,X_2,\cdots,X_r,\cdots$，各 X_r 取值于集合 $A=\{a_1,a_2,\cdots,a_n\}$，已知起始概率 $P(x_1)$ 为 $p_1=P(X_1=x_1)=\frac{1}{2}$，$p_2=p_3=\frac{1}{4}$，其转移概率由表 2.2 列出。

表 2.2 习题 2.17 表(一)

j	1	2	3
1	1/2	1/4	1/4
2	2/3	0	1/3
3	2/3	1/3	0

(1) 求 $X_1X_2X_3$ 的联合熵和平均符号熵；

(2) 求这个链的极限平均符号熵；

(3) 求 $\boldsymbol{H}_0$、$\boldsymbol{H}_1$、$\boldsymbol{H}_2$ 和它们对应的冗余度。

解 (1) 信源是一阶马尔可夫信源，所以

$$\begin{aligned}H(X_1)&=-\frac{1}{2}\log\frac{1}{2}-\frac{1}{4}\log\frac{1}{4}-\frac{1}{4}\log\frac{1}{4}\\&=1.5(\text{bit})\end{aligned}$$

由 $p(x_1x_2)=p(x_2|x_1)p(x_1)$ 知 X_1X_2 的联合概率密度如表 2.3 所示。

表 2.3 习题 2.17 表(二)

$p(x_1x_2)$	1	2	3
1	1/4	1/8	1/8
2	1/6	0	1/12
3	1/6	1/12	0

因此

$$\begin{aligned}H(X_2\mid X_1)&=\sum_{X_1X_2}P(x_1x_2)\log p(x_2\mid x_1)\\&=1.209(\text{bit})\end{aligned}$$

由 $p(x_2x_3)=p(x_3|x_2)p(x_2)$ 知 X_2X_3 的联合概率密度如表 2.4 所示。

表 2.4 习题 2.17 表(三)

$p(x_2x_3)$	1	2	3
1	7/24	7/48	7/48
2	5/36	0	5/72
3	5/36	5/72	0

$$\begin{aligned}H(X_3 \mid X_2) &= \sum_{X_3X_2} p(x_3x_2)\log p(x_3 \mid x_2)\\&= -\frac{7}{24}\log\frac{1}{2}-\frac{7}{48}\log\frac{1}{4}-\frac{7}{48}\log\frac{1}{4}\\&\quad -\frac{5}{36}\log\frac{2}{3}-\frac{5}{72}\log\frac{1}{3}-\frac{5}{36}\log\frac{2}{3}-\frac{5}{72}\log\frac{1}{3}\\&=1.26(\text{bit})\end{aligned}$$

$X_1X_2X_3$ 的联合熵为

$$\begin{aligned}H(X_1,X_2,X_3) &= H(X_1)+H(X_2 \mid X_1)+H(X_3 \mid X_2)\\&=3.969(\text{bit})\end{aligned}$$

平均符号熵为

$$\boldsymbol{H}_3(X)=\frac{1}{3}H(X_1,X_2,X_3)=1.323(\text{比特 / 符号})$$

（2）设信源稳态符号概率密度分布 $\boldsymbol{W}=[W_1\ W_2\ W_3]$，由

$$\begin{cases}\boldsymbol{WP}=\boldsymbol{W}\\W_1+W_2+W_3=1\end{cases}$$

解得

$$\begin{cases}W_1=\dfrac{4}{7}\\[2ex]W_2=\dfrac{3}{14}\\[2ex]W_3=\dfrac{3}{14}\end{cases}$$

信源的极限平均符号熵为

$$\begin{aligned}\boldsymbol{H}_\infty &= \frac{4}{7}H\left(\frac{1}{2},\frac{1}{4},\frac{1}{4}\right)+\frac{3}{14}H\left(\frac{2}{3},\frac{1}{3},0\right)\times 2\\&=1.25(\text{比特 / 符号})\end{aligned}$$

（3）三个熵分别为

$$\boldsymbol{H}_0(X)=\log 3=1.585(\text{bit})$$

$$\boldsymbol{H}_1(X)=H(X_1)=1.5(\text{bit})$$

$$\boldsymbol{H}_2(X)=\frac{1}{2}H(X_1,X_2)=1.355(\text{bit})$$

由冗余度的计算公式 $R_i=1-\dfrac{\boldsymbol{H}_i}{\boldsymbol{H}_0}$，得它们的冗余度分别为

$$R_0=1-\frac{\boldsymbol{H}_0}{\boldsymbol{H}_0}=0$$

$$R_1=1-\frac{\boldsymbol{H}_1}{\boldsymbol{H}_0}=0.054$$

$$R_2=1-\frac{\boldsymbol{H}_2}{\boldsymbol{H}_0}=0.145$$

■

第 3 章 离散信道与平均互信息量

CHAPTER 3

信道是信息传递的通道，承担信息的传输任务，是构成通信系统的重要组成部分。本章将讨论信道模块，并重点探讨离散信道及其所能传送的信息量——平均互信息量。

3.1 信道的模型和分类

一般来说，信道指传输信息的物理媒质，如电缆、光缆、电波、光波等。为了集中精力讨论信息理论，本章不研究具体的物理传输媒质的特性，而是研究由这些物理传输媒质及相应的调制解调器组成的**编码信道**的特性，或者更进一步，研究由编码信道与信道编译码器和信源编译码器组成的**等效信道**的特性。

3.1.1 信道的系统模型

图 3.1 描绘了关注信道的一般通信系统模型。图 3.1 中编码器包括信源编码器与信道编码器，而译码器包括信源译码器与信道译码器。根据不同的研究需要，图 3.1 可简化成图 3.2 和图 3.3。通过图 3.2，可研究各种编码信道的传信能力，包括它的**信息传输速率**和**信道容量**；通过图 3.3，可了解消息从信源输出到信宿接收这一过程的等效信道特性。

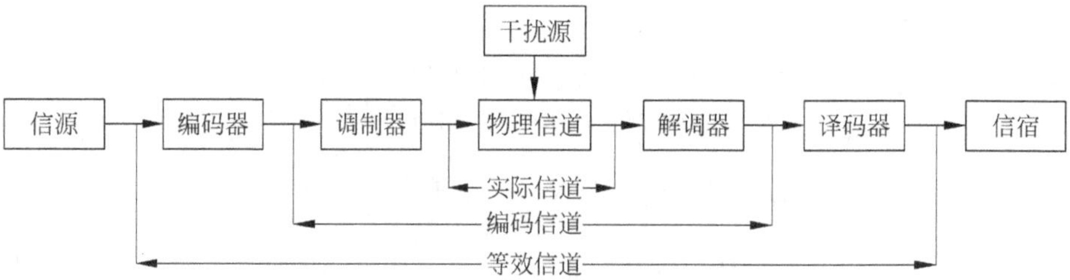

图 3.1 关注信道的一般通信系统模型

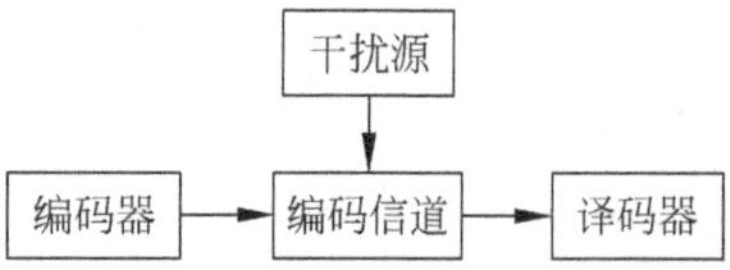

图 3.2 关注编码信道的通信系统简化模型

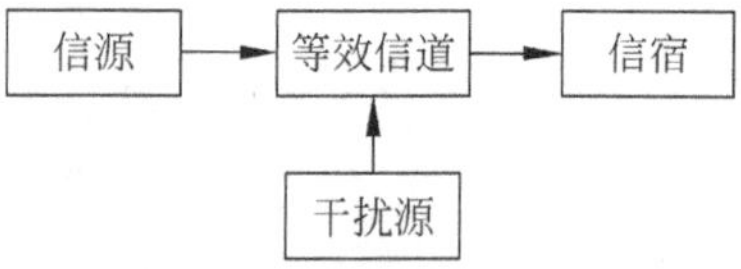

图 3.3 关注等效信道的通信系统简化模型

3.1.2 信道的分类

信道可以从不同的角度加以分类，我们所关注的等效信道归纳起来主要可分为以下五类。

1. 根据信道输入和输出空间的连续与否进行分类

(1) **离散信道**。输入和输出均为离散消息的集合，有时也称为数字信道。

(2) **连续信道**。输入和输出均为连续消息的集合，又称为模拟信道。波形信道是典型的连续信道。

(3) **半连续信道**。在输入和输出中，一个是离散消息集合，另一个是连续消息集合。

2. 根据信道输入、输出消息集合的个数分类

(1) **两端信道**。在信道的输入端和输出端中，每端只有一个消息集合，即只有一对用户在信道两端进行单向通信，也称为单用户或单路信道。

(2) **多端信道**。在信道的输入端和输出端中，至少有一端具有一个以上的消息集合，也称为多用户信道，典型的多用户信道有多元接入信道和广播信道。

3. 根据信道的统计特性分类

(1) **恒参信道**。信道统计特性不随时间变化，又称为平稳信道，如有线信道。

(2) **随参信道**。信道统计特性随时间变化，如无线信道。

4. 根据信道的记忆特性分类

(1) **无记忆信道**。信道输出仅与当前输入有关，而与以前输入无关。目前离散无记忆信道的理论发展得比较成熟和完整，因此本章将会进行介绍。

(2) **有记忆信道**。信道输出不仅与当前输入有关，而与以前的输入有关。码间串扰信道和衰落信道都是有记忆信道。

5. 根据信道上是否存在干扰进行分类

(1) **无扰信道**。指信道上没有干扰，这是一种理想化的信道，如计算机与其外设之间的数据传输信道。

(2) **有扰信道**。指信道上存在干扰，实际上大部分信道都是有扰信道，特别是无线信道。

本章将侧重讨论恒参、无记忆、单路的离散信道。

3.1.3 离散信道的数学模型

从统计数学角度看，离散信道可以看成一个随机变换，将输入的随机序列 $\boldsymbol{x}$ 变换成输出的随机序列 $\boldsymbol{y}$。由于干扰存在，输入 $\boldsymbol{x}$ 总是以一定的条件概率 $P(\boldsymbol{y}|\boldsymbol{x})$ 变换成输出 $\boldsymbol{y}$。因此，离散信道的数学模型可以表示为 $\{\boldsymbol{X}, P(\boldsymbol{y}|\boldsymbol{x}), \boldsymbol{Y}\}$，如图 3.4 所示。其中条件概率 $P(\boldsymbol{y}|\boldsymbol{x})$ 反映了信道的统计特征，称为信道转移概率或传递概率，具体描述如下：

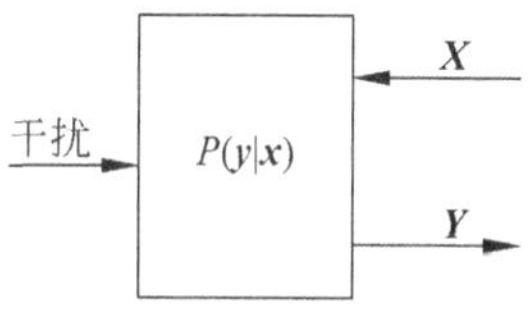

图 3.4　离散信道的数学模型

设离散信道输入符号集为 $\boldsymbol{A}=\{a_1, a_2, \cdots, a_n\}$，相应的概率分布为 $\{P(a_i)=p_i, i=1,2,\cdots,n\}$；信道输出符号集为 $\boldsymbol{B}=\{b_1, b_2, \cdots, b_m\}$，而其概率分布为 $\{P(b_j)=q_j, j=1,2,\cdots,m\}$。

那么信道输入序列 $\boldsymbol{X}=(X_1,X_2,\cdots,X_K)$ 可取值为 $\boldsymbol{x}=(x_1,x_2,\cdots,x_K)$，其中 $x_k\in\boldsymbol{A}$，$1\leqslant k\leqslant K$；而信道输出序列 $\boldsymbol{Y}=(Y_1,Y_2,\cdots,Y_K)$ 可取值为 $\boldsymbol{y}=(y_1,y_2,\cdots,y_K)$，其中 $y_k\in\boldsymbol{B}$，$1\leqslant k\leqslant K$。这样信道转移概率可表示为

$$P(\boldsymbol{y}\mid\boldsymbol{x})=P(y_1y_2\cdots y_K\mid x_1x_2\cdots x_K)\tag{3.1}$$

对于理想的无扰信道，输入的取值序列 $\boldsymbol{x}$ 与输出的取值序列 $\boldsymbol{y}$ 之间有一种确定的一一对应关系，即 $\boldsymbol{y}=f(\boldsymbol{x})$。这样式(3.1)变为

$$P(\boldsymbol{y}\mid\boldsymbol{x})=\begin{cases}1, & \boldsymbol{y}=f(\boldsymbol{x})\\ 0, & \boldsymbol{y}\neq f(\boldsymbol{x})\end{cases}$$

实际信道中常常是有干扰的，那么输入的取值序列 $\boldsymbol{x}$ 与输出的取值序列 $\boldsymbol{y}$ 之间不会有确定的一一对应关系。在实际有干扰的信道中，无记忆信道是比较简单容易进行分析的信道。

1. 离散无记忆信道

对于离散无记忆信道，其任意时刻输入符号只与对应时刻的输入符号有关，而与以前时刻的输入符号、输出符号无关，也与以后的输入符号无关。

命题 3.1 满足离散无记忆信道$\{\boldsymbol{X},P(\boldsymbol{y}|\boldsymbol{x}),\boldsymbol{Y}\}$的充分必要条件是

$$P(\boldsymbol{y}\mid\boldsymbol{x})=\prod_{k=1}^{K}P(y_k\mid x_k)\tag{3.2}$$

证明 （必要性）假定离散信道$\{\boldsymbol{X},P(\boldsymbol{y}|\boldsymbol{x}),\boldsymbol{Y}\}$是无记忆的，则有

$$\begin{cases}P(y_1\mid x_1x_2\cdots x_K)=P(y_1\mid x_1)\\ P(y_2\mid x_1x_2\cdots x_Ky_1)=P(y_2\mid x_2)\\ \quad\vdots\\ P(y_K\mid x_1x_2\cdots x_Ky_1y_2\cdots y_{K-1})=P(y_K\mid x_K)\end{cases}$$

进而有

$$\begin{aligned}P(\boldsymbol{y}\mid\boldsymbol{x})&=P(y_1\mid x_1x_2\cdots x_K)P(y_2\mid x_1x_2\cdots x_Ky_1)P(y_3\mid x_1x_2\cdots x_Ky_1y_2)\cdots\\&\qquad P(y_{K-1}\mid x_1x_2\cdots x_Ky_1y_2\cdots y_{K-2})\cdot P(y_K\mid x_1x_2\cdots x_Ky_1y_2\cdots y_{K-1})\\&=\prod_{k=1}^{K}P(y_k\mid x_k)\end{aligned}$$

因此式(3.2)成立。

（充分性）由于式(3.2)成立，可推得

$$\begin{aligned}&P(y_K\mid x_1x_2\cdots x_Ky_1y_2\cdots y_{K-1})\\&=\frac{P(y_1y_2\cdots y_K\mid x_1x_2\cdots x_K)}{P(y_1y_2\cdots y_{K-1}\mid x_1x_2\cdots x_K)}\\&=\frac{\prod\limits_{k=1}^{K}P(y_k\mid x_k)}{\sum\limits_{y_K}P(y_1y_2\cdots y_K\mid x_1x_2\cdots x_K)}\\&=\frac{\prod\limits_{k=1}^{K}P(y_k\mid x_k)}{\left(\sum\limits_{y_K}P(y_K\mid x_K)\right)\prod\limits_{k=1}^{K-1}P(y_k\mid x_k)}\\&=P(y_K\mid x_K)\end{aligned}$$

同理可推得

$$P(y_{K-1} \mid x_1x_2\cdots x_Ky_1y_2\cdots y_{K-2})=P(y_{K-1} \mid x_{K-1})$$

$$\vdots$$

$$P(y_1 \mid x_1x_2\cdots x_K)=P(y_1 \mid x_1)$$

因此该信道是无记忆的。 ■

对于离散无记忆信道，若还满足对任意的 i、j，有

$$P(y_k=b_j \mid x_k=a_i)=P(y_1=b_j \mid x_1=a_i),\quad k=1,2,\cdots,K \tag{3.3}$$

则称之为平稳的离散无记忆信道。平稳离散无记忆信道的转移概率不随时间变化，因此可用一维概率分布来描述。一般情况下，若无特殊声明，所讨论的离散无记忆信道均是平稳的。这样，在离散无记忆条件下，只需研究单个符号的传输。

2. 单符号离散信道

1）一般单符号离散信道

单符号离散信道的数学模型变得特别简单，可表示为

$$\{X,P(y \mid x),Y\}$$

其转移概率简化为

$$P(y \mid x)=P(Y=b_j \mid X=a_i)=P(b_j \mid a_i)$$

并且满足

$$P(b_j \mid a_i)\geqslant 0,\quad \sum_j P(b_j \mid a_i)=1$$

其中 $a_i\in \boldsymbol{A}=\{a_1,a_2,\cdots,a_n\}$，$b_j\in \boldsymbol{B}=\{b_1,b_2,\cdots,b_m\}$。

所有转移概率放在一起组成一个矩阵，称为信道矩阵，简记为 $\boldsymbol{P}=[P_{ij}]$，其中 $P_{ij}=P(b_j|a_i)$。

2）二进制对称信道

如令 $\boldsymbol{A}=\boldsymbol{B}=\{0,1\}$，则信道矩阵为

$$\begin{bmatrix} P(0 \mid 0) & P(0 \mid 1) \\ P(1 \mid 0) & P(1 \mid 1) \end{bmatrix}$$

进一步，如还有 $P(1|0)=P(0|1)=p$ 成立，则称这种信道为二进制对称信道，如图 3.5 所示。这时信道矩阵变为

$$\boldsymbol{P}=\begin{bmatrix} \bar{p} & p \\ p & \bar{p} \end{bmatrix} \tag{3.4}$$

这里 $\bar{p}=1-p$。

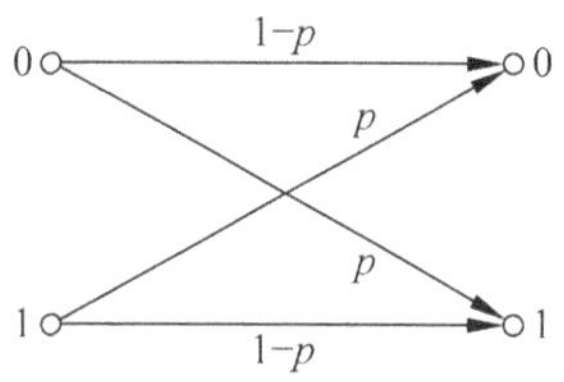

图 3.5　二进制对称信道

3）二进制删除信道

在 $\boldsymbol{A}=\{0,1\}$ 和 $\boldsymbol{B}=\{0,?,1\}$ 时，如果还有 $P(1|0)=P(0|1)=p$ 且 $P(x|0)=P(x|1)=q$ 成立，则称这种信道为二进制删除信道，如图 3.6 所示。二进制删除信道的信道矩阵表示为

$$\boldsymbol{P}=\begin{bmatrix} 1-p-q & q & p \\ p & q & 1-p-q \end{bmatrix} \tag{3.5}$$

进一步，如果 $p=0$，那么如图 3.6 所示的模型将用如图 3.7 所示的模型代替，称此特殊的二进制删除信道为二进制纯删除信道，并称 q 为删除概率。二进制删除信道的信道矩阵简化为

$$\boldsymbol{P}=\begin{bmatrix}1-q & q & 0\\ 0 & q & 1-q\end{bmatrix} \tag{3.6}$$

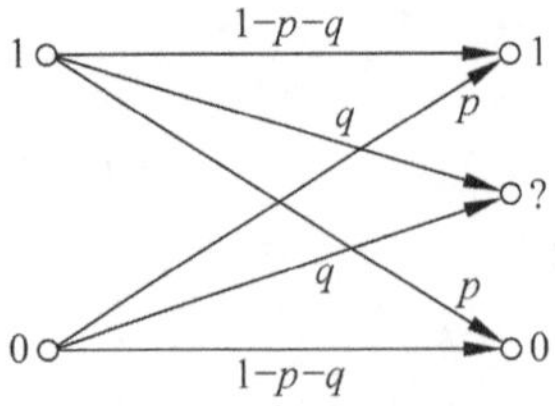

图 3.6　二进制删除信道

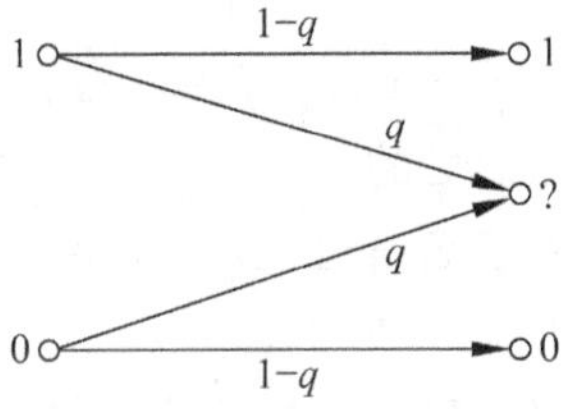

图 3.7　二进制纯删除信道

在编码通信技术中,二进制对称信道和二进制删除信道是两个典型的编码信道模型,具体将会在第 6 章进行讨论。

3.2　互信息量与平均互信息量

2.2 节研究了离散信源含有多少信息量的问题,本节将探讨通过离散信道能得到多少信息量。

3.2.1　互信息量

考虑一个简单的通信系统简化模型,如图 3.8 所示。X 表示信源发出的符号消息集合,而 Y 表示信宿接收的符号消息集合。每个符号消息相当于一个随机事件,X 与 Y 均是由随机事件形成的集合,其概率空间分别为

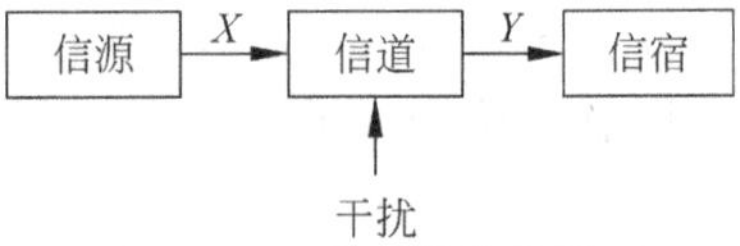

图 3.8　通信系统简化模型

$$\begin{bmatrix}X\\ P\end{bmatrix}=\begin{bmatrix}x_1 & x_2 & \cdots & x_n\\ P(x_1) & P(x_2) & \cdots & P(x_n)\end{bmatrix}$$

$$\begin{bmatrix}Y\\ P\end{bmatrix}=\begin{bmatrix}y_1 & y_2 & \cdots & y_m\\ P(y_1) & P(y_2) & \cdots & P(y_m)\end{bmatrix}$$

这里 x_i 表示一个随机事件,其出现的概率为 $P(x_i)$,$P(x_i)$也称为先验概率。信源发送 x_i 时所含有的自信息量为 $I(x_i)=-\log P(x_i)$,它表示 x_i 的不确定度。这里 y_j 也表示一个随机事件,其出现的概率为 $P(y_j)$。假定信宿收到 y_j,那么在已知 y_j 的情况下关于 x_i 可能出现的概率就是条件概率 $P(x_i|y_j)$,$P(x_i|y_j)$也称为后验概率。此时 x_i 的自信息量就变为 $I(x_i|y_j)=-\log P(x_i|y_j)$,这是此时 x_i 的不确定度。条件自信息量 $I(x_i|y_j)$的大小能反映信道的好与坏。如果信道非常好,没有任何干扰,那么已知 y_j 即已知 x_i,应有 $I(x_i|y_j)=0$,x_i 的不确定度变为零;反之,如果信道很差,干扰表现强烈,导致 x_i 与 y_j 统计独立,即没有获得任何关于 x_i 的信息,那么应有 $I(x_i|y_j)=I(x_i)$,x_i 的不确定度没有变化。一般而言,如果信道不错,干扰较弱,就能获得关于 x_i 的一些信息,那么应有 $I(x_i|y_j)<I(x_i)$,x_i 的不确定度将会变小。综上所述,$I(x_i)-I(x_i|y_j)$能反映通过信道收到的信息量多少,也能反映信道传信能力。为此,引出如下定义。

定义 3.1　对于两个随机事件集合 X 与 Y,事件 y_j 的出现给出关于事件 x_i 的信息量

定义为

$$I(x_i;y_j)\overset{\text{def}}{=}I(x_i)-I(x_i\mid y_j)$$
$$=+\log\frac{P(x_i\mid y_j)}{P(x_i)} \tag{3.7}$$

并称为互信息量。

互信息量是一种消除不确定性的度量,即互信息量等于先验的不确定度减去尚存的不确定度。互信息量的单位与自信息量相同。另外,值得一提的是,互信息量的概念虽是在通信的背景下引出的,但它也适用于一般情况下两个给定随机事件的集合。

互信息量具有下述几个基本性质。

(1) 互信息量的互易性。

因为 $P(x_i,y_j)=P(x_i)P(y_j|x_i)=P(y_j)P(x_i|y_j)$,所以 $\dfrac{P(y_j|x_i)}{P(y_j)}=\dfrac{P(x_i|y_j)}{P(x_i)}$。故 $I(x_i;y_j)=I(y_j;x_i)$,即互易性成立。这表明,由事件 y_j 的出现给出关于事件 x_i 的信息量等于由事件 x_i 的出现给出关于事件 y_j 的信息量。互易性涉及信息反向传送的问题。

(2) 任何两个事件之间的互信息量不可能大于其中任一事件的自信息量。

既然 $I(x_i|y_j)\geqslant 0$,由定义 3.1 中的式(3.7)可知,$I(x_i;y_j)\leqslant I(x_i)$成立。再由互信息量的互易性同理可得,$I(x_i;y_j)\leqslant I(y_j)$成立。这意味着即使信道条件再好,所获得的信息量也不会超过 $I(x_i)$和 $I(y_j)$。

(3) 互信息量既可为零也可等于自信息量。

当 x_i、y_j 统计独立时,由于 $P(x_i|y_j)=P(x_i)$,故此时 $I(x_i;y_j)=0$。这意味着此时不能从观测 y_j 获得 x_i 的任何信息。对于理想的无扰信道,输入 x_i 与其相应的输出 y_j 之间有一种一一对应的关系,因此 $P(x_i|y_j)=1$,进而 $I(x_i;y_i)=I(x_i)$。

(4) 互信息量既可正也可负。

显然有

$$\begin{cases}I(x_i;y_j)>0, & P(x_i)<P(x_i\mid y_j)\\ I(x_i;y_j)<0, & P(x_i)>P(x_i\mid y_j)\end{cases}$$

互信息量为正,意味着事件 y_i 的出现有助于肯定事件 x_i 的出现;反之,则是不利的。造成不利的原因是信道干扰。

例 3.1 考虑如图 3.5 所示的二进制对称信道,其信道矩阵为 $\boldsymbol{P}=\begin{bmatrix}\bar{p} & p\\ p & \bar{p}\end{bmatrix}$。假定信源发出 0 和 1 的概率为 $P(x=0)=P(x=1)=\dfrac{1}{2}$,计算如下四种情况下的互信息量 $I(x=0;y=0)$。

(1) 当 $p=0$ 时,$P(x=0|y=0)=1$,因此 $I(x=0;y=0)=\log\dfrac{1}{1/2}=1(\text{bit})$;

(2) 当 $p=\dfrac{1}{4}$时,$P(x=0|y=0)=\dfrac{3}{4}$,因此 $I(x=0;y=0)=\log\dfrac{3/4}{1/2}=0.585(\text{bit})$;

(3) 当 $p=\dfrac{1}{2}$时,$P(x=0|y=0)=\dfrac{1}{2}$,因此 $I(x=0;y=0)=\log\dfrac{1/2}{1/2}=0(\text{bit})$;

(4) 当 $p=\dfrac{3}{4}$时,$P(x=0|y=0)=\dfrac{1}{4}$,因此 $I(x=0;y=0)=\log\dfrac{1/4}{1/2}=-1(\text{bit})$。

注：由于 $P(x_i,y_j)=P(x_i)P(y_j|x_i)=P(y_j)P(x_i|y_j)$，因此

$$P(x_i \mid y_j)=\frac{P(x_i,y_j)}{P(y_j)}$$

因此，为能计算出 $P(x_i|y_j)$，先要计算出 $P(x_i,y_j)=P(x_i)P(y_j|x_i)$，然后再计算出 $P(y_j)=\sum_i P(x_i,y_j)$。■

3.2.2 平均互信息量

上述互信息量描述了通过信道信宿从事件 y_j 获得关于事件 x_i 的信息量。可是，它并不是信道传递多少信息的整体测度。因此，就像定义平均自信息量一样，需要定义平均互信息量这一概念，以从整体的角度刻画通过信道信宿获得关于信源的平均信息量。

定义 3.2 对于两个随机事件集合 X 与 Y，已知事件 y_j 提供关于集合 X 的平均信息量定义为

$$\begin{aligned} I(X;y_j) &\stackrel{\text{def}}{=} \sum_i P(x_i \mid y_j)I(x_i;y_j) \\ &= \sum_i P(x_i \mid y_j)\log\frac{P(x_i \mid y_j)}{P(x_i)} \end{aligned} \tag{3.8}$$

称之为平均条件互信息量。进而定义集合 Y 提供关于集合 X 的平均信息量为

$$\begin{aligned} I(X;Y) &\stackrel{\text{def}}{=} \sum_j P(y_j)I(X;y_j) \\ &= \sum_{i,j} P(y_j)P(x_i \mid y_j)\log\frac{P(x_i \mid y_j)}{P(x_i)} \\ &= \sum_{i,j} P(x_i,y_j)\log\frac{P(x_i \mid y_j)}{P(x_i)} \\ &= \sum_{i,j} P(x_i,y_j)I(x_i;y_j) \end{aligned} \tag{3.9}$$

称之为平均互信息量。

平均互信息量表示信源的信息通过信道后传输到信宿的平均信息量。平均互信息量有以下几个基本性质。

1. 互易性

$$I(X;Y)=I(Y;X) \tag{3.10}$$

由互信息量与联合概率的互易性容易证明平均互信息量的互易性。

平均互信息量的互易性表明，从 Y 中提取关于 X 的信息量等于从 X 中提取关于 Y 的信息量。

2. 非负性

$$I(X;Y)\geqslant 0 \tag{3.11}$$

由于 $P(y_j)\geqslant 0$，从平均互信息量的定义式(3.9)可知，只需证明 $I(X;y_j)\geqslant 0$ 成立即可。由式(3.8)得

$$I(X;y_j)=\sum_i P(x_i \mid y_j)\log\frac{P(x_i \mid y_j)}{P(x_i)}$$

令 $p_i=P(x_i|y_j)$ 和 $q_i=P(x_i)$，显然

$$\sum_i p_i = \sum_i q_i = 1$$

这样应用引理 2.2 可知，$I(X; y_j) \geqslant 0$ 成立。

这个性质告诉我们，通过一个信道获得的平均信息量不可能是负值。也就是说，观察一个信道的输出，从平均的角度来看总能消除一些不确定性，从而获得一些信息。除非信道输入和输出是统计独立的，才得不到任何信息。

例 3.2 考虑图 3.5 所示的二进制对称信道，假定信源发出 0 和 1 的概率为 $P(x=0)=P(x=1)=\frac{1}{2}$，而信道出错的概率为 $P(y=1|x=0)=P(y=0|x=1)=\frac{3}{4}$，计算 $I(X; y=0)$。

这是例 3.1 的继续讨论。参考例 3.1 的“注”可计算出

$$P(x=1 \mid y=0)=\frac{3}{4}$$

$$P(x=0 \mid y=0)=\frac{1}{4}$$

因此

$$I(x=1; y=0)=\log\frac{3/4}{1/2}=0.585(\text{bit})$$

$$I(x=0; y=0)=\log\frac{1/4}{1/2}=-1(\text{bit})$$

$$\begin{aligned}&I(X; y=0)\\&=P(x=1 \mid y=0)I(x=1; y=0)+P(x=0 \mid y=0)I(x=0; y=0)\\&=\frac{3}{4}\cdot 0.585+\frac{1}{4}\cdot(-1)=0.189>0\end{aligned}$$

■

3. 极值性

$$I(X; Y)\leqslant H(X), \quad I(X; Y)\leqslant H(Y) \tag{3.12}$$

任何两个事件之间的互信息量不可能大于其中任一事件的自信息量，即

$$I(x_i; y_j)\leqslant I(x_i), \quad I(x_i; y_j)\leqslant I(y_j)$$

那么对上述不等式两边做统计平均即可证得式(3.12)成立。

平均互信息量极值性表明：不管信道条件多么好，信宿所能获得的平均信息量不会超过集合 X 本身含有的信息量 $H(X)$，也不会超过集合 Y 本身含有的信息量 $H(Y)$。

4. 与各种熵的关系

$$I(X; Y)=H(X)-H(X \mid Y) \tag{3.13}$$

$$I(X; Y)=H(Y)-H(Y \mid X) \tag{3.14}$$

$$I(X; Y)=H(X)+H(Y)-H(X,Y) \tag{3.15}$$

从平均互信息量的定义式(3.9)可知

$$\begin{aligned}I(X; Y)&=\sum_{i,j}P(x_i,y_j)\log\frac{P(x_i \mid y_j)}{P(x_i)}\\&=-\sum_{i,j}P(x_i,y_j)\log P(x_i)+\sum_{i,j}P(x_i,y_j)\log P(x_i \mid y_j)\\&=-\sum_{i}P(x_i)\log P(x_i)+\sum_{i,j}P(x_i,y_j)\log P(x_i \mid y_j)\\&=H(X)-H(X \mid Y)\end{aligned}$$

因此推得式(3.13)。利用互易性和式(3.13)易证式(3.14)。再利用熵函数的可加性可证式(3.15)。

$H(X)$表示信宿在收到Y之前关于X的平均不确定度，而条件熵$H(X|Y)$表示信宿在收到Y之后关于X的尚存的平均不确定度，其大小能反映信道好坏，故称为信道疑义度，有时也称为损失熵。至于条件熵$H(Y|X)$，其大小完全为信道中的干扰或者说噪声强弱确定，故称为噪声熵。平均互信息量、信息熵、联合熵、噪声熵及损失熵之间的关系如图3.9所示。

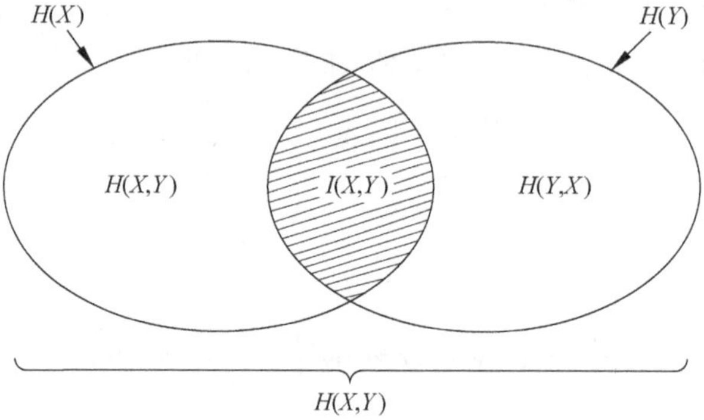

图3.9 平均互信息量与各种熵之间关系图

例3.3 考虑一个二进制删除信道。已知

$$P(x=0)=\frac{1}{3},\quad P(x=1)=\frac{2}{3}$$

$$P(y=0\mid x=0)=\frac{2}{3},\quad P(y=?\mid x=0)=\frac{1}{6},\quad P(y=1\mid x=0)=\frac{1}{6}$$

$$P(y=0\mid x=1)=\frac{1}{6},\quad P(y=?\mid x=1)=\frac{1}{6},\quad P(y=1\mid x=1)=\frac{2}{3}$$

求$H(X)$、$H(Y)$、$H(X,Y)$、$H(X|Y)$、$H(Y|X)$及$I(X;Y)$。

解 由已知，显然有

$$\boldsymbol{P}_X=\begin{bmatrix}\frac{1}{3} & \frac{2}{3}\end{bmatrix},\quad \boldsymbol{P}_{Y|X}=\begin{bmatrix}\frac{2}{3} & \frac{1}{6} & \frac{1}{6}\\ \frac{1}{6} & \frac{1}{6} & \frac{2}{3}\end{bmatrix}$$

则

$$\boldsymbol{P}_Y=\boldsymbol{P}_X\cdot\boldsymbol{P}_{Y|X}=\begin{bmatrix}\frac{1}{3} & \frac{1}{6} & \frac{1}{12}\end{bmatrix}$$

于是有

$$H(X)=-\frac{1}{3}\log\frac{1}{3}-\frac{2}{3}\log\frac{2}{3}=0.918$$

$$H(Y)=-\frac{1}{3}\log\frac{1}{3}-\frac{1}{6}\log\frac{1}{6}-\frac{1}{12}\log\frac{1}{12}=1.459$$

另外，也有

$$\boldsymbol{P}_{XY}=\begin{bmatrix}\frac{1}{3} & 0\\ 0 & \frac{2}{3}\end{bmatrix}\begin{bmatrix}\frac{2}{3} & \frac{1}{6} & \frac{1}{6}\\ \frac{1}{6} & \frac{1}{6} & \frac{2}{3}\end{bmatrix}=\begin{bmatrix}\frac{2}{9} & \frac{1}{18} & \frac{1}{18}\\ \frac{1}{9} & \frac{1}{9} & \frac{4}{9}\end{bmatrix}$$

因此

$$H(X,Y)=-\sum_{x,y}P(x,y)\log P(x,y)=2.170$$

这样应用各种熵之间关系式有

$$H(X\mid Y)=H(X,Y)-H(Y)=0.711$$

$$H(Y\mid X)=H(X,Y)-H(X)=1.252$$

$$I(X;Y)=H(X)-H(X\mid Y)=0.207$$

■

5. 凸函数性

(1) 当信道固定即信道转移概率$\{P(y|x)\}$固定时，平均互信息量$I(X;Y)$是关于信源概率分布$\{P(x)\}$的上凸函数。

(2) 当信源固定即信源概率分布$\{P(x)\}$固定时，平均互信息量$I(X;Y)$是关于信道转移概率$\{P(y|x)\}$的下凸函数。

由式(3.14)可知

$$I(X;Y)=\sum_{x,y}P(x,y)\log\frac{P(y\mid x)}{P(y)}$$

$$=\sum_{x,y}P(x)P(y\mid x)\log\frac{P(y\mid x)}{P(y)}$$

其中，

$$P(y)=\sum_{x}P(x,y)=\sum_{x}P(x)P(y\mid x)$$

因此平均互信息量$I(X;Y)$是关于信源概率分布$\{P(x)\}$与信道转移概率$\{P(y|x)\}$的函数，即

$$I(X;Y)=f(\{P(x)\},\{P(y\mid x)\})$$

下面先举例说明信源概率分布与信道转移概率如何影响平均互信息量，然后再证明平均互信息量的凸函数性质。

例 3.4 继续考虑如图3.5所示的二进制对称信道，设其信道矩阵和先验概率分布分别为

$$\boldsymbol{P}=\begin{bmatrix}\bar{p} & p\\ p & \bar{p}\end{bmatrix}$$

$$\begin{bmatrix}X\\ P\end{bmatrix}=\begin{bmatrix}0 & 1\\ \omega & \bar{\omega}\end{bmatrix}$$

其中，$\bar{p}=1-p$，$\bar{\omega}=1-\omega$。从式(3.14)知，$I(X;Y)=H(Y)-H(Y|X)$。因此，为计算出$I(X;Y)$，需先分别计算出$H(Y)$和$H(Y|X)$。由于

$$P(y=0)=P(x=0,y=0)+P(x=1,y=0)$$

因此有$P(y=0)=\omega\bar{p}+\bar{\omega}p$，类似有$P(y=1)=\omega p+\bar{\omega}\bar{p}$，故得

$$H(Y)=-\sum_{y}P(y)\log P(y)=H(\omega\bar{p}+\bar{\omega}p)$$

此外有

$$\begin{aligned} H(Y \mid X) &= -\sum_{x,y} P(x,y)\log P(y \mid x) \\ &= -\sum_{x,y} P(x)P(y \mid x)\log P(y \mid x) \\ &= -\sum_{x} P(x)\sum_{y} P(y \mid x)\log P(y \mid x) \\ &= -p\log p - \bar{p}\log\bar{p} \\ &= H(p) \end{aligned}$$

因此

$$I(X;Y) = H(\omega\bar{p} + \bar{\omega}p) - H(p) \tag{3.16}$$

当信道固定即 p 固定时，$H(p)$ 为常数，且有 $0 \leqslant H(p) \leqslant 1$。记 $q = \omega\bar{p} + \bar{\omega}p$。$H(q)$ 关于 q 为上凸函数。鉴于 q 与 ω 的线性关系，可以推出 $I(X;Y)$ 关于 ω 具有上凸性。此外，当 $\omega = \bar{\omega} = \frac{1}{2}$ 时，$H(q) = H\left(\frac{1}{2}\right) = 1$ 达到最大，当 $\omega = 0,1$ 时，$H(q) = H(p)$ 达到最小。

注：对于熵函数 $H(p_1, p_2, \cdots, p_n)$，当 $n = 2$ 时，简记 $H(p_1, p_2)$ 为 $H(p_1)$。

另外，当信源固定，即 ω 固定时，可推知 $I(X;Y)$ 是关于 p 的下凸函数。特别地，当 $\omega = 0,1$ 时，$I(X;Y) = 0$；当 $\omega = \frac{1}{2}$ 时，$I(X;Y) = 1 - H(p)$。二进制对称信道下的平均互信息量如图 3.10 所示。■

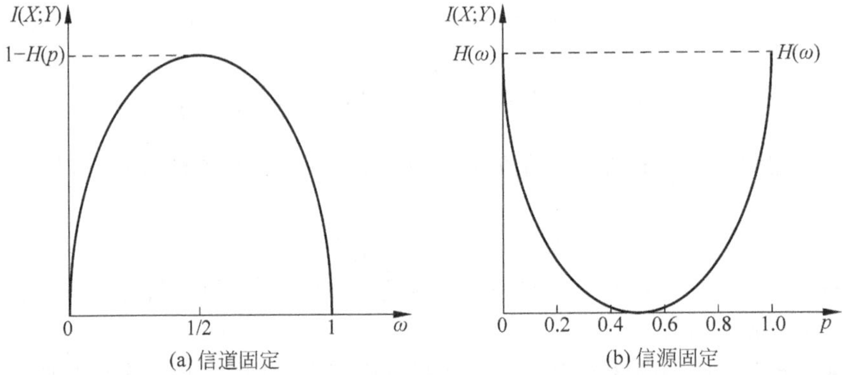

图 3.10　二进制对称信道下的平均互信息量

平均互信息量凸函数性质(1)意味着，若固定某信道，选择概率分布不同的信源与信道连接，在信宿所获得的平均信息量可能是不同的。而且对于每个固定信道，一定存在一种信源，它的概率分布可使信宿所获得的平均信息量达到最大。而凸函数性质(2)意味着，当信源固定后，选择信道转移概率不同的信道来传输该信源发送的符号，信宿所获得的平均信息量可能是不同的。而且对于每个固定信源，一定存在一种信道，它的信道转移概率可使信宿所获得的平均信息量达到最小。下面分别证明这两条凸函数性质。

证明　(1) 假定信道是固定的，即 $\{P(y|x)\}$ 是已知且不变的，而信源的概率分布即信源的 $\{P(x)\}$ 是可变的（只要使 $\sum_{x} P(x) = 1$ 成立即可）。令 $\{P_1(x)\}$ 和 $\{P_2(x)\}$ 为信源的两种不同分布，相应的平均互信息量分别记为

$$I[P_1]=I(X_1;Y),\quad I[P_2]=I(X_2;Y)$$

先选取参数 $\theta\in(0,1)$,并记 $\bar{\theta}=1-\theta$。再选择另一种概率分布$\{P(x)\}$满足

$$P(x)=\theta P_1(x)+\bar{\theta}P_2(x)$$

显然,还有 $\sum_x P(x)=1$ 成立。$\{P(x)\}$相应的平均互信息量记为 $I[P]=I(X,Y)$。为证平均互信息量是关于信源概率分布的上凸函数,需要证明如下不等式成立

$$\theta I[P_1]+\bar{\theta}I[P_2]\leqslant I[\theta P_1+\bar{\theta}P_2]$$

或需要证明如下不等式成立

$$\theta I[P_1]+\bar{\theta}I[P_2]-I[P]\leqslant 0 \tag{3.17}$$

由式(3.14)可知有

$$\begin{aligned}&\theta I[P_1]+\bar{\theta}I[P_2]-I[P]\\&=\theta\sum_{x,y}P_1(x,y)\log\frac{P(y\mid x)}{P_1(y)}+\bar{\theta}\sum_{x,y}P_2(x,y)\log\frac{P(y\mid x)}{P_2(y)}-\sum_{x,y}P(x,y)\log\frac{P(y\mid x)}{P(y)}\end{aligned} \tag{3.18}$$

由于

$$\begin{aligned}P(x,y)&=P(x)P(y\mid x)\\&=[\theta P_1(x)+\bar{\theta}P_2(x)]P(y\mid x)\\&=\theta P_1(x,y)+\bar{\theta}P_2(x,y)\end{aligned}$$

因此

$$\sum_{x,y}P(x,y)\log\frac{P(y\mid x)}{P(y)}=\sum_{x,y}[\theta P_1(x,y)+\bar{\theta}P_2(x,y)]\cdot\left(\log\frac{P(y\mid x)}{P(y)}\right)$$

这样式(3.18)变为

$$\begin{aligned}&\theta I[P_1]+\bar{\theta}I[P_2]-I[P]\\&=\theta\sum_{x,y}P_1(x,y)\log\left(\frac{P(y\mid x)}{P_1(y)}\Big/\frac{P(y\mid x)}{P(y)}\right)+\bar{\theta}\sum_{x,y}P_2(x,y)\log\left(\frac{P(y\mid x)}{P_2(y)}\Big/\frac{P(y\mid x)}{P(y)}\right)\\&=\theta\sum_{x,y}P_1(x,y)\log\frac{P(y)}{P_1(y)}+\bar{\theta}\sum_{x,y}P_2(x,y)\log\frac{P(y)}{P_2(y)}\end{aligned} \tag{3.19}$$

应用引理2.2,可知

$$\sum_{x,y}P_1(x,y)\log\frac{P(y)}{P_1(y)}=\sum_{y}P_1(y)\log\frac{P(y)}{P_1(y)}\leqslant 0$$

$$\sum_{x,y}P_2(x,y)\log\frac{P(y)}{P_2(y)}=\sum_{y}P_2(y)\log\frac{P(y)}{P_2(y)}\leqslant 0$$

这样 $\theta I[P_1]+\bar{\theta}I[P_2]-I[P]\leqslant 0$,从而式(3.17)成立,即证得性质(1)。

(2) 假定信源概率分布$\{P(x)\}$是固定的。令$\{P_1(y|x)\}$与$\{P_2(y|x)\}$表示两个不同的信道,相应的互信息量分别记为 $I[P_1|]$与 $I[P_2|]$。选取 $\theta\in(0,1)$,并令

$$P(y\mid x)=\theta P_1(y\mid x)+\bar{\theta}P_2(y\mid x)$$

则$\{P(y|x)\}$形成一个新信道,其互信息量记为 $I[P|]$。为证平均互信息量是关于信道转移概率的下凸函数,需要证明如下不等式成立

$$I[P\,|]=I[\theta P_1\,|+\bar{\theta}P_2\,|]\leqslant\theta I[P_1\,|]+\bar{\theta}I[P_2\,|]$$

由式(3.14)有

$$
\begin{aligned}
& I[P\,|\,]-\theta I[P_1\,|\,]+\bar{\theta} I[P_2\,|\,] \\
& =\sum_{x,y} P(x,y)\log\frac{P(y\mid x)}{P(y)}-\sum_{x,y}\theta P_1(x,y)\log\frac{P_1(y\mid x)}{P(y)}-\sum_{x,y}\bar{\theta} P_2(x,y)\log\frac{P_2(y\mid x)}{P(y)}
\end{aligned} \tag{3.20}
$$

既然

$$P(x,y)=P(x)P(y\mid x)=P(x)[\theta P_1(y\mid x)+\bar{\theta} P_2(y\mid x)]$$

并且

$$
\begin{aligned}
P(x,y)&=P(y\mid x)P(x) \\
P_1(x,y)&=P_1(y\mid x)P(x) \\
P_2(x,y)&=P_2(y\mid x)P(x)
\end{aligned}
$$

所以

$$P(x,y)=\theta P_1(x,y)+\bar{\theta} P_2(x,y)$$

故式(3.20)可再表示为

$$
\begin{aligned}
& I[P\,|\,]-\theta I[P_1\,|\,]+\bar{\theta} I[P_2\,|\,] \\
& =\theta\sum_{x,y} P_1(x,y)\log\frac{P(y\mid x)}{P_1(y\mid x)}+\bar{\theta}\sum_{XY} P_2(x,y)\log\frac{P(y\mid x)}{P_2(y\mid x)}
\end{aligned} \tag{3.21}
$$

再次应用引理2.2，可知

$$
\begin{aligned}
\sum_{x,y} P_1(x,y)\log\frac{P(y\mid x)}{P_1(y\mid x)}&=\sum_{x,y} P_1(x,y)\log\frac{P(x,y)}{P_1(x,y)}\leqslant 0 \\
\sum_{x,y} P_2(x,y)\log\frac{P(y\mid x)}{P_2(y\mid x)}&=\sum_{x,y} P_2(x,y)\log\frac{P(x,y)}{P_2(x,y)}\leqslant 0
\end{aligned}
$$

从而 $I[P\,|\,]-\theta I[P_1\,|\,]+\bar{\theta} I[P_2\,|\,]\leqslant 0$，即证得性质(2)。 ■

3.3 信道容量

3.3.1 信道容量的定义

现在考虑二进制对称信道传送信息的能力。由例3.4可知，当信道固定即 p 固定时，平均互信息量 $I(X;Y)=H(\omega\bar{p}+\bar{\omega}p)-H(p)$ 是关于 ω 的上凸函数，并当 $\omega=1/2$ 时取得最大值

$$C=\max\{I(X;Y)\}=1-H(p)$$

这个最大值 C 反映该信道最大传输信息能力，与信道输入 X 的概率分布 ω 无关，只与信道传递概率 p 有关。因此，C 是信道特性参数，称为**信道容量**。C 与 p 的关系曲线如图3.11所示。容易发现，信道容量 C 也是关于 p 的下凸函数。当 $p=0$ 时，信道无干扰，信道容量达到最大值 $C=1$；当 $p=1/2$ 时，信道干扰最大，信道容量达到最小值 $C=0$，即信道没有传送任何信息。

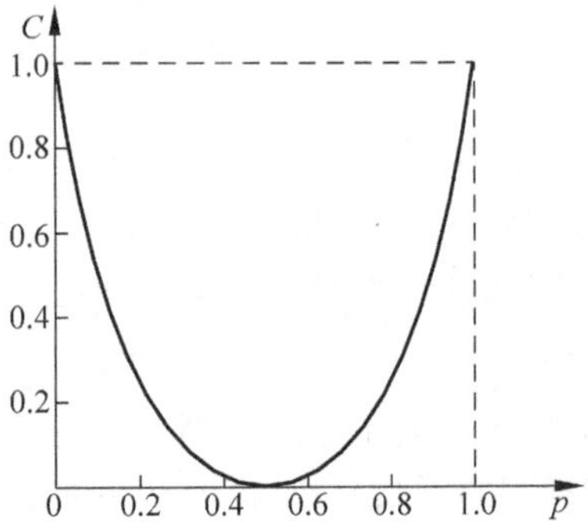

图3.11 二进制对称信道的信道容量

定义3.3 对于一个离散信道，其输入为 X，输出为 Y。该信道的信道容量定义为

$$C=\max_{\{P(x)\}}\{I(X;Y)\} \tag{3.22}$$

信道容量 C 的单位一般也是比特(或比特/符号)。由平均互信息量的凸函数性质可知，$I(X;Y)$是关于$\{P(x)\}$的上凸函数，因此 C 是一直存在的。信道容量 C 是关于$\{P(y|x)\}$的函数，与$\{P(x)\}$无关，它表征了信道传送信息的最大能力。

此外，也称信道中平均每个符号所能传送的信息量为**信息传输率**，并记为 R。实际上，信息传输率就是平均互信息量，因此有

$$R=I(X;Y)=H(X)-H(X\mid Y)\leqslant C$$

有时关心的是信道在单位时间内平均传输的信息量，如果平均传输一个符号为 t 秒，则信道每秒钟平均传输的信息量为

$$R_t=\frac{1}{t}I(X;Y)\quad(\text{bps})$$

一般称为信息传输速率。在单位时间平均传输的最大信息量则为

$$C_t=\frac{1}{t}\max_{\{P(x)\}}\{I(X;Y)\}\quad(\text{bps})$$

一般仍称之为信道容量。

例 3.5 考虑如图 3.7 所示的二进制纯删除信道，设删除概率为 q，并记 $\bar{q}=1-q$。假定信源概率分布为 $P(x=0)=\omega$，$P(x=1)=\bar{\omega}=1-\omega$。依据先验概率和信道转移概率，可有

$$P(y=0)=\omega\cdot\bar{q}+\bar{\omega}\cdot 0=\omega\bar{q}$$

$$P(y=1)=\omega\cdot 0+\bar{\omega}\cdot\bar{q}=\bar{\omega}\bar{q}$$

$$P(y=?)=\omega\cdot q+\bar{\omega}\cdot q=q$$

于是有

$$\begin{aligned}H(Y)&=-[\omega\bar{q}\log(\omega\bar{q})+\bar{\omega}\bar{q}\log(\bar{\omega}\bar{q})+q\log(q)]\\&=\bar{q}H(\omega)+H(q)\end{aligned}$$

又有

$$H(Y\mid X)=[P(x=0)+P(x=1)]\cdot H(q)=H(q)$$

故得

$$I(X;Y)=H(Y)-H(Y\mid X)=\bar{q}H(\omega)$$

显然，当 $\omega=1/2$ 时，$I(X;Y)$达到信道容量为

$$C=1-q$$

C 与 q 的关系曲线如图 3.12 所示。显然，当 $q=0$ 时，信道无干扰，信道容量达到最大值 $C=1$；当 $q=1$ 时，信道干扰最大，信道容量达到最小值 $C=0$，即信道没有传送任何信息。■

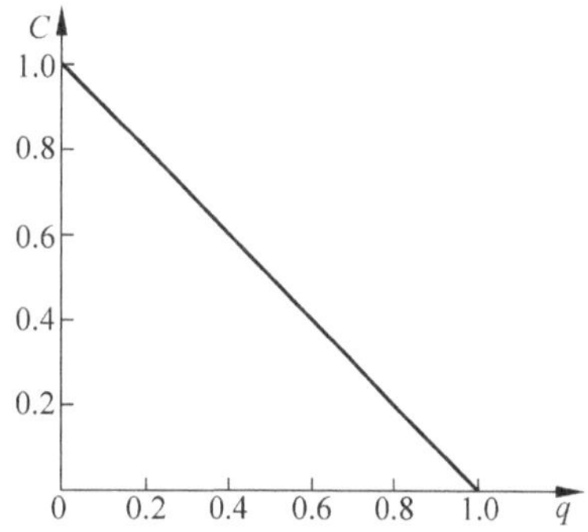

图 3.12 二进制纯删除信道的信道容量

3.3.2 无噪信道的信道容量

离散无噪信道的输出 Y 和输入 X 之间有着某种确定的关系，按照 $H(X)\leqslant H(Y)$、$H(X)\geqslant H(Y)$、$H(X)=H(Y)$分为无损信道、确定信道、无损确定信道。

1. 无损信道

设输入符号集为 $\boldsymbol{A}=\{a_1,a_2,\cdots,a_n\}$，输出符号集为 $\boldsymbol{B}=\{b_1,b_2,\cdots,b_m\}$。无损信道指一个输入对应多个互不相交的输出，即

$$\begin{cases} a_i \leftrightarrow B_i, \quad B_i \subseteq \boldsymbol{B}, \quad |B_i| \geqslant 1 \\ B_i \cap B_j = \varnothing, \qquad i \neq j \end{cases}$$

在无损信道的信道矩阵中，每列只有一个非零元素。例如，一个 $n=3$ 时的信道矩阵为

$$\boldsymbol{P} = \begin{bmatrix} \frac{1}{2} & \frac{1}{2} & 0 & 0 & 0 & 0 \\ 0 & 0 & \frac{3}{5} & \frac{3}{10} & \frac{1}{10} & 0 \\ 0 & 0 & 0 & 0 & 0 & 1 \end{bmatrix}$$

对于无损信道，信宿接收到 Y 以后，必可知信源所发送的 X，故信道的后验概率为

$$P(a_i \mid b_j) = \begin{cases} 0, & b_j \notin B_i \\ 1, & b_j \in B_i \end{cases}$$

因此信道疑义度（损失熵）$H(X|Y)=0$，故

$$I(X;Y) = H(X) - H(X \mid Y) = H(X)$$

这样

$$H(X) = H(Y) - H(Y \mid X)$$

在这类信道中，因为信源发出符号 a_i，并不一定能断定在信宿会收到哪个 b_j，而是依一定概率接收 B_i 中的某一个 b_j，因此噪声熵 $H(Y|X) \geqslant 0$。故应有

$$H(X) \leqslant H(Y)$$

显然，无损信道的信道容量应等于

$$C = \max_{\{P(x)\}}\{I(X;Y)\} = \max_{\{P(x)\}} H(X) = \log n$$

2. 确定信道

确定信道是指一个输出对应多个互不相交的输入，即

$$\begin{cases} A_j \leftrightarrow b_j, A_j \subseteq \boldsymbol{A}, \quad |A_j| \geqslant 1 \\ A_i \cap A_j = \varnothing, \qquad i \neq j \end{cases}$$

其信道矩阵的每行只有一个 1，其余为 0。例如，一个 $m=2$ 时的信道矩阵为

$$\boldsymbol{P} = \begin{bmatrix} 1 & 0 \\ 1 & 0 \\ 0 & 1 \\ 0 & 1 \\ 0 & 1 \end{bmatrix}$$

确定信道的转移概率为

$$P(b_j \mid a_i) = \begin{cases} 0, & a_i \notin A_j \\ 1, & a_i \in A_j \end{cases}$$

因为发出某一个 a_i，可以知道信道输出端接收到的是哪一个 b_j，故噪声熵 $H(Y|X)=0$，且还有

$$I(X;Y) = H(Y) - H(Y \mid X) = H(Y)$$

因此

$$H(Y) = H(X) - H(X \mid Y)$$

在这类信道中，信宿接收到某个 b_j 后，并不一定能断定信源发出的是哪个 a_i，因而信道疑义度 $H(X|Y)\geqslant 0$。故

$$H(X)\geqslant H(Y)$$

确定信道的信道容量等于

$$C=\max_{\{P(x)\}}\{I(X;Y)\}=\max_{\{P(x)\}}H(Y)=\log m$$

即达到此类信道的信道容量的概率分布是使信道输出分布为等概率分布的输入分布。

3. 无损确定信道

无干扰信道也称为无损确定信道。无损确定信道的输入与输出是一一对应的关系，其信道矩阵每行每列只有一个非零元素 1。例如，当 $n=3$ 时，有 $m=3$，其信道矩阵为单位矩阵

$$\boldsymbol{P}=\begin{bmatrix}1 & 0 & 0\\ 0 & 1 & 0\\ 0 & 0 & 1\end{bmatrix}$$

一般地，对于无损确定信道，有

$$P(b_j\mid a_i)=P(a_i\mid b_j)=\begin{cases}0, & i\neq j\\ 1, & i=j\end{cases}$$

$$H(Y\mid X)=H(X\mid Y)=0$$

$$I(X;Y)=H(X)=H(Y)$$

$$C=\max_{\{P(x)\}}\{I(X;Y)\}=\log n=\log m$$

3.3.3　对称信道的信道容量

考虑一个单符号离散信道，设其输入符号集为 $\boldsymbol{A}=\{a_1,a_2,\cdots,a_n\}$，输出符号集为 $\boldsymbol{B}=\{b_1,b_2,\cdots,b_m\}$。若在信道矩阵中，每行都是其他行的同一组元素不同排列，则称此类信道为输入对称信道。对于输入对称信道，应有

$$\begin{aligned}H(Y\mid X)&=-\sum_{i,j}P(a_i,b_j)\log P(b_j\mid a_i)\\&=-\sum_{i}P(a_i)\sum_{j}P(b_j\mid a_i)\log P(b_j\mid a_i)\\&=-\sum_{j}P(b_j\mid a_i)\log P(b_j\mid a_i)\\&=H(Y\mid X=a_i)\end{aligned}\tag{3.23}$$

例如，信道矩阵为

$$\boldsymbol{P}=\begin{bmatrix}\frac{1}{3} & \frac{1}{3} & \frac{1}{6} & \frac{1}{6}\\[4pt] \frac{1}{6} & \frac{1}{3} & \frac{1}{6} & \frac{1}{3}\end{bmatrix}$$

的信道及如图 3.6 所示的二进制删除信道都是输入对称信道。另外，若在信道矩阵中，每列都是其他列的同一组元素的不同排列，则该类信道称为输出对称信道。例如，信道矩阵为

$$\boldsymbol{P}=\begin{bmatrix}0.4 & 0.6\\ 0.6 & 0.4\\ 0.5 & 0.5\end{bmatrix}$$

的信道是输出对称信道。而信道矩阵为

$$\boldsymbol{P}=\begin{bmatrix}\frac{1}{3} & \frac{1}{3} & \frac{1}{6} & \frac{1}{6}\\ \frac{1}{6} & \frac{1}{6} & \frac{1}{3} & \frac{1}{3}\end{bmatrix}$$

和

$$\boldsymbol{P}=\begin{bmatrix}\frac{1}{2} & \frac{1}{3} & \frac{1}{6}\\ \frac{1}{6} & \frac{1}{2} & \frac{1}{3}\\ \frac{1}{3} & \frac{1}{6} & \frac{1}{2}\end{bmatrix} \tag{3.24}$$

的信道及二进制对称信道既是输入对称信道又是输出对称信道。

定义 3.4 若一个单符号离散信道的信道矩阵中，每行（列）都是其他行（列）的同一组元素的不同排列，则称该信道为对称信道。

如同二进制对称信道所显示的那样，对于一般的对称信道，当信道输入分布为等概率分布时，其输出分布也为等概分布。这是因为

$$\begin{aligned}P(b_j)&=\sum_{i=1}^{n}P(a_i,b_j)\\&=\sum_{i=1}^{n}P(a_i)P(b_j\mid a_i)\\&=\frac{1}{n}\sum_{i=1}^{n}P(b_j\mid a_i)\\&=\frac{1}{n}\sum_{i=1}^{n}P_{ij}\end{aligned}$$

进一步地，由于信道矩阵 $\boldsymbol{P}=[P_{ij}]$ 中的第 j 列与其他 j' 列的所有元素之间只是重排关系，故有

$$\sum_{i=1}^{n}P_{ij}=\sum_{i=1}^{n}P_{ij'},\quad j'\neq j$$

这样会有

$$P(b_j)=\frac{1}{m},\quad j=1,2,\cdots,m$$

这个性质很重要，可用于确定对称信道的信道容量。

命题 3.2 对于单符号离散对称信道，当其输入为等概率分布时，能达到信道容量

$$C=\log m-H(p_1',p_2',\cdots,p_m') \tag{3.25}$$

其中 $(p_1',p_2',\cdots,p_m')$ 为信道矩阵中的任一行。

证明 对称信道必然是输入对称的。故由式(3.23)知

$$H(Y\mid X)=H(Y\mid X=a_i)=H(p_1',p_2',\cdots,p_m')$$

其中$(p_1', p_2', \cdots, p_m')$是信道矩阵$\boldsymbol{P}$中的任一行。因此

$$I(X;Y)=H(Y)-H(p_1',p_2',\cdots,p_m')$$

$$C=\max_{\{P(x)\}} I(X;Y)=\max_{\{P(x)\}} H(Y)-H(p_1',p_2',\cdots,p_m')$$

已知$H(Y)\leqslant \log m$，且在$P(b_j)=\frac{1}{m}, j=1,2,\cdots,m$时等号成立。前面显示了对称信道有这样的性质：若$\{P(x)\}$等概率分布，则$\{P(y)\}$必为等概率分布，故本命题成立。 ■

例如，式(3.24)给出一个对称信道的信道矩阵。依据命题3.2，该对称信道的信道容量可计算如下

$$\begin{aligned} C &= \log m - H(p_1',p_2',\cdots,p_m') \\ &= \log 3 + \frac{1}{2}\log\frac{1}{2} + \frac{1}{3}\log\frac{1}{3} + \frac{1}{6}\log\frac{1}{6} \\ &= 0.126(\text{bit}) \end{aligned}$$

若信道输入符号和输出符号数目相同，即$n=m$，则二进制对称信道的信道矩阵可一般化为

$$\boldsymbol{P}=\begin{bmatrix} \bar{p} & \frac{p}{m-1} & \frac{p}{m-1} & \cdots & \frac{p}{m-1} \\ \frac{p}{m-1} & \bar{p} & \frac{p}{m-1} & \cdots & \frac{p}{m-1} \\ \frac{p}{m-1} & \frac{p}{m-1} & \frac{p}{m-1} & \cdots & \bar{p} \end{bmatrix}$$

称此类信道为强对称信道。强对称信道要求条件之强在于：

(1) 一般信道的信道矩阵中各行之和为1，但各列之和不一定等于1；

(2) 一般对称信道其输入符号数不一定等于输出符号数；

(3) 一般对称信道的总错误概率p不一定平均分配给$m-1$个错误输出符号。

依据命题3.2，强对称信道的信道容量可计算为

$$C=\log n - p\log(n-1) - H(p)$$

3.3.4 一般信道的信道容量

现在讨论一般情况下单符号离散信道要到达信道容量其输入概率分布应满足的条件。由于信道固定，平均互信息量$I(X;Y)$是关于输入概率分布$\{P(x)\}$的上凸函数，因此信道容量$C=\max\limits_{\{P(x)\}}\{I(X;Y)\}$是一直存在的。$I(X;Y)$是关于$\{P(x)\}$的多元函数，且有$\sum\limits_x P(x)=1$成立。故可采用拉格朗日乘子法来求解这个极大值。

设输入符号集为$\boldsymbol{A}=\{a_1,a_2,\cdots,a_n\}$，输出符号集为$\boldsymbol{B}=\{b_1,b_2,\cdots,b_m\}$。定义一个新函数

$$F(\{P(a_i)\},\lambda)=I(X;Y)-\lambda\sum_i P(a_i)$$

其中，λ为拉格朗日乘子，是待定常数，要由约束条件求解。那么最优解存在于下列方程之中：

$$\begin{cases} \dfrac{\partial F}{\partial P(a_k)} = \dfrac{\partial\left[I(X;Y)-\lambda\sum\limits_i P(a_i)\right]}{\partial P(a_k)}=0, \quad k=1,2,\cdots,n \\ \sum\limits_i P(a_i)=1 \end{cases} \tag{3.26}$$

式(3.26)第一个方程式中第二项等于

$$\frac{\partial}{\partial P(a_k)}\left[\lambda\sum_i P(a_i)\right]=\lambda$$

式(3.26)第一个方程式中第一项含有的平均互信息量可表示为

$$I(X;Y)=\sum_{i=1}^{n}\sum_{j=1}^{m}P(a_i)P(b_j\mid a_i)\log\frac{P(b_j\mid a_i)}{P(b_j)}$$

式中，

$$P(b_j)=\sum_{i=1}^{n}P(a_i)P(b_j\mid a_i)$$

对上式取对数并求导得

$$\begin{aligned}\frac{\partial}{\partial P(a_k)}\log P(b_j)&=\frac{1}{P(b_j)}\log e\cdot\left[\frac{\partial}{\partial P(a_k)}\cdot P(b_j)\right]\\&=\frac{P(b_j\mid a_k)}{P(b_j)}\log e\end{aligned}$$

这里推导时要注意有

$$\frac{\partial}{\partial P(a_k)}P(a_i)=\begin{cases}1, & i=k\\0, & i\neq k\end{cases}$$

因此，再对 $I(X;Y)$ 求导会有

$$\begin{aligned}\frac{\partial}{\partial P(a_k)}I(X;Y)=&\frac{\partial}{\partial P(a_k)}\sum_{i=1}^{n}\sum_{j=1}^{m}P(a_i)P(b_j\mid a_i)\log\frac{P(b_j\mid a_i)}{P(b_j)}\\=&\sum_{j=1}^{m}\left[\frac{\partial}{\partial P(a_k)}\left[\sum_{i=1}^{n}P(a_i)P(b_j\mid a_i)\right]\log\frac{P(b_j\mid a_i)}{P(b_j)}\right]+\\&\sum_{i=1}^{n}\sum_{j=1}^{m}P(a_i)P(b_j\mid a_i)\left[\frac{\partial}{\partial P(a_k)}\log\frac{P(b_j\mid a_i)}{P(b_j)}\right]\\=&\sum_{j=1}^{m}P(b_j\mid a_k)\log\frac{P(b_j\mid a_k)}{P(b_j)}-\sum_{i=1}^{n}\sum_{j=1}^{m}P(a_i)P(b_j\mid a_i)\frac{\partial}{\partial P(a_k)}\log P(b_j)\\=&\sum_{j=1}^{m}P(b_j\mid a_k)\log\frac{P(b_j\mid a_k)}{P(b_j)}-\sum_{i=1}^{n}\sum_{j=1}^{m}P(a_i)P(b_j\mid a_i)\frac{P(b_j\mid a_k)}{P(b_j)}\log e\\=&\sum_{j=1}^{m}P(b_j\mid a_k)\log\frac{P(b_j\mid a_k)}{P(b_j)}-\sum_{j=1}^{m}P(b_j\mid a_k)\log e\\=&\sum_{j=1}^{m}P(b_j\mid a_k)\log\frac{P(b_j\mid a_k)}{P(b_j)}-\log e\end{aligned}\tag{3.27}$$

因此

$$\sum_{j=1}^{m}P(b_j\mid a_k)\log\frac{P(b_j\mid a_k)}{P(b_j)}-\log e-\lambda=0$$

于是式(3.26)变换为

$$\begin{cases}\displaystyle\sum_{j=1}^{m}P(b_j\mid a_k)\log\frac{P(b_j\mid a_k)}{P(b_j)}=\log e+\lambda, & 1\leqslant k\leqslant n\\\displaystyle\sum_i P(a_i)=1\end{cases}\tag{3.28}$$

现设方程(3.28)解为$\{\lambda, P(a_k), k=1,2,\cdots,n\}$。那么

$$C=\sum_{k=1}^{n}\sum_{j=1}^{m}P(a_k)P(b_j\mid a_k)\log\frac{P(b_j\mid a_k)}{P(b_j)}$$
$$=\sum_{k=1}^{n}P(a_k)(\log e+\lambda)=\log e+\lambda$$

这样有

$$I(a_k;Y)=\sum_{j=1}^{m}P(b_j\mid a_k)\log\frac{P(b_j\mid a_k)}{P(b_j)}=C$$

另外，由式(3.27)可知

$$\frac{\partial}{\partial P(a_k)}I(X;Y)=I(a_k;Y)-\log e$$

因此

$$\frac{\partial}{\partial P(a_k)}I(X;Y)=\lambda,\quad k=1,2,\cdots,n$$

通过对上述优化求解表达式的推导，最终可以获得如下结果。

命题 3.3 对于一个输入符号集为 $\boldsymbol{A}$、输出符号集为 $\boldsymbol{B}$ 的单符号离散信道，当且仅当存在常数 C 使输入分布$\{P(a_k),k=1,2,\cdots,n\}$满足

$$\begin{cases}I(a_k;Y)=C, & k\in\{i: p(a_i)\neq 0\}\\ I(a_k;Y)\leqslant C, & k\in\{i: p(a_i)=0\}\end{cases}\tag{3.29}$$

时，$I(X;Y)$达极大值，此时 C 即为该信道的信道容量。式(3.29)可用式(3.30)取代，即

$$\begin{cases}\dfrac{\partial I(X;Y)}{\partial p(a_k)}=\lambda, & k\in\{i: p(a_i)\neq 0\}\\ \dfrac{\partial I(X;Y)}{\partial p(a_k)}\leqslant\lambda, & k\in\{i: p(a_i)=0\}\end{cases}\tag{3.30}$$

证明 (充分性)简记 $P(a_k)=p_k$，$\boldsymbol{p}=\{p_k\}$。平均互信息量 $I(X;Y)$只是输入概率分布 $\boldsymbol{p}=\{p_k\}$的函数，故可简记为 $I(\boldsymbol{p})$。欲证输入概率分布 $\boldsymbol{p}$ 一定使 $I(\boldsymbol{p})$达到最大值，只要证对于任何其他输入分布 $\boldsymbol{q}=\{q_k\}$有 $I(\boldsymbol{q})\leqslant I(\boldsymbol{p})$成立即可。

由于平均互信息 $I(\boldsymbol{p})$是 $\boldsymbol{p}$ 的上凸函数，若设 $0<\theta<1$，$\theta+\bar{\theta}=1$，则有

$$\theta I(\boldsymbol{q})+\bar{\theta}I(\boldsymbol{p})\leqslant I(\theta\boldsymbol{q}+\bar{\theta}\boldsymbol{p})$$

或者

$$I(\boldsymbol{q})-I(\boldsymbol{p})\leqslant\frac{1}{\theta}(I(\theta\boldsymbol{q}+\bar{\theta}\boldsymbol{p})-I(\boldsymbol{p}))\tag{3.31}$$

若 $I(\boldsymbol{p})=I(p_1,\cdots,p_n)$，则

$$\begin{aligned}&I(\theta\boldsymbol{q}+\bar{\theta}\boldsymbol{p})-I(\boldsymbol{p})=I[\boldsymbol{p}+\theta(\boldsymbol{q}-\boldsymbol{p})]-I(\boldsymbol{p})\\
&=I[p_1+\theta(q_1-p_1),\cdots,p_n+\theta(q_n-p_n)]-I(p_1,\cdots,p_n)\\
&=[I(p_1+\theta(q_1-p_1),p_2+\theta(q_2-p_2),\cdots,p_n+\theta(q_n-p_n))-\\
&\quad I(p_1,p_2+\theta(q_2-p_2),\cdots,p_n+\theta(q_n-p_n))]+\\
&\quad [I(p_1,p_2+\theta(q_2-p_2),p_3+\theta(q_3-p_3),\cdots,p_n+\theta(q_n-p_n))-\\
&\quad I(p_1,p_2,p_3+\theta(q_3-p_3),\cdots,p_n+\theta(q_n-p_n))]+\cdots+\\
&\quad [I(p_1,p_2,\cdots,p_{n-1},p_n+\theta(q_n-p_n))-I(p_1,p_2,\cdots,p_n)]\end{aligned}$$

注意到

$$\lim_{\Delta\to 0}\frac{f(x+\Delta v)-f(x)}{\Delta}=v\lim_{\Delta\to 0}\frac{f(x+\Delta v)-f(x)}{\Delta v}=vf'(x)$$

这样有

$$\begin{aligned}&\lim_{\theta\to 0}\frac{1}{\theta}[I(p_1,p_2,\cdots,p_{k-1},p_k+\theta(q_k-p_k),\cdots,p_n+\theta(q_n-p_n))-\\&I(p_1,p_2,\cdots,p_{k-1},p_k,\cdots,p_n+\theta(q_n-p_n))]\\=&(q_k-p_k)\frac{\partial I(\boldsymbol{p})}{\partial p(a_k)}\end{aligned}$$

故有

$$\lim_{\theta\to 0}\frac{1}{\theta}[I(\boldsymbol{p}+\theta(\boldsymbol{q}-\boldsymbol{p}))-I(\boldsymbol{p})]=\sum_{k=1}^{n}(q_k-p_k)\frac{\partial I(\boldsymbol{p})}{\partial p_k}$$

于是当 $\theta\to 0$ 时，式(3.31)变为

$$I(\boldsymbol{q})-I(\boldsymbol{p})\leqslant\sum_{k=1}^{n}(q_k-p_k)\frac{\partial I(\boldsymbol{p})}{\partial p_k}$$

若假定概率分布 $\boldsymbol{p}$ 满足式(3.30)，那么上式可再写为

$$I(\boldsymbol{q})-I(\boldsymbol{p})\leqslant\lambda\left(\sum_{k=1}^{n}(q_k-p_k)\right)=0$$

即 $I(\boldsymbol{q})\leqslant I(\boldsymbol{p})$ 成立。

（必要性） 设概率分布 $\boldsymbol{p}$ 使 $I(\boldsymbol{p})$ 达到最大值，下证明 $\boldsymbol{p}$ 满足式(3.30)。设另有一个分布 $\boldsymbol{q}=\{q_k\}$，且有 $0<\theta<1,\theta+\bar{\theta}=1$，则 $\theta\boldsymbol{q}+\bar{\theta}\boldsymbol{p}$ 也是一个分布。故必有 $I(\theta\boldsymbol{q}+\bar{\theta}\boldsymbol{p})-I(\boldsymbol{p})\leqslant 0$ 或者 $\frac{1}{\theta}[I(\theta\boldsymbol{q}+\bar{\theta}\boldsymbol{p})-I(\boldsymbol{p})]\leqslant 0$。由上面的充分性推导过程可知

$$\sum_{k=1}^{n}(q_k-p_k)\frac{\partial I(\boldsymbol{p})}{\partial p_k}\leqslant 0$$

因为 $\sum_{k=1}^{n}p_k=1$，故存在 l 使 $p_l\neq 1$。选择 $\boldsymbol{q}=\{q_k\}$ 满足

$$\begin{cases}q_l=p_l-\varepsilon & k=l\\q_j=p_j+\varepsilon & k=j\\q_k=p_k & k\neq l,k\neq j\end{cases},\quad -p_j\leqslant\varepsilon\leqslant p_l$$

这样

$$-\varepsilon\frac{\partial}{\partial p_l}I(\boldsymbol{p})+\varepsilon\frac{\partial}{\partial p_j}I(\boldsymbol{p})\leqslant 0$$

$$\varepsilon\frac{\partial}{\partial p_j}I(\boldsymbol{p})\leqslant\varepsilon\frac{\partial}{\partial p_l}I(\boldsymbol{p})$$

如令 $\frac{\partial}{\partial p_l}I(\boldsymbol{p})=\lambda$，必有

$$\varepsilon\frac{\partial}{\partial p_j}I(\boldsymbol{p})\leqslant\lambda\varepsilon$$

若 $p_j=0$，则取 ε 为正数，必有

$$\frac{\partial}{\partial p_j}I(\boldsymbol{p})\leqslant\lambda$$

若 $p_j \neq 0$，则 ε 可取正数也可取负数，故有

$$\begin{cases} \dfrac{\partial}{\partial p_j} I(\boldsymbol{p}) \leqslant \lambda, & \varepsilon > 0 \\ \dfrac{\partial}{\partial p_j} I(\boldsymbol{p}) \geqslant \lambda, & \varepsilon < 0 \end{cases}$$

因此有

$$\frac{\partial}{\partial p_j} I(\boldsymbol{p}) = \lambda$$

说明 $\boldsymbol{p}$ 满足式(3.30)。 ■

命题 3.3 表明，当信道平均互信息量达到信道容量时，信源符号集中除发生概率为零的符号外，其他每个符号均对信宿提供相同的平均互信息量。在某给定的输入分布下，若有一个输入符号 $x=a_i$ 对输出 Y 所提供的平均互信息量比其他输入符号提供的平均互信息量大，则可以更多地使用这一符号来增大平均互信息量 $I(X;Y)$，但是这将会改变输入符号的概率分布，必然使这个符号的平均互信息 $I(a_i;Y)$减小，而其他符号对应的平均互信息增加。所以，经过不断调整输入符号的概率分布，就可以使每个概率不为零的输入符号对输出 Y 提供相同的平均互信息量。命题 3.3 只给出了达到信道容量时，最佳输入概率分布应满足的条件，并没有给出输入符号的最佳概率分布值，因而也没有给出信道容量的数值。另外，命题 3.3 本身也隐含着：达到信道容量的最佳输入分布并不一定是唯一的。在一些特殊情况下，可利用这一命题来找出所求的输入概率分布和信道容量。

对于一个单符号离散信道的信道矩阵，按照信道矩阵的列进行分组将矩阵分成几个子矩阵，每个子矩阵中的每行(列)都是其他行(列)的同一组元素的不同排列，则称这类信道为准对称信道。例如，二进制删除信道就是典型的准对称信道。

例 3.6 证明准对称信道信道容量的输入分布为等概率分布。

证明 将准对称信道矩阵 $\boldsymbol{P}$ 分为一些子矩阵 $\boldsymbol{P}_l, l=1,2,\cdots,L$，并保证：在每个子矩阵 $\boldsymbol{P}_l$ 中，其每行(列)都是其他行(列)的同一组元素的不同排列。在输出符号指标集中，对应子矩阵 $\boldsymbol{P}_l$ 的指标子集记为 B_l。显然，$\bigcup_{l=1}^{L} B_l = \{1,2,\cdots,m\}$。当信道输入为等概率分布即 $P(a_k)=\dfrac{1}{n}$时，注意到

$$P(b_j) = \sum_{i=1}^{n} P(a_i)P(b_j \mid a_i) = \frac{1}{n}\sum_{i=1}^{n} P(b_j \mid a_i)$$

则有

$$\begin{aligned} I(a_k;Y) &= \sum_{j=1}^{m} P(b_j \mid a_k)\log\frac{P(b_j \mid a_k)}{P(b_j)} \\ &= \sum_{j=1}^{m} P(b_j \mid a_k)\log\frac{P(b_j \mid a_k)}{\dfrac{1}{n}\sum\limits_{i=1}^{m} P(b_j \mid a_i)} \\ &= \sum_{l=1}^{L}\sum_{j\in B_l} P(b_j \mid a_k)\log\frac{P(b_j \mid a_k)}{\dfrac{1}{n}\sum\limits_{i=1}^{m} P(b_j \mid a_i)} \end{aligned}$$

在子矩阵 $\boldsymbol{P}_l$ 中，每列都是其他列的同一组元素的重排，所以对于子矩阵 $\boldsymbol{P}_l$ 中的每个输出

b_j,其概率 $P(b_j)=\frac{1}{n}\sum_{i=1}^{n}P(b_j \mid a_i)$ 都相等,即

$$P(b_j)=\frac{1}{|B_l|}P(B_l),\quad j\in B_l$$

又因子矩阵 $\boldsymbol{P}_l$ 中的每行都是其他行的同一组元素的重新排列,所以对任意 a_k,集$\{P(b_j|a_k),j\in B_l\}$与 a_k 无关,故给定 l,上述 $I(a_k;Y)$表达式中和式第 l 项

$$\sum_{j\in B_l}P(b_j \mid a_k)\log\frac{P(b_j \mid a_k)}{\frac{1}{m}\sum_{i=1}^{m}P(b_j \mid a_i)}$$

只与 B_l 有关,与 j,k 无关,记为 $f(B_l)$。故

$$I(a_i;Y)=\sum_{l=1}^{L}f(B_l)=C$$

为一常数。这满足命题 3.3 中的充要条件,从而得证。■

例 3.7 一个单符号离散信道如图 3.13 所示,求其信道容量。

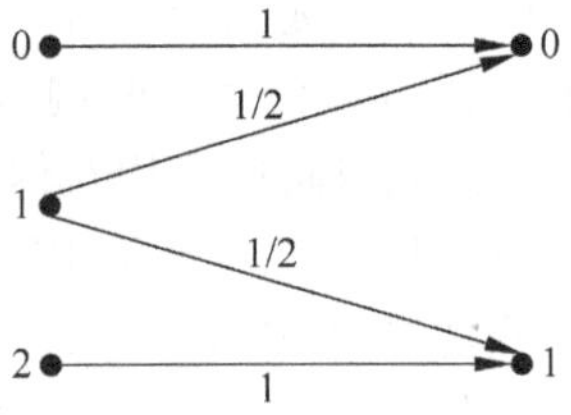

图 3.13 单符号离散信道

由图 3.13 可知,信道输入符号集为 $\boldsymbol{A}=\{0,1,2\}$,输出符号集为 $\boldsymbol{B}=\{0,1\}$,信道矩阵为

$$\boldsymbol{P}=\begin{bmatrix}1 & 0\\ \frac{1}{2} & \frac{1}{2}\\ 0 & 1\end{bmatrix}$$

仔细考虑此信道,可设想若输入符号 1 的概率等于零,该信道就成了一一对应的信道,接收到任何符号后对输入符号就是完全确定的。若输入符号 1 的概率不等于零,就会增加不确定性。因此,可先设输入分布为 $P(0)=P(2)=\frac{1}{2}$,$P(1)=0$,然后检查它是否满足命题 3.3 中的充要条件。显然

$$P(y)=\sum_{x=0}^{2}P(x)P(y \mid x)=\frac{1}{2}$$

则有

$$I(0;Y)=\sum_{y=1}^{2}P(y \mid 0)\log\frac{P(y \mid 0)}{P(y)}=\log 2=1$$

$$I(2;Y)=\sum_{y=1}^{2}P(y \mid 2)\log\frac{P(y \mid 2)}{P(y)}=\log 2=1$$

$$I(1;Y)=\sum_{y=1}^{2}P(y \mid 1)\log\frac{P(y \mid 1)}{P(y)}=0$$

这满足命题 3.3 中的充要条件。因此,信道容量为

$$C=\log 2=1(\text{bit})$$

达到信道容量的最佳概率分布为

$$\left\{P(0)=\frac{1}{2},P(1)=0,P(2)=\frac{1}{2}\right\}$$

对于一般的离散信道,很难利用命题 3.3 来寻求信道容量和对应的输入概率分布,因此

只能利用解方程组式(3.28)的方法,或者利用数值迭代算法进行求解。

3.3.5 信源与信道匹配

给定一个信道,其信道容量 C 是一定的,只有一定的信源才能使信道的信息传输率 $R=I(X;Y)$达到最大,即 R 等于 C。一般情况下,信源与信道链接时,其信息传输率 R 并未到达 C。当信源与信道链接时,若信源传输率 R 为 C,则称信源与信道匹配,否则信道一定有冗余。为此定义

$$\begin{cases}\text{信道冗余度}=C-I(X;Y)\\ \text{信道相对冗余度}=\dfrac{C-I(X;Y)}{C}=1-\dfrac{I(X;Y)}{C}\end{cases}$$

这两个概念可用来描述信源与信道匹配情况。例如,在无损信道中,$C=\log n$,$I(X;Y)=H(X)$,其中 n 是信道输入符号的个数,$H(X)$是输入信道的信息熵。因而

$$\text{无损信道相对冗余度}=1-\frac{H(X)}{\log n}$$

与第 2 章介绍的信源冗余度比较,它实际上就是最大熵 $\boldsymbol{H}_0$ 对应的信源冗余度。所以提高无损信道信息传输率实际上就是减少信源冗余度。对于无损信道,可以通过信源编码来减少信源的冗余度,并使信息传输率到达信道容量,关于这部分内容将在第 4 章进行详细讨论。

3.4 离散无记忆信道

3.4.1 离散无记忆信道的数学描述

简单的离散无记忆信道数学模型如图 3.14 所示,用$[X,P(b_j|a_i),Y]$表示。其特点是输入与输出为单个随机变量。输入 X 的取值符号集记为$\boldsymbol{A}=\{a_1,a_2,\cdots,a_n\}$,输出 Y 的取值符号集记为$\boldsymbol{B}=\{b_1,b_2,\cdots,b_m\}$。简记信道传递概率 $P(b_j|a_i)$为 P_{ij}。则信道矩阵可表示为 $\boldsymbol{P}=(P_{ij})$,其中

$$\sum_{j=1}^{m}P_{ij}=1,\quad i=1,2,\cdots,n$$

一般离散无记忆信道的数学模型如图 3.15 所示,用$[\boldsymbol{X},P(\boldsymbol{y}|\boldsymbol{x}),\boldsymbol{Y}]$表示。其特点是输入与输出为随机序列。输入为 $\boldsymbol{X}=(X_1X_2\cdots X_K)$,输出 $\boldsymbol{Y}=(Y_1Y_2\cdots Y_K)$。一般而言,不同的 X_i 可以取不同的输入符号集 $\boldsymbol{A}_i$,不同的 Y_j 可以取不同的输出符号集 $\boldsymbol{B}_j$,且即使相同,概率分布也可以不同。然而,如果满足

$$\boldsymbol{A}_i=\boldsymbol{A},\quad \boldsymbol{B}_i=\boldsymbol{B}$$
$$X_i=X,\quad Y_i=Y$$

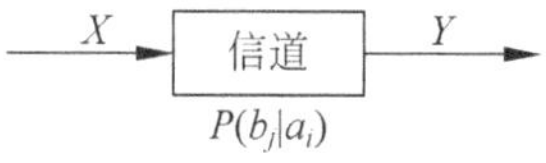

图 3.14　简单的离散无记忆信道数学模型

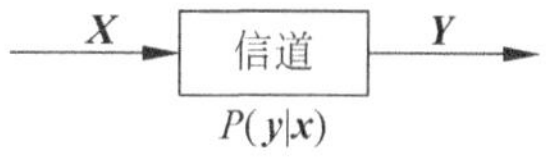

图 3.15　一般离散无记忆信道的数学模型

即输入符号集一样，输出符号集一样；输入概率分布一样，输出概率分布一样，那么称这类离散无记忆信道为离散无记忆 K 次扩展信道。离散无记忆扩展信道的数学模型如图 3.16 所示，用$[X^K, P(\boldsymbol{\beta}_s|\boldsymbol{\alpha}_r), Y^K]$表示。

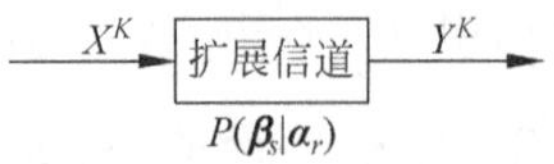

图 3.16　离散无记忆扩展信道的数学模型

其中，

$$\boldsymbol{\alpha}_r=(a_{r_1},a_{r_2},\cdots,a_{r_K}),\quad r_k\in\{1,2,\cdots,r\},\quad k=1,2,\cdots,K$$

$$\boldsymbol{\beta}_s=(b_{s_1},b_{s_2},\cdots,b_{s_K}),\quad s_k\in\{1,2,\cdots,s\},\quad k=1,2,\cdots,K$$

$$\boldsymbol{\alpha}_r:\ r=1,2,\cdots,n^K$$

$$\boldsymbol{\beta}_s:\ s=1,2,\cdots,m^K$$

K 次扩展信道的信道矩阵表示为

$$\boldsymbol{\Pi}=[\Pi_{rs}],\quad r=1,2,\cdots,n^K;\quad s=1,2,\cdots,m^K$$

其中，

$$\Pi_{rs}=P(\boldsymbol{\beta}_s\mid\boldsymbol{\alpha}_r)=\prod_{k=1}^{K}P(b_{s_k}\mid a_{r_k})$$

$$\sum_{s=1}^{m^K}\Pi_{rs}=1,\quad r=1,2,\cdots,n^K$$

例 3.8　设一个二进制对称信道的符号集与信道矩阵分别为

$$\boldsymbol{A}=\boldsymbol{B}=\{0,1\}$$

$$\boldsymbol{P}=\begin{bmatrix}\bar{p} & p\\ p & \bar{p}\end{bmatrix},\quad p+\bar{p}=1$$

则其二次扩展信道的符号集与信道矩阵分别为

$$\boldsymbol{A}^2=\boldsymbol{B}^2=\{00,01,10,11\}$$

$$\boldsymbol{\Pi}=\begin{bmatrix}\bar{p}^2 & \bar{p}p & p\bar{p} & p^2\\ \bar{p}p & \bar{p}^2 & p^2 & p\bar{p}\\ p\bar{p} & p^2 & \bar{p}^2 & \bar{p}p\\ p^2 & p\bar{p} & \bar{p}p & \bar{p}^2\end{bmatrix}=\boldsymbol{P}\otimes\boldsymbol{P}$$

这里⊗表示 Kronecker 积，定义为：给定一个阶数为 $u\times v$ 矩阵 $\boldsymbol{W}=(w_{ij})$和一个阶数为 $p\times q$ 的矩阵 $\boldsymbol{V}=(v_{ij})$，那么有阶数为$(up)\times(vq)$的矩阵

$$\boldsymbol{W}\otimes\boldsymbol{V}=[w_{ij}\cdot\boldsymbol{V}]$$

3.4.2　离散无记忆信道的平均互信息量

单符号信道的平均互信息量定义容易推广到多符号信道。因此，对一般离散无记忆信道，有

$$\begin{aligned}&I(\boldsymbol{X};\boldsymbol{Y})\\&=H(\boldsymbol{X})-H(\boldsymbol{X}\mid\boldsymbol{Y})=\sum_{r,s}P(\boldsymbol{\alpha}_r,\boldsymbol{\beta}_s)\log\frac{P(\boldsymbol{\alpha}_r\mid\boldsymbol{\beta}_s)}{P(\boldsymbol{\alpha}_r)}\\&=H(\boldsymbol{Y})-H(\boldsymbol{Y}\mid\boldsymbol{X})=\sum_{r,s}P(\boldsymbol{\alpha}_r,\boldsymbol{\beta}_s)\log\frac{P(\boldsymbol{\beta}_s\mid\boldsymbol{\alpha}_r)}{P(\boldsymbol{\beta}_s)}\end{aligned}\tag{3.32}$$

对于 K 次扩展信道，我们关心 $I(X^K;Y^K)$ 与 $I(X;Y)$ 之间的联系。直觉猜测的结论是 $I(X^K;Y^K)=KI(X;Y)$。这个结论对吗？为了解决这一问题，先考虑一般离散无记忆信道下 $I(\boldsymbol{X};\boldsymbol{Y})$ 与 $I(X_k;Y_k)$ 之间的关系。

命题 3.4 对于一个如图 3.15 所示的离散无记忆信道 $[\boldsymbol{X},P(\boldsymbol{y}|\boldsymbol{x}),\boldsymbol{Y}]$，有

$$I(\boldsymbol{X};\boldsymbol{Y})\leqslant\sum_{k=1}^{K}I(X_k;Y_k) \tag{3.33}$$

证明 考虑信道无记忆性，由式(3.32)可得

$$\begin{aligned}
&I(\boldsymbol{X};\boldsymbol{Y})\\
&=H(\boldsymbol{Y})-H(\boldsymbol{Y}\mid\boldsymbol{X})\\
&=\sum_{r,s}P(\boldsymbol{\alpha}_r,\boldsymbol{\beta}_s)\log\frac{P(\boldsymbol{\beta}_s\mid\boldsymbol{\alpha}_r)}{P(\boldsymbol{\beta}_s)}\\
&=\sum_{r,s}P(\boldsymbol{\alpha}_r,\boldsymbol{\beta}_s)\log\frac{\prod_{k=1}^{K}P(b_{s_k}\mid a_{r_k})}{P(\boldsymbol{\beta}_s)}
\end{aligned}$$

另外，由于 $P(a_{r_k},b_{s_k})=\sum_{\substack{r_1,s_1;\cdots;r_{k-1},s_{k-1};\\ r_{k+1},s_{k+1};\cdots;r_K,s_K}}P(\boldsymbol{\alpha}_r,\boldsymbol{\beta}_s)$，则有

$$\begin{aligned}
\sum_{k=1}^{K}I(X_k;Y_k)&=\sum_{k=1}^{K}\sum_{r_k,s_k}P(a_{r_k},b_{s_k})\log\frac{P(b_{s_k}\mid a_{r_k})}{P(b_{s_k})}\\
&=\sum_{k=1}^{K}\sum_{r,s}P(\boldsymbol{\alpha}_r,\boldsymbol{\beta}_s)\log\frac{P(b_{s_k}\mid a_{r_k})}{P(b_{s_k})}\\
&=\sum_{r,s}P(\boldsymbol{\alpha}_r,\boldsymbol{\beta}_s)\log\left(\frac{\prod_{k=1}^{K}P(b_{s_k}\mid a_{r_k})}{\prod_{k=1}^{K}P(b_{s_k})}\right)
\end{aligned}$$

因此，有

$$\begin{aligned}
&I(\boldsymbol{X};\boldsymbol{Y})-\sum_{k=1}^{K}I(X_k;Y_k)\\
&=\sum_{r,s}P(\boldsymbol{\alpha}_r,\boldsymbol{\beta}_s)\log\frac{\prod_{k=1}^{K}P(b_{s_k})}{P(\boldsymbol{\beta}_s)}\\
&=\sum_{s}P(\boldsymbol{\beta}_s)\log\frac{\prod_{k=1}^{K}P(b_{s_k})}{P(\boldsymbol{\beta}_s)}\\
&=\sum_{s}P(\boldsymbol{\beta}_s)\log\frac{Q(\boldsymbol{\beta}_s)}{P(\boldsymbol{\beta}_s)}\leqslant 0
\end{aligned}$$

最后的不等式可通过引理 2.2 推得。注意：这里 $Q(\boldsymbol{\beta}_s)=\prod_{k=1}^{K}P(b_{s_k})$，且有

$$\sum_{s}Q(\boldsymbol{\beta}_s)=\sum_{s_1s_2\cdots s_K}\prod_{k=1}^{K}P(b_{s_k})=1$$

故有 $I(\boldsymbol{X};\boldsymbol{Y}) \leqslant \sum_{k=1}^{K} I(X_k;Y_k)$。 ■

命题 3.5 若信道$[\boldsymbol{X},P(\boldsymbol{y}|\boldsymbol{x}),\boldsymbol{Y}]$不一定是无记忆的，而信源一定是无记忆的，则

$$I(\boldsymbol{X};\boldsymbol{Y}) \geqslant \sum_{k=1}^{K} I(X_k;Y_k) \tag{3.34}$$

证明 考虑信源无记忆性，由式(3.32)可得

$$\begin{aligned}
&I(\boldsymbol{X};\boldsymbol{Y})\\
&=H(\boldsymbol{X})-H(\boldsymbol{X}\mid\boldsymbol{Y})\\
&=\sum_{r,s} P(\boldsymbol{\alpha}_r,\boldsymbol{\beta}_s)\log\frac{P(\boldsymbol{\alpha}_r\mid\boldsymbol{\beta}_s)}{P(\boldsymbol{\alpha}_r)}\\
&=\sum_{r,s} P(\boldsymbol{\alpha}_r,\boldsymbol{\beta}_s)\log\frac{P(\boldsymbol{\alpha}_r\mid\boldsymbol{\beta}_s)}{\prod_{k=1}^{K} P(a_{r_k})}
\end{aligned}$$

另外，由于 $P(a_{r_k},b_{s_k}) = \sum\limits_{\substack{r_1,s_1;\cdots;r_{k-1},s_{k-1};\\ r_{k+1},s_{k+1};\cdots;r_K,s_K}} P(\boldsymbol{\alpha}_r,\boldsymbol{\beta}_s)$，则有

$$\begin{aligned}
\sum_{k=1}^{K} I(X_k;Y_k) &= \sum_{k=1}^{K}\sum_{r_k,s_k} P(a_{r_k},b_{s_k})\log\frac{P(a_{r_k}\mid b_{s_k})}{P(a_{r_k})}\\
&=\sum_{k=1}^{K}\sum_{r,s} P(\boldsymbol{\alpha}_r,\boldsymbol{\beta}_s)\log\frac{P(a_{r_k}\mid b_{s_k})}{P(a_{r_k})}\\
&=\sum_{r,s} P(\boldsymbol{\alpha}_r,\boldsymbol{\beta}_s)\log\left(\frac{\prod_{k=1}^{K} P(a_{r_k}\mid b_{s_k})}{\prod_{k=1}^{K} P(a_{r_k})}\right)
\end{aligned}$$

因此，有

$$\begin{aligned}
&-I(\boldsymbol{X};\boldsymbol{Y})+\sum_{k=1}^{K} I(X_k;Y_k)\\
&=\sum_{r,s} P(\boldsymbol{\alpha}_r,\boldsymbol{\beta}_s)\log\frac{\prod_{k=1}^{K} P(a_{r_k}\mid b_{s_k})}{P(\boldsymbol{\alpha}_r\mid\boldsymbol{\beta}_s)}\\
&=\sum_{s} P(\boldsymbol{\beta}_s)\sum_{r} P(\boldsymbol{\alpha}_r\mid\boldsymbol{\beta}_s)\log\frac{\prod_{k=1}^{K} P(a_{r_k}\mid b_{s_k})}{P(\boldsymbol{\alpha}_r\mid\boldsymbol{\beta}_s)}\\
&=\sum_{s} P(\boldsymbol{\beta}_s)\sum_{r} P(\boldsymbol{\alpha}_r\mid\boldsymbol{\beta}_s)\log\frac{Q(\boldsymbol{\alpha}_r\mid\boldsymbol{\beta}_s)}{P(\boldsymbol{\alpha}_r\mid\boldsymbol{\beta}_s)}\leqslant 0
\end{aligned}$$

最后的不等式可通过再次应用引理 2.2 推得。注意：这里 $Q(\boldsymbol{\alpha}_r\mid\boldsymbol{\beta}_s)=\prod_{k=1}^{K} P(a_{r_k}\mid b_{s_k})$，且有

$$\sum_{r} Q(\boldsymbol{\alpha}_r\mid\boldsymbol{\beta}_s)=\sum_{r_1\cdots r_K}\prod_{k=1}^{K} P(a_{r_k}\mid b_{s_k})=1$$

故有 $I(\boldsymbol{X};\boldsymbol{Y}) \geqslant \sum_{k=1}^{K} I(X_k;Y_k)$。 ■

推论 3.1 对于无扰的无记忆信道,有

$$H(\boldsymbol{X}) \leqslant \sum_{k=1}^{K} H(X_k) \tag{3.35}$$

证明 对于无扰的无记忆信道,有

$$H(\boldsymbol{X} \mid \boldsymbol{Y}) = 0$$

$$I(\boldsymbol{X};\boldsymbol{Y}) = H(\boldsymbol{X}) - H(\boldsymbol{X} \mid \boldsymbol{Y}) = H(\boldsymbol{X})$$

类似地,还有

$$H(X_k \mid Y_k) = 0$$

$$I(X_k;Y_k) = H(X_k) - H(X_k \mid Y_k) = H(X_k)$$

这样应用命题 3.4 即得证。 ■

推论 3.2 若信源和信道都是无记忆的,则

$$I(\boldsymbol{X};\boldsymbol{Y}) = \sum_{k=1}^{K} I(X_k;Y_k) \tag{3.36}$$

推论 3.3 对于离散无记忆 K 次扩展信道,若信源是无记忆的,则

$$I(X^K;Y^K) = KI(X;Y) \tag{3.37}$$

此外,若信源是无记忆的,则离散无记忆 K 次扩展信道的信道容量等于

$$C_K = \max_{\{P(x^K)\}} \{I(X^K;Y^K)\} = K\max_{\{P(x)\}} I(X;Y) = KC$$

这里 $C = \max_{\{P(x)\}} I(X;Y) = \max_{\{P(x_k)\}} I(X_k;Y_k)$。即只有当输入信源是无记忆的,同时序列中每个分量 $X_k, k=1,2,\cdots,K$ 的分布各自达到最佳分布时,K 次扩展信道的信道容量才能达到 KC。而一般情况下,信息序列在离散无记忆 K 次扩展信道中传输时,平均互信息量 $I(X^K;Y^K) \leqslant KC$。

3.5 串联信道的平均互信息量

前面讨论了单个离散信道,实际中常常会遇到两个或更多信道组合在一起使用的情况,有并联形式、串联形式,还有混合形式。如微波中继接力通信信道就是一种串联形式,本节侧重讨论信道串联的情况。

另外,我们常常需要在信道输出端对接收到的信号或数据进行适当的处理,这种处理称为数据处理。从广义上看,数据处理可视作一种信道,它与前面传输数据的信道是串联的关系。例如,将卫星上各种测得的科学数据编成由 0 和 1 组成的二进制码,然后以脉冲形式发送到地面,地面接收站收到的是一系列振幅不同的脉冲,将这些脉冲送入判决器,当脉冲振幅大于门限值时判为 1,当脉冲振幅小于门限值时判为 0。在这种情况下,从卫星到地面接收站可以看成一个离散信道,其输入符号为 0 和 1 组成的二进制码,输出符号为一系列不同幅度的数值。对于判决器,也可以将它看成另一个信道,其输入符号为一系列不同幅度的数值,即前一信道的输出,而其输出为符号 0 和 1 组成的二进制码。实际上,这种判决器就是一种数据处理系统。因此,从卫星到判决器的输出可以看成两个信道的串联,下面将研究串联信道的平均互信息量问题。

假设有一离散单符号信道Ⅰ,其输入变量为 X,取值 $\boldsymbol{A} = \{a_1, a_2, \cdots, a_n\}$,输出变量为

Y，取值 $\boldsymbol{B}=\{b_1,b_2,\cdots,b_m\}$；再设另有一离散单符号信道Ⅱ，其输入变量为 Y，输出变量为 Z，取值 $\boldsymbol{C}=\{c_1,c_2,\cdots,c_l\}$。这两个信道串联起来，如图3.17所示。信道Ⅰ的转移概率是 $P(y|x)=P(b_j|a_i)$，信道Ⅱ的转移概率一般与前面的符号 X 和 Y 都有关，故 $P(z|x,y)=P(c_k|a_i,b_j)$。

显然，这两个串接信道可以等效成一个总的离散信道，如图3.18所示。此等效信道的输入为 X，取值 $\boldsymbol{A}=\{a_1,a_2,\cdots,a_n\}$，输出为 Z，取值 $\boldsymbol{C}=\{c_1,c_2,\cdots,c_l\}$。此信道转移概率为

$$P(z\mid x)=\sum_y P(y\mid x)\cdot P(z\mid x,y)$$

则其信道矩阵为

$$\boldsymbol{P}=[P(z\mid x)]_{n\times l}=[P(y\mid x)]_{n\times m}\cdot[P(z\mid x,y)]_{m\times l}$$

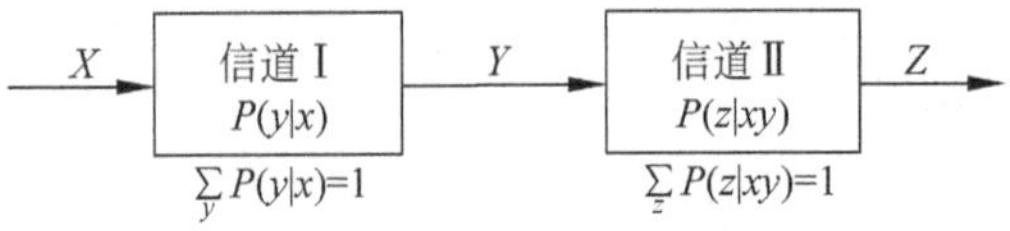

图3.17　离散串联信道

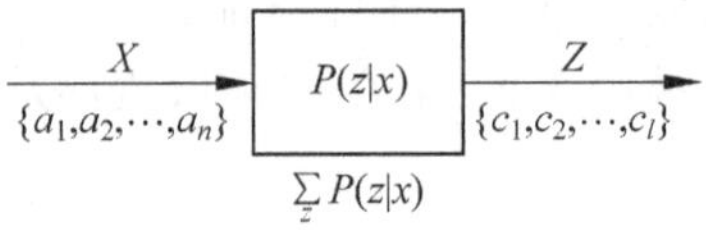

图3.18　串联信道的等效信道

将二维联合随机变量当作一维随机变量看待，很容易将二维随机变量形成的平均互信息量概念推广到三维。即容易给出三个随机事件集 X、Y、Z 下的平均互信息量表达式

$$\begin{aligned}I(XY;Z)&=H(Z)-H(Z\mid X,Y)\\&=\sum_{x,y,z}P(x,y,z)\log\frac{P(z\mid x,y)}{P(z)}\end{aligned}$$

命题3.6　串联信道中的平均互信息量满足以下关系。

(1)
$$I(XY;Z)\geqslant I(Y;Z)$$

其中等号成立的充要条件是对所有 x、y、z 有

$$P(z\mid x,y)=P(z\mid y)$$

(2)
$$I(XY;Z)\geqslant I(X;Z)$$

其中等号成立的充要条件是对所有 x、y、z 有

$$P(z\mid x,y)=P(z\mid x)$$

证明　(1) 从上述三维平均互信息量表达式可知

$$I(XY;Z)=\sum_{x,y,z}P(x,y,z)\log\frac{P(z\mid x,y)}{P(z)}$$

另外

$$\begin{aligned}I(Y;Z)&=\sum_{y,z}P(y,z)\log\frac{P(z\mid y)}{P(z)}\\&=\sum_{x,y,z}P(x,y,z)\log\frac{P(z\mid y)}{P(z)}\end{aligned}$$

因此有

$$\begin{aligned}&I(Y;Z)-I(XY;Z)\\&=\sum_{x,y,z}P(x,y,z)\log\frac{P(z\mid y)}{P(z\mid x,y)}\\&=\sum_{x,y,z}P(x,y)P(z\mid x,y)\log\frac{P(z\mid y)}{P(z\mid x,y)}\end{aligned}$$

$$=\sum_{x,y}P(x,y)\sum_{z}P(z\mid x,y)\log\frac{P(z\mid y)}{P(z\mid x,y)}$$

因为

$$\sum_{z}P(z\mid x,y)\log\frac{P(z\mid y)}{P(z\mid x,y)}$$

$$=\sum_{z}W(z)\log\frac{V(z)}{W(z)}\leqslant 0$$

故有 $I(Y;Z)\leqslant I(XY;Z)$成立。注：这里最后一个不等式是应用引理 2.2 得出的；另外，从中定义了

$$W(z)=P(z\mid xy),\quad V(z)=P(z\mid y)$$

并有

$$\sum_{z}W(z)=1,\quad \sum_{z}V(z)=1$$

显然，从引理 2.2 可知，当且仅当 $V(z)=W(z)$，即 $P(z|x,y)=P(z|y)$时，

$$I(Y;Z)=I(XY;Z)$$

(2) 只需由 $Y\to X$，$X\to Y$，$y\to x$，$x\to y$ 即可类似证明出结论。 ■

假若信道Ⅱ的传递概率使其输出 Z 只与输入 Y 有关，与前面的输入 X 无关，即满足 $P(z|y,x)=P(z|y)$，则称这两信道的输入和输出 X、Y、Z 序列构成马尔可夫链。此时有

$$P(z\mid x)=\sum_{y}P(y\mid x)\cdot P(z\mid y)$$

$$\boldsymbol{P}=[P(z\mid x)]_{n\times l}=[P(y\mid x)]_{n\times m}\cdot[P(z\mid y)]_{m\times l}$$

定理 3.1 若随机变量 X、Y、Z 构成一个马尔可夫链，则有

(1) $$I(X;Z)\leqslant I(Y;Z)$$

(2) $$I(X;Z)\leqslant I(X;Y)$$

证明 (1) 因为变量 X、Y、Z 构成一个马尔可夫链，故对于一切 x、y、z 有 $P(z|x,y)=P(z|y)$，因此由命题 3.5 可知

$$I(XY;Z)=I(Y;Z)$$

而 $I(XY;Z)\geqslant I(X;Z)$，故 $I(X;Z)\leqslant I(Y;Z)$。其中等号成立的充分必要条件是

$$P(z\mid x,y)=P(z\mid x)$$

这是因为 $I(X;Z)=I(Y;Z)\Leftrightarrow I(XY;Z)=I(X;Z)$。

(2) 因为 X、Y、Z 是马尔可夫链，可证 Z、Y、X 也是马尔可夫链，所以有 $P(x|y,z)=P(x|y)$。对于所有 x、y、z 通过类似于命题 3.5 证明过程，可推得：

① $I(ZY;X)\geqslant I(Y;X)$，当且仅当 $P(x|y,z)=P(x|y)$时，该式等号成立；

② $I(ZY;X)\geqslant I(Z;X)$，当且仅当 $P(x|y,z)=P(x|z)$时，该式等号成立。

再由①与②得

$$I(ZY;X)=I(Y;X)$$

$$I(Y;X)\geqslant I(Z;X)$$

最后由平均互信息量的互易性可知

$$I(X;Y)\geqslant I(X;Z)$$

并且当且仅当 $P(x|y,z)=P(x|y)=P(x|z)$ 时等式成立。 ■

定理 3.1 表明，通过串联信道的传输一般只会丢失更多信息。可是，当

$$P(x \mid y)=P(x \mid z) \tag{3.38}$$

对所有 x、y、z 都成立，即串联信道的信道矩阵等于第一个信道的信道矩阵时，通过串联信道传输后不会增加信息的损失。当第二个信道是无损确定信道时，这个条件显然得到满足。如果第二个信道是数据处理系统，定理 3.1 表明，通过数据处理后，一般只会增加信息的损失，最多保持原来获得的信息，不可能比原来获得的信息有所增加。若要使数据处理后获得的平均互信息量保持不变，必须要使式(3.38)成立。总之，信息经数据处理具有不增性，称定理 3.1 为数据处理定理。

例 3.9 将两个二进制对称信道进行串联，如图 3.19 所示。已知第一个二进制对称信道的输入符号概率空间为

$$\begin{bmatrix} X \\ P \end{bmatrix}=\begin{bmatrix} 0 & 1 \\ \frac{1}{2} & \frac{1}{2} \end{bmatrix}$$

两个二进制对称信道的信道矩阵均为

$$\boldsymbol{P}_1=\boldsymbol{P}_2=\begin{bmatrix} 1-p & p \\ p & 1-p \end{bmatrix}$$

并且 $0<p<\frac{1}{2}$。试求 $I(X;Y)$ 与 $I(X;Z)$，并对它们进行比较。如果有多个这样二进制对称信道进行串联，其最后总的等效信道如何？

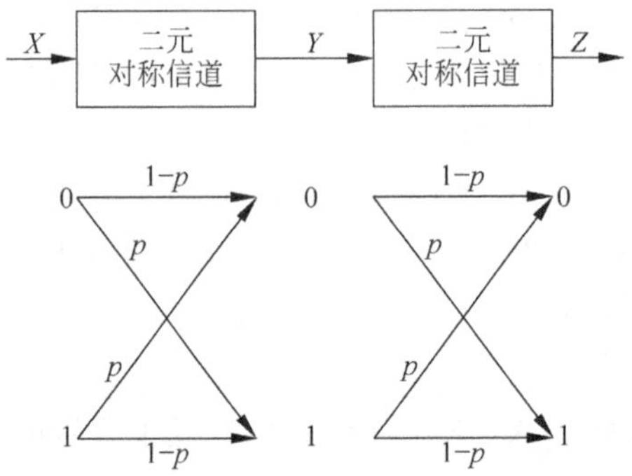

图 3.19 二进制对称信道的串联

解 串联信道的信道矩阵为

$$\boldsymbol{P}=\boldsymbol{P}_1 \cdot \boldsymbol{P}_2=\begin{bmatrix} (1-p)^2+p^2 & 2p(1-p) \\ 2p(1-p) & (1-p)^2+p^2 \end{bmatrix}$$

这说明等效信道也是二进制对称信道，错误概率变为

$$p_2=2p(1-p)$$

依据平均互信息量的性质，可计算出

$$I(X;Y)=H(Y)-H(Y \mid X)=1-H(p)$$

$$I(X;Z)=H(Z)-H(Z \mid X)=1-H(p_2)$$

因为 $0<p<\frac{1}{2}$，$p_2=2p(1-p)>p$，所以有

$$H(p_2)<H(p),\quad I(X;Y)>I(X;Z)$$

这表明二进制对称信道经串联后只会增加信息损失。

如果在两个二进制对称信道串联之后再串联一个同样的二进制对称信道，并设信道输出为 W，那么新的等效信道的平均互信息量为

$$I(X;W)=1-H(p_3)$$

其中错误概率为

$$p_3=\frac{1}{2}[1-(1-2p)^3]$$

一般地，通过归纳法，可以证明，将 k 个同样的二进制对称信道进行串联，并设信道输出为 V_k，那么串联后等效信道的平均互信息量为

$$I(X;V_k)=1-H(p_k)$$

其中错误概率为

$$p_k=\frac{1}{2}[1-(1-2p)^k]$$

图 3.20 给出了 $I(X;V_k)$ 与 p 之间的关系曲线。显然，当串联级数增加时，信息的损失也增加，但损失的量逐渐减少。当 $k\to\infty$ 时，$p_k\to\frac{1}{2}$，平均互信息量极限为

$$\lim_{k\to\infty}I(X;V_k)=0$$

例 3.10 一个串联信道如图 3.21 所示，设 X、Y、Z 形成马尔可夫链，求串联信道的信道矩阵，并讨论是否有信息损失。

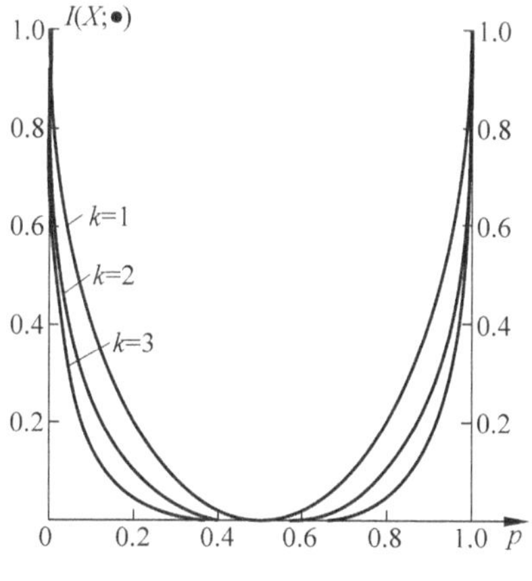

图 3.20 k 个二进制对称信道串联的平均互信息量

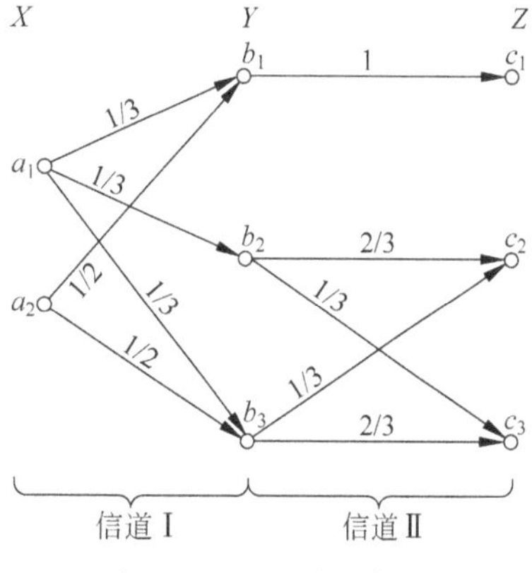

图 3.21 一个串联信道

解 由图 3.20 可知

$$\boldsymbol{P}_{Y|X}=\begin{bmatrix}\frac{1}{3} & \frac{1}{3} & \frac{1}{3}\\ \frac{1}{2} & 0 & \frac{1}{2}\end{bmatrix},\quad \boldsymbol{P}_{Z|Y}=\begin{bmatrix}1 & 0 & 0\\ 0 & \frac{2}{3} & \frac{1}{3}\\ 0 & \frac{1}{3} & \frac{2}{3}\end{bmatrix}$$

因此

$$\boldsymbol{P}_{Z|X}=\boldsymbol{P}_{Y|X}\cdot\boldsymbol{P}_{Z|Y}=\begin{bmatrix}\frac{1}{3}&\frac{1}{3}&\frac{1}{3}\\\frac{1}{2}&\frac{1}{6}&\frac{1}{3}\end{bmatrix}$$

由于 $P(y|x)\neq P(z|x)$，故经串联后信息有一定损失。但是，如果第一个信道的信道矩阵变为

$$\boldsymbol{P}_{Y|X}=\begin{bmatrix}\frac{1}{3}&\frac{1}{3}&\frac{1}{3}\\0&\frac{1}{2}&\frac{1}{2}\end{bmatrix}$$

则有

$$\boldsymbol{P}_{Z|X}=\boldsymbol{P}_{Y|X}$$

进而

$$I(X;Z)=I(X;Y)$$

这表明经串联后信息没有进一步损失。这个没有信息损失的串联信道如图 3.22 所示。■

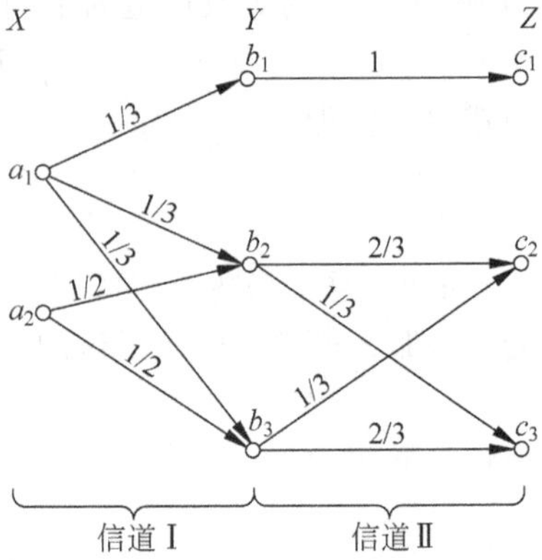

图 3.22 没有信息损失的串联信道

习题解答

3.1 考虑某二进制通信系统。已知信源 X 是离散无记忆的，且只含有两个符号 x_0 和 x_1，设这两个符号出现概率分别为 $P(x_0)=1/4$ 和 $P(x_1)=3/4$。信宿 Y 的符号集为 $\{y_0,y_1\}$。已知信道转移概率为 $P(y_0|x_0)=\frac{9}{10}$，$P(y_1|x_0)=\frac{1}{10}$，$P(y_0|x_1)=\frac{1}{5}$ 和 $P(y_1|x_1)=\frac{4}{5}$。求：

(1) $H(Y)$；

(2) $I(X;Y)$；

(3) $H(Y|X)$。

解 (1) 容易计算

$$H(X)=-\sum_{i=0}^{1}P(x_i)\log P(x_i)=0.811(\text{比特 / 符号})$$

由于

$$P(x_0,y_0)=P(x_0)P(y_0\mid x_0)=0.225$$

$$P(x_0,y_1)=P(x_0)P(y_1\mid x_0)=0.025$$

$$P(x_1,y_0)=P(x_1)P(y_0\mid x_1)=0.15$$

$$P(x_1,y_1)=P(x_1)P(y_1\mid x_1)=0.60$$

$$P(y_0)=P(x_0,y_0)+P(x_1,y_0)=0.375$$

$$P(y_1)=P(x_0,y_1)+P(x_1,y_1)=0.625$$

因此

$$H(Y)=-\sum_{i=0}^{1}P(y_i)\log P(y_i)=0.955(\text{比特 / 符号})$$

(2) 可计算

$$H(Y\mid X)=-\sum_{i,j}P(x_i,y_j)\log P(y_j\mid x_i)=0.658(\text{比特}/\text{符号})$$

因此

$$I(X;Y)=H(Y)-H(Y\mid X)=0.297(\text{比特}/\text{符号})$$
$$H(X,Y)=H(X)+H(Y\mid X)=1.468(\text{比特}/\text{符号})$$

(3) 由(1)和(2),得

$$H(X\mid Y)=H(X)-I(X;Y)=0.513(\text{比特}/\text{符号})$$
$$H(Y\mid X)=-\sum_{i,j}P(x_i,y_j)\log P(y_j\mid x_i)=0.658(\text{比特}/\text{符号})$$ ■

3.2 对某城市进行交通忙闲的调查,并把天气分成晴雨两种状态,气温分成冷暖两个状态。调查结果得到联合出现的相对频度如下:

$$\text{忙}\begin{cases}\text{晴}\begin{cases}\text{冷} & 12\\ \text{暖} & 8\end{cases}\\ \text{雨}\begin{cases}\text{冷} & 27\\ \text{暖} & 16\end{cases}\end{cases}\qquad \text{闲}\begin{cases}\text{晴}\begin{cases}\text{冷} & 8\\ \text{暖} & 15\end{cases}\\ \text{雨}\begin{cases}\text{冷} & 4\\ \text{暖} & 12\end{cases}\end{cases}$$

若把这些频度视为概率测度,试求从天气状态和气温状态获得的关于忙闲的信息量。

解 记 X:忙闲;Y:晴雨;Z:冷暖

(1) 以频率取代概率,样本总数 102 天,其中忙为 63 天,闲为 39 天。因此

$$P(\text{忙})=\frac{63}{102},\quad P(\text{闲})=\frac{39}{102}$$

$$H(X)=-\frac{63}{102}\log\frac{63}{102}-\frac{39}{102}\log\frac{39}{102}=0.959(\text{bit})$$

(2) 天气状况和冷暖状态形成概率分布:$P(yz)$

$$P(\text{晴冷})=\frac{20}{102},\quad P(\text{晴暖})=\frac{23}{102},\quad P(\text{雨冷})=\frac{31}{102},\quad P(\text{雨暖})=\frac{28}{102}$$

已知上述条件下的忙闲条件分布:$P(x\mid yz)$

$$P(\text{忙}\mid\text{晴冷})=\frac{12}{12+8}=\frac{3}{5},P(\text{闲}\mid\text{晴冷})=\frac{2}{5}$$

$$P(\text{忙}\mid\text{晴暖})=\frac{8}{15+8}=\frac{8}{23},P(\text{闲}\mid\text{晴暖})=\frac{15}{23}$$

$$P(\text{忙}\mid\text{雨冷})=\frac{27}{27+4}=\frac{27}{31},P(\text{闲}\mid\text{雨冷})=\frac{4}{31}$$

$$P(\text{忙}\mid\text{雨暖})=\frac{16}{16+2}=\frac{4}{7},P(\text{闲}\mid\text{雨暖})=\frac{3}{7}$$

因此从天气状态和气温状态获得的关于忙闲的信息量

$$\begin{aligned}H(X\mid YZ)&=-\sum_{xyz}P(x,yz)\log P(x\mid yz)\\&=-\sum_{xyz}P(yz)P(x\mid yz)\log P(x\mid yz)\\&=0.84(\text{bit})\end{aligned}$$ ■

3.3 设概率空间为 $\begin{bmatrix} X \\ P \end{bmatrix} = \begin{bmatrix} x_1 & x_2 \\ 0.6 & 0.4 \end{bmatrix}$，信源通过一干扰信道，接收符号为 $Y=[y_1, y_2]$，信道传递概率如图 3.23 所示，求：

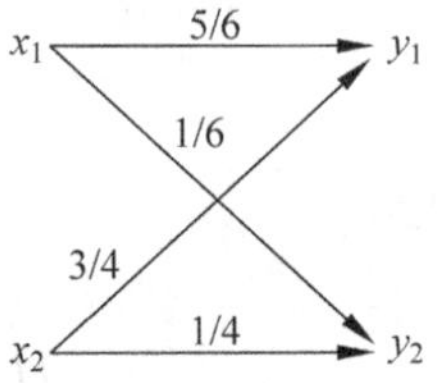

图 3.23 习题 3.3 图

(1) 信道疑义度 $H(X|Y)$ 和噪声熵 $H(Y|X)$；

(2) 接收到信息 Y 后获得的平均互信息量。

解 (1) 信道疑义度

$$H(X \mid Y) = -\sum_{i=1}^{2}\sum_{j=1}^{2} P(x_i)P(y_k \mid x_i)\log P(x_i \mid y_j)$$

由图 3.3 得

$$P(y_1 \mid x_1) = \frac{5}{6}, \quad P(y_2 \mid x_1) = \frac{1}{6}$$

$$P(y_1 \mid x_2) = \frac{3}{4}, \quad P(y_2 \mid x_2) = \frac{1}{4}$$

因为

$$P(x_1 \mid y_1) = \frac{P(x_1)P(y_1 \mid x_1)}{P(y_1)} = \frac{\frac{6}{10} \times \frac{5}{6}}{\frac{4}{5}} = \frac{5}{8}$$

$$P(x_2 \mid y_1) = \frac{P(x_2)P(y_1 \mid x_2)}{P(y_1)} = \frac{\frac{4}{10} \times \frac{3}{4}}{\frac{4}{5}} = \frac{3}{8}$$

$$P(x_1 \mid y_2) = \frac{P(x_1)P(y_2 \mid x_1)}{P(y_2)} = \frac{1}{2}$$

$$P(x_2 \mid y_2) = \frac{P(x_2)P(y_2 \mid x_2)}{P(y_2)} = \frac{1}{2}$$

所以

$$\begin{aligned} H(X \mid Y) &= -P(x_1)P(y_1 \mid x_1)\log P(x_1 \mid y_1) - P(x_2)P(y_1 \mid x_2)\log P(x_2 \mid y_1) - \\ &\quad P(x_1)P(y_2 \mid x_1)\log P(x_1 \mid y_2) - P(x_2)P(y_2 \mid x_2)\log P(x_2 \mid y_2) \\ &= -\frac{6}{10} \times \frac{5}{6}\log\frac{5}{8} - \frac{4}{10} \times \frac{3}{4}\log\frac{3}{8} - \frac{6}{10} \times \frac{1}{6}\log\frac{1}{2} - \frac{4}{10} \times \frac{1}{4}\log\frac{1}{2} \\ &\approx 0.3390 + 0.4245 + 0.1 + 0.1 \\ &\approx 0.9635(\text{比特}/\text{符号}) \end{aligned}$$

噪声熵

$$\begin{aligned} H(Y \mid X) &= -\sum_{i=1}^{2}\sum_{j=1}^{2} P(x_i)P(y_k \mid x_i)\log P(y_j \mid x_i) \\ &= -P(x_1)P(y_1 \mid x_1)\log P(y_1 \mid x_1) - P(x_2)P(y_1 \mid x_2)\log P(y_1 \mid x_2) - \\ &\quad P(x_1)P(y_2 \mid x_1)\log P(y_2 \mid x_1) - P(x_2)P(y_2 \mid x_2)\log P(y_2 \mid x_2) \\ &= -\frac{6}{10} \times \frac{5}{6}\log\frac{5}{6} - \frac{4}{10} \times \frac{3}{4}\log\frac{3}{4} - \frac{6}{10} \times \frac{1}{6}\log\frac{1}{6} - \frac{4}{10} \times \frac{1}{4}\log\frac{1}{4} \\ &\approx 0.1315 + 0.2585 + 0.1245 + 0.2 \\ &\approx 0.7145(\text{比特}/\text{符号}) \end{aligned}$$

(2) 接收到消息 Y 后获得的平均互信息量 $I(X;Y)$ 为

$$\begin{aligned}I(X;Y)&=\sum_{i=1}^{2}\sum_{j=1}^{2}P(x_i)P(y_j\mid x_i)\log\frac{P(x_i\mid y_j)}{P(x_i)}\\&=H(X)-H(X\mid Y)\\&=H(Y)-H(Y\mid X)\\&=\sum_{i=1}^{2}\sum_{j=1}^{2}P(x_i)P(y_j\mid x_i)I(x_i;y_j)\\&\approx 0.0075(\text{比特}/\text{符号})\end{aligned}$$

■

3.4 设 8 个等概率分布的消息通过传递概率为 p 的二进制对称信道进行传送。8 个消息相应编成下述码字：

$$M_1=0000,\quad M_2=0101,\quad M_3=0110,\quad M_4=0011$$
$$M_5=1001,\quad M_6=1010,\quad M_7=1100,\quad M_8=1111$$

试问：

(1) 接收到第一个数字 0 与 M_1 之间的互信息量是多少？

(2) 接收到第二个数字也是 0 时，得到多少关于 M_1 的附加互信息量？

(3) 接收到第三个数字仍是 0 时，又增加多少关于 M_1 的互信息量？

(4) 接收到第四个数字还是 0 时，再增加了多少关于 M_1 的互信息量？

(5) 接收到全部四个数字 0000 后，获得多少关于 M_1 的互信息量？

解　信源

M:	M_1	M_2	M_3	M_4	M_5	M_6	M_7	M_8
$P(M_i)$:	$\frac{1}{8}$	$\frac{1}{8}$	$\frac{1}{8}$	$\frac{1}{8}$	$\frac{1}{8}$	$\frac{1}{8}$	$\frac{1}{8}$	$\frac{1}{8}$
对应码字：	0000	0101	0110	0011	1001	1010	1100	1111

信道为二元对称无记忆信道，如图 3.24 所示。信道传递矩阵为

$$\begin{bmatrix}\bar{p} & p\\ p & \bar{p}\end{bmatrix},\quad \bar{p}+p=1$$

消息 M_i 与码字一一对应，所以设

$$M_i=(x_{i_1}x_{i_2}x_{i_3}x_{i_4}),\quad x_{i_1},x_{i_2},x_{i_3},x_{i_4}\in\{0,1\},\quad i=1,2,\cdots,8$$

又设接收序列为

$$Y=(y_1y_2y_3y_4),\quad y_1,y_2,y_3,y_4\in\{0,1\}$$

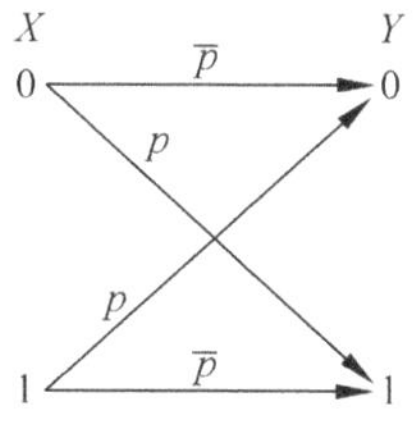

图 3.24　习题 3.4 图

(1) 接收到第一个数字为 0，即 $y_1=0$。那么，接收到第一个数字 0 与 M_1 之间的互信息量为

$$I(M_1;y_1=0)=\log\frac{P(y_1=0\mid M_1)}{P(y_1=0)}$$

因为信道是无记忆信道，所以

$$P(y_1=0\mid M_1)=P(y_1=0\mid x_{1_1}x_{1_2}x_{1_3}x_{1_4}=0000)$$
$$=P(y_1=0\mid x_{1_1}=0)=P(0\mid 0)=\bar{p}$$

同理，得

$$P(y_1=0\mid M_i)=P(y_1=0\mid x_{i_1}x_{i_2}x_{i_3}x_{i_4})=P(y_1=0\mid x_{i_1})$$
$$x_{i_1}x_{i_2}x_{i_3}x_{i_4}\in\{0,1\},\quad i=1,2,\cdots,8$$

输出第一个符号 $y_1=0$ 时，有可能是 8 个消息中任意一个第一个数字传送来的。所以

$$\begin{aligned}P(y_1=0)&=\sum_{i=1}^{8}P(M_i)P(y_1=0\mid M_i)\\&=\frac{1}{8}[P(y_1=0\mid x_{1_1}=0)+P(y_1=0\mid x_{2_1}=0)+P(y_1=0\mid x_{3_1}=0)+\\&\quad P(y_1=0\mid x_{4_1}=0)+P(y_1=0\mid x_{5_1}=1)+P(y_1=0\mid x_{6_1}=1)+\\&\quad P(y_1=0\mid x_{7_1}=1)+P(y_1=0\mid x_{8_1}=1)]\\&=\frac{1}{8}[4P(0\mid 0)+4P(0\mid 1)]\\&=\frac{1}{8}[4(\bar{p}+p)]=\frac{1}{2}\end{aligned}$$

故得

$$I(M_1;y_1=0)=1+\log_2\bar{p}\,(\text{bit})$$

（2）接收到第二个数字也是 0 时（$y_2=0$），得到关于 M_1 的附加互信息量为

$$I(M_1;y_2=0\mid y_1=0)=I(M_1;y_1y_2=00)-I(M_1;y_1=0)$$

其中，

$$I(M_1;y_1y_2=00)=\log\frac{P(y_1y_2=00\mid M_1)}{P(y_1y_2=00)}$$

同理，因为信道是无记忆信道，所以

$$\begin{aligned}P(y_1y_2=00\mid M_i)&=P(y_1y_2=00\mid x_{i_1}x_{i_2}x_{i_3}x_{i_4})\\&=P(y_1y_2=00\mid x_{i_1}x_{i_2})\\&=P(y_1=0\mid x_{i_1})P(y_2=0\mid x_{i_2})\end{aligned}$$
$$x_{i_1},x_{i_2},x_{i_3},x_{i_4}\in\{0,1\},\quad i=1,2,\cdots,8$$

得

$$\begin{aligned}P(y_1y_2=00\mid M_1)&=P(y_1=0\mid x_{1_1}=0)P(y_2=0\mid x_{1_2}=0)\\&=P(0\mid 0)P(0\mid 0)=\bar{p}^2\end{aligned}$$

输出端出现第一个符号和第二个符号都为 0（$y_1=0,y_2=0$）的概率为

$$\begin{aligned}P(y_1y_2=00)&=\sum_{i=1}^{8}P(M_i)P(y_1y_2=00\mid M_i)\\&=\frac{1}{8}[P(y_1=0\mid x_{1_1}=0)P(y_2=0\mid x_{1_2}=0)+\\&\quad P(y_1=0\mid x_{2_1}=0)P(y_2=0\mid x_{2_2}=1)+\end{aligned}$$

$$P(y_1=0\mid x_{3_1}=0)P(y_2=0\mid x_{3_2}=1)+$$
$$P(y_1=0\mid x_{4_1}=0)P(y_2=0\mid x_{4_2}=0)+$$
$$P(y_1=0\mid x_{5_1}=1)P(y_2=0\mid x_{5_2}=0)+$$
$$P(y_1=0\mid x_{6_1}=1)P(y_2=0\mid x_{6_2}=0)+$$
$$P(y_1=0\mid x_{7_1}=1)P(y_2=0\mid x_{7_2}=1)+$$
$$P(y_1=0\mid x_{8_1}=1)P(y_2=0\mid x_{1_2}=1)]$$

即

$$\begin{aligned}P(y_1y_2=00)&=\frac{1}{8}[P(0\mid 0)P(0\mid 0)+P(0\mid 0)P(0\mid 1)+\\&\quad P(0\mid 0)P(0\mid 1)+P(0\mid 0)P(0\mid 0)+\\&\quad P(0\mid 1)P(0\mid 0)+P(0\mid 1)P(0\mid 0)+\\&\quad P(0\mid 1)P(0\mid 1)+P(0\mid 1)P(0\mid 1)]\\&=\frac{1}{8}[2\bar{p}^2+4\bar{p}p+2p^2]\\&=\frac{1}{4}[\bar{p}^2+2\bar{p}p+p^2]\\&=\frac{1}{4}(\bar{p}+p)^2\\&=\frac{1}{4}\end{aligned}$$

所以

$$I(M_1;y_1y_2=00)=\log\frac{\bar{p}^2}{\frac{1}{4}}=2(1+\log_2\bar{p})(\text{bit})$$

得附加互信息量为

$$I(M_1;y_2=0\mid y_1=0)=1+\log_2\bar{p}(\text{bit})$$

(3) 接收到第三个数字仍是0($y_3=0$)时关于 M_1 的互信息又增加为

$$I(M_1;y_3=0\mid y_1y_2=00)=I(M_1;y_1y_2y_3=000)-I(M_1;y_1y_2=00)$$

其中,

$$I(M_1;y_1y_2y_3=000)=\log\frac{P(y_1y_2y_3=000\mid M_1)}{P(y_1y_2y_3=000)}$$

同理,得

$$\left.\begin{aligned}&P(y_1y_2y_3=000\mid M_i)\\&=P(y_1y_2y_3=000\mid x_{i_1}x_{i_2}x_{i_3}x_{i_4})\\&=P(y_1y_2y_3=000\mid x_{i_1}x_{i_2}x_{i_3})\\&=P(y_1=0\mid x_{i_1})P(y_2=0\mid x_{i_2})P(y_3=0\mid x_{i_3})\end{aligned}\right\}x_{i_1},x_{i_2},x_{i_3},x_{i_4}\in\{0,1\},\quad i=1,2,\cdots,8$$

得

$$P(y_1y_2y_3=000\mid M_1)=P(0\mid 0)P(0\mid 0)P(0\mid 0)=\bar{p}^3$$

输出端出现三个符号都为0($y_1y_2y_3=000$)的概率为

$$
\begin{aligned}
P(y_1y_2y_3=000) &= \sum_{i=1}^{8} P(M_i)P(y_1y_2y_3=000 \mid M_i) \\
&= \frac{1}{8}[\bar{p}^3+\bar{p}^2p+\bar{p}p^2+\bar{p}^2p+\bar{p}^2p+\bar{p}p^2+\bar{p}p^2+p^3] \\
&= \frac{1}{8}[\bar{p}^3+3\bar{p}^2p+3\bar{p}p^2+p^3] \\
&= \frac{1}{8}(\bar{p}+p)^3=\frac{1}{8}
\end{aligned}
$$

所以

$$I(M_1;\ y_1y_2y_3=000)=3(1+\log_2\bar{p})(\text{bit})$$

而又增加的互信息量为

$$I(M_1;\ y_3=0 \mid y_1y_2=00)=1+\log_2\bar{p}(\text{bit})$$

(4) 接收到第四数字还是0时(即 $y_1y_2y_3y_4=0000$)再增加了关于 M_1 的互信息为

$$
\begin{aligned}
&I(M_1;\ y_4=0 \mid y_1y_2y_3=000) \\
&\quad =I(M_1;\ y_1y_2y_3y_4=0000)-I(M_1;\ y_1y_2y_3=000)
\end{aligned}
$$

同理,有

$$
\begin{aligned}
&P(y_1y_2y_3y_4=0000 \mid M_i) \\
&=P(y_1=0 \mid x_{i_1})P(y_2=0 \mid x_{i_2})P(y_3=0 \mid x_{i_3})P(y_4=0 \mid x_{i_4}) \\
&\quad x_{i_1},x_{i_2},x_{i_3},x_{i_4} \in \{0,1\},\quad i=1,2,\cdots,8
\end{aligned}
$$

$$
\begin{aligned}
P(y_1y_2y_3y_4=0000) &= \sum_{i=1}^{8} P(M_i)P(y_1y_2y_3y_4=0000 \mid M_i) \\
&= \frac{1}{8}[\bar{p}^4+6\bar{p}^2p^2+p^4]
\end{aligned}
$$

所以

$$
\begin{aligned}
I(M_1;\ y_1y_2y_3y_4=0000) &= \log\frac{P(y_1y_2y_3y_4=0000 \mid M_1)}{P(y_1y_2y_3y_4=0000)} \\
&= \log\frac{\bar{p}^4}{\frac{1}{8}[\bar{p}^4+6\bar{p}^2p^2+p^4]} \\
&= 3+4\log_2\bar{p}-\log_2(\bar{p}^4+6\bar{p}^2p^2+p^4)(\text{bit})
\end{aligned}
$$

所以又增加了关于 M_1 的互信息量为

$$I(M_1;\ y_4=0 \mid y_1y_2y_3y_4=0000)=\log_2\bar{p}-\log_2(\bar{p}^4+6\bar{p}^2p^2+p^4)(\text{bit})$$

(5) 接到全部四个数字0000后获得关于 M_1 的互信息量为

$$I(M_1;\ y_1y_2y_3y_4=0000)=3+4\log_2\bar{p}-\log_2(\bar{p}^4+6\bar{p}^2p^2+p^4)(\text{bit})$$ ■

3.5 设有一批电阻,按阻值分,70%是2kΩ,30%是5kΩ;按功耗分,64%是1/8W,其余是1/4W。现已知2kΩ阻值的电阻中80%是1/8W。问通过测量阻值可以平均得到的关于瓦数的信息量是多少?

解 根据题意,设电阻的阻值为事件 X,电阻的功率为事件 Y。事件 X、事件 Y 的信源概率空间分别为

$$\begin{bmatrix} X \\ P(x) \end{bmatrix} = \begin{bmatrix} x_1 = 2\text{k}\Omega & x_2 = 5\text{k}\Omega \\ 0.7 & 0.3 \end{bmatrix},\quad \begin{bmatrix} Y \\ P(y) \end{bmatrix} = \begin{bmatrix} y_1 = 1/8W & y_2 = 1/4\text{W} \\ 0.64 & 0.36 \end{bmatrix}$$

并已知 $P(y_1|x_1)=0.8$,所以 $P(y_2|x_1)=1-P(y_1|x_1)=0.2$。

首先计算出 $P(y_1|x_2)$ 和 $P(y_2|x_2)$,根据概率关系,它们满足

$$\begin{cases} P(y_1)=P(x_1)P(y_1 \mid x_1)+P(x_2)P(y_1 \mid x_2) \\ P(y_2)=P(x_1)P(y_2 \mid x_1)+P(x_2)P(y_2 \mid x_2) \\ P(y_1 \mid x_2)+P(y_2 \mid x_2)=1 \end{cases}$$

所以

$$\begin{cases} 0.64=0.7\times 0.8+0.3P(y_1 \mid x_2) \\ 0.36=0.7\times 0.2+0.3P(y_2 \mid x_2) \\ P(y_1 \mid x_2)+P(y_2 \mid x_2)=1 \end{cases}$$

整理得

$$P(y_1 \mid x_2)=\frac{8}{30}\approx 0.26$$

$$P(y_2 \mid x_2)=\frac{22}{30}\approx 0.73$$

上面两值表示 5kΩ 阻值的电阻中约 73%功率为 1/4W,而 26%是 1/8W。通过测量电阻阻值可以得到关于瓦数的平均信息量就是平均互信息量 $I(X;Y)$,所以

$$\begin{aligned} I(X;Y) &= \sum_{i=1}^{2}\sum_{j=1}^{2} P(x_i)P(y_j \mid x_i)\log\frac{P(y_j \mid x_i)}{P(y_j)} \\ &= [p(x_1)P(y_1 \mid x_1)\log\frac{P(y_1 \mid x_1)}{P(y_1)} + p(x_1)P(y_2 \mid x_1)\log\frac{P(y_2 \mid x_1)}{P(y_2)} + \\ &\quad p(x_2)P(y_1 \mid x_2)\log\frac{P(y_1 \mid x_2)}{P(y_1)} + p(x_2)P(y_2 \mid x_2)\log\frac{P(y_2 \mid x_2)}{P(y_2)}] \\ &= \Big[0.7\times 0.8\log\frac{0.8}{0.64} + 0.7\times 0.2\log\frac{0.2}{0.36} + 0.3\times 0.26\log\frac{0.26}{0.64} + \\ &\quad 0.3\times 0.73\log\frac{0.73}{0.36}\Big] \\ &\approx 0.180-0.119-0.101+0.226 \\ &= 0.186(\text{bit}) \end{aligned}$$

■

3.6　若三个离散随机变量,有如下关系:$X+Y=Z$,其中 X 和 Y 相互统计独立。试证明:

(1) $I(X;Z)=H(Z)-H(Y)$;

(2) $I(XY;Z)=H(Z)$;

(3) $I(X;YZ)=H(X)$;

(4) $I(Y;Z|X)=H(Y)$;

(5) $I(X;Y|Z)=H(X|Z)=H(Y|Z)$。

证明　离散随机变量 $Z=X+Y$,X 和 Y 统计独立,如图 3.25 所示。

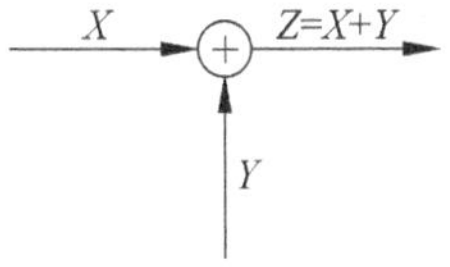

图 3.25　习题 3.6 图

设 $x\in X, y\in Y, z\in Z$，满足 $z=x+y$，因为

$$P_z(z)=\sum_Y P(y,z)=\sum_Y P(y,z=x+y)=\sum_Y P(y,x=z-y)$$

且 X 和 Y 统计独立，所以

$$P_z(z)=\sum_Y P(y)P(x),\quad z=x+y \tag{3.39}$$

同理

$$P_z(z)=\sum_X P(x,z)=\sum_X P(x,z=x+y)=\sum_X P(x,x=z-y)$$

因为 X 和 Y 统计独立，所以

$$P_z(z)=\sum_X P(x)P(y),\quad z=x+y \tag{3.40}$$

又因为 $P_z(z)=\sum_Y P(z\mid y)P(y)$，与式(3.39)比较可得

$$P(z\mid y)=\begin{cases}P(x), & z=x+y\\ 0, & z\neq x+y\end{cases} \tag{3.41}$$

同理得

$$P(z\mid x)=\begin{cases}P(y), & z=x+y\\ 0, & z\neq x+y\end{cases} \tag{3.42}$$

因为要满足 $z=x+y$，所以

$$P(z\mid xy)=\begin{cases}1, & z=x+y\\ 0, & z\neq x+y\end{cases} \tag{3.43}$$

$$P(y\mid xz)=\begin{cases}1, & z=x+y\\ 0, & z\neq x+y\end{cases} \tag{3.44}$$

$$P(x\mid yz)=\begin{cases}1, & z=x+y\\ 0, & z\neq x+y\end{cases} \tag{3.45}$$

(1) 因为

$$H(Z\mid X)=-\sum_Z\sum_X P(x)P(z\mid x)\log P(z\mid x)$$

由式(3.42)得

$$\begin{aligned}H(Z\mid X)&=-\sum_Z\sum_X P(x)P(z\mid x)\log P(z\mid x)\\ &=-\sum_{Z=X+Y}\sum_X P(x)P(y)\log P(y)\\ &=-\sum_Y\sum_X P(x)P(y)\log P(y)\\ &=-\sum_Y P(y)\log P(y)=H(Y)\end{aligned}$$

所以

$$\begin{aligned}I(X;Z)&=H(Z)-H(Z\mid X)\\ &=H(Z)-H(Y)\end{aligned}$$

(2) $I(XY;Z)=H(Z)-H(Z|XY)$

根据式(3.43)可得

$$H(Z \mid XY)=0$$

所以

$$I(XY;Z)=H(Z)$$

(3) 根据式(3.45)可得

$$H(X \mid YZ)=0$$

所以

$$I(X;YZ)=H(X)-H(X \mid YZ)=H(X)$$

(4) $$I(Y;Z \mid X)=H(Y \mid X)-H(Y \mid XZ)$$

根据式(3.44)可得 $H(Y|XZ)=0$,又因 X 和 Y 统计独立,所以

$$H(Y \mid X)=H(Y)$$
$$I(Y;Z \mid X)=H(Y)$$

(5) $I(X;Y|Z)=H(X|Z)-H(X|ZY)=H(X|Z)$

因为

$$H(X \mid ZY)=0$$
$$I(X;Y \mid Z)=H(Y \mid Z)-H(Y \mid XZ)=H(Y \mid Z)$$
$$H(Y \mid XZ)=0$$

所以

$$I(X;Y \mid Z)=H(X \mid Z)=H(Y \mid Z)$$ ■

3.7 设 X 和 Y 是两个相互统计独立的二元随机变量,其取 0 或 1 的概率为等概率分布。定义另一个二元随机变量 Z,而且 $Z=X \cdot Y$(一般乘积)。试计算:

(1) $I(X;Y)$,$I(X;Z)$,$I(Y;Z)$;

(2) $I(X;Y|Z)$,$I(Y;X|Z)$,$I(Z;X|Y)$,$I(Z;Y|X)$;

(3) $I(XY;Z)$,$I(X;YZ)$,$I(Y;XZ)$。

解　X 和 Y 是两个相互统计独立的二元随机变量,其概率空间分别为

$$\begin{bmatrix} X \\ P(x) \end{bmatrix}=\begin{bmatrix} x=0 & x=1 \\ \frac{1}{2} & \frac{1}{2} \end{bmatrix},\quad \begin{bmatrix} Y \\ P(y) \end{bmatrix}=\begin{bmatrix} y=0 & y=1 \\ \frac{1}{2} & \frac{1}{2} \end{bmatrix}$$

因为 $Z=X \cdot Y$(一般乘积),所以 Z 的概率空间为

$$\begin{bmatrix} Z=XY \\ P(z) \end{bmatrix}=\begin{bmatrix} z=0 & z=1 \\ \frac{3}{4} & \frac{1}{4} \end{bmatrix}$$

X、Y 与 Z 之间关系相当的信道如图 3.26 所示,其信道矩阵为

$$\boldsymbol{P}=\begin{bmatrix} 1 & 0 \\ 1 & 0 \\ 1 & 0 \\ 0 & 1 \end{bmatrix}$$

即

$$P(z \mid xy)=\begin{cases} 1, & z=xy \\ 0, & z \neq xy \end{cases}$$

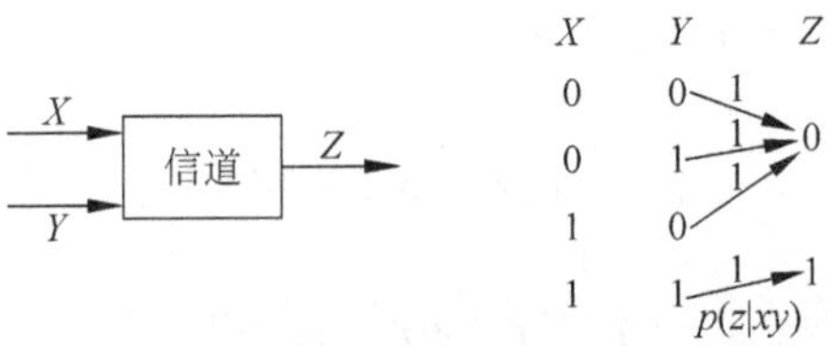

图 3.26　X、Y 与 Z 之间关系相当的信道

由上面 $XY \to Z$ 的信道，可得相当于 $X \to Z$，$Y \to Z$ 的信道如图 3.27 和图 3.28 所示。信道矩阵为

$$\boldsymbol{P}' = \begin{bmatrix} 1 & 0 \\ \frac{1}{2} & \frac{1}{2} \end{bmatrix}, \quad \boldsymbol{P}'' = \begin{bmatrix} 1 & 0 \\ \frac{1}{2} & \frac{1}{2} \end{bmatrix}$$

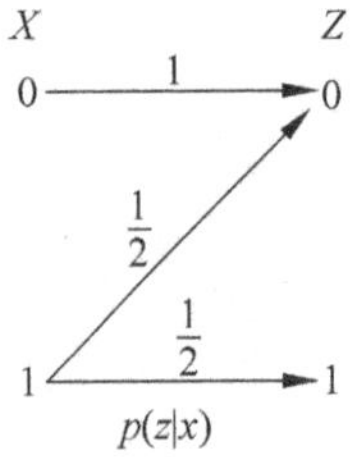

图 3.27　$P(z|x)$

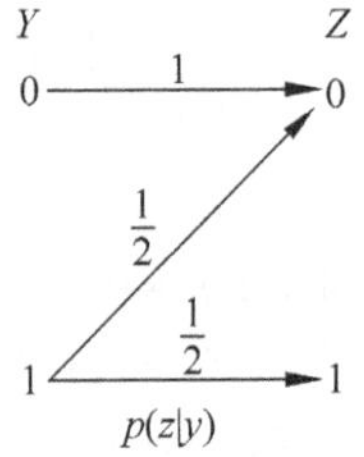

图 3.28　$P(z|y)$

因为 $P(z) = \sum_X P(x)P(z \mid x)$，而 $P(x)$和 $P(z)$已知，所以也可以由此式求出 $P(z|x)$，同理求出 $P(y|z)$。

又可由

$$P(x \mid z) = \frac{P(x)P(z \mid x)}{P(z)}, \quad x \in X, z \in Z = XY$$

$$P(y \mid z) = \frac{P(y)P(z \mid y)}{P(z)}, \quad y \in Y, z \in Z = XY$$

求得

$$\begin{cases} P(x=0 \mid z=0) = \dfrac{2}{3} \\ P(x=0 \mid z=1) = 0 \\ P(x=1 \mid z=0) = \dfrac{1}{3} \\ P(x=1 \mid z=1) = 1 \end{cases} \qquad \begin{cases} P(y=0 \mid z=0) = \dfrac{2}{3} \\ P(y=0 \mid z=1) = 0 \\ P(y=1 \mid z=0) = \dfrac{1}{3} \\ P(y=1 \mid z=1) = 1 \end{cases}$$

又有

$$P(y \mid xz) = \frac{P(xyz)}{P(xz)} = \frac{P(xy)P(z \mid xy)}{P(x)P(z \mid x)}$$

因为 X 和 Y 统计独立，所以

$$P(y \mid xz) = \frac{P(y)P(z \mid xy)}{P(z \mid x)}, \quad x \in X, y \in Y, z \in Z = XY$$

同理有

$$P(x \mid yz)=\frac{P(x)P(z \mid xy)}{P(z \mid y)}, \quad x \in X, y \in Y, z \in Z=XY$$

可求得

$$\begin{cases} P(y=0 \mid x=0 \quad z=0)=\dfrac{1}{2} \\ P(y=1 \mid x=0 \quad z=0)=\dfrac{1}{2} \\ P(y=0 \mid x=1 \quad z=0)=1 \\ P(y=1 \mid x=1 \quad z=1)=1 \\ P(y \mid xz)=0 \quad z \neq xy \end{cases} \quad \begin{cases} P(x=0 \mid y=0 \quad z=0)=\dfrac{1}{2} \\ P(x=1 \mid y=0 \quad z=0)=\dfrac{1}{2} \\ P(x=0 \mid y=1 \quad z=0)=1 \\ P(x=1 \mid y=1 \quad z=1)=1 \\ P(x \mid yz)=0 \quad z \neq xy \end{cases}$$

(1) $H(X)=H\left(\frac{1}{2}\right)=1$ （比特/符号）

$H(Y)=1$ （比特/符号）

$H(Z)=H\left(\frac{3}{4},\frac{1}{4}\right)\approx 0.811$ （比特/符号）

因为 X 和 Y 统计独立，所以

$$H(X \mid Y)=H(X)=1 \quad \text{（比特 / 符号）}$$

$$\begin{aligned} H(X \mid Z) &= -\sum_{X}\sum_{Z=XY}P(x)P(z \mid x)P(x \mid z) \\ &= -\frac{1}{2}\times 1\log\frac{2}{3}-\frac{1}{2}\times 0\log 0-\frac{1}{2}\times\frac{1}{2}\log\frac{1}{3}-\frac{1}{2}\times\frac{1}{2}\log 1 \\ &= \frac{3}{4}\log 3-\frac{1}{2}\approx 0.689 \quad \text{（比特 / 符号）} \end{aligned}$$

同理

$$H(Y \mid Z)\approx 0.689 \quad \text{（比特 / 符号）}$$
$$H(Z \mid X)=0.5 \quad \text{（比特 / 符号）}$$
$$H(Z \mid Y)=0.5 \quad \text{（比特 / 符号）}$$

因为 X 和 Y 统计独立，则

$I(X;Y)=H(X)-H(X \mid Y)=H(X)-H(X)=0$

$I(X;Z)=H(Z)-H(Z \mid X)=H(X)-H(X \mid Z)\approx 0.311$ （比特 / 符号）

$I(Y;Z)=H(Z)-H(Z \mid Y)=H(Y)-H(Y \mid Z)\approx 0.311$ （比特 / 符号）

(2) 因为

$$P(z \mid xy)=\begin{cases} 0, & z \neq xy \\ 1, & z=xy \end{cases}$$

所以

$$H(Z \mid XY)=0$$

$$\begin{aligned} H(X \mid YZ) &= -\sum_{X}\sum_{Y}\sum_{Z=XY}P(xyz)\log P(x \mid yz) \\ &= -\sum_{X}\sum_{Y}\sum_{Z=XY}P(xy)P(z \mid xy)\log P(x \mid yz) \\ &= -\frac{1}{4}\times 1\log\frac{1}{2}-\frac{1}{4}\times 1\log\frac{1}{2}-\frac{1}{4}\times 1\log 1-\frac{1}{4}\times 1\log 1 \\ &= 0.5 \quad \text{（比特 / 符号）} \end{aligned}$$

同理

$$H(Y\mid XZ)=0.5 \quad (\text{比特 / 符号})$$

$$I(X;Y\mid Z)=H(X\mid Z)-H(X\mid YZ)=H(Y\mid Z)-H(Y\mid XZ)$$
$$\approx 0.189 \quad (\text{比特 / 符号})$$

又因为互信息的交互性

$$I(Y;X\mid Z)=I(X;Y\mid Z)$$
$$I(Z;X\mid Y)=H(Z\mid Y)-H(Z\mid XY)=H(Z\mid Y)=0.5 \quad (\text{比特 / 符号})$$
$$I(Z;Y\mid X)=H(Z\mid X)-H(Z\mid XY)=H(Z\mid X)=0.5 \quad (\text{比特 / 符号})$$

(3) $I(XY;Z)=H(Z)-H(Z|XY)=H(Z)\approx 0.811$ (比特/符号)

$I(X;YZ)=H(X)-H(X|YZ)=0.5$ (比特/符号)

$I(Y;XZ)=H(Y)-H(Y|XZ)=0.5$ (比特/符号) ■

3.8 有一个二元对称信道，其信道矩阵如图 3.29 所示。设该信道以 1500 个二元符号/秒的速度传输输入符号。现有一消息序列共有 14 000 个二元符号，并设在这消息中 $P(0)=P(1)=\frac{1}{2}$。问从信息传输的角度来考虑，10 秒内能否将这消息序列无失真地传送完。

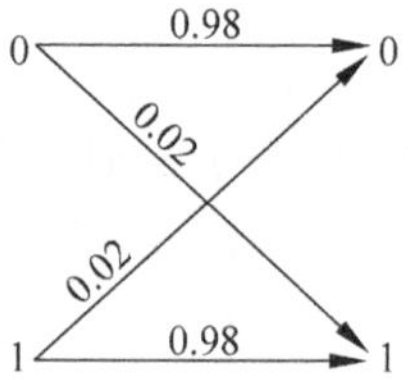

图 3.29 习题 3.8 图

解 消息是一个二元序列，这个二元符号是等概率分布，即 $P(0)=P(1)=\frac{1}{2}$，所以消息信源的熵 $H(X)=1$(比特/符号)，即每个二元符号含有 1 比特信息量。那么这消息序列含有信息量=14 000 符号×1(比特/符号)=1.4×10^4(bit)。

现计算这个二元对称信道的最大信息传输速率。此信道是二元对称信道，信道传递矩阵为

$$\boldsymbol{P}=\begin{bmatrix}0.98 & 0.02\\ 0.02 & 0.98\end{bmatrix}$$

所以其信道容量(最大信息传输率)为

$$C=1-H(p)=1-H(0.98)\approx 0.8586 \quad (\text{比特 / 符号})$$

得最大信息传输速率为

$$R_t\approx 1500\times 0.8586\approx 1287.9\approx 1.288\times 10^3(\text{bps})$$

此信道 10s 内能无失真传输的最大信息量为

$$10\times R_t\approx 1.288\times 10^4(\text{bit})$$

可见，此信道 10s 内能无失真传输的最大信息量小于这消息序列所含有(携带)的信息量，所以从信道传输的角度来考虑，不可能在 10s 内将这消息无失真地传送完。 ■

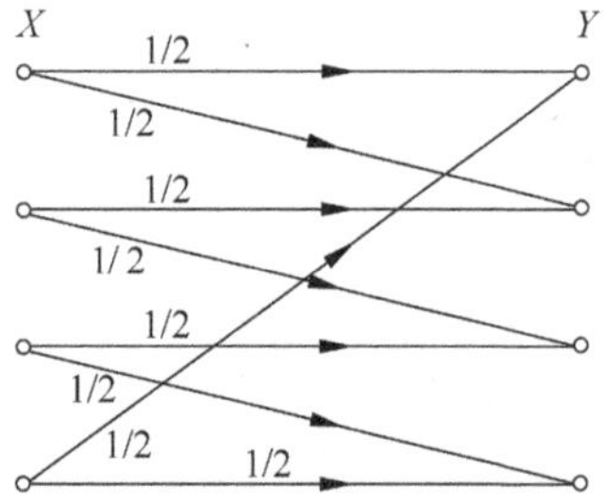

图 3.30 习题 3.9 图

3.9 设一个有扰离散信道的传输情况如图 3.30 所示，试求出这种信道的信道容量。

解 信道传输矩阵如下

$$\boldsymbol{P}_{Y|X}=\begin{bmatrix}\frac{1}{2} & \frac{1}{2} & 0 & 0\\ 0 & \frac{1}{2} & \frac{1}{2} & 0\\ 0 & 0 & \frac{1}{2} & \frac{1}{2}\\ \frac{1}{2} & 0 & 0 & \frac{1}{2}\end{bmatrix}$$

可以看出这是一个对称信道，$m=4$，那么信道容量为

$$\begin{aligned}C&=\log m-H\left(\frac{1}{2},\frac{1}{2},0,0\right)\\&=\log m+\sum_{j=1}^{m}p(y_j\mid x_i)\log p(y_j\mid x_i)\\&=\log_2 4+2\times\frac{1}{2}\log_2\frac{1}{2}\\&=\log_2 4+\log_2\frac{1}{2}\\&=1\quad(\text{bit})\end{aligned}$$

■

3.10 求图3.31中信道的信道容量及其最佳的输入概率分布。

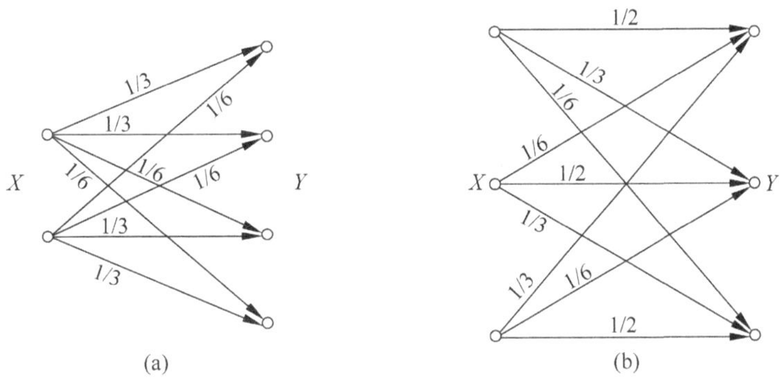

图3.31 习题3.10图

解 (1) 信道传递矩阵为

$$\boldsymbol{P}_{Y|X}=\begin{bmatrix}\frac{1}{3} & \frac{1}{6} & \frac{1}{3} & \frac{1}{6}\\ \frac{1}{6} & \frac{1}{3} & \frac{1}{6} & \frac{1}{3}\end{bmatrix}$$

$m=4$，属于对称信道

$$\begin{aligned}C&=\log_2 4+2\times\frac{1}{3}\log_2\frac{1}{3}+2\times\frac{1}{6}\log_2\frac{1}{6}\\&=0.0816(\text{bit})\end{aligned}$$

（2）信道传递矩阵为

$$\boldsymbol{P}_{Y|X}=\begin{bmatrix}\frac{1}{2} & \frac{1}{3} & \frac{1}{6}\\ \frac{1}{6} & \frac{1}{2} & \frac{1}{3}\\ \frac{1}{3} & \frac{1}{6} & \frac{1}{2}\end{bmatrix}$$

$m=3$,属于对称信道

$$\begin{aligned}C&=\log m-H\left(\frac{1}{2},\frac{1}{3},\frac{1}{6}\right)\\&=\log_2 3+\frac{1}{2}\log_2\frac{1}{2}+\frac{1}{3}\log_2\frac{1}{3}+\frac{1}{6}\log_2\frac{1}{6}\\&=0.126(\text{bit})\end{aligned}$$

■

3.11 若有一离散信道,其信道转移概率如图 3.32 所示,试求其信道容量。

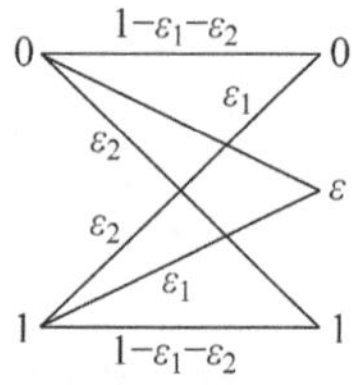

图 3.32 习题 3.11 图

解 由信道转移概率矩阵

$$\boldsymbol{P}=\begin{bmatrix}1-\varepsilon_1-\varepsilon_2 & \varepsilon_2 & \varepsilon_1\\ \varepsilon_2 & 1-\varepsilon_1-\varepsilon_2 & \varepsilon_1\end{bmatrix}$$

可知此信道为准对称信道。因此,当 $p_0=p_1=\frac{1}{2}$时达到信道容量

输出端分布为

$$q_0=\frac{1}{2}(1-\varepsilon_1-\varepsilon_2)+\frac{1}{2}\varepsilon_2=\frac{1}{2}(1-\varepsilon_1)$$

$$q_1=\frac{1}{2}\varepsilon_2+\frac{1}{2}(1-\varepsilon_1-\varepsilon_2)=\frac{1}{2}(1-\varepsilon_1)$$

$$q_\varepsilon=\frac{1}{2}\varepsilon_1\times 2=\varepsilon_1$$

所以

$$\begin{aligned}C&=\max I(X;Y)\\&=\max[H(Y)-H(Y\mid X)]\\&=[-q_0\log q_0-q_1\log q_1-q_\varepsilon\log q_\varepsilon]+\\&\quad(1-\varepsilon_1-\varepsilon_2)\log(1-\varepsilon_1-\varepsilon_2)+\varepsilon_1\log\varepsilon_1+\varepsilon_2\log\varepsilon_2\\&=-(1-\varepsilon_1)\log\frac{1}{2}(1-\varepsilon_1)+\varepsilon_2\log\varepsilon_2+(1-\varepsilon_1-\varepsilon_2)\log(1-\varepsilon_1-\varepsilon_2)\end{aligned}$$

■

3.12 一个离散信道,其信道转移概率矩阵为

$$\boldsymbol{P}=\begin{bmatrix}1-p-\varepsilon & p-\varepsilon & 2\varepsilon\\ p-\varepsilon & 1-p-\varepsilon & 2\varepsilon\end{bmatrix}$$

试求信道容量值 C。

解 由信道转移概率矩阵

$$\boldsymbol{P}=\begin{bmatrix}1-p-\varepsilon & p-\varepsilon & 2\varepsilon\\ p-\varepsilon & 1-p-\varepsilon & 2\varepsilon\end{bmatrix}$$

可知此信道为准对称信道，当信道输入为等概率分布时达到信道容量。所以

$$
\begin{aligned}
C &= \max I(X;Y) = \max[H(Y) - H(Y \mid X)] \\
&= \left[-2\times\left(\frac{1}{2}-\varepsilon\right)\log\left(\frac{1}{2}-\varepsilon\right) - 2\varepsilon\log 2\varepsilon\right] + \\
&\quad \frac{1}{2}\times 2[(1-p-\varepsilon)\log(1-p-\varepsilon) + (p-\varepsilon)\log(p-\varepsilon) + 2\varepsilon\log 2\varepsilon] \\
&= (2\varepsilon-1)\log\left(\frac{1}{2}-\varepsilon\right) + (1-p-\varepsilon)\log(1-p-\varepsilon) + (p-\varepsilon)\log(p-\varepsilon)
\end{aligned}
$$

■

3.13 一个离散信道，其信道转移概率分布如图 3.33 所示。试求：

(1) 达到信道容量 C 时输入概率分布 $\{P(x)\}$；

(2) 信道容量值 C。

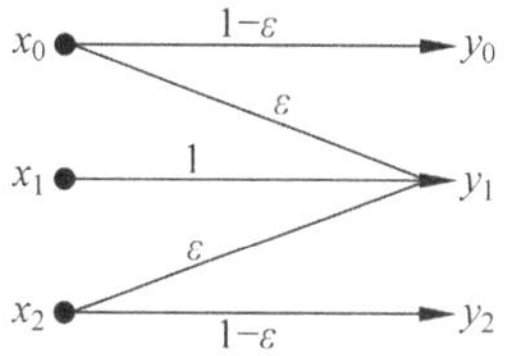

图 3.33 习题 3.13 图

解 (1) 信道转移概率矩阵为

$$
\begin{bmatrix} 1-\varepsilon & \varepsilon & 0 \\ 0 & 1 & 0 \\ 0 & \varepsilon & 1-\varepsilon \end{bmatrix}
$$

则信道输出端分布为

$$
\begin{aligned}
q_0 &= p_0(1-\varepsilon) \\
q_1 &= p_0\varepsilon + p_1 + (1-p_0-p_1)\varepsilon = p_1 + (1-p_1)\varepsilon \\
q_2 &= (1-\varepsilon)(1-p_0-p_1)
\end{aligned}
$$

由信道容量定义知

$$
\begin{aligned}
C &= \max I(X;Y) = \max[H(Y) - H(Y \mid X)] \\
&= \max[H(q_0,q_1,q_2) - p_0 H(\varepsilon,1-\varepsilon) - (1-p_0-p_1)H(\varepsilon,1-\varepsilon)] \\
&= \max_{\{p(x)\}}[H(q_0,q_1,q_2) - (1-p_1)H(\varepsilon,1-\varepsilon)]
\end{aligned}
$$

令 $\dfrac{\partial C}{\partial p_0}=0$，则有

$$
-(1-\varepsilon)[\log p_0(1-\varepsilon) - \log(1-p_0-p_1)(1-\varepsilon)] = 0
$$

所以

$$
2p_0 = 1 - p_1
$$

令 $\dfrac{\partial C}{\partial p_1}=0$，则有

$$
-(1-\varepsilon)\{\log[p_1+(1-p_1)\varepsilon] - \log(1-p_0-p_1)(1-\varepsilon)\} + H(\varepsilon) = 0
$$

所以

$$
\log\frac{p_1+(1-p_1)\varepsilon}{(1-p_0-p_1)(1-\varepsilon)} = \frac{H(\varepsilon,1-\varepsilon)}{1-\varepsilon}
$$

由联立方程组解得

$$
\begin{cases}
p_0 = \dfrac{1}{(1-\varepsilon)\left[2+2^{\frac{H(\varepsilon)}{1-\varepsilon}}\right]} \\[2ex]
p_1 = \dfrac{(1-\varepsilon)2^{\frac{H(\varepsilon)}{1-\varepsilon}} - 2\varepsilon}{(1-\varepsilon)\left[2+2^{\frac{H(\varepsilon)}{1-\varepsilon}}\right]} \\[2ex]
p_2 = \dfrac{1}{(1-\varepsilon)\left[2+2^{\frac{H(\varepsilon)}{1-\varepsilon}}\right]}
\end{cases}
$$

令

$$2+2^{\frac{H(\varepsilon)}{1-\varepsilon}}=A$$

则

$$\begin{cases} q_0=\dfrac{1}{A} \\ q_1=\dfrac{A-2}{A} \\ q_2=\dfrac{1}{A} \end{cases}$$

（2）信道容量为

$$\begin{aligned} C &= H(q_0,q_1,q_2)-(1-p_1)H(\varepsilon,1-\varepsilon) \\ &= -\frac{2}{A}\log\frac{1}{A}-\frac{A-2}{A}\log\frac{A-2}{A}-\frac{2}{(1-\varepsilon)A}H(\varepsilon,1-\varepsilon) \end{aligned}$$

■

3.14 若已知信道输入分布为等概率分布，且有下列两个信道，其转移概率为

$$\boldsymbol{P}_1=\begin{bmatrix} \frac{1}{2} & \frac{1}{2} & 0 & 0 \\ 0 & \frac{1}{2} & \frac{1}{2} & 0 \\ 0 & 0 & \frac{1}{2} & \frac{1}{2} \\ \frac{1}{2} & 0 & 0 & \frac{1}{2} \end{bmatrix},\quad \boldsymbol{P}_2=\begin{bmatrix} \frac{1}{2} & \frac{1}{2} & 0 & 0 & 0 & 0 & 0 & 0 \\ 0 & 0 & \frac{1}{2} & \frac{1}{2} & 0 & 0 & 0 & 0 \\ 0 & 0 & 0 & 0 & \frac{1}{2} & \frac{1}{2} & 0 & 0 \\ 0 & 0 & 0 & 0 & 0 & 0 & \frac{1}{2} & \frac{1}{2} \end{bmatrix}$$

试求这两个信道的信道容量，并判断这两个信道是否有噪声。

解 （1）由信道 1 的转移概率矩阵可知其为对称信道，所以

$$C_1=\log 4-H\left(\frac{1}{2},\frac{1}{2}\right)=1(\text{bit})$$

因为

$$H(X)=\log_2 4=2>C_1$$

所以有信息熵损失，信道有噪声。

（2）由信道 2 的转移概率矩阵可知其为准对称信道，输入为等概分布时达到信道容量。令此时的输出分布为

$$q_1=q_2=\cdots=q_8=\frac{1}{8}$$

所以

$$\begin{aligned} C_2 &= H(Y)-H(Y\mid X) \\ &= \log 8-H\left(\frac{1}{2},\frac{1}{2}\right) \\ &= 2 \end{aligned}$$

因为

$$H(X)=\log 4=C_2$$

所以信道 2 无噪声。

■

3.15 若有一个离散Z形信道，其信道转移概率如图3.34所示。试求：

(1) 信道容量；

(2) 若将两个同样Z形信道串接，求串接后的信道转移概率；

(3) 求串接后的信道容量。

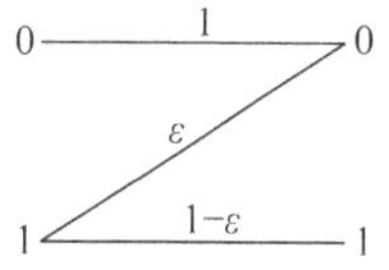

图3.34 习题3.15图

解 (1) 设信源输出0、1的先验概率分别为p_0、p_1，且$p_0=1-p_1$，则由该信道转移概率可知：

$$q_0=p_0+p_1\cdot\varepsilon=1-p_1(1-\varepsilon)$$

$$q_1=p_1(1-\varepsilon)$$

$$I(X;Y)=H(Y)-H(Y|X)=H(q_0,q_1)+\sum_i\sum_j p_i p_{ji}\log p_{ji}$$

$$=-q_0\log q_0-(1-q_0)\log(1-q_0)-p_1H(\varepsilon)$$

注：

$$H(\varepsilon)=-[\varepsilon\log\varepsilon+(1-\varepsilon)\log(1-\varepsilon)]$$

由定义

$$C_1=\max_{\{p(x)\}}I(X;Y)$$

令

$$\frac{\mathrm{d}I(X;Y)}{\mathrm{d}p_1}=0$$

即

$$-\frac{\mathrm{d}q_0}{\mathrm{d}p_1}\log q_0-\frac{\mathrm{d}q_0}{\mathrm{d}p_1}-\frac{\mathrm{d}q_1}{\mathrm{d}p_1}\log q_1-\frac{\mathrm{d}q_1}{\mathrm{d}p_1}-H(\varepsilon)=0$$

$$\Rightarrow(1-\varepsilon)\log\frac{q_0}{q_1}=H(\varepsilon)$$

$$\Rightarrow\frac{q_0}{q_1}=2^{\frac{H(\varepsilon)}{1-\varepsilon}}$$

令$2^{\frac{H(\varepsilon)}{1-\varepsilon}}=A$，$\left(\frac{H(\varepsilon)}{1-\varepsilon}=\log A\right)$，则有$\frac{q_0}{1-q_0}=A$。当$q_0=\frac{A}{A+1}$时达到信道容量。所以

$$C_1=-\frac{A}{A+1}\log\frac{A}{A+1}-\frac{1}{A+1}\log\frac{1}{A+1}-\frac{1}{A+1}\log A$$

$$=-\left(\frac{A}{A+1}+\frac{1}{A+1}\right)\log\frac{A}{A+1}=\log\frac{A}{A+1}=\log\left[1+2^{\frac{H(\varepsilon)}{1-\varepsilon}}\right]$$

$$=\log\left[1+(1-\varepsilon)\varepsilon^{\frac{\varepsilon}{1-\varepsilon}}\right]$$

(2) 若将Z信道串接，则信道转移概率矩阵为

$$\begin{bmatrix}1&0\\\varepsilon&1-\varepsilon\end{bmatrix}\begin{bmatrix}1&0\\\varepsilon&1-\varepsilon\end{bmatrix}=\begin{bmatrix}1&0\\2\varepsilon-\varepsilon^2&(1-\varepsilon)^2\end{bmatrix}$$

(3) 串接后的信道转移概率矩阵

$$\boldsymbol{p}=\begin{bmatrix}1&0\\2\varepsilon-\varepsilon^2&(1-\varepsilon)^2\end{bmatrix}$$

令$2\varepsilon-\varepsilon^2=\eta$，则$\boldsymbol{p}=\begin{bmatrix}1&0\\\eta&1-\eta\end{bmatrix}$

由(1)的结论可知，信道容量为

$$C_2=\log\left[1+2^{\frac{H(\eta)}{1-\eta}}\right]=\log\left[1+(1-\eta)\eta^{\frac{\eta}{1-\eta}}\right]$$
$$=\log\left[1+(1-\varepsilon)^2(2\varepsilon-\varepsilon^2)\frac{2\varepsilon-\varepsilon^2}{(1-\varepsilon)^2}\right]$$ ■

3.16 若有一离散准对称信道，其信道转移概率如图3.35所示。试求：

(1) 信道容量 C；

(2) 若将两个同样上述准对称信道串接，能否构成一个新的信道？为什么？

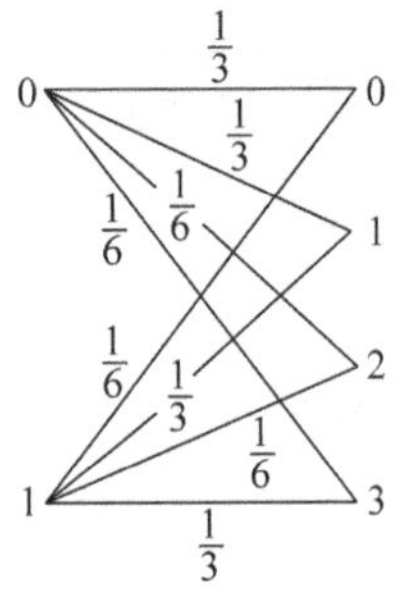

图 3.35 习题 3.16 图

解 (1) 信道转移概率矩阵为

$$\begin{bmatrix}\frac{1}{3} & \frac{1}{3} & \frac{1}{6} & \frac{1}{6}\\ \frac{1}{6} & \frac{1}{3} & \frac{1}{6} & \frac{1}{3}\end{bmatrix}$$

当准对称信道输入端等概率分布时才达到信道容量值。所以

$$p_0=p_1=\frac{1}{2}\Rightarrow q_0=\frac{1}{4},q_1=\frac{1}{3},q_2=\frac{1}{6},q_3=\frac{1}{4}$$

$$C=\max_{\{p(x)\}}I(X;Y)=\max[H(Y)-H(Y\mid X)]=\left[-\frac{2}{4}\log\frac{1}{4}-\frac{1}{3}\log\frac{1}{3}-\frac{1}{6}\log\frac{1}{6}\right]+$$
$$\frac{1}{2}\times2\left[2\times\frac{1}{3}\log\frac{1}{3}+2\times\frac{1}{6}\log\frac{1}{6}\right]=0.041(\text{bit})$$

(2) 显然无法串接上述信道，原因是信道输出端符号数比信道输入端多。 ■

3.17 设有一离散级联信道如图3.36所示。试求：

(1) X 与 Y 间的信道容量；

(2) Y 与 Z 间的信道容量；

(3) X 与 Z 间的信道容量及其输入分布 $\{P(x)\}$。

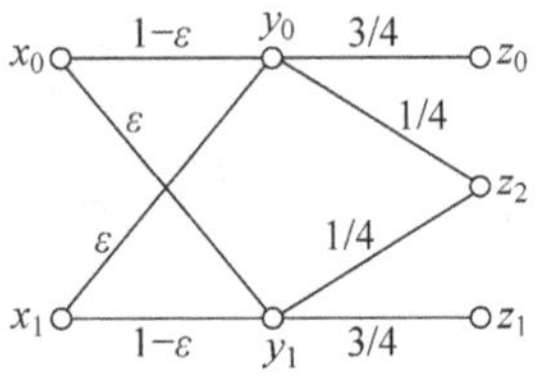

图 3.36 习题 3.17 图

解 (1) X、Y 间信道为强对称信道，所以

$$C_1=1-H(\varepsilon)$$

(2) Y、Z 间信道为准对称信道，信道容量为

$$C_2=H\left(\frac{3}{8},\frac{3}{8},\frac{1}{4}\right)+2\cdot\frac{1}{2}\left(\frac{3}{4}\log\frac{3}{4}+\frac{1}{4}\log\frac{1}{4}\right)=1.56-0.81=1.75(\text{bit})$$

(3) X、Z 间信道转移概率矩阵为

$$\begin{bmatrix}1-\varepsilon & \varepsilon\\ \varepsilon & 1-\varepsilon\end{bmatrix}\cdot\begin{bmatrix}\frac{3}{4} & 0 & \frac{1}{4}\\ 0 & \frac{3}{4} & \frac{1}{4}\end{bmatrix}=\begin{bmatrix}\frac{3}{4}(1-\varepsilon) & \frac{3}{4}\varepsilon & \frac{1}{4}\\ \frac{3}{4}\varepsilon & \frac{3}{4}(1-\varepsilon) & \frac{1}{4}\end{bmatrix}$$

它也属于准对称信道。当 $p_0=p_1=\frac{1}{2}$ 时达到信道容量。所以 $q_0=\frac{3}{8},q_1=\frac{3}{8},q_2=\frac{1}{4}$，信道容量为

$$C_3=H\left(\frac{3}{8},\frac{3}{8},\frac{1}{4}\right)+\frac{3}{4}(1-\varepsilon)\log\frac{3}{4}(1-\varepsilon)+\frac{3}{4}\varepsilon\log\frac{3}{4}\varepsilon+\frac{1}{4}\log\frac{1}{4}$$

$$=1.06+\frac{3}{4}(1-\varepsilon)\log\frac{3}{4}(1-\varepsilon)+\frac{3}{4}\varepsilon\log\frac{3}{4}\varepsilon(\text{bit})$$ ■

3.18 若已知两信道的信道转移概率为

$$\boldsymbol{P}_1=\begin{bmatrix}\frac{1}{3} & \frac{1}{3} & \frac{1}{3}\\ 0 & \frac{1}{2} & \frac{1}{2}\end{bmatrix},\quad \boldsymbol{P}_2=\begin{bmatrix}1 & 0 & 0\\ 0 & \frac{2}{3} & \frac{1}{3}\\ 0 & \frac{1}{3} & \frac{2}{3}\end{bmatrix}$$

试问：两信道串联的信道转移概率是多少？其信道容量是否发生变化？

解 两信道串联后的信道转移概率为

$$\boldsymbol{P}=\begin{bmatrix}\frac{1}{3} & \frac{1}{3} & \frac{1}{3}\\ 0 & \frac{1}{2} & \frac{1}{2}\end{bmatrix}\begin{bmatrix}1 & 0 & 0\\ 0 & \frac{2}{3} & \frac{1}{3}\\ 0 & \frac{1}{3} & \frac{2}{3}\end{bmatrix}=\begin{bmatrix}\frac{1}{3} & \frac{1}{3} & \frac{1}{3}\\ 0 & \frac{1}{2} & \frac{1}{2}\end{bmatrix}$$

因为 $\boldsymbol{P}$ 不变，所以信道容量不变。

第4章 无失真信源编码

CHAPTER 4

第4～7章讨论内容将进入编码处理模块。编码处理主要分为信源编码和信道编码两大部分。本章与第5章将侧重讨论信源编码部分。

通信的根本问题是将信源的输出经信道传输在接收端精确地或近似地重现。为此，首先需要解决两个问题：一是信源的输出如何描述，特别是如何确定其产生的信息量；二是如何表示信源的输出，这就是信源编码问题。这两个问题都与信宿对于通信质量的要求有关。如果要求精确地复现信源的输出，就要保证信源产生的全部信息无损地送给信宿，这时的信源编码就是无失真信源编码。

第2章讨论了信源熵，并得出结论，传送信源信息只需要具有信源极限熵大小的信息率。然而，在实际通信中，用来传送信源信息的信息率远大于极限熵。著名的信源编码定理就是要回答这样的一个基本问题：像信源极限熵这样的最小信息率是否能够接近甚至达到。信源编码定理分为无失真编码定理和限失真编码定理，它们是信源编码的理论指南。信源符号之间存在分布不均匀和相关性，使得信源存在冗余度，信源编码的主要任务就是减少冗余，提高编码效率。具体来说，就是针对信源输出符号序列的统计特性，寻找一定的编码方法把信源输出符号序列变换为最短的码字序列。信源编码的基本途径有两个：一是使序列中的各个符号尽可能地互相独立，即解除相关性；二是使编码中各个符号出现的概率尽可能地相等，即概率均匀化。

本章将要详细地介绍无失真编码。无失真编码是指将信源符号转换成代码后，可从代码无失真地恢复原信源符号。无失真编码只适用于取值有限的离散信源，对于连续信源，编成代码后就不能无失真地恢复原来的连续值，因为后者取值可有无限多个，此时只能进行限失真编码，这是第5章要讨论的内容。

4.1 信源编码的基本概念和要求

为了分析方便，当研究无失真信源编码时，将信道编码看成信道的一部分，并假定信道是无差错传输的，如图4.1所示。由于信源编码不考虑抗干扰问题，因此它的数学描述比较简单。

信源编码器模型如图4.2所示，其输入的是信源符号矢量序列 $\boldsymbol{x}_1,\boldsymbol{x}_2,\cdots$，输出的是码字序列 $\boldsymbol{c}_1,\boldsymbol{c}_2,\cdots$。记输入符号集 $\boldsymbol{A}=\{a_1,a_2,\cdots,a_n\}$，输出符号集 $\boldsymbol{B}=\{b_1,b_2,\cdots,b_m\}$，则信

源符号矢量 $\boldsymbol{x}_i$ 可表示为

$$\boldsymbol{x}_i=(x_{i_1},x_{i_2},\cdots,x_{i_{l(i)}})$$

其中,$x_{i_k}\in\boldsymbol{A}$,$l(i)$表示符号矢量长度；输出码字 $\boldsymbol{c}_j$ 可表示为$\boldsymbol{c}_j=(c_{j_1},c_{j_2},\cdots,c_{j_{l(j)}})$,其中$c_{j_k}\in\boldsymbol{B}$,并称为码元或码符号,而 $l(j)$码字 $\boldsymbol{c}_j$ 的长度,称为 $\boldsymbol{c}_j$ 的码长。所有码字组成的集合称为代码组或码,记为$\mathbb{C}=\{\boldsymbol{c}_j\}$。

图 4.1 关注信源编码的通信系统模型

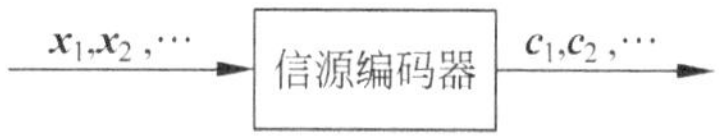

图 4.2 信源编码器模型

从上述定义可知,信源编码就是从信源符号到输出码符号的一种映射,若要实现无失真编码,则这种映射首先必是一一对应的、可逆的。一般地,将信源符号集中的每个符号 a_i 映射成一个固定码字 $\boldsymbol{c}_i$,这样的码就称为**分组码**。如果分组码中所有码字都具有相同的码长,称这样码为**定长码**,否则称为**变长码**。进一步,若一种分组码中所有码字都互不相同,则称此分组码为**非奇异码**,否则称为**奇异码**。

例 4.1 数字系统常常要求信源编码器输出结果是二进制的,即输出符号集 $\boldsymbol{B}=\{0,1\}$。对有四个符号的信源进行单符号编码,表 4.1 给出了 4 种二进制码。从表 4.1 可以看出,码 1 的码长是固定的,因此是定长码,而码 2、码 3 和码 4 的码长是可变的,故都是变长码。另外,容易发现,表 4.1 中的码 1、码 2 和码 3 是非奇异码,而码 4 是奇异码。值得注意的是,虽然码 3 为非奇异的,但将其用在图 4.1 所示通信系统中通信时,如果信道输出端接收到的是 00,则译码器并不能确定来自发送端的消息是 a_1a_1 还是 a_3,这是因为码 3 不是唯一可译码。

表 4.1 4 种二进制码

信源符号	出现概率	码 1	码 2	码 3	码 4
a_1	$P(a_1)$	00	0	0	0
a_2	$P(a_2)$	01	01	10	01
a_3	$P(a_3)$	10	001	00	011
a_4	$P(a_4)$	11	111	01	011

非奇异性是分组码正确译码的必要条件,但不是充分条件。给定一种分组码,任意有限长的码元序列,只要能被唯一地分割成一个个的码字,则称该种码为**唯一可译码**。唯一可译码的物理含义是十分清楚的,即不仅要求不同的码字表示不同的信源符号,而且还进一步要求对由信源符号构成的消息序列进行编码后,在接收端仍能正确译码,而不发生混淆。

同是唯一可译码,译码方法仍有不同,如表 4.2 中列出的两组唯一可译码的译码方法不同,当传送码 5 时,信道输出端接收到一个码字后不能立即译码,还需要等下一个码字接收到时才能判断是否可以译码。而若传送码 6 时,则无此限制,接收到一个完整码字后立即可以译码,这是因为码 6 是即时码。**即时码**是一类唯一可译码,它不需要考虑后续的码符号即可从码符号序列中译出码字。即时码也称为瞬时码或非延长码。

表 4.2　两种二进制唯一可译码

信源符号	码 5	码 6
a_1	1	1
a_2	10	01
a_3	100	001
a_4	1000	0001

综上所述，可将无失真信源码进行如图 4.3 所示的分类。

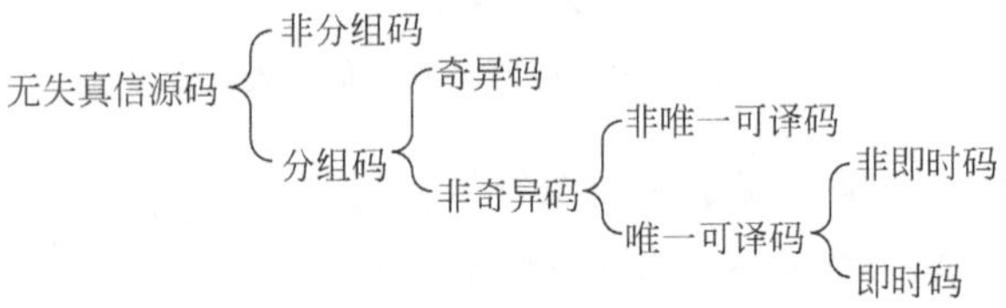

图 4.3　无失真信源码的分类

4.2　即时码与唯一可译码

要实现无失真的信源编码，信源编码必须是唯一可译码，而且为了能即时进行译码，唯一可译码还应是即时码。本节将着重考虑即时码与唯一可译码的判别和构造方面问题。

设 $\boldsymbol{c}_j=(c_{j_1},c_{j_2},\cdots,c_{j_{l(j)}})$为一个码字，对任意的 $1\leqslant l\leqslant l(j)$，称码符号序列$(c_{j_1},c_{j_2},\cdots,c_{j_l})$为码字 $\boldsymbol{c}_j$ 的前缀。

命题 4.1　一个唯一可译码成为即时码的充分必要条件是其中任何一个码字都不是其他码字的前缀。

证明　（充分性）因为如果没有一个码字是其他码字的前缀，则在接收到一个相当于一个完整码字的码符号序列后，便可立即译码，而无须考虑其后的码符号。

（必要性）若码字 $\boldsymbol{c}'$是另一个码字 $\boldsymbol{c}$ 的前缀，则在收到相当于 $\boldsymbol{c}$ 的码符号序列后还不能立即判定是一个完整的码字，若想正确译码，还必须参考后续的码符号，这与即时码的定义相矛盾。 ■

用树图可以描述码，尤其是即时码。如图 4.4 和图 4.5 所示，对一般 q 进制树图，有树根、树枝和节点。树图顶部的节点称为树根，树枝尽头称为节点，每个节点生出的树枝数目等于码符号数 q。从树根到终端节点各树枝代表的码符号顺次连接，就得到编码码字。树图中自根部经过一个分支到达 q 个节点称为一阶节点。从一阶节点向下延伸，依次是二阶节点、三阶节点……。二阶节点有 q^2，一般 k 阶节点有 q^k 个。若将从每个节点发出的 q 个分支分别标以 $0,1,\cdots,q-1$，则每个 k 阶节点需要用 k 个 q 元数字表示。如果指定某个 k 阶节点为终端节点表示一个信源符号，则该节点就不再延伸，相应的码字即为从树根到此端点的分支标号序列，其长度为 k。这样构造的码满足即时码的条件。因为从树根到每个终端节点所走的路径均不相同，故一定满足对前缀的限制。如果有个 n 信源符号，那么在码树上就要选择 n 个终端节点，相应的 q 元基本符号表示就是码字。由这样的方法构造出来的码称为树码，若树码的各个分支都延伸到最后一阶端点，此时将共有 q^k 个码字，这样的码称为整树，整树描述定长码，如图 4.4 所示；否则就称为非整树，如图 4.5 所示。从上述讨论可知，用树图可以描述码的构造，特别是即时码的构造。表 4.2 给出的码 6 是即时码，其树图如图 4.5 所示。

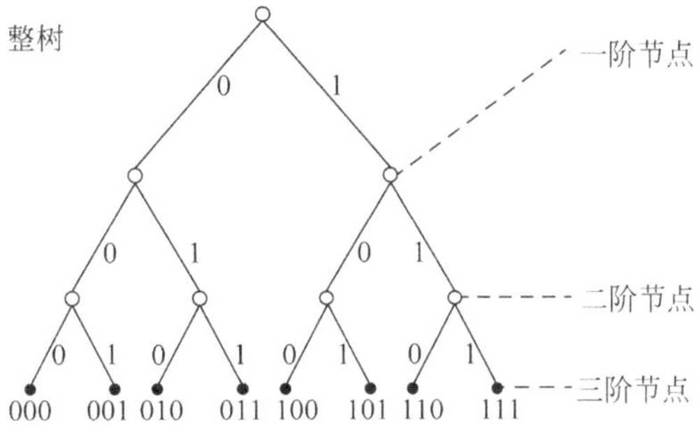

图 4.4 整树树图

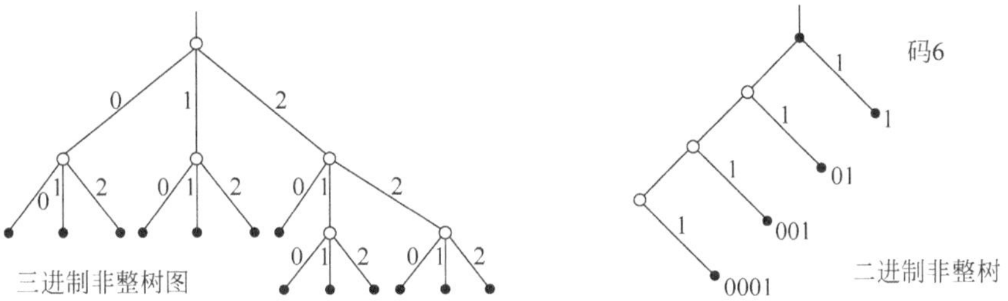

图 4.5 非整树树图

关于信源符号数和码字长度之间应满足什么条件才能构成即时码，有命题 4.2。

命题 4.2 设信源符号集为 $\boldsymbol{A}=\{a_1,a_2,\cdots,a_n\}$，码符号集为 $\boldsymbol{B}=\{b_1,b_2,\cdots,b_m\}$。对信源 n 个符号进行编码，相应的码字为

$$\boldsymbol{c}_j=(c_{j_1},c_{j_2},\cdots,c_{j_{l(j)}}),\quad 1\leqslant j\leqslant n$$

则即时码存在的充分必要条件是如下克拉夫特(L. G. Kraft)不等式成立

$$\sum_{j=1}^{n} m^{-l(j)}\leqslant 1$$

证明 (必要性)应用树图结构证明必要性。假设采用树图法按命题条件已构造出一个即时码。因为码符号数为 m，故树图中一阶节点有 m 个。在这 m 个节点中有 m_1 个点作为终端节点，其余 $m-m_1$ 个点作为中间节点并继续向下延伸。码树中二阶节点的总数为 $m(m-m_1)=m^2-m_1m$。这 m^2-m_1m 个节点中有 m_2 个节点作为终端节点，余下 $m^2-m_1m-m_2$ 个节点作为中间节点并继续向下延伸。如此下去，直到有 k 阶节点中有 m_k 个节点作为最后终端节点。而 k 阶节点共有 $m^k-m_1m^{k-1}-m_2m^{k-2}-\cdots-m_{k-1}m$ 个，故有

$$m_k\leqslant m^k-m_1m^{k-1}-m_2m^{k-2}-\cdots-m_{k-1}m$$

并且 $\sum_{i=1}^{k} m_i=n$。即

$$m_1m^{k-1}+m_2m^{k-2}+\cdots+m_{k-1}m+m_k\leqslant m^k$$

或者

$$\sum_{i=1}^{k} m_i m^{-i} \leqslant 1$$

如设 a_j 的编码长度为 $l(j)$ 则有克拉夫特不等式 $\sum_{j=1}^{n} m^{-l(j)} \leqslant 1$ 成立。

(充分性)只需将上述证明过程反推回去即可。 ■

命题 4.2 的结论也可推广到唯一可译码,其证明过程参见文献[2]。

命题 4.3 在命题 4.2 条件下,唯一可译码存在的充分必要条件是上述克拉夫特不等式也成立。

命题 4.3 说明唯一可译码在码长的选择上并不比即时码有更宽松的条件,它们都必须满足克拉夫特不等式。因此,码长不满足克拉夫特不等式的码一定不是唯一可译码。但是命题 4.3 并没有说明,满足克拉夫特不等式的码就一定是唯一可译码。因此,不能用克拉夫特不等式来判别一个码是否是唯一可译码。下面给出一种有效的判别唯一可译码方法。

设$\mathbb{C}_0$为原始码字组成的集合。再构造一列集合$\mathbb{C}_1, \mathbb{C}_2, \mathbb{C}_3, \cdots$。为得到集合$\mathbb{C}_1$,首先考查$\mathbb{C}_0$中所有的码字。若码字 $\boldsymbol{c}_j$ 是码字 $\boldsymbol{c}_i$ 的前缀,即 $\boldsymbol{c}_i = \boldsymbol{c}_j \boldsymbol{v}$,则将尾随后缀$\boldsymbol{v}$ 列为集合$\mathbb{C}_1$中的元素,集合$\mathbb{C}_1$就是由所有这样的元素$\boldsymbol{v}$ 构成的。要构造其他集合$\mathbb{C}_k$,$k \geqslant 2$,则要考虑比较集合$\mathbb{C}_{k-1}$和$\mathbb{C}_0$。若有码字 $\boldsymbol{c}_j \in \mathbb{C}_0$是另一个码字 $\boldsymbol{c}_i \in \mathbb{C}_{k-1}$的前缀,即 $\boldsymbol{c}_i = \boldsymbol{c}_j \boldsymbol{v}$,则将尾随后缀$\boldsymbol{v}$ 列为集合$\mathbb{C}_k$中的元素。同样,若有码字 $\boldsymbol{c}'_j \in \mathbb{C}_{k-1}$是另一个码字 $\boldsymbol{c}'_i \in \mathbb{C}_0$的前缀,即 $\boldsymbol{c}'_i = \boldsymbol{c}'_j \boldsymbol{v}'$,则将尾随后缀$\boldsymbol{v}'$也列为集合$\mathbb{C}_k$中的元素。集合$\mathbb{C}_k$就是由所有这样的元素$\boldsymbol{v}$ 和$\boldsymbol{v}'$构成的。

命题 4.4 一个码$\mathbb{C}_0$是唯一可译码的充分必要条件是依据$\mathbb{C}_0$所构造出的一列尾随后缀集合$\mathbb{C}_1, \mathbb{C}_2, \mathbb{C}_3, \cdots$中没有一个含有$\mathbb{C}_0$中的码字。

例 4.2 给定一个有 6 个符号的信源,其概率分布如表 4.3 所示。表 4.3 中给出了六个码,这些码中哪些是唯一可译码?哪些是即时码?

表 4.3 有 6 个符号的信源概率分布

符号	概率	码 A	码 B	码 C	码 D	码 E	码 F
a_1	1/2	000	0	0	0	0	0
a_2	1/4	001	01	10	10	10	100
a_3	1/16	010	011	110	110	1100	101
a_4	1/16	011	0111	1110	1110	1101	110
a_5	1/16	100	01 111	11 110	1011	1100	111
a_6	1/16	101	011 111	111 110	1101	1111	011

解 码 A:是定长码,没有相同的码字,故为唯一可译码。其他 5 个码均为变长码。对于码 E,由于码中出现了两个“1100”,因此不满足非奇异性要求,故不是唯一可译码。对于其余 4 个码(码 B、码 C、码 D 和码 F)要采用唯一可译码判别准则(命题 4.4)来进行分别判别。

码 B:最短字为“0”,是其他码字的前缀,但这些尾随后缀均不是码字。同样,对于“01”与其他码字,其尾随后缀也都不是码字的前缀。最后由判别准则可知码 B 为唯一可译码。

码 C:没有码字是其他码字的前缀,它们都不存在尾随后缀。故依据判别准则判码 C

为唯一可译码。

码 D：最短码字“0”，不是其他码字的前缀，所以它没有尾随后缀。而码字“10”是码字“1011”的前缀，其尾随后缀“11”又是码字“110”的前缀，得尾随后缀为“0”，它恰好是最短的码字。故可判定码 D 不是唯一可译码。另外，码 D 也可采用克拉夫特不等式进行判定。

码 F：如图 4.6 所示。

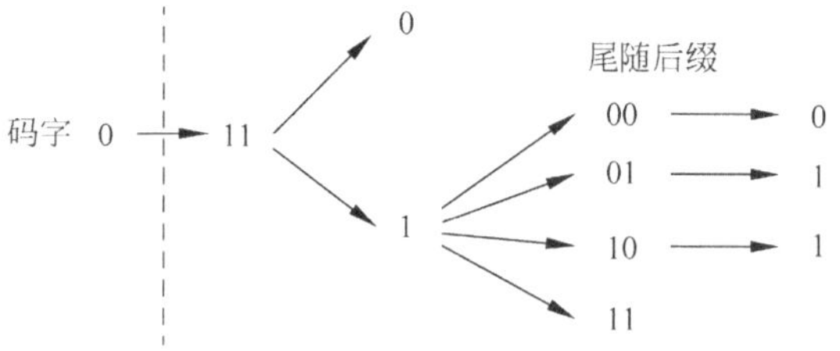

图 4.6 码 F

尾随后缀集合为{11,0,1,00,01,10,11}，而“0”又是码字。故由判别准则判码 F 不是唯一可译码。

最后采用即时码判别准则(命题 4.1)可判定码 A、码 C 是即时码，而码 B 不是即时码。

■

4.3 定长编码定理

要实现无失真的信源编码，不但要求信源符号与码字是一一对应的，而且还要求码符号序列的逆变换也是唯一的，也就是说，一个码的任意一串有限长的码符号序列只能被唯一地译成所对应的信源符号序列。但对于一个定长编码来说，这些要求容易得到满足。

如果对一离散信源 X 的 n 个符号(符号集 $\boldsymbol{A}=\{a_1,a_2,\cdots,a_n\}$)进行定长编码，那么能进行唯一可译定长码的条件是

$$n \leqslant m^L \tag{4.1}$$

其中，m 是用于编码的码符号数目(符号集 $\boldsymbol{B}=\{b_1,b_2,\cdots,b_m\}$)，$L$ 是定长码的码长。

例 4.3 设 $\boldsymbol{A}=\{a_1,a_2,a_3,a_4\}$，$\boldsymbol{B}=\{0,1\}$，则

$$n=4 \leqslant m^L=2^L \Rightarrow L \geqslant 2$$

容易给出如下一个简单的唯一可译的定长码

$$\begin{cases} a_1 & 00 \\ a_2 & 01 \\ a_3 & 10 \\ a_4 & 11 \end{cases}$$

■

例 4.4 英文电报有 32 个符号，其中包括 26 个英文字母和 6 个标点符号。即 $n=32$，若 $m=2$ 时，则 $L \geqslant \log 32=5$。这意味着每个英文电报符号至少要用到 5 位二进制符号进行定长编码才能唯一可译。 ■

进一步，如果对 X 的 K 次扩展信源 X^K 进行定长编码，要编得具有唯一可译性的定长码，则必须有

$$n^K \leqslant m^L \tag{4.2}$$

扩展信源 X^K 的定长编码过程可描述如下：编码器每次输入一个长度为 K 的信源符号序列 $\boldsymbol{x}_i$，$\boldsymbol{x}_i$ 可表示为 $\boldsymbol{x}_i=(x_{i_1},x_{i_2},\cdots,x_{i_K})$，其中 $x_{i_k}\in\boldsymbol{A}$，$\boldsymbol{A}=\{a_1,a_2,\cdots,a_n\}$是输入符号集。然后编码器输出一个相应的码字 $\boldsymbol{c}_i$，$\boldsymbol{c}_i$ 可表示为 $\boldsymbol{c}_i=(c_{i_1},c_{i_2},\cdots,c_{i_L})$，其中 $c_{i_l}\in\boldsymbol{B}$，$\boldsymbol{B}=\{b_1,b_2,\cdots,b_m\}$是输出符号集。

对于式(4.2)两边取对数，则有

$$K\log n\leqslant L\log m$$

或者

$$\frac{L}{K}\geqslant\log_m n=\frac{\log_2 n}{\log_2 m}\tag{4.3}$$

式(4.3)表示对于唯一可译定长码，平均每个原始信源符号至少需要$\log_m n$ 个码符号来变换。特别地，当 $m=2$ 时，$\frac{L}{K}\geqslant\log_2 n$ 表示平均每个信源符号至少要用$\log_2 n$ 个二进制符号来变换。

注意到$\log_2 n$ 就是 X 的最大熵 $H_0(X)$。而 $H(X)\leqslant H_0(X)$。这说明在上述无失真编码讨论时还没有涉及 X 的符号概率分布和信源熵 $H(X)$，编码效率还需要改进。

例 4.5 设有一个离散无记忆信源 X，其概率空间为

$$\begin{bmatrix}X\\P\end{bmatrix}=\begin{bmatrix}a_1 & a_2\\ \frac{7}{8} & \frac{1}{8}\end{bmatrix}$$

则其二次扩展信源的概率空间为

$$\begin{bmatrix}X^2\\P\end{bmatrix}=\begin{bmatrix}a_1a_1 & a_1a_2 & a_2a_1 & a_2a_2\\ \frac{49}{64} & \frac{7}{64} & \frac{7}{64} & \frac{1}{64}\end{bmatrix}$$

其三次扩展信源的概率空间为

$$\begin{bmatrix}X^3\\P\end{bmatrix}=\begin{bmatrix}a_1a_1a_1 & a_1a_1a_2 & a_1a_2a_1 & a_2a_1a_1 & a_1a_2a_2 & a_2a_1a_2 & a_2a_2a_1 & a_2a_2a_2\\ \frac{343}{512} & \frac{49}{512} & \frac{49}{512} & \frac{49}{512} & \frac{7}{512} & \frac{7}{512} & \frac{7}{512} & \frac{1}{512}\end{bmatrix}$$

进一步地，还可以写出四次、五次扩展信源的概率空间，等等。为了提高编码效率，如果只对出现概率较大的一半符号序列进行非奇异定长编码，而出现概率较小的另一半符号序列都用某一个码字来代替，那么可以预计，采用这样定长码在无干扰信道中传输，接收端译码出现错误的概率会随着扩展次数的增加越来越小。

深入探讨信源序列长度、高概率序列集合与译码错误概率之间内在联系，有如下定理。

定理 4.1 设有离散平稳无记忆信源，其熵为 $H(X)$，若对信源长为 K 的符号序列进行定长编码，设码字是从 m 个符号集中选取 L 个码元构造成的，则对任意的 $\varepsilon>0$，只要满足

$$\frac{L}{K}\geqslant\frac{H(X)+\varepsilon}{\log_2 m}\tag{4.4}$$

当 K 足够大时，译码错误概率能够任意小，可以实现几乎无失真编码。

反之，若

$$\frac{L}{K}\leqslant\frac{H(X)-2\varepsilon}{\log_2 m}\tag{4.5}$$

则不可能实现无失真编码，而且当 K 足够大时，译码错误概率近似等于 1。

定理 4.1 就是定长编码定理，其详细的证明过程参见文献[1]和[2]。定长编码定理讨论了编码的有关参数对译码差错的限制关系。对平稳有记忆信源情况，定长编码定理也成立，不过要将式(4.4)和式(4.5)中的 $H(X)$ 换成 $H_\infty(\boldsymbol{X})$，并还要求 $H_\infty(\boldsymbol{X})$ 和极限方差 $\sigma_\infty^2(\boldsymbol{X})$ 存在。

比较式(4.3)与式(4.4)可知，当信源符号序列具有等概率分布时，两式就完全一致。但在一般情况下，信源符号序列并非等概率分布，而且符号之间还相互关联，故信源极限熵 $H_\infty(\boldsymbol{X})$ 将大大小于 $H_0(X)$（例如，以英文电报符号为例，由第 2 章可知，$H_\infty(\boldsymbol{X})\approx 1.4$，而 $H_0(X)=5$）。再由定理 4.1 可知，这时在定长编码中每个信源符号平均所需的码符号数目可大大减少，从而提高了编码效率。

对于离散平稳无记忆信源，式(4.4)可变化为

$$L\log_2 m > KH(X) \tag{4.6}$$

左边表示为长为 L 的编码序列所能携带的最大信息量，右边表示长为 K 的信源符号序列平均携带的信息量。定理 4.1 表明，只要符号序列所能携带的信息量大于信源序列所携带的信息量，就可以实现无失真传输。

现在记 $R=\dfrac{L\log_2 m}{K}$，并称为信源**编码速率**，则式(4.4)可简写为

$$R \geqslant H(X)+\varepsilon \tag{4.7}$$

再令 $\eta=\dfrac{H(X)}{R}$，并称为信源**编码效率**。显然

$$\eta<1,\quad \eta\leqslant\frac{H(X)}{H(X)+\varepsilon},\quad \varepsilon>0 \tag{4.8}$$

因此，最佳编码效率应为

$$\eta=\frac{H(X)}{H(X)+\varepsilon} \tag{4.9}$$

另外，值得一提的是，在进行定长编码时，如果要使译码错误概率小于 δ，则所选取的信源序列长度 K 必须满足

$$K\geqslant\frac{D(I(x))}{H^2(X)}\,\frac{\eta^2}{(1-\eta)^2\delta} \tag{4.10}$$

其中，$D(I(x))$ 为自信息量方差。

定长编码定理表明，编码效率趋近于 1 的理想编码器是存在的。然而，在很多情况下，为实现理想的编码效率，必须要选取充分长的信源符号序列进行编码，这往往在实际中是不可行的。下面举例说明。

例 4.6 设有一个离散无记忆信源 X，其概率空间为

$$\begin{bmatrix}X\\P\end{bmatrix}=\begin{bmatrix}a_1 & a_2\\ \dfrac{3}{4} & \dfrac{1}{4}\end{bmatrix}$$

则其信息熵为

$$H(X)=\frac{1}{4}\log 4+\frac{3}{4}\log\frac{4}{3}=0.811(\text{bit})$$

而其自信息量的方差为

$$D(I(x))=\sum_{i=1}^{2}P(a_i)[-\log P(a_i)]^2-[H(X)]^2$$
$$=0.4715$$

若对 X 采取等长二进制编码,要求编码效率 $\eta=0.96$,允许错误概率 $\delta\leqslant 10^{-5}$。则由式(4.10)可知,信源序列长度必须满足

$$K\geqslant\frac{0.4715}{0.811^2}\frac{0.96^2}{0.04^2\times 10^{-5}}=4.13\times 10^7$$

所需要的信源序列长度 K 过大,难以在实际中实现。因此,在实际中不能实现对信源 X 几乎无失真的定长编码。

4.4 变长编码定理

正如例 4.6 所显示那样,对于具有不等概率分布的信源,采用定长码,高的编码效率很难实现,然而采用变长编码,高的编码效率却很容易实现。

例 4.7 继续考虑例 4.6 中的信源 X,并进行简单的二进制编码。即用 0 表示 a_1 用 1 表示 a_2,那么此时的码长均为 1,编码效率为

$$\eta_1=\frac{H(X)}{R}=\frac{H(X)K}{L\log_2 m}=\frac{0.811\cdot 1}{1\cdot 1}=0.811$$

进一步地,对其二次扩展信源 X^2 进行二进制变长编码。编码结果如表 4.4 所示。这是一个即时码,码长至多为 3,平均码长等于

$$\bar{L}_2=\frac{9}{16}\cdot 1+\frac{3}{16}\cdot 2+\frac{3}{16}\cdot 3+\frac{1}{16}\cdot 3=\frac{27}{16}=1.687$$

表 4.4 二进制即时码

信源符号	出现概率	即时码
a_1a_1	$\frac{9}{16}$	0
a_1a_2	$\frac{3}{16}$	10
a_2a_1	$\frac{3}{16}$	110
a_2a_2	$\frac{1}{16}$	111

而此时编码效率为

$$\eta_2=\frac{H(X)}{R_2}=\frac{H(X)K}{\bar{L}_2\log m}=\frac{0.811\cdot 2}{1.687\cdot 1}=0.961$$

这个编码效率略高于例 4.6 中给定的编码效率,然而其平均码长还不到 2! 可见变长编码的威力。

鉴于此,要探讨变长编码问题。下面先讨论很简单的单符号离散无记忆信源的编码问题,然后再讨论较复杂的多符号离散无记忆信源的编码问题。

设有一个单符号离散无记忆信源 X,其符号集为 $\mathbf{A}=\{a_1,a_2,\cdots,a_n\}$,概率分布为

$\{P(a_i), i=1,2,\cdots,n\}$，让码符号集为 $\boldsymbol{B}=\{b_1,b_2,\cdots,b_m\}$。对信源的 n 个符号进行变长编码得到码字分别为 $\boldsymbol{c}_i=(c_{i_1},c_{i_2},\cdots,c_{i_{l(i)}})$，$1\leqslant i\leqslant n$，则变长码的**平均码长**表示为

$$\bar{L}=\sum_{i=1}^{n} p(a_i)l(i) \tag{4.11}$$

平均码长 $\bar{L}$ 表示对每个信源符号编码平均需要的码符号数目。当信源给定时，信息熵 $H(X)$就确定了，而编码后每个信源符号平均要用 $\bar{L}$ 个码元来变换，类似于定长编码讨论，这里可重新定义**编码速率**和**编码效率**如下

$$R_1=\bar{L}\log m, \quad \eta_1=\frac{H(X)}{R_1} \tag{4.12}$$

显然，平均码长 $\bar{L}$ 越短，编码效率 η_1 越高。因此，我们感兴趣的码是使 $\bar{L}$ 为最短的码。对应一个给定的信源和一个给定的码符号集，若有一种唯一可译码，其平均码长 $\bar{L}$ 小于所有其他的唯一可译码，则称这种码为最佳码或**紧致码**。信源变长编码的核心问题就是寻找最佳码。

定理 4.2 对于一个离散无记忆信源 X，其符号集为 $\mathbf{A}=\{a_1,a_2,\cdots,a_n\}$，概率分布为 $\{P(a_i),i=1,2,\cdots,n\}$。采用码符号集 $\boldsymbol{B}=\{b_1,b_2,\cdots,b_m\}$对 X 对进行变长编码，则一定存在一种编码方式构成唯一可译码，且其平均码长满足

$$\frac{H(X)}{\log m}\leqslant \bar{L}<1+\frac{H(X)}{\log m} \tag{4.13}$$

证明 先证明任何一个唯一可译码均会使式(4.13)下界成立，然后再证明存在一个唯一可译码使式(4.13)上界成立。

假设$\mathbb{C}$ 是一个唯一可译码，让 $l(i)$表示第 i 个信源符号 a_i 对应的码长。那么由命题 4.3 可知，$\mathbb{C}$ 的码长集合$\{l(i), 1\leqslant i\leqslant n\}$必使如下克拉夫特不等式成立

$$\sum_{i=1}^{n} m^{-l(i)}\leqslant 1$$

对于码$\mathbb{C}$，定义如下两组概率分布

$$p_i=P(a_i), \quad 1\leqslant i\leqslant n$$

$$q_i=m^{-l(i)}, \quad 1\leqslant i\leqslant n-1, \quad q_n=1-\sum_{i=1}^{n-1} m^{-l(i)}$$

应用引理 2.2，有

$$\sum_{i=1}^{n} P(a_i)\log\frac{m^{-l(i)}}{P(a_i)}\leqslant \sum_{i=1}^{n} p_i\log\frac{q_i}{p_i}\leqslant 0$$

依据熵函数和平均码长的定义，有

$$\begin{aligned}
H(X)-\bar{L}\log m &=-\sum_{i=1}^{n} P(a_i)\log P(a_i)-\log m\sum_{i=1}^{n} P(a_i)l(i)\\
&=-\sum_{i=1}^{n} P(a_i)\log P(a_i)+\sum_{i=1}^{n} P(a_i)m^{-l(i)}\\
&=\sum_{i=1}^{n} P(a_i)\log\frac{m^{-l(i)}}{P(a_i)}\leqslant 0
\end{aligned}$$

因此

$$H(X)-\bar{L}\log m\leqslant 0$$

即证明任何一个唯一可译码均会使式(4.13)下界成立。

下面考虑构造一个唯一可译码。先定义

$$v_i=-\frac{\log P(a_i)}{\log m},\quad 1\leqslant i\leqslant n$$

显然，v_i 不一定是整数。若 v_i 是整数，则选择第 i 个信源符号 a_i 对应的码长为

$$l(i)=v_i$$

若 v_i 不是整数，则选择 $l(i)$ 满足下式

$$v_i<l(i)<v_i+1$$

这意味着不论什么情况均有

$$l(i)\geqslant v_i=-\frac{\log P(a_i)}{\log m}$$

或者

$$P(a_i)\geqslant m^{-l(i)}$$

对于上式，对一切 i 求和可得

$$\sum_{i=1}^{n}m^{-l(i)}\leqslant\sum_{i=1}^{n}P(a_i)=1$$

这表示码长集合 $\{l(i),1\leqslant i\leqslant n\}$ 满足上述克拉夫特不等式。对于这样的码长集合 $\{l(i),1\leqslant i\leqslant n\}$，由命题 4.3，可以构造出一个唯一可译码 $\mathbb{C}$。另外，由于

$$l(i)<v_i+1=-\frac{\log P(a_i)}{\log m}+1$$

对上述不等式两边取数学期望，则有

$$\sum_{i=1}^{n}P(a_i)l(i)<-\sum_{i=1}^{n}P(a_i)\frac{\log P(a_i)}{\log m}+1=\frac{H(X)}{\log m}+1$$

从而

$$\bar{L}<1+\frac{H(X)}{\log m}$$

即证明了存在一种唯一可译码使式(4.13)上界成立。由于这样的唯一可译码也使式(4.13)下界成立，从而说明定理 4.2 成立。 ■

定理 4.2 表明，唯一可译码的平均码长必须满足 $\bar{L}\geqslant\frac{H(X)}{\log m}$，否则唯一可译码不存在。另外，在所有唯一可译码中，最小平均码长的一个上界为 $\bar{L}_{\min}<1+\frac{H(X)}{\log m}$。

将单符号信源编码问题推广到多符号情况，有如下著名的**香农第一定理**。

定理 4.3 对于一个离散无记忆信源 X，其符号集为 $\boldsymbol{A}=\{a_1,a_2,\cdots,a_n\}$，概率分布为 $\{P(a_i),i=1,2,\cdots,n\}$。采用码符号集 $\boldsymbol{B}=\{b_1,b_2,\cdots,b_m\}$ 对 X 的 K 次扩展信源 X^K 进行变长编码，则一定存在一种编码方式构成唯一可译码，且其平均码长 $\bar{L}_K$ 满足

$$\frac{H(X)}{\log m}\leqslant\frac{\bar{L}_K}{K}<\frac{1}{K}+\frac{H(X)}{\log m}\tag{4.14}$$

且当 $K\to\infty$ 时，有

$$\lim_{K\to\infty}\frac{\bar{L}_K}{K}=\frac{H(X)}{\log m}\tag{4.15}$$

证明 可将 X 的 K 次扩展信源 X^K 视为一个新的单符号离散无记忆信源，则由定理 4.2 可得

$$\frac{H(X^K)}{\log m} \leqslant \bar{L}_K < 1 + \frac{H(X^K)}{\log m}$$

再由命题 2.2,可知

$$H(X^K) = KH(X)$$

因此有

$$\frac{H(X)}{\log m} \leqslant \frac{\bar{L}_K}{K} < \frac{1}{K} + \frac{H(X)}{\log m}$$

即式(4.14)成立。对式(4.14)两边取极限就得到式(4.15)。 ■

香农第一定理是无失真信源编码定理,是香农信息论的主要定理之一。定理 4.3 中的结论能够推广到平稳遍历的有记忆信源如马尔可夫信源。此时,式(4.15)需改为

$$\lim_{K \to \infty} \frac{\bar{L}_K}{K} = \frac{H_\infty(\boldsymbol{X})}{\log m} \tag{4.16}$$

$H_\infty(\boldsymbol{X})$为有记忆信源 $\boldsymbol{X}$ 的极限熵。

$\bar{L}_K$ 是扩展信源 X^K 中每个信源符号 $\boldsymbol{a}_j$ 所对应的码长 $l(j)$ 的统计平均值,即

$$\bar{L}_K = \sum_{j=1}^{n^K} p(\boldsymbol{a}_j) l(j) \tag{4.17}$$

因而$\frac{\bar{L}_K}{K}$表示离散无记忆信源 X 中每个信源符号 a_i 所对应的平均码长。值得一提的是,虽然 $\bar{L}$ 与$\frac{\bar{L}_K}{K}$都是每个信源符号 a_i 所需要的码符号平均数,但不同的是,对于$\frac{\bar{L}_K}{K}$,为了得到这个平均值不是直接对单个信源符号 a_i 进行编码,而是对 K 次扩展信源符号序列 $\boldsymbol{a}_j$ 进行编码。

与上述讨论类似,对 K 个符号的离散信源,可以定义其变长码的**编码速率**为

$$R_K = \frac{\bar{L}_K \log m}{K} \tag{4.18}$$

它表示编码后平均每个信源符号能载荷的最大信息量。于是,定理 4.3 中的式(4.14)又可表述为

$$H(X) \leqslant R_K < H(X) + \frac{\log m}{K}$$

若 $R_K < H(X)$,则不存在唯一可译的变长编码,即不能实现无失真的信源编码。进一步,其变长码的**编码效率**定义为

$$\eta_K = \frac{H(X)}{R_K} \tag{4.19}$$

显然,$\eta_K \leqslant 1$。可以用编码效率 η_K 来衡量各种编码的优劣。另外,为了衡量各种编码与最佳码的差距,引入码的冗余度的概念。对于变长码,定义码的**冗余度**为

$$\gamma_K = 1 - \eta_K = 1 - \frac{H(X)}{R_K} \tag{4.20}$$

就像例 4.6 所显示的那样,用变长码编码时,K 不需要很大就可以达到相当高的编码效率,而且可实现无失真编码。香农第一定理指出,随着扩展信源次数 K 的增加,编码效率 η_K 越来越接近 1,编码的冗余度越来越趋近于 0,从而编码趋向理论极限。

4.5 变长编码方法

变长码常用的编码方法有香农编码、费诺编码、霍夫曼编码等。这些编码的基本策略是将出现概率较大的信源符号尽量编以码长较短的码字，以使得平均码长尽可能短。

4.5.1 香农编码方法

香农第一定理指出了平均码长与信源之间的关系，同时也指出了可以通过编码使平均码长达到极限值，这是一个很重要的极限定理。在证明该定理的过程中，香农给出了一种构造变长码的方法，称为香农编码。

设有一个离散无记忆信源 X，其符号集为 $\mathbf{A}=\{a_1,a_2,\cdots,a_n\}$，概率分布为 $\{P(a_i),i=1,2,\cdots,n\}$。对 X 进行二进制香农编码，编码过程如下。

(1) 将信源发出的 n 个消息符号按其概率的递减次序依次排列

$$P(a_{i_1})\geqslant P(a_{i_2})\geqslant\cdots\geqslant P(a_{i_n})$$

(2) 按下式计算第 i_k 个消息符号的二进制代码组的码长 $l(i_k)$，并取整

$$-\log P(a_{i_k})\leqslant l(i_k)<-\log P(a_{i_k})+1$$

(3) 为了编成唯一可译码，首先计算第 i_k 个消息的累加概率(注：$P_1=0$)

$$P_k=\sum_{j=1}^{k-1}P(a_{i_j})$$

(4) 将累加概率 P_k(为小数)变换成二进制数。

(5) 去除小数点，并根据码长 $l(i_k)$，取小数点后 $l(i_k)$ 位作为第 i_k 个消息的代码组。$l(i_k)$ 由下式确定

$$l(i_k)=\lceil-\log P(a_{i_k})\rceil$$

其中，$\lceil b\rceil$ 表示取大于或等于 b 的最小整数，而 $-\log P(a_{i_k})$ 实际上就是符号 a_{i_k} 的自信息量。

例 4.8 设有一个离散无记忆信源 X，其概率空间如表 4.5 所示，信息熵为 $H(X)=2.61$。对信源 X 进行香农编码，编码结果如表 4.5 所示。编码过程中涉及的累加概率、自信息量及码长的计算结果也在表 4.5 中给出。注意：编码过程中还要涉及十进制数转换成二进制数，如

$$0.57\rightarrow 0\times 2^0+1\times 2^{-1}+0\times 2^{-2}+0\times 2^{-3}+1\times 2^{-4}+\cdots$$

表 4.5 香农编码

信源符号	出现概率	累加概率	自信息量	码长	码字
a_1	0.20	0.00	2.34	3	000
a_2	0.19	0.20	2.41	3	001
a_3	0.18	0.39	2.48	3	011
a_4	0.17	0.57	2.56	3	100
a_5	0.15	0.74	2.74	3	101
a_6	0.10	0.89	3.34	4	1110
a_7	0.01	0.99	6.66	7	1 111 110

因此 0.57 变换成二进制数为 0.100…。香农编码给出一个即时码,该码的平均码长为

$$\bar{L}=\sum_{i=1}^{n}P(a_i)l(i)=3.14$$

因此,编码效率可计算为

$$\eta_1=\frac{H(X)}{\bar{L}}=\frac{2.61}{3.14}=0.831$$

香农编码多余度稍大,而且实用性不大,但有重要理论意义。

4.5.2 费诺编码方法

费诺编码方法比较简单,下面介绍该类编码的具体步骤。

设有一个离散无记忆信源 X,其符号集为 $\mathbf{A}=\{a_1,a_2,\cdots,a_n\}$,概率分布为 $\{P(a_i),i=1,2,\cdots,n\}$。对 X 进行二进制费诺编码,其编码过程如下。

(1) 将信源发出的 n 个消息符号按其概率的递减次序依次排列

$$P(a_{i_1})\geqslant P(a_{i_2})\geqslant\cdots\geqslant P(a_{i_n})$$

(2) 将依次排列的信源符号依概率分为上下两大组,并使两个组的概率和之差达到最小,然后对这两组分别赋予一个二进制码符号 0 和 1。

(3) 将每个大组的信源符号进一步分成上下两组,并使划分后的两组的概率和之差达到最小,然后分别赋予两组一个二进制符号 0 和 1。

(4) 如此重复,直至每组只剩下一个信源符号为止。

(5) 按赋值先后次序写出每个信源符号所对应的二进制码符号序列,即为该符号的码字。

例 4.9 对例 4.8 所给出的信源 X 进行费诺编码。编码过程和结果由表 4.6 给出。费诺编码也给出一个即时码,该码的平均码长为

$$\bar{L}=\sum_{i=1}^{n}P(a_i)l(i)=2.74$$

因此,编码效率可计算为

$$\eta_1=\frac{H(X)}{\bar{L}}=\frac{2.61}{2.74}=0.953$$

表 4.6 费诺编码

信源符号	发生概率	第一次分组	第二次分组	第三次分组	第四次分组	码字	码长
a_1	0.20	0	0			00	2
a_2	0.19		1	0		010	3
a_3	0.18			1		011	3
a_4	0.17	1	0			10	2
a_5	0.15		1	0		110	3
a_6	0.10			1	0	1110	4
a_7	0.01				1	1111	4

由于费诺编码方法所得到的平均码长比香农编码方法的要小,所以它的编码效率比香农编码方法要高。即便如此,它仍不是最优的编码方法。

4.5.3 霍夫曼编码方法

1. 二进制霍夫曼编码

变长编码完成后，码长有长有短，参差不齐。费诺编码方法的基本思想就是，从所有码字的第一个码元开始，分组赋值 0 和 1，并尽量使 0 和 1 所对应的概率和相近，通过多次类似分组处理，最后完成最长码字的赋值。由于分组时是机械地分为上下两组，不能保证出现概率大的信源符号所对应码长最后能比出现概率小的信源符号所对应码长要短，因此不能形成一个最优的紧致码。与费诺编码方法不同，霍夫曼编码先从所有码字中最长的两码字的最后一个码元开始赋值 0 和 1，经过多次缩减信源符号数目，最后完成对最短码字的第一个码元的赋值。霍夫曼编码能够依据概率分布动态调整信源符号次序，从而保证每次赋值 0 和 1 都对应出现概率最小的两个信源符号。霍夫曼编码是一种构造紧致码的方法，其编码步骤如下所述。

设有一个离散无记忆信源 X，其符号集为 $\mathbf{A}=\{a_1,a_2,\cdots,a_n\}$，概率分布为 $\{P(a_i),i=1,2,\cdots,n\}$。对 X 其进行二进制霍夫曼编码，其编码过程如下。

(1) 将信源发出的 n 个消息符号按其概率的递减次序依次排列

$$P(a_{i_1})\geqslant P(a_{i_2})\geqslant\cdots\geqslant P(a_{i_n})$$

(2) 用 0 和 1 码符号分别代表出现概率最小的两个信源符号，并将这两个概率最小的信源符号合并成一个，从而得到只包含 $n-1$ 个符号的新信源，称为缩减信源。

(3) 把缩减信源的符号仍按概率从大到小递减次序进行排列，然后将其两个概率最小的符号合并成一个符号，并分别用 0 和 1 码符号表示，这样又形成由 $n-2$ 个符号构成的缩减信源。

(4) 依此继续下去，直至信源最后只剩两个符号为止，然后将这最后两个信源符号分别用 0 和 1 表示。

(5) 从最后一个缩减信源开始，向前返回，就得到各信源符号所对应的码符号序列，即相应的码字。

例 4.10 对例 4.8 所给出的信源 X 进行霍夫曼编码。编码过程和结果由表 4.7 给出。霍夫曼编码也给出一个即时码，该码的平均码长为

$$\bar{L}=\sum_{i=1}^{n}P(a_i)l(i)=2.72$$

表 4.7 二进制霍夫曼编码

信源符号	发生概率	编码过程	码字	码长
a_1	0.20	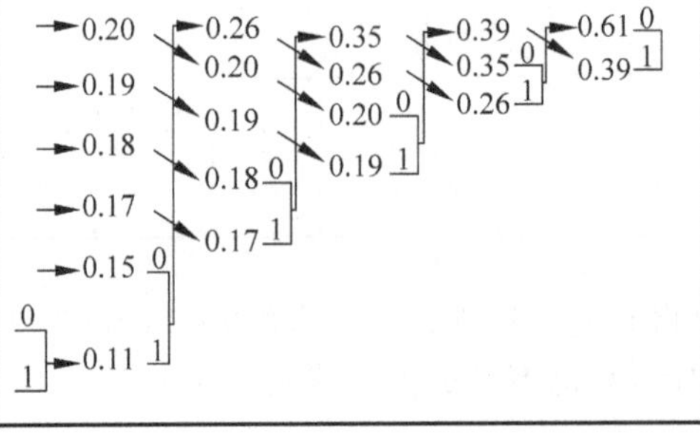	10	2
a_2	0.19		11	2
a_3	0.18		000	3
a_4	0.17		001	3
a_5	0.15		010	3
a_6	0.10		0110	4
a_7	0.01		0111	4

因此,编码效率可计算为

$$\eta_1 = \frac{H(X)}{\bar{L}} = \frac{2.61}{2.72} = 0.960$$

与香农编码和费诺编码相比,霍夫曼编码方法的平均码长最小,编码效率最高。

霍夫曼码用概率匹配方法进行信源编码,它有两个明显特点。

(1) 霍夫曼码的编码方法保证了概率大的符号对应短码,概率小的对应长码,而且短码得到了充分利用。

(2) 每次缩减信源的最后两个码字总是最后一位码符号不同,前面各位码符号相同。

这两个特点保证了所得到的霍夫曼码是紧致的即时码。

定理 4.4 霍夫曼编码是紧致码。

证明 设霍夫曼编码中第 j 步缩减信源为 $\boldsymbol{A}_j$,缩减信源被编码为 $\boldsymbol{C}_j$,其平均码长为 $\bar{L}_j$;而第 $j-1$ 步缩减信源为 $\boldsymbol{A}_{j-1}$,缩减信源被编码为 $\boldsymbol{C}_{j-1}$,其平均码长为 $\bar{L}_{j-1}$。让 $l_j(i)$ 表示第 j 步 $\boldsymbol{A}_j$ 中第 i 个符号 a_{j_i} 的码长,则第 j 步的平均码长可表示为

$$\bar{L}_j = \sum_i P(a_{j_i}) l_j(i)$$

依照编码过程可知,$\boldsymbol{A}_j$ 中的某一符号 a_{j_k} 由前一次缩减信源 $\boldsymbol{A}_{j-1}$ 中的两个概率最小的符号 $a_{(j-1)_0}$ 和 $a_{(j-1)_1}$ 合成,即有

$$P(a_{j_k}) = P(a_{(j-1)_0}) + P(a_{(j-1)_1})$$

因此第 $j-1$ 步的平均码长为

$$\begin{aligned}\bar{L}_{j-1} &= \sum_{i,i\neq k} P(a_{j_i}) l_j(i) + [P(a_{(j-1)_0}) + P(a_{(j-1)_1})](l_j(k)+1) \\ &= \sum_i P(a_{j_i}) l_j(i) + P(a_{(j-1)_0}) + P(a_{(j-1)_1}) \\ &= \bar{L}_j + P(a_{(j-1)_0}) + P(a_{(j-1)_1})\end{aligned}$$

从而有

$$\bar{L}_{j-1} = \bar{L}_j + P(a_{(j-1)_0}) + P(a_{(j-1)_1})$$

下面证明,如果 $\boldsymbol{C}_j$ 是紧致码,则 $\boldsymbol{C}_{j-1}$ 必是紧致码。下面应用反证法来证明。

假定 $\boldsymbol{C}_{j-1}$ 不是紧致码,设用另外的方法得到紧致码 $\boldsymbol{C}'_{j-1}$,其平均码长为 $\bar{L}'_{j-1}$。那么有

$$\bar{L}'_{j-1} < \bar{L}_{j-1}$$

记 $\boldsymbol{C}'_{j-1}$ 的码字为

$$\boldsymbol{c}'_{(j-1)_0},\quad \boldsymbol{c}'_{(j-1)_1},\quad \boldsymbol{c}'_{(j-1)_2},\quad \cdots$$

相应的码字长度满足

$$l'_{(j-1)_0} \geqslant l'_{(j-1)_1} \geqslant l'_{(j-1)_2} \geqslant \cdots$$

因为 $\boldsymbol{C}'_{j-1}$ 是紧致码,则必有 $l'_{(j-1)_0} = l'_{(j-1)_1}$。利用码 $\boldsymbol{C}'_{j-1}$,可以进一步构造对应于 $\boldsymbol{A}_j$ 的码 $\boldsymbol{C}'_j$,具体方法如下。

取 $\boldsymbol{C}'_{j-1}$ 中所有码字 $\boldsymbol{c}'_{(j-1)_0}, \boldsymbol{c}'_{(j-1)_1}, \boldsymbol{c}'_{(j-1)_2}, \cdots$ 作为 $\boldsymbol{A}_j$ 的码字,并将最前面的两个码字 $\boldsymbol{c}'_{(j-1)_0}$ 和 $\boldsymbol{c}'_{(j-1)_1}$ 的最末一位码元去掉,合并成一个码字。记这样构成的码 $\boldsymbol{C}'_j$ 的平均码长为 $\bar{L}'_j$,则应有

$$\overline{L}'_{j-1}=\overline{L}'_j+P(a_{(j-1)_0})+P(a_{(j-1)_1})$$

因为 $\overline{L}_{j-1}<\overline{L}'_{j-1}$，所以 $\overline{L}'_j<\overline{L}_j$。而这与 $\boldsymbol{C}_j$ 是紧致码的假设相矛盾。因此，如果 $\boldsymbol{C}_j$ 是紧致码，则 $\boldsymbol{C}_{j-1}$ 亦必是紧致码。

由霍夫曼编码方法最后一步所得到的缩减信源编码为 0 和 1，而由 0 和 1 所组成的码显然是紧致码，因此霍夫曼码必是紧致码。 ■

容易发现，霍夫曼编码方法得到的变长码并非是唯一的，其原因有如下两点。

(1) 每次对信源缩减时，赋予信源的最后两个概率最小的符号，用 0 和 1 码符号可以任意。

(2) 对信源进行缩减时，在两个概率最小的符号合并后的概率与其他信源符号的概率相同情况下，这两者在缩减信源中进行概率排序时，其位置放置次序是可以任意的。

例 4.11 设有离散无记忆信源，其概率空间为

$$\begin{bmatrix}X\\P\end{bmatrix}=\begin{bmatrix}a_1 & a_2 & a_3 & a_4 & a_5\\0.4 & 0.2 & 0.2 & 0.1 & 0.1\end{bmatrix}$$

有两种霍夫曼编码方法，如表 4.8 和表 4.9 所示，试比较它们。

表 4.8 霍夫曼编码方法一

信源符号	出现概率	编码过程	码字	码长
a_1	0.4	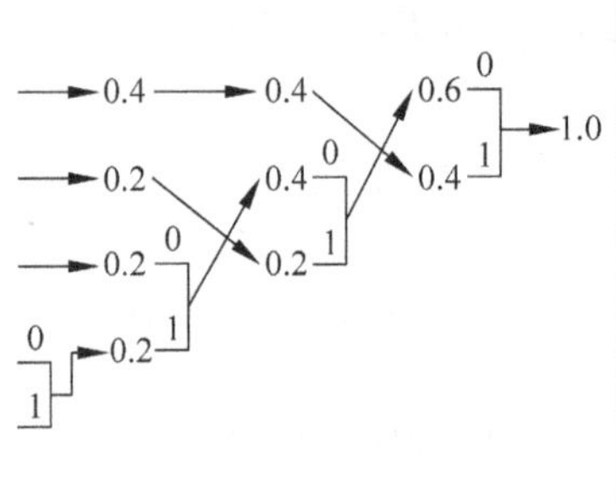	1	1
a_2	0.2		01	2
a_3	0.2		000	3
a_4	0.1		0010	4
a_5	0.1		0011	4

表 4.9 霍夫曼编码方法二

信源符号	出现概率	编码过程	码字	码长
a_1	0.4	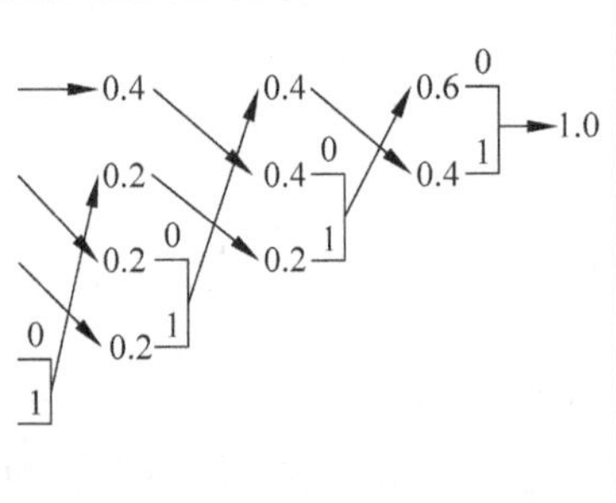	00	1
a_2	0.2		10	2
a_3	0.2		11	2
a_4	0.1		010	3
a_5	0.1		011	3

表 4.8 和表 4.9 所给出的两种霍夫曼编码的平均码长一样，即

$$\overline{L}=\sum_{i=1}^{5}P(a_i)l(i)=2.2$$

因此它们的编码效率也相同，即

$$\eta_1=\frac{H(X)}{\bar{L}}=0.965$$

然而它们的码长方差并不相同，分别为

$$\sigma_{l_1}^2=E(l_1(i)-\bar{L})^2=\sum_{i=1}^{5}P(a_i)(l_1(i)-\bar{L})^2=1.36$$

$$\sigma_{l_2}^2=E(l_2(i)-\bar{L})^2=\sum_{i=1}^{5}P(a_i)(l_2(i)-\bar{L})^2=0.16$$

由此可见，第二种霍夫曼码编码方法得到的码方差要比第一种霍夫曼编码方法得到的码方差小许多。码长方差能反映信源编码的质量。故第二种霍夫曼码的质量好，便于在实际中运用。从此例看出，进行霍夫曼编码时，为得到码长方差最小的码，应使合并的信源符号位于缩减信源序列尽可能高的位置上，这样可以充分利用短码。■

2. 多进制霍夫曼编码

二进制霍夫曼码的编码过程很容易推广到多进制情景。然而，在一些情况下，编码效率不够高，编码没能利用所有的只由一个码符号构成的最短码字，具体原因如下。

设有一个具有 n 个符号的信源，对其进行 q 进制霍夫曼编码。如果信源符号个数为

$$n=(q-1)\theta+w,\quad w\leqslant q-1,\quad \theta\geqslant 1 \tag{4.21}$$

其中，θ 等于信源缩减次数，那么在编码过程中会发现，最后一个缩减信源只有 w 个符号。由于 $w\leqslant q-1$，因此最短码字并没有得到充分利用。

为了充分利用最短码字，使霍夫曼码的平均码长达到最短，必须使最后一个缩减信源有 q 个信源符号，即信源符号个数应满足

$$n=(q-1)\theta+q \tag{4.22}$$

这样在式(4.21)的情况下，为了提高编码效率，在正式编码进行前，要进行预处理。即增加 $q-w$ 个概率为零的虚拟信源符号。可以证明，这样得到的 q 进制霍夫曼码一定是紧致码。下面介绍 q 进制霍夫曼码的编码过程。

设有一个离散无记忆信源 X，其符号集为 $\mathbf{A}=\{a_1,a_2,\cdots,a_n\}$，概率分布为 $\{P(a_i),i=1,2,\cdots,n\}$。对 X 进行 q 进制霍夫曼编码，其编码过程如下。

(1)（预处理）求出最小的 n'，使其满足

$$n'=(q-1)\theta+q\geqslant n$$

若 $n'>n$，增补 $(n'-n)$ 个概率为零的虚拟信源符号：$a_{n+1},a_{n+2},\cdots,a_{n'}$。

若 $n'=n$，不增加信源符号。令 $n^{(1)}=n'$。

(2) 将 n' 个信源符号按概率从大到小依次排列。

(3) 用 $0,1,\cdots,(q-1)$ 码符号分别代表概率最小的 q 个信源符号，并将其合成一个，从而得到只包含 $n^{(2)}=n'-(q-1)$ 个符号的新缩减信源。

(4) 对新缩减信源重复第(2)步和第(3)步，从而形成只包含 $n^{(3)}=n'-2(q-1)$ 个符号的新缩减信源。

(5) 继续下去，直至信源最后剩下 q 个符号为止，对它们分别用 $0,1,\cdots,(q-1)$ 进行赋值。

(6) 从最后一个缩减信源开始，向前返回，得出各信源符号所对应的码符号序列，即码字。

例 4.12 对例 4.10 所给出的信源 X 进行三进制的霍夫曼编码，编码过程和结果由表 4.10 给出。在此霍夫曼编码过程中，不需要增加概率为零的虚拟信源符号。三进制的霍夫曼码的平均码长为

$$\bar{L}=\sum_{i=1}^{n}P(a_i)l(i)=1.8$$

相应的编码效率可计算为

$$\eta_1=\frac{H(X)}{\bar{L}\log m}=\frac{2.61}{1.8\times\log 3}=0.92$$

表 4.10　三进制霍夫曼编码

信源符号	发生概率	编码过程	码字	码长
a_1	0.20		2	1
a_2	0.19		00	2
a_3	0.18		01	2
a_4	0.17		02	2
a_5	0.15		10	2
a_6	0.10		11	2
a_7	0.01		12	2

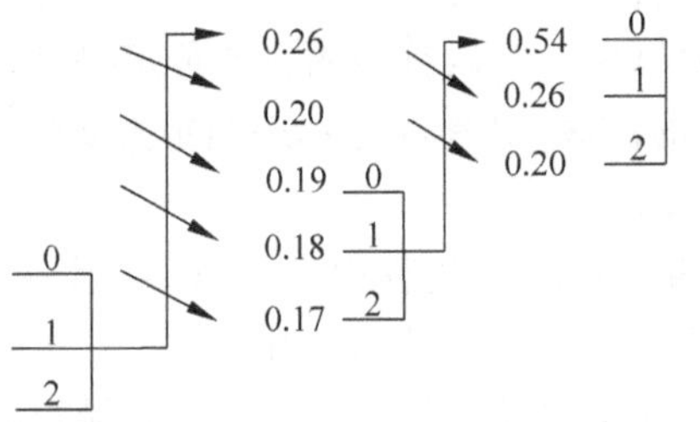

■

例 4.13 设一个离散无记忆信源 X，其概率空间为

$$\begin{bmatrix}X\\P\end{bmatrix}=\begin{bmatrix}a_1 & a_2 & a_3 & a_4 & a_5 & a_6 & a_7 & a_8\\0.4 & 0.2 & 0.1 & 0.1 & 0.05 & 0.05 & 0.05 & 0.05\end{bmatrix}$$

试构造一种三进制的紧致码。

解 采用霍夫曼编码方式来构造三进制的紧致码。为了完成编码过程，需增加一个概率为 0 的虚拟信源符号。编码结果如表 4.11 所示。

表 4.11　三进制紧致码的构造

信源符号	发生概率	编码过程	码字	码长
s_1	0.4		1	1
s_2	0.2		00	2
s_3	0.1		02	2
s_4	0.1		20	2
s_5	0.05		21	2
s_6	0.05		22	2
s_7	0.05		010	3
s_8	0.05		011	3
s_9	0			

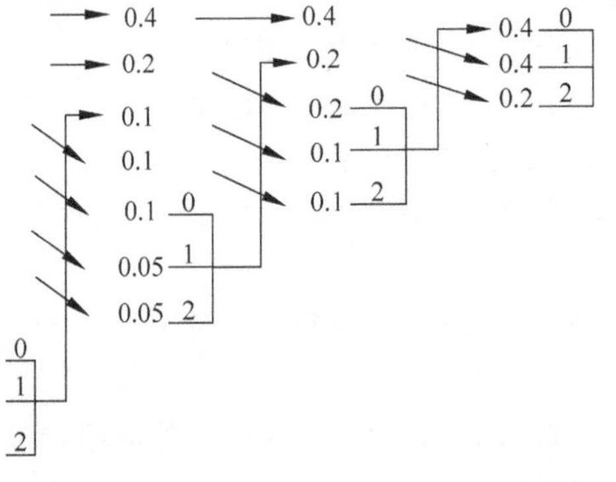

■

习题解答

4.1 有一离散无记忆信源 X，其符号集为 $\boldsymbol{A}=\{a_1,a_2,\cdots,a_n\}$。设码符号集为 $\boldsymbol{B}=\{b_1,b_2,\cdots,b_m\}$，对信源 n 个符号进行编码，相应的码字为

$$\boldsymbol{c}_j=(c_{j_1},c_{j_2},\cdots,c_{j_{l(j)}}),\quad 1\leqslant j\leqslant n$$

试证明：唯一可译码存在的充分必要条件是如下不等式成立

$$\sum_{j=1}^{n} m^{-l(j)}\leqslant 1$$

证明 (1) 充分性。由于即时码就是唯一可译码，所以由命题 4.2 可知，充分性显然成立。

(2) 必要性。设上述克拉夫特不等式成立。对任意正整数 r，有

$$\begin{aligned}\left[\sum_{i=1}^{n} m^{-l_i}\right]^r &=(m^{-l_1}+m^{-l_2}+\cdots+m^{-l_n})^r\\ &=\sum_{i_1=1}^{n} m^{-l_{i_1}}\sum_{i_2=1}^{n} m^{-l_{i_2}}\cdots\sum_{i_r=1}^{n} m^{-l_{i_r}}\\ &=\sum_{i_1=1}^{n}\sum_{i_2=1}^{n}\cdots\sum_{i_r=1}^{n} m^{-(l_{i_1}+l_{i_2}+\cdots+l_{i_r})}\end{aligned}\tag{4.23}$$

式(4.23)的右侧共有 n^r 项，代表了 r 个码字组成的码字序列的总数。其中每项对应 r 个码字组成的一个码字序列，如图 4.7 所示。

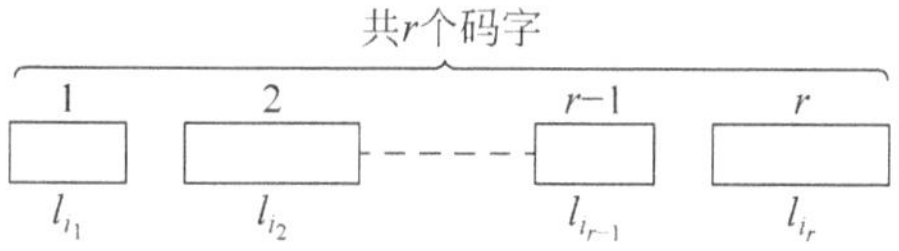

图 4.7 习题 4.1 图

图 4.7 中，1,2,…,r 表示码字序列，$l_{i_1},l_{i_2},\cdots,l_{i_r}$ 分别为对应的码字的码长。令

$$k=l_{i_1}+l_{i_2}+\cdots+l_{i_r}\quad i_1,i_2,\cdots,i_r\in(1,2,\cdots,n)$$

即 k 可视为由 r 个长度分别为 $l_{i_1},l_{i_2},\cdots,l_{i_r}$ 的码字组成的码字序列的总长度。

因为是变长码，故单个码字 $\boldsymbol{W}_i$ 对应的长度 l_i 的取值范围是

$$l_{\min}\leqslant l_i\leqslant l_{\max}$$

相应地，码字序列的总长 k 的取值范围为

$$rl_{\min}\leqslant k\leqslant rl_{\max}$$

若令 $l_{\min}=1$，则有

$$r\leqslant k\leqslant rl_{\max}$$

式(4.23)为各 m^{-k} 项之和。又因为 $l_{i_1},l_{i_2},\cdots,l_{i_r}$ 都可以取 $l_1,l_2,\cdots,l_n$ 中的任意值，而 $l_1,l_2,\cdots,l_n$ 又都可取 $1(l_{\min}),2,\cdots,l_{\max}$ 中之一，故相同数值的 k 会出现不止一次，即在 n^r 个码字序列中，码符号序列总长度相等的码字序列不止一个，设为 R_k 个。

例如，在表 4.12 中，码 2 有 $l_1=1,l_2=l_3=l_4=2$，在 $r=2$ 的码字序列中，如表 4.13 所示，序列的总长度 k 的取值是 2,3,4。当 $k=3$ 时，共有 6 个不同的码字序列，所以这时 $R_k=6$。

表 4.12 习题 4.1 表(一)

信源符号 s_i	符号出现概率 $p(s_i)$	码 1	码 2	码 3	码 4
s_1	1/2	0	0	1	1
s_2	1/4	11	10	10	01
s_3	1/8	00	00	100	001
s_4	1/8	11	01	1000	0001

表 4.13 习题 4.2 表(二)

信源符号	码字	信源符号	码字
s_1s_1	00	s_3s_1	000
s_1s_2	010	s_3s_2	0010
s_1s_3	000	s_3s_3	0000
s_1s_4	001	s_3s_4	0001
s_2s_1	100	s_4s_1	010
s_2s_2	1010	s_4s_2	0110
s_2s_3	1000	s_4s_3	0100
s_2s_4	1001	s_4s_4	0101

于是，经同类项合并后，式(4.23)可以写成

$$\left[\sum_{i=1}^{n} m^{-l_i}\right]^r = \sum_{k=r}^{rl_{\max}} R_k m^{-k} \tag{4.24}$$

因为已知是唯一可译码，故总长为 k 的所有码字序列必定是不相同的，即非奇异的，故必存在下列关系

$$R_k \leqslant m^k \tag{4.25}$$

将式(4.25)代入式(4.24)，可得

$$\left[\sum_{i=1}^{n} m^{-l_i}\right]^r \leqslant \sum_{k=r}^{rl_{\max}} m^{-k} m^k = \sum_{k=r}^{rl_{\max}} 1 = rl_{\max} - r + 1 \leqslant rl_{\max}$$

于是有

$$\sum_{i=1}^{n} m^{-l_i} \leqslant (rl_{\max})^{1/r} \tag{4.26}$$

因为对于一切正整数 n，式(4.26)均成立，所以可取极限

$$\lim_{r\to\infty} (rl_{\max})^{1/r} = 1$$

故

$$\sum_{i=1}^{n} m^{-l_i} \leqslant 1$$

■

4.2 设一离散无记忆信源，其概率空间为

$$\begin{bmatrix} S \\ P \end{bmatrix} = \begin{bmatrix} s_1 & s_2 & s_3 & s_4 & s_5 & s_6 \\ P(s_1) & P(s_2) & P(s_3) & P(s_4) & P(s_5) & P(s_6) \end{bmatrix}$$

将此信源 6 个符号编码为 1 个 q 进制唯一可译码，相应的码长分别为 1,1,2,3,2,3。试求满足克拉夫特不等式的最小 q。

解　要将此信源编码成为 q 进制唯一可译码，其码字对应的码长$(l_1,l_2,l_3,l_4,l_5,l_6)=(1,1,2,3,2,3)$必须满足克拉夫特不等式，即

$$\sum_{i=1}^{6} q^{-l_i}=q^{-1}+q^{-1}+q^{-2}+q^{-3}+q^{-2}+q^{-3}\leqslant 1$$

所以要满足

$$\frac{2}{q}+\frac{2}{q^2}+\frac{2}{q^3}\leqslant 1$$

其中，q 是大于或等于 1 的正整数。可见，当 $q=1$ 时不能满足克拉夫特不等式。另外，当 $q=2$ 时，$\frac{2}{2}+\frac{2}{4}+\frac{2}{8}>1$，不能满足克拉夫特不等式；当 $q=3$ 时，$\frac{2}{3}+\frac{2}{9}+\frac{2}{27}=\frac{26}{27}<1$，能满足克拉夫特不等式。所以求得满足克拉夫特不等式的最小 $q=3$。■

4.3　有一信源，它有 6 个可能的输出，其概率分布如表 4.14 所示。表 4.14 中给出了对应的码 A、B、C、D、E 和 F。试判断这些码中哪些是唯一可译码，并对所有唯一可译码求出其平均码长。

表　4.14

消　息	概　率	A	B	C	D	E	F
a_1	1/2	111	00	0	0	0	0
a_2	1/4	001	01	10	10	10	100
a_3	1/16	010	10	110	110	1100	101
a_4	1/16	100	110	1110	1110	1101	110
a_5	1/16	000	1110	11110	1011	1110	111
a_6	1/16	111	1111	111110	1101	1111	011

解　观察表中这些码组，码组 A 是等长码，其有两个相同的码字，所以码组 A 是不唯一可译码。其他码组都是变长码，可采用唯一可译码的判断方法来判断。

码组 B：没有码字是其他码字的前缀，它们都不存在尾随后缀，所以码组 B 是唯一可译码。

码组 C：没有码字是其他码字的前缀，它们都不存在尾随后缀，所以此码组 C 是唯一可译码。

码组 D：最短码字 0，不是其他码字前缀，所以它没有尾随后缀。而码字 10 是码字 1011 的前缀，其尾随后缀 11 是码字 110 的前缀，得尾随后缀为 0，它是最短的码字。所以，码组 D 不是唯一可译码。也可计算 $\sum_{i=1}^{6} 2^{-l_i}=\frac{17}{16}>1$ 不满足克拉夫特不等式，所以一定不是唯一可译码。

码组 E：码字 0 不是其他码字的前缀，所以它没有尾随后缀。码字 10 也不是其他码字的前缀，而其他 4 个码字是等长码，都不相同，所以码 E 是唯一可译码。

码组 F：如图 4.8 所示。

尾随后缀集合$=\{11,0,1,00,01,10,11\}$，可见 0 是码字，所以它不是唯一可译码。

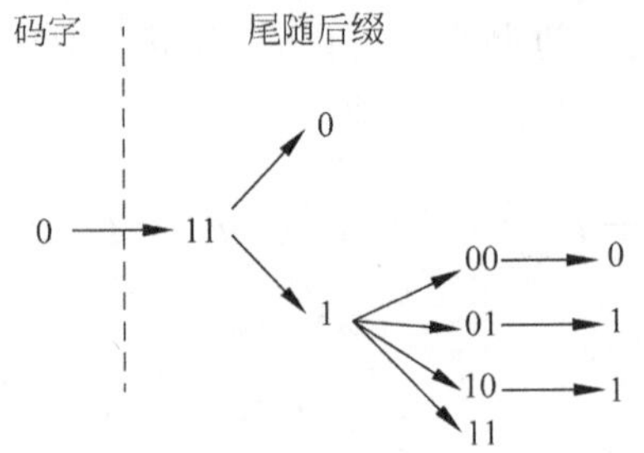

图 4.8　习题 4.3 图

综上所述，表中码组 B、C、E 是唯一可译码。唯一可译码的平均码长为

$$\bar{L}=\sum_{i=1}^{q} p(s_i) l_i$$

所以

$$\bar{L}_B=2.125 \quad \text{码符号 / 信源符号}$$

$$\bar{L}_C=2.125 \quad \text{码符号 / 信源符号}$$

$$\bar{L}_E=2 \quad \text{码符号 / 信源符号}$$

■

4.4　设离散无记忆信源符号集

$$\begin{bmatrix} S \\ P \end{bmatrix}=\begin{bmatrix} s_1 & s_2 \\ 0.1 & 0.9 \end{bmatrix}$$

(1) 求 $H(S)$ 和信源冗余度；

(2) 设码符号集为 $\{0,1\}$，编出 S 的一个紧致码，并求该紧致码的平均码长 $\bar{L}$；

(3) 把该信源的 N 次扩展信源 S^N 编成一个紧致码，试求当 $N=2,3,4,\cdots,\infty$ 时的平均码长/信源符号 $\left(\frac{\bar{L}_N}{N}\right)$；

(4) 计算上述 $N=1,2,3,4$ 这 4 种码的编码效率和码冗余度。

解　(1) 信源

$$\begin{bmatrix} S \\ P \end{bmatrix}=\begin{bmatrix} s_1 & s_2 \\ 0.1 & 0.9 \end{bmatrix}$$

其中

$$H(S)=-\sum_{i=1}^{2} P(s_i)\log P(s_i) \approx 0.469 \quad (\text{比特 / 符号})$$

冗余度

$$\gamma=1-\frac{H(S)}{\log 2}=0.531=53.1\%$$

(2) 码符号集号为 $\{0,1\}$，对信源 S 编紧致码为

$$s_1 \rightarrow 0, \quad s_2 \rightarrow 1$$

其平均码长

$$\bar{L}=1 \quad (\text{码符号 / 信源符号})$$

(3) 当 $N=2$ 时

$$\begin{bmatrix} S^2 \\ P(a_i) \end{bmatrix}=\begin{bmatrix} a_1=s_1s_1, & a_2=s_1s_2, & a_3=s_2s_1, & a_4=s_2s_2 \\ 0.01, & 0.09, & 0.09, & 0.81 \end{bmatrix}$$

紧致码(即霍夫曼码)为

	a_4	a_3	a_2	a_1
码字 $\boldsymbol{W}_i$	0，	10，	110，	111
码长 l_i	1，	2，	3，	3

平均码长

$$\left(\frac{\bar{L}_N}{N}\right)=\frac{1}{N}\sum_{i=1}^{4}P(a_i)l_i=0.645\quad(\text{码符号 / 信源符号})$$

$N=3$ 时

$$\begin{bmatrix}S^2\\P(a_i)\end{bmatrix}=\begin{bmatrix}a_1, & a_2, & a_3, & a_4, & a_5, & a_6, & a_7, & a_8\\(0.1)^3, & (0.1)^2\cdot 0.9, & (0.1)^2\cdot 0.9, & (0.1)^2\cdot 0.9, & 0.1\cdot(0.9)^2, & 0.1\cdot(0.9)^2, & 0.1\cdot(0.9)^2, & (0.9)^3\end{bmatrix}$$

对信源 S^3 进行霍夫曼编码，其紧致码为

	a_8，	a_7，	a_6，	a_5，	a_4，	a_3，	a_2，	a_1
码字 $\boldsymbol{W}_i$	0，	100，	101，	110，	11100，	11101，	11110	11111
码长 l_i	1，	3，	3，	3，	5，	5，	5，	5

平均码长

$$\left(\frac{\bar{L}_N}{N}\right)=\frac{1}{3}\sum_{i=1}^{8}P(a_i)l_i\approx 0.533\quad(\text{码符号 / 信源符号})$$

$N=4$ 时

$$\begin{bmatrix}S^4\\P(a_i)\end{bmatrix}=\begin{bmatrix}a_1, & a_2, & a_3, & a_4, & a_5, & a_6, & a_7, & a_8, \\(0.1)^4, & (0.1)^3 0.9, & (0.1)^3 0.9, & (0.1)^3 0.9 & (0.1)^3 0.9 & (0.1)^2(0.9)^2, & (0.1)^2(0.9)^2, & (0.1)^2(0.9)^2, \\ a_9, & a_{10}, & a_{11}, & a_{12}, & a_{13}, & a_{14}, & a_{15}, & a_{16}\\ (0.1)^2(0.9)^2, & (0.1)^2(0.9)^2, & (0.1)^2(0.9)^2, & 0.1(0.9)^3, & 0.1(0.9)^3, & 0.1(0.9)^3, & 0.1(0.9)^3, & (0.9)^4\end{bmatrix}$$

对信源 S^4 进行霍夫曼编码，其紧致码为

	a_{16}，	a_{15}，	a_{14}，	a_{13}，	a_{12}，	a_{11}，	a_{10}，	a_9，	a_8，	a_7，
码字 $\boldsymbol{W}_i$	0，	100，	101，	110，	1110，	111110，	1111000，	1111001，	1111010	,1111011，
码长 l_i	1，	3，	3，	3，	4，	6，	7，	7，	7，	7，

	a_6，	a_5，	a_4，	a_3，	a_2，	a_1
码字 $\boldsymbol{W}_i$	1111110，	111111101，	111111110，	111111111，	1111111000，	1111111001
码长 l_i	7，	9，	9，	9，	10，	10

平均码长

$$\left(\frac{\bar{L}_N}{N}\right)=\frac{1}{4}\sum_{i=1}^{16}P(a_i)l_i\approx 0.493\quad(\text{码符号 / 信源符号})$$

$N=\infty$时，根据香农第一定理，其紧致码的平均码长

$$\lim_{N\to\infty}\frac{\overline{L}_N}{N}=\frac{H(S)}{\log r}\approx 0.469 \quad (码符号/信源符号)$$

（4）编码效率为

$$\eta=\frac{H_r(S)}{\overline{L}}=\frac{H(S)}{\overline{L}} \qquad (r=2)$$

码冗余度为

$$1-\eta=1-\frac{H_r(S)}{\overline{L}}=1-\frac{H(S)}{\overline{L}} \qquad (r=2)$$

所以有

$N=1$　编码效率 $\eta_1\approx 0.469$　码冗余度 $\approx 0.531=53.1\%$

$N=2$　$\eta_2\approx 0.727$　$\approx 0.273=27.3\%$

$N=3$　$\eta_3\approx 0.880$　$\approx 0.120=12\%$

$N=4$　$\eta_4\approx 0.951$　$\approx 0.049=4.9\%$

从本题结论可知，对于变长紧致码，当 N 不是很大时，可以达到高效的无失真信源编码。■

4.5　设有离散无记忆信源

$$\begin{bmatrix}S\\P\end{bmatrix}=\begin{bmatrix}s_1 & s_2 & s_3 & s_4 & s_5 & s_6 & s_7\\ 0.16 & 0.18 & 0.21 & 0.16 & 0.18 & 0.10 & 0.01\end{bmatrix}$$

对其进行二进制香农编码，并求其信源熵、平均码长和编码效率。

解　二进制香农编码过程如表4.15所示。

表4.15　习题4.5表

消息符号 i	消息概率 $p(s_i)$	累加概率 P_i	$-\log p_i$	代码组长度 l_i	二进制代码组
1	0.21	0	2.34	3	000
2	0.18	0.21	2.41	3	001
3	0.18	0.39	2.48	3	010
4	0.16	0.57	2.56	3	100
5	0.16	0.73	2.74	3	101
6	0.10	0.89	3.34	4	1110
7	0.01	0.99	6.66	7	1111110

对第 i 个消息进行香农编码，以 $i=4$ 为例，说明第 i 个消息的香农编码过程。

（1）$P_4=\sum_{k=1}^{3}p_k=0.21+0.18+0.18=0.57$

（2）$P_4=0.57\to 0.1001\cdots$（二进制）

（3）去除小数点，并根据 $l_4=3$，去除小数点后三位数作为第四个消息的代码组，即100，其他消息的代码组可用同样的方法求得。

平均码长为

$$\overline{L}=\sum_{i=1}^{7}p(s_i)\cdot l_i=3.14 \quad (码元/信源符号)$$

平均信息传输速率为

$$R=\frac{H(S)}{\bar{L}}=\frac{2.61}{3.14}=0.831(\text{比特} / \text{码元符号})$$ ■

4.6 设有一个信源发出符号 A 和 B，它们是互相独立发出的，并已知 $P(A)=\frac{1}{4}$，$P(B)=\frac{3}{4}$。

(1) 计算该信源的熵。

(2) 若用二进制代码组成传输消息，$A\to 0$，$B\to 1$，求 $P(0)$ 和 $P(1)$。

(3) 该信源发出二重延长消息时，采用费诺编码方法，求其平均传输速率及 $P(0)$、$P(1)$。

(4) 该信源发出三重延长消息时，采用霍夫曼编码方法，求其平均传输速率及 $P(0)$、$P(1)$。

解 (1) $H(S)=H\left(\frac{1}{4},\frac{3}{4}\right)=0.811$(比特/信源符号)

(2) $p(0)=p(A)=\frac{1}{4}$，$p(1)=p(B)=\frac{3}{4}$

(3) 对二重延长消息采用费诺方法编码，结果为

BB:0　BA:10　AB:110　AA:111

平均码长为

$$\bar{L}=\frac{1}{N}\sum_{i=1}^{4}p_i l_i=\frac{1}{2}\times 1.6875=0.844(\text{码元} / \text{信源符号})$$

则平均传输速率为

$$R=\frac{H(S)}{\bar{L}}=\frac{0.811}{0.844}=0.961(\text{比特} / \text{码元符号})$$

码元 0 和 1 的概率分别为

$$p(0)=\frac{9}{16}+\frac{3}{16}\times\frac{1}{2}+\frac{3}{16}\times\frac{1}{3}=\frac{23}{32}$$

$$p(1)=\frac{3}{16}\times\frac{1}{2}+\frac{3}{16}\times\frac{2}{3}+\frac{1}{16}=\frac{9}{32}$$

(4) 对三重延长消息采用二元霍夫曼方法编码，结果为

BBB:1　BBA:001　BAB:010　BAA:00000

ABB:011　ABA:00001　AAB:00010　AAA:00011

平均码长为

$$\bar{L}=\frac{1}{N}\sum_{i=1}^{8}p_i l_i=\frac{1}{3}\times 2.46875=0.823(\text{码元} / \text{信源符号})$$

则平均传输速率为

$$R=\frac{H(S)}{\bar{L}}=\frac{0.811}{0.823}=0.985(\text{比特} / \text{码元符号})$$

码元 0 和 1 的概率分别为

$$p(0)=\frac{9}{64}\times\frac{2}{3}+\frac{9}{64}\times\frac{2}{3}+\frac{9}{64}\times\frac{1}{3}+\frac{3}{64}+\frac{3}{64}\times\frac{4}{5}+\frac{3}{64}\times\frac{4}{5}+\frac{1}{64}\times\frac{3}{5}=\frac{117}{320}$$

$$p(1)=\frac{27}{64}+\frac{9}{64}\times\frac{1}{3}+\frac{9}{64}\times\frac{1}{3}+\frac{9}{64}\times\frac{2}{3}+\frac{3}{64}\times\frac{1}{5}+\frac{3}{64}\times\frac{1}{5}+\frac{1}{64}\times\frac{2}{5}=\frac{203}{320}$$ ■

4.7 某气象台报告气象状态，有四种可能的消息：晴、云、雨和雾。若每个消息是等概的，那么

（1）发送每个消息最少所需的二元脉冲数是多少？

（2）若四个消息出现的概率分别是$\frac{1}{4}$、$\frac{1}{8}$、$\frac{1}{8}$、$\frac{1}{2}$，问在此情况下消息所需的二元脉冲数是多少？

（3）如何编码？

解 当消息晴、云、雨、雾等概率分布时，对这四个消息进行二元脉冲无失真编码时，必须满足

$$q=4\leqslant 2^l$$

所以 $l=2$，得每个消息最少需要两个二元脉冲。

当四个消息不等概率分布时，采用二元霍夫曼编码，可以用更少的二元脉冲来发送，如图 4.9 所示。

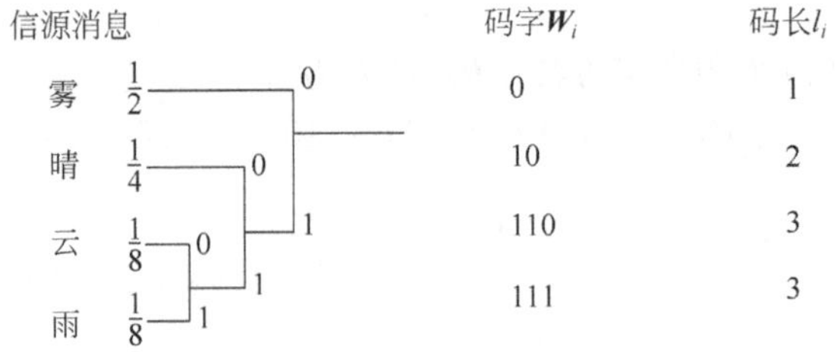

图 4.9 习题 4.7 图

平均码长为

$$\bar{L}=\sum_{i=1}^{4}P(s_i)l_i=1.75(\text{二元脉冲 / 消息})$$

所以不等概率分布时，平均每个消息所需要 1.75 个二元脉冲来发送。■

4.8 设一离散无记忆信源，其概率空间为

$$\begin{bmatrix}S\\P\end{bmatrix}=\begin{bmatrix}s_1 & s_2 & s_3 & s_4 & s_5 & s_6\\0.32 & 0.22 & 0.18 & 0.16 & 0.08 & 0.04\end{bmatrix}$$

对其进行二进制费诺编码，并求其信源熵、平均码长和编码效率。

解 编码过程如表 4.16 所示。

表 4.16 习题 4.8 表

消息序列 s_i	概率 $p(s_i)$	第一次分组	第二次分组	第三次分组	第四次分组	二元代码组	码长 l_i
s_1	0.32	0	0			00	2
s_2	0.22		1			01	2
s_3	0.18	1	0			10	2
s_4	0.16		1	0		110	3
s_5	0.08			1	0	1110	4
s_6	0.04				1	1111	4

该费诺码的平均码长

$$\bar{L}=\sum_{i=1}^{6}p(s_i)l_i=2.4(\text{码元 / 信源符号})$$

信源熵

$$H(S)=-\sum_{i=1}^{6}p(s_i)\log_2 p(s_i)=2.35(\text{比特 / 信源符号})$$

编码效率为

$$\eta=\frac{H(S)}{\bar{L}\log_2 r}=\frac{2.35}{2.4}=0.979$$

■

4.9　设有 K 个字母的离散无记忆信源，熵为 $H(U)$，用三元码{0,1,2}对信源进行霍夫曼编码，设所得码字的平均长度为 $\bar{L}=\frac{H(U)}{\log 3}$，求证：

(1) 信源字母的概率均为 $\frac{1}{3^k}$ 的形式，其中 k 为整数；

(2) K 为奇数。

证明　(1) 因为

$$\begin{aligned}H(U)-\log 3\bar{L}&=-\sum_j p(a_j)\log p(a_j)-\log 3\sum_j p(a_j)l_j\\&=\sum_{j=1}^{K}p(a_j)[-\log p(a_j)+\log 3^{-l_j}]\\&=\sum_{j=1}^{K}p(a_j)\log\frac{3^{-l_j}}{p(a_j)}\overset{\log x\leqslant x-1}{\leqslant}\left\{\sum_{j=1}^{K}p(a_j)\left[\frac{3^{-l_j}}{p(a_j)}-1\right]\right\}\cdot\log e\\&=\left(\sum_{j=1}^{K}3^{-l_j}-1\right)\cdot\log e\leqslant 0\end{aligned}$$

当且仅当 $\frac{3^{-l_j}}{p(a_j)}=1$，即 $p(a_j)=\left(\frac{1}{3}\right)^{l_j}=\left(\frac{1}{3}\right)^k$，$k=l_j$ 为整数时，等号成立；此时，$\bar{L}=\frac{H(U)}{\log 3}$，所以信源字母概率取 $\left(\frac{1}{3}\right)^k$ 的形式。

(2) 设经过 $j+1$ 缩减，又由于最后一次缩减必剩下 3 个字母，即 K 满足 $K\underbrace{-3+1\cdots-3+1}_{j\text{个}}=3\Rightarrow K=3+2j$，所以 K 为奇数。

■

4.10　设有离散无记忆信源

$$\begin{bmatrix}S\\P\end{bmatrix}=\begin{bmatrix}s_1 & s_2 & s_3 & s_4 & s_5 & s_6 & s_7\\0.16 & 0.18 & 0.20 & 0.16 & 0.18 & 0.11 & 0.01\end{bmatrix}$$

(1) 求该信源符号熵 $H(S)$；

(2) 用霍夫曼编码编成二元变长码，计算其编码效率；

(3) 用霍夫曼编码编成三元变长码，计算其编码效率；

(4) 当译码错误率小于 10^{-3} 的定长二元码要达到(2)中霍夫曼编码的效率时，估计要有多少个信源符号一起编码才能实现。

解　(1) 信源熵为

$$H(S)=-\sum_{i=1}^{7}p_i\log p_i$$
$$=-0.16\log0.16-0.18\log0.18-0.20\log0.20-0.16\log0.16$$
$$-0.18\log0.18-0.11\log0.11-0.01\log0.01$$
$$\approx 2.62(\text{bit})$$

(2) 对信源进行二元霍夫曼编码，编码过程如表 4.17 所示。

表 4.17　习题 4.10 表(一)

信源符号	发生概率	编码过程	码字	码长
s_3	0.20	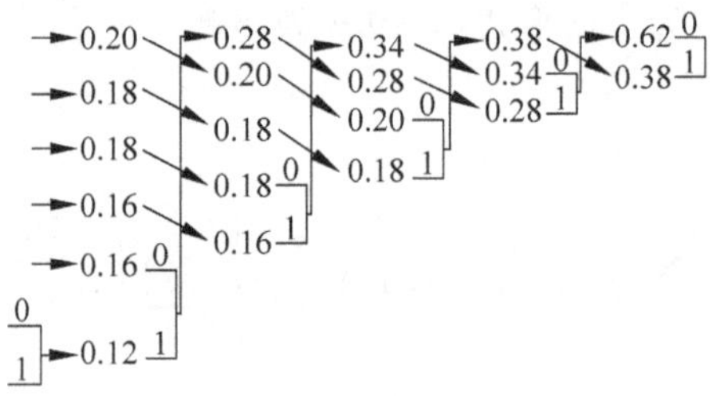	10	2
s_2	0.18		11	2
s_5	0.18		000	3
s_4	0.16		001	3
s_1	0.16		010	3
s_6	0.11		0110	4
s_7	0.01		0111	4

所得码字为

s_3:10　s_2:11　s_5:000　s_4:001　s_1:010　s_6:0110　s_7:0111

平均码长为

$$\bar{L}=\sum_{i=1}^{7}p_i l_i=2\times0.39+3\times0.5+4\times0.11=2.72(\text{码元 / 信源符号})$$

编码效率为

$$\eta=\frac{H(S)}{\bar{L}\log q}=0.9591$$

(3) 既然 $q=3$，$n=(q-1)\theta+q=2\times2+3=7$，因此不需增加虚拟符号。对信源进行三元霍夫曼编码，编码过程如表 4.18 所示。

表 4.18　习题 4.10 表(二)

信源符号	发生概率	编码过程	码字	码长
s_3	0.20	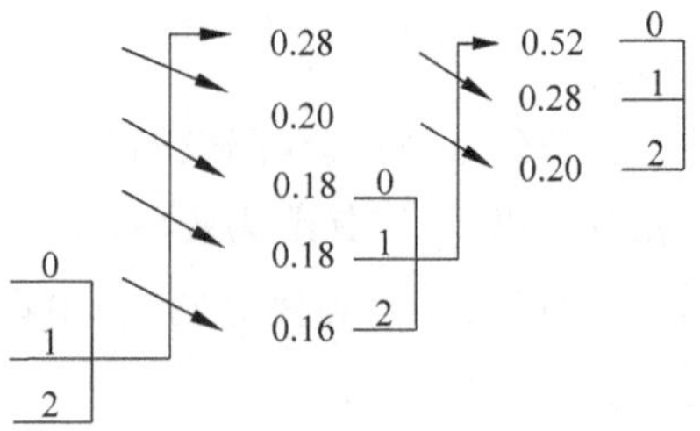	2	1
s_2	0.18		00	2
s_5	0.18		01	2
s_4	0.16		02	2
s_1	0.16		10	2
s_6	0.11		11	2
s_7	0.01		12	2

因此平均码长为

$$\bar{L}=\sum_i P(S_i)l_i=1.8$$

编码效率为

$$\eta=\frac{H(S)}{\bar{L}\log q}=\frac{2.61}{1.8\times\log 3}=0.92$$

（4）自信息的方差为

$$D[I(s_i)]=\sum_{i=1}^{7}p(s_i)[\log p(s_i)]^2-[H(S)]^2$$
$$=7.0502-6.8121=0.238$$

要达到与(2)相同的效率，则有

$$\eta=\frac{H(S)}{H(S)+\varepsilon}=0.9591$$

即

$$\varepsilon=\frac{1-0.9591}{0.9591}H(S)=0.111$$

故定长码的码长必须满足

$$N\geqslant\frac{D[I(s_i)]}{\varepsilon^2\delta}=\frac{0.238}{0.111^2\times 10^{-3}}=1.93\times 10^4\approx 2\times 10^4$$ ■

4.11 设一个离散无记忆信源 X，其概率空间为

$$\begin{bmatrix}X\\P\end{bmatrix}=\begin{bmatrix}a_1 & a_2 & a_3 & a_4 & a_5 & a_6 & a_7 & a_8\\0.4 & 0.2 & 0.1 & 0.1 & 0.05 & 0.05 & 0.05 & 0.05\end{bmatrix}$$

试构造两种三进制的即时码，并使它们的平均码长相同，但具有不同的码长方差。计算它们的平均码长和方差，并说明哪种码的质量更好一些。

解 采用霍夫曼编码方法，对于三元霍夫曼码要使短码充分利用，必须使信源符号个数 n 满足

$$n=(q-1)\theta+q$$

现在 $q=3,\theta=3$ 时 $n=9$，所以需加一个概率为 0 的虚拟符号。

第一种霍夫曼编码方法过程如图 4.10 所示。

编码后所生成码字如下：

a_1:1　a_2:00　a_3:02　a_4:20

a_5:21　a_6:22　a_7:010　a_8:011

且有平均码长 $\bar{L}=\sum_{i=1}^{8}p_il_i=1.70$，方差 $\delta^2=\sum_{i=1}^{8}p_i(l_i-\bar{L})^2=0.41$。

第二种霍夫曼编码方法过程如图 4.11 所示。

编码后所生成码字如下：

a_1:0　a_2:2　a_3:11　a_4:12

a_5:101　a_6:102　a_7:1000　a_8:1001

且有平均码长 $\bar{L}=\sum_{i=1}^{8}p_il_i=1.70$，方差 $\delta^2=\sum_{i=1}^{8}p_i(l_i-\bar{L})^2=1.01$。

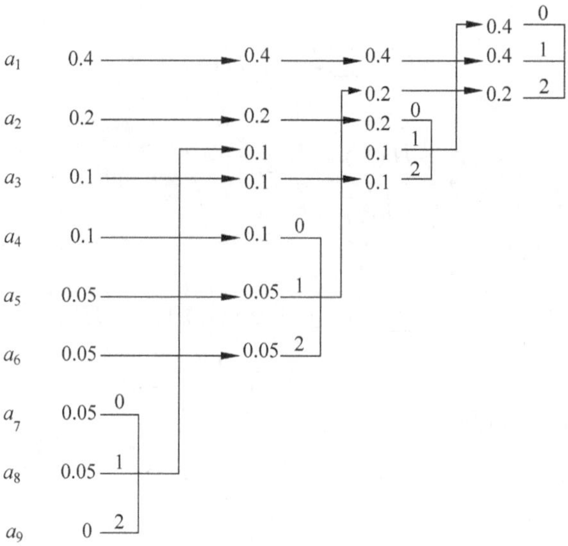

图 4.10　习题 4.11 图(一)

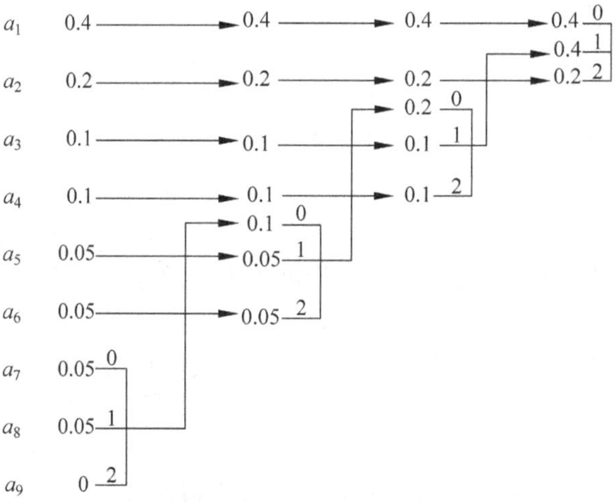

图 4.11　习题 4.11 图(二)

显然这两种方法的平均码长相同，但方差不同。第二种方法方差较大，因此第一种编码质量更好。 ■

4.12　设无记忆二元信源，其概率 $P_1=0.005$，$P_0=0.995$。信源输出为 $N=100$ 的二元序列。在长为 $N=100$ 的信源序列中只对含有三个 1 或小于三个 1 的各信源序列构成一一对应的一组等长码。

(1) 求码字所需的最小长度；

(2) 考虑没有给予编码的信源序列出现的概率，该等长码引起的错误概率 P_e 是多少？

解　(1) 无记忆二元信源

$$\begin{bmatrix} S \\ P(s_i) \end{bmatrix} = \begin{bmatrix} 0 & 1 \\ 0.995 & 0.005 \end{bmatrix}$$

$N=100$ 的扩展信源为

$$\begin{bmatrix} S^N \\ P(a_i) \end{bmatrix} = \begin{bmatrix} a_1 = \overbrace{00\cdots0}^{N} & a_2 = \overbrace{0\cdots01}^{N} & \cdots & a_{2^N-1} = \overbrace{11\cdots10}^{N} & a_{2^N} = \overbrace{11\cdots1}^{N} \\ (0.995)^N & (0.995)^{N-1} \times 0.005 & \cdots & 0.995 \times (0.005)^{N-1} & (0.005)^N \end{bmatrix}$$

现只对含有三个 1 或小于三个 1 的各信源序列构成一一对应的一组二元等长码。那么,在这 2^N 个 N 长的信源序列中含有三个 1 和小于三个 1 的序列个数有

$$\begin{aligned} M &= C_{100}^0 + C_{100}^1 + C_{100}^2 + C_{100}^3 \\ &= 1 + 100 + 4950 + 161700 \approx 166750 \end{aligned}$$

对 M 个信源序列进行无失真二元等长编码,必须有

$$2^l \geqslant M = 166750 \approx 2^{17.35}$$

所以码字所需的最小长度 $l=18$。

(2) 按编码考虑,除了含有三个 1 或小于三个 1 的信源序列给予了一一对应的编码外,其他信源序列没有给予编码,那么这些信源序列的出现会给编码带来错误。所以,本题等长码引起的错误概率就是其他序列的发生概率之和。得

$$\begin{aligned} P_e &= C_{100}^4 P_0^{96} P_1^4 + C_{100}^5 P_0^{95} P_1^5 + \cdots + C_{100}^{100} P_0^{100} P_1^{100} \\ &= 1 - C_{100}^0 P_0^{100} - C_{100}^1 P_0^{99} P_1 - C_{100}^2 P_0^{98} P_1^2 - C_{100}^3 P_0^{97} P_1^3 \\ &\approx 0.0017 \end{aligned}$$

■

4.13 设一个离散无记忆信源 X,其概率空间为

$$\begin{bmatrix} X \\ P \end{bmatrix} = \begin{bmatrix} a_1 & a_2 & a_3 & a_4 & a_5 & a_6 & a_7 & a_8 \\ 0.22 & 0.20 & 0.18 & 0.15 & 0.10 & 0.08 & 0.05 & 0.02 \end{bmatrix}$$

对该信源进行四进制的霍夫曼编码,试求出平均码长和编码效率。

解 对于四进制霍夫曼编码要使短码字充分利用,必须使信源符号个数 n 满足 $n=(q-1)\theta+q$,现在 $q=4,\theta=2$,则应有 $n=10>8$。因此,需增加两个概率为零的虚拟符号。

采用表 4.19 进行霍夫曼编码后就可得到四进制紧致码:

$$a_1:1 \quad a_2:2 \quad a_3:3 \quad a_4:00$$
$$a_5:01 \quad a_6:02 \quad a_7:030 \quad a_8:031$$

表 4.19 习题 4.13 表

信源符号	发生概率	编码过程	码字	码长
a_1	0.22		1	1
a_2	0.20		2	1
a_3	0.18		3	1
a_4	0.15		00	2
a_5	0.10		01	2
a_6	0.08		02	2
a_7	0.05		030	3
a_8	0.02		031	3
a_9	0.00			
a_{10}	0.00			

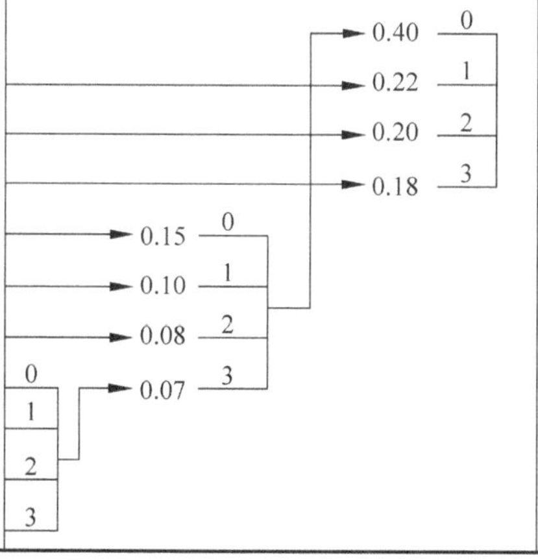

容易计算平均码长为

$$\bar{L}=\sum_{i}p(a_i)l_i=1.47$$

信源符号熵为

$$H(X)=-\sum_{I}p(a_i)\log p(a_i)=2.75(\text{bit})$$

因此，编码效率可计算为

$$\eta=\frac{H(X)/\log q}{\bar{L}}=93.7\%$$ ■

4.14 若某一信源有 N 个符号，并且每个符号均以等概率出现，对此信源用最佳霍夫曼二元编码，问当 $N=2^i$ 和 $N=2^i+1$（i 为正整数）时，每个码字的长度是多少？平均码长是多少？

解 当 $N=2^i$（i 为正整数）时用霍夫曼编码方法进行最佳编码，由于每个符号等概率出现，所以每个符号码长应相等，这样平均码长最短。而且信源符号个数正好等于 2^i，则满足

$$q=2^l=2^i$$

所以每个码字的码长 $l_i=i$，$\bar{L}=i$。

当 $N=2^i+1$ 时，每个符号等概率出现，同时每个符号码长应基本相等。但现在信源符号个数不是正好等于 2^i，所以必须有两个信源符号延长一位码长，这样平均码长最短。所以，当 $N=2^i+1$ 时，2^i-1 个码字的码长为 $l_i=i$，其余两个码字的码长为 $i+1$。平均码长为

$$\bar{L}=i+\frac{2}{2^i+1}$$ ■

第 5 章 限失真信源编码

CHAPTER 5

第 4 章讨论了无失真信源编码，给出了无失真信源编码定理即香农第一定理。

现在一个自然而然的问题是：在信道传输信息时是否必须完全无失真？回答是：通常不需要。例如，人类主要通过视觉和听觉获取信息，人的视觉大多数情况下对于每秒 25 帧以上的图像认为是连续的，通常只需传送每秒 25 帧的图像就能满足人类通过视觉感知信息的要求，而不必占用更大的信息传输率。而对于人类的听觉，大多数人只能听到几千赫兹到十几千赫兹的声音，即使经过专业训练的音乐家，一般也不过听到二十千赫兹的声音。所以，为了提高信息传输效率，在实际中通常总是要求在保证一定质量的前提下在信宿近似地再现信源输出的信息，或者说在保真度准则下允许信源输出存在一定的失真。

本章将讨论在允许一定失真情况下的信源编码问题，从分析失真函数、信息率失真函数出发，给出限失真编码定理，即香农第三定理。

5.1 失真函数

从本质上看，限失真信源编码就是对数据进行压缩。在实际问题中，被压缩的数据有一定的失真是可以容忍的。但是，当失真大于某一限度后，信息质量将被严重损伤，甚至会丧失其实用价值。要规定失真限度，必须要有一个定量的失真测度，为此需要引入失真函数的概念。

5.1.1 失真度

在数学模型上，可将有失真的信源编码过程看作数据通过一种有干扰的信道。这种干扰信道常被称作试验信道。如图 5.1 所示，信源输出原始数据 $\boldsymbol{x}_1, \boldsymbol{x}_2, \cdots$ 给试验信道，而信道输出有失真的数据 $\boldsymbol{y}_1, \boldsymbol{y}_2, \cdots$ 给信宿，这就完成了数据压缩。先考虑简单的单符号信源的情况，然后再考虑多符号信源的情况。

图 5.1 限失真信源编码模型

设有一个单符号离散无记忆信源 X，其概率空间为

$$\begin{bmatrix} X \\ P \end{bmatrix} = \begin{bmatrix} x_1 & x_2 & \cdots & x_n \\ P(x_1) & P(x_2) & \cdots & P(x_n) \end{bmatrix}$$

让试验信道输出符号集表示为$\{y_1,y_2,\cdots,y_m\}$，用一个非负函数$d(x_i,y_j)$表示发出x_i收到y_j的失真度。那么整体失真情况就可用如下矩阵来刻画，称为失真矩阵。

$$\boldsymbol{D}=\begin{bmatrix} d(x_1,y_1) & d(x_1,y_2) & \cdots & d(x_1,y_m) \\ \vdots & \vdots & & \vdots \\ d(x_n,y_1) & d(x_n,y_2) & \cdots & d(x_n,y_m) \end{bmatrix}=[d_{ij}]$$

失真度$d(x_i,y_j)$的函数形式可以根据需要任意选取，例如平方代价函数、绝对代价函数、均匀代价函数等。常用的失真函数如下：

$$\begin{cases} \text{均方失真} & d(x_i,y_j)=(x_i-y_j)^2 \\ \text{绝对失真} & d(x_i,y_j)=|x_i-y_j| \\ \text{相对失真} & d(x_i,y_j)=\dfrac{|x_i-y_j|}{|x_i|} \\ \text{误码失真} & d(x_i,y_j)=\delta(x_i,y_j)=\begin{cases} 0, & x_i=y_j \\ 1, & \text{其他} \end{cases} \end{cases}$$

例 5.1 假定试验信道就是二进制纯删除信道。设输入符号集为$\boldsymbol{A}=\{0,1\}$，输出符号集为$\boldsymbol{B}=\{0,?,1\}$，定义失真矩阵为

$$\boldsymbol{D}=\begin{bmatrix} 0 & 0.5 & 1 \\ 1 & 0.5 & 0 \end{bmatrix}$$

该失真矩阵表明，发出0收到0或者发出1收到1是没有失真，发出0收到1或者发出1收到0是完全失真，发出0或1收到删除符号"?"表示有部分失真。

考虑将失真函数概念推广到矢量传输的情况。为此，需要考虑单符号信源X的K次扩展信源X^K。设试验信道输入的是长度为K的信源符号序列

$$\boldsymbol{x}_i=[x_{i_1},x_{i_2},\cdots,x_{i_K}],\quad x_{i_k}\in\{x_1,x_2,\cdots,x_n\}$$

经信道传输后，信宿接收到的长度为K的符号序列可表示为

$$\boldsymbol{y}_j=[y_{j_1},y_{j_2},\cdots,y_{j_K}],\quad y_{j_k}\in\{y_1,y_2,\cdots,y_m\}$$

则发出x_i收到y_j的失真度可定义为

$$d_K(\boldsymbol{x}_i,\boldsymbol{y}_j)=\frac{1}{K}\sum_{k=1}^{K}d(x_{i_k},y_{j_k}) \tag{5.1}$$

所有这些不同的$d_K(\boldsymbol{x}_i,\boldsymbol{y}_j)$可形成一个$n^K\times m^K$阶失真矩阵$\boldsymbol{D}_K$。

例 5.2 在例5.1的条件下，求出$K=2$时的失真矩阵。

解 按定义可以计算出

$$d_2(00,00)=\frac{1}{2}[d(0,0)+d(0,0)]=0$$

$$d_2(00,0?)=\frac{1}{2}[d(0,0)+d(0,?)]=\frac{1}{4}$$

$$d_2(00,01)=\frac{1}{2}[d(0,0)+d(0,1)]=\frac{1}{2}$$

$$\vdots$$

$$d_2(00,11)=\frac{1}{2}[d(0,1)+d(0,1)]=1$$

于是有

$$\boldsymbol{D}_2=\begin{bmatrix} 0 & \frac{1}{4} & \frac{1}{2} & \frac{1}{4} & \frac{1}{2} & \frac{3}{4} & \frac{1}{2} & \frac{3}{4} & 1 \\ \frac{1}{2} & \frac{1}{4} & 0 & \frac{3}{4} & \frac{1}{2} & \frac{1}{4} & 1 & \frac{3}{4} & \frac{1}{2} \\ \frac{1}{2} & \frac{3}{4} & 1 & \frac{1}{4} & \frac{1}{2} & \frac{3}{4} & 0 & \frac{1}{4} & \frac{1}{2} \\ 1 & \frac{3}{4} & \frac{1}{2} & \frac{3}{4} & \frac{1}{2} & \frac{1}{4} & \frac{1}{2} & \frac{1}{4} & 0 \end{bmatrix}$$ ■

5.1.2 平均失真度

在单符号情况中，x_i、y_j 均是随机变量，因此失真函数 $d(x_i,y_j)$ 也是随机变量，称失真度的数学期望为平均失真度，并记为 $\bar{D}$。$\bar{D}$ 可表示为

$$\begin{aligned}\bar{D}=\mathrm{E}[d]&=\sum_{i=1}^{n}\sum_{j=1}^{m}P(x_i,y_j)d(x_i,y_j)\\&=\sum_{i=1}^{n}\sum_{j=1}^{m}P(x_i)P(y_j\mid x_i)d(x_i,y_j)\end{aligned}$$

平均失真度 $\bar{D}$ 是对给定信源分布 $\{P(x_i)\}$ 在给定转移概率分布为 $\{P(y_j|x_i)\}$ 的试验信道中传输时失真的总体量度。

在多符号情况中，由式(5.1)，平均失真度可表示为

$$\bar{D}_K=\mathrm{E}[d_K]=\frac{1}{K}\sum_{k=1}^{K}\mathrm{E}[d(x_{i_k},y_{j_k})]=\frac{1}{K}\sum_{k=1}^{K}\bar{D}_k$$

其中，$\bar{D}_k$ 是第 k 个位置上符号的平均失真度。显然，由第3章讨论可知，如果多符号信源是离散无记忆 K 次扩展信源，而试验信道是离散无记忆 K 次扩展信道，则每个位置上符号的平均失真度 $\bar{D}_k$ 相等，为 $\bar{D}$，此时有 $\bar{D}_K=\bar{D}$。

例 5.3 设信源 X 有 $2n$ 个符号，其概率空间为

$$\begin{bmatrix}X\\P\end{bmatrix}=\begin{bmatrix}x_1 & x_2 & \cdots & x_{2n}\\ \frac{1}{2n} & \frac{1}{2n} & \cdots & \frac{1}{2n}\end{bmatrix}$$

与输入符号集一样，试验信道输出符号集也为 $\{x_1,x_2,\cdots,x_{2n}\}$，而失真函数为

$$d(x_i,x_j)=\begin{cases}1, & i\neq j\\ 0, & i=j\end{cases}$$

假定可允许平均失真度 $\bar{D}\leqslant\frac{1}{2}$，试分析信息传输率可压缩程度。

解 信源 X 所有 $2n$ 个符号是等概率分布的，因此按照熵的性质，信息熵达到最大值为 $H(X)=\log(2n)$。如果对信源 X 进行无失真编码，即要求 $\bar{D}=0$，则相应的试验信道应是无干扰信道，此时信息传输率就等于 $\log(2n)$。

当可允许平均失真度 $\bar{D}\leqslant\frac{1}{2}$ 时，一个容易实现的信源编码方案是：编码器输入为 $x\in\{x_1,x_2,\cdots,x_n\}$，输出为 x；输入为 $x\in\{x_{n+1},x_{n+2},\cdots,x_{2n}\}$，输出为 x_n。这样其等效试验信道的信道转移概率为

$$P(y=x_j \mid x=x_i)=\begin{cases}1, & i=j, 1\leqslant i\leqslant n\\ 1, & j=n, n+1\leqslant i\leqslant 2n\\ 0, & \text{其他}\end{cases}$$

由此可以计算出该编码方案的平均失真度为

$$\overline{D}=\sum_{i=1}^{2n}\sum_{j=1}^{2n}P(x_i)P(x_j \mid x_i)d(x_i,x_j)=\frac{1}{2}$$

因此,该编码方案满足对平均失真度的要求。由上述信道转移概率表达式可知,该试验信道实际上是一个确定信道,因此有

$$H(Y \mid X)=0$$

$$I(X;Y)=H(Y)-H(Y \mid X)=H(Y)$$

容易计算出输出符号概率分布为

$$P(y=x_j)=\begin{cases}\dfrac{1}{2n}, & 1\leqslant j\leqslant n-1\\ \dfrac{1+n}{2n}, & j=n\\ 0, & \text{其他}\end{cases}$$

这样

$$I(X;Y)=H(Y)=\log 2n-\frac{n+1}{2n}\log(n+1)$$

此时信息传输率变为$\log 2n-\dfrac{n+1}{2n}\log(n+1)$,或者说信息传输率压缩了

$$\frac{n+1}{2n}\log(n+1)$$

还能进一步压缩吗?信息传输率最大可压缩到什么程度?这是5.2节要讨论的话题。

■

5.2 信息率失真函数

我们将有失真的信源编码器视作有干扰的信道,那么就可以用分析信道信息传输的方法来研究限失真编码问题。一个自然而然的问题是,对于给定的信源,在允许一定失真条件下,试验信道中最低信息传输速率(接收端为再现信源消息所应得的最小平均互信息量)是多少呢?

5.2.1 信息率失真函数的定义

对于上述的一定失真条件,通常用平均失真度来表示。如果预先规定平均失真度为D,则称信源编码后的平均失真度$\overline{D}$不大于D的准则为**保真度准则**。因此,数据压缩问题就是,对于给定的信源,在满足保真度准则($\overline{D}\leqslant D$)的前提下,使信息传输率尽可能小。将满足保真度准则的这些试验信道称为 ***D* 失真许可的试验信道**。信道用信道转移概率$P(\boldsymbol{y}|\boldsymbol{x})$刻画,因此$D$失真许可的试验信道集合可表示为

$$\boldsymbol{C}_D=\{P(\boldsymbol{y} \mid \boldsymbol{x}):\ \overline{D}\leqslant D\} \tag{5.2}$$

对于单符号离散无记忆信道，D 失真许可的试验信道集合可表示为

$$\boldsymbol{C}_D=\{P(y_j \mid x_i): \bar{D} \leqslant D, 1 \leqslant j \leqslant m, 1 \leqslant i \leqslant n\} \tag{5.3}$$

考虑对一个单符号离散无记忆信源 X 进行数据压缩，且允许平均失真度不超过 D，那么对其最低的压缩率会是多少呢？这个问题实际上可以变换为这样的问题：在 D 失真许可的试验信道集合 $\boldsymbol{C}_D$ 中，寻找一个信道 $P(y_j|x_i)$ 使信源 X 经过此信道传输时，其信道传输率 $I(X;Y)$ 达到最小。这个最小的信道传输率 $I(X;Y)$ 就是最低的数据压缩率，将之定义为**信息率失真函数**，并简称率失真函数，记为 $R(D)$，即有

$$R(D)=\min_{P(y_j|x_i)\in C_D} I(X;Y) \tag{5.4}$$

率失真函数可再写为

$$R(D)=\min_{P(y_j|x_i)\in \boldsymbol{C}_D}\sum_{i=1}^{n}\sum_{j=1}^{m}P(x_i)P(y_j \mid x_i)\log\frac{P(y_j \mid x_i)}{P(y_j)} \tag{5.5}$$

其中，$P(x_i)$是信源发出符号概率分布，$i=1,2,\cdots,n$；$P(y_j|x_i)$是信道转移概率分布，$i=1,2,\cdots,n$，$j=1,2,\cdots,m$；$P(y_j)$是接收端收到符号概率分布，$j=1,2,\cdots,m$。

至于多符号情况，率失真函数可延伸表示为

$$R_K(D)=\min_{P(\boldsymbol{y}_j|\boldsymbol{x}_i)\in \boldsymbol{C}_D} I(\boldsymbol{X};\boldsymbol{Y}) \tag{5.6}$$

5.2.2 信息率失真函数的性质

信息率失真函数 $R(D)$有如下三个基本性质。

(1) $R(D)$是非负函数，其定义域为$[0,D_{\max}]$，其值域为$[0,H(X)]$。

(2) $R(D)$是关于失真度 D 的下凸函数。

(3) $R(D)$是关于失真度 D 的严格递减函数。

下面分别论证这三个性质。

1. $\boldsymbol{R(D)}$的定义域性质

$R(D)$的定义域表示为$[D_{\min},D_{\max}]$。一般情况下，由失真度的非负性和平移性，可以假设 $D_{\min}=0$，这对应于无失真情况，此时必有 $R(0)\leqslant H(X)$。关于 $D_{\max}$，显然应该满足 $R(D_{\max})=0$。定义 $D_{\max}$ 是满足 $R(D)=0$ 的所有平均失真度 D 中的最小值，即

$$D_{\max}=\min_{P(y|x)\in \boldsymbol{C}_D^{(0)}} \mathrm{E}[d(x,y)]$$

其中，$\boldsymbol{C}_D^{(0)}=\{P(y|x): I(X;Y)=0\}$。

下一个问题是如何能求出 $D_{\max}$。由于 $I(X;Y)=0$ 的充分必要条件是 X 与 Y 统计独立，即对于任意的 x,y 有 $P(y|x)=P(y)$成立。这样

$$D_{\max}=\min\sum_{y}P(y)\sum_{x}P(x)d(x,y) \tag{5.7}$$

式中，$P(x)$和 $d(x,y)$是已知的，该最小化问题归结为选择分布 $P(y)$使式(5.7)右端达到最小。如果对最小的 $\sum\limits_{x}P(x)d(x,y)$ 选取 $P(y)=1$，而对其他的 $\sum\limits_{x}P(x)d(x,y)$ 选取 $P(y)=0$，则必有

$$D_{\max}=\min_{y}\sum_{x}P(x)d(x,y) \tag{5.8}$$

例 5.4 设输入符号集为 $\boldsymbol{A}=\{0,1\}$，输出符号集为 $\boldsymbol{B}=\{0,1\}$，输入概率分布为 $P(x=0)=\frac{1}{3}$，$P(x=1)=\frac{2}{3}$，而失真矩阵为

$$\boldsymbol{D}=[d(x,y)]=\begin{bmatrix}0 & 1\\1 & 0\end{bmatrix}$$

试求率失真函数 $R(D)$ 的定义域。

解 如果选择信道转移概率等于

$$\begin{cases}P(y=0\mid x=0)=1\\P(y=1\mid x=0)=0\\P(y=0\mid x=1)=0\\P(y=1\mid x=1)=1\end{cases}$$

可以计算出此时的平均失真度为

$$\bar{D}=\sum_{x,y}P(x)P(y\mid x)d(x,y)=0$$

因此,有 $D_{\min}=0$。此外,由式(5.8)可知

$$\begin{aligned}D_{\max}&=\min_{y}\sum_{x}P(x)d(x,y)\\&=\min\left\{\frac{1}{3}\times 0+\frac{2}{3}\times 1,\frac{1}{3}\times 1+\frac{2}{3}\times 0\right\}\\&=\frac{1}{3}\end{aligned}$$

故 $R(D)$ 的定义域为 $\left[0,\frac{1}{3}\right]$。 ■

2. $\boldsymbol{R(D)}$ 的下凸函数性质

假定 D_1 和 D_2 是两个平均失真度,而 $P_1(y|x)$ 和 $P_2(y|x)$ 是在满足保真度准则 D_1 和 D_2 的前提下使 $I(X;Y)$ 达到极小的信道转移概率,则有

$$R(D_1)=\min_{P(y|x)\in \boldsymbol{C}_{D_1}} I[P(y\mid x)]=I[P_1(y\mid x)]$$

$$R(D_2)=\min_{P(y|x)\in \boldsymbol{C}_{D_2}} I[P(y\mid x)]=I[P_2(y\mid x)]$$

且

$$\sum_{x}\sum_{y}P(x)P_1(y\mid x)d(x,y)\leqslant D_1$$

$$\sum_{x}\sum_{y}P(x)P_2(y\mid x)d(x,y)\leqslant D_2$$

令 $0<\alpha<1$,且使

$$D_0=\alpha D_1+(1-\alpha)D_2$$

$$P_0(y\mid x)=\alpha P_1(y\mid x)+(1-\alpha)P_2(y\mid x)$$

记 D 是 $P_0(y|x)$ 所对应的失真度,则

$$\begin{aligned}D&=\sum_{x}\sum_{y}P(x)P_0(y\mid x)d(x,y)\\&=\alpha\sum_{x}\sum_{y}P(x)P_1(y\mid x)d(x,y)+(1-\alpha)\sum_{x}\sum_{y}P(x)P_2(y\mid x)d(x,y)\\&=\alpha D_1+(1-\alpha)D_2\\&=D_0\end{aligned}$$

所以,$P_0(y|x)\in \boldsymbol{C}_{D_0}$,即 $P_0(y|x)$ 是 D_0 失真许可的试验信道。再由信息率失真函数定义式(5.4),可得

$$R(D_0)=\min_{P(y|x)\in C_{D_0}} I[P(y\mid x)]\leqslant I[P_0(y\mid x)]$$
$$=I[\alpha P_1(y\mid x)+(1-\alpha)P_2(y\mid x)]\leqslant \alpha I[P_1(y\mid x)]+(1-\alpha)I[P_2(y\mid x)]$$
$$=\alpha R(D_1)+(1-\alpha)R(D_2) \tag{5.9}$$

这符合下凸函数的定义。因此 $R(D)$是关于失真度 D 的下凸函数。

此外，值得一提的是，$R(D)$显然是连续函数，因为 $I[P(y|x)]$是 $P(y|x)$的连续函数，由 $R(D)$的定义可知 $R(D)$是连续函数。

3. R(D)的严格递减函数性质

$R(D)$是非增函数。因为若 $D_1>D_2$，则满足保真度 D_1 与 D_2 的试验信道集合 $\boldsymbol{C}_{D_1}$ 和 $\boldsymbol{C}_{D_2}$ 满足 $\boldsymbol{C}_{D_1}\supset\boldsymbol{C}_{D_2}$，进而由 $R(D)$的定义有

$$R(D_1)=\min_{P(y|x)\in C_{D_1}} I[P(y\mid x)]\leqslant \min_{P(y|x)\in C_{D_2}} I[P(y\mid x)]=R(D_2) \tag{5.10}$$

要证明 $R(D)$是严格递减函数，只需证明式(5.10)中等号不成立即可。下面采用反证法来证明。

在$[0,D_{\max}]$中任取两点 D_1 和 D_2 满足 $0<D_1<D_2<D_{\max}$。假定 $R(D_1)\geqslant R(D_2)$中的等号成立，则在$[D_1,D_2]$中的所有 $R(D)$恒为常数，记为 R。欲证明在$[D_1,D_2]$中 $R(D)$不是常数，则要找一个 $D_0\in[D_1,D_2]$，使 $R(D_0)\neq R$。下面运用 $R(D)$的下凸性在$[D_1\ D_{\max}]$之间构造一个 D_0 使之介于$[D_1,D_2]$且使 $R[D_0]\neq R$。

拟选取一个 ε，使 $0<\varepsilon<1$，且 $D_1<(1-\varepsilon)D_1+\varepsilon D_{\max}<D_2$，则 ε 必须满足

$$0<\varepsilon<\frac{D_2-D_1}{D_{\max}-D_1}<1$$

这样 ε 显然存在。现在令 $D_0=(1-\varepsilon)D_1+\varepsilon D_{\max}$，于是有

$$R(D_0)=R((1-\varepsilon)D_1+\varepsilon D_{\max})\leqslant(1-\varepsilon)R(D_1)+\varepsilon R(D_{\max})$$
$$=(1-\varepsilon)R(D_1)$$
$$=R(1-\varepsilon)<R$$

因此，$R(D)$是关于失真度 D 的严格递减函数，如图 5.2 所示。

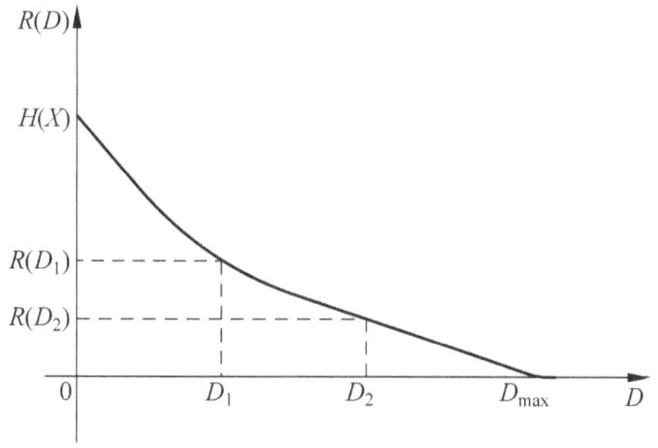

图 5.2 率失真函数 $R(D)$关于 D 的严格递减性

5.2.3 二进制信源的率失真函数

1. 平均错误传递概率与汉明失真函数

让试验信道输入符号集表示为 $\boldsymbol{A}=\{x_1,x_2,\cdots,x_n\}$，输出符号集表示为 $\boldsymbol{B}=\{y_1,y_2,\cdots,y_m\}$，而失真函数表示为

$$d(x_i,x_j)=\begin{cases}1, & i\neq j\\ 0, & i=j\end{cases}$$

那么，在 $m=n$ 的情况下，我们称这样的失真函数为**汉明失真函数**。汉明失真矩阵表示为

$$\boldsymbol{D}=\begin{bmatrix}0 & 1 & \cdots & 1\\ 1 & 0 & \cdots & 1\\ \vdots & \vdots & & \vdots\\ 1 & 1 & \cdots & 0\end{bmatrix}$$

汉明失真度是一种常用的失真测度。在汉明失真情况下，平均失真度等于平均错误传递(转移)概率：

$$\begin{aligned}\overline{D}&=\sum_{i=1}^{n}\sum_{j=1}^{n}P(x_i)P(y_j\mid x_i)d(x_i,y_j)\\ &=\sum_{i=1}^{n}P(x_i)\sum_{j\neq i}P(y_j\mid x_i)\\ &=\sum_{i=1}^{n}P(x_i)P_{\mathrm{e}}^{(i)}\\ &=P_{\mathrm{e}}\end{aligned}$$

其中，$P_{\mathrm{e}}^{(i)}=\sum\limits_{j\neq i}P(y_j\mid x_i)$。这里 $P(y_j|x_i)(j\neq i)$ 表示试验信道将符号 x_i 错误传递为 y_j 的概率，因而 $P_{\mathrm{e}}^{(i)}$ 表示试验信道错误传递符号 x_i 的概率，故 P_{e} 表示试验信道平均错误传递概率。

平均错误传递概率 P_{e} 与信道疑义度 $H(X|Y)$ 有如下的内在联系。

引理 5.1 （费诺不等式）

$$H(X\mid Y)\leqslant H(P_{\mathrm{e}})+P_{\mathrm{e}}\log(n-1) \tag{5.11}$$

证明 用引理 2.2 来证明。由于

$$\begin{aligned}&H(P_{\mathrm{e}})+P_{\mathrm{e}}\log(n-1)\\ &=-P_{\mathrm{e}}\log P_{\mathrm{e}}-(1-P_{\mathrm{e}})\log(1-P_{\mathrm{e}})+P_{\mathrm{e}}\log(n-1)\\ &=\sum_{i=1}^{n}\sum_{j\neq i}P(x_i,y_j)\log\frac{n-1}{P_{\mathrm{e}}}+\sum_{i=1}^{n}P(x_i,y_i)\log\frac{1}{1-P_{\mathrm{e}}}\end{aligned}$$

且

$$\begin{aligned}&H(X\mid Y)\\ &=-\sum_{i=1}^{n}\sum_{j=1}^{n}P(x_i,y_j)\log P(x_i\mid y_j)\\ &=\sum_{i=1}^{n}\sum_{j\neq i}P(x_i,y_j)\log\frac{1}{P(x_i\mid y_j)}+\sum_{i=1}^{n}P(x_i,y_i)\log\frac{1}{P(x_i\mid y_i)}\end{aligned}$$

所以

$$\begin{aligned}&H(X\mid Y)-H(P_{\mathrm{e}})-P_{\mathrm{e}}\log(n-1)\\ &=\sum_{i=1}^{n}\sum_{j\neq i}P(x_i,y_j)\log\frac{P_{\mathrm{e}}/(n-1)}{P(x_i\mid y_j)}+\sum_{i=1}^{n}P(x_i,y_i)\log\frac{1-P_{\mathrm{e}}}{P(x_i\mid y_i)}\end{aligned}$$

令 $z_k\leftrightarrow(x_i,y_j)$，即通过某种排序使一维指标与二维指标一一对应，并定义

$$p_k = P(z_k) = P(x_i, y_j)$$

$$q_k = Q(z_k) = \begin{cases} P_e/(n-1), & j \neq i \\ 1 - P_e, & j = i \end{cases}$$

显然还有

$$\sum_k p_k = 1, \quad \sum_k q_k = 1$$

因此应用引理 2.2 得

$$H(X \mid Y) - H(P_e) - P_e \log(n-1)$$

$$= \sum_k p_k \log \frac{q_k}{p_k} \leqslant 0$$

即费诺不等式成立。 ■

值得一提的是，这里面向试验信道引出了费诺不等式。在第 6 章考虑编码信道时，如让 P_e 表示平均错误译码概率，不局限于 $m = n$ 的情况，对于一般的 n 和 m，费诺不等式均成立。

2. 二进制信源的 $R(D)$ 函数求解

设二进制信源 X，其概率分布为

$$P(x=0) = \omega, \quad P(x=1) = 1-\omega, \quad \omega \leqslant \frac{1}{2}$$

试验信道输入符号集为 $\boldsymbol{A} = \{0,1\}$，输出符号集为 $\boldsymbol{B} = \{0,1\}$，失真矩阵是汉明失真矩阵，即

$$\boldsymbol{D} = \begin{bmatrix} 0 & 1 \\ 1 & 0 \end{bmatrix}$$

因此，最小允许失真度为 $D_{\min} = 0$。容易找到满足最小失真 $D_{\min} = 0$ 的试验信道，这是一个确定无损信道，其信道矩阵为

$$\boldsymbol{P} = \begin{bmatrix} 1 & 0 \\ 0 & 1 \end{bmatrix}$$

计算得

$$R(0) = I(X;Y) = H(\omega)$$

由于是汉明失真，因此可计算出最大允许失真度为

$$\begin{aligned} D_{\max} &= \min_y \sum_x P(x) d(x,y) \\ &= \min[P(0)d(0,0) + P(1)d(1,0); P(0)d(0,1) + P(1)d(1,1)] \\ &= \min[(1-\omega); \omega] = \omega \end{aligned}$$

可达到最大允许失真度 $D_{\max} = \omega$ 的试验信道能确定为

$$\boldsymbol{P} = \begin{bmatrix} 0 & 1 \\ 0 & 1 \end{bmatrix}$$

即这个试验信道能正确传送信源符号 $x=1$。当传送信源符号 $x=0$ 时，接收符号一定为 $y=1$；那么，凡发送符号 $x=0$ 时，一定都错了。既然 $x=0$ 出现的概率为 ω，所以信道的平均失真度为 ω。在这种试验信道条件下，可计算出

$$R(D_{\max}) = R(\omega) = I(X;Y) = 0$$

在一般情况下，当 $0 < D < D_{\max} = \omega$ 时，由前面讨论可知，平均失真度为平均错误概率，

即 $\overline{D}=P_e$。此时，选取任一试验信道使 $\overline{D}=D$，得平均互信息量

$$I(X;Y)=H(X)-H(X\mid Y)=H(\omega)-H(X\mid Y)$$

当 $n=2$ 时，根据费诺不等式有

$$H(X\mid Y)\leqslant H(P_e)=H(D)$$

所以有

$$I(X;Y)\geqslant H(\omega)-H(D)$$

$H(\omega)-H(D)$就是平均互信息量的下限值。根据信息率失真函数的定义，这个下限值就是 $R(D)$的数值。为了证实这一点，必须找到一个试验信道，使其平均失真度 $\overline{D}\leqslant D$，而平均互信息达到这个下限值。

依据平均互信息量的互易性，寻找这个试验信道最好的方法是引进一个“反向”的试验信道，现设这个反向信道为

$$\begin{cases}P(x=0\mid y=0)=1-D\\P(x=1\mid y=0)=D\\P(x=0\mid y=1)=D\\P(x=1\mid y=1)=1-D\end{cases}$$

如图 5.3 所示。容易计算得

$$\begin{cases}P(y=0)=\dfrac{\omega-D}{1-2D}\\[2ex]P(y=1)=\dfrac{1-\omega-D}{1-2D}\end{cases}$$

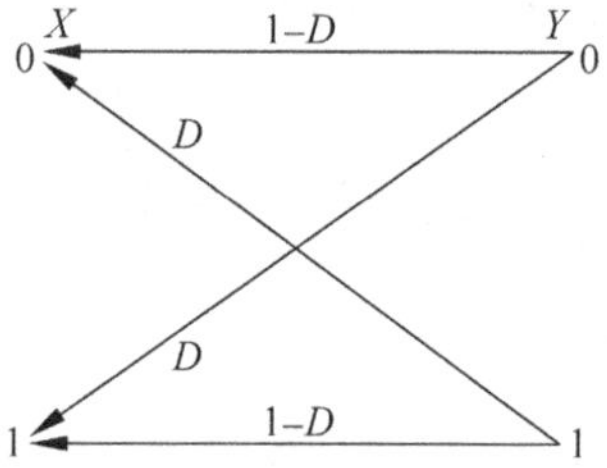

图 5.3　反向试验信道

因为 $0<D<\omega=\dfrac{1}{2}$，$0<P(y)<1$，所以所设的反向试验信道是存在的。在该试验信道的条件下，平均失真度可计算得

$$\begin{aligned}\overline{D}&=\sum_{x,y}P(x,y)d(x,y)\\&=\frac{D(1-\omega-D)}{1-2D}+\frac{D(\omega-D)}{1-2D}\\&=D\end{aligned}$$

这说明平均失真度满足设计的要求。既然

$$\begin{aligned}H(X\mid Y)&=\sum_{x,y}P(x,y)\log\frac{1}{P(x\mid y)}\\&=-[D\log D+(1-D)\log(1-D)]\cdot\sum_{y}P(y)\\&=H(D)\end{aligned}$$

那么，在该试验信道中，传输的信息量为

$$\begin{aligned}I(X;Y)&=H(X)-H(X\mid Y)\\&=H(\omega)-H(D)\\&=R(D)\end{aligned}$$

由此可见，平均互信息量达到了最小值，所选择的信道符合设计要求。

综上，信源 X 的信息率失真函数为

$$R(D)=\begin{cases}H(\omega)-H(D), & 0\leqslant D\leqslant \omega \\ 0, & D>\omega\end{cases} \tag{5.12}$$

$R(D)$的曲线如图 5.4 所示。

图 5.5 给出在不同 ω 值下的$R(D)$曲线。从图 5.5 可以看出，对于同一 D，ω 越大，$R(D)$越大，信源压缩的可能性越小。

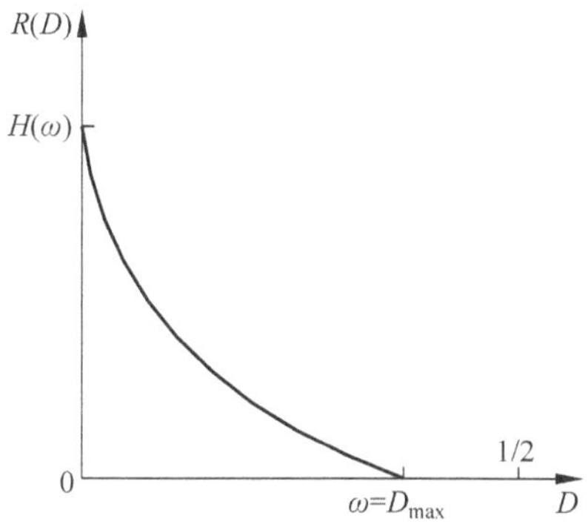

图 5.4 二进制信源 X 的$R(D)$曲线

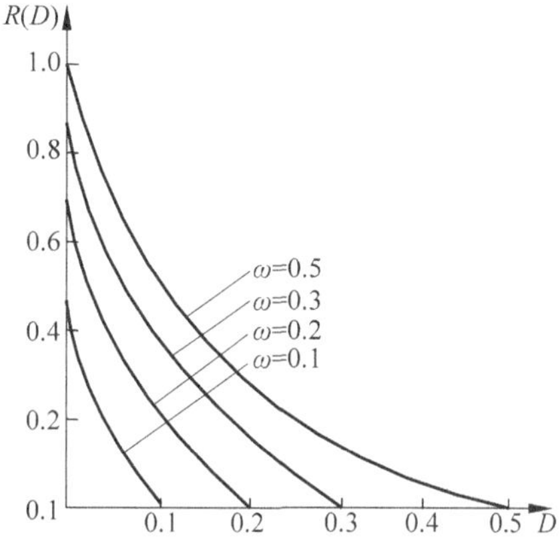

图 5.5 不同 ω 值下的$R(D)$函数

值得一提的是，在前面的计算中，我们是从反向试验信道来计算 $I(X;Y)$的。实际上，这个反向试验信道就是正向试验信道，它们只是一个信道从两个不同角度考虑的两种不同表示方法。反向试验信道的转移概率为 $P(x|y)$，而正向试验信道的转移概率为 $P(y|x)$。当 $P(x)$给定时，就可从 $P(y|x)$唯一地确定出对应的 $P(x|y)$，反之亦然。所以，反向试验信道和正向试验信道指的是同一试验信道。依据平均互信息量的互易性，从反向试验信道进行计算就方便了。

对于信源 X，从寻找所得的反向试验信道可求得正向试验信道为

$$\begin{cases}P(y=0\mid x=0)=1-D \\ P(y=1\mid x=0)=D \\ P(y=0\mid x=1)=D \\ P(y=1\mid x=1)=1-D\end{cases}$$

如图 5.6 所示。

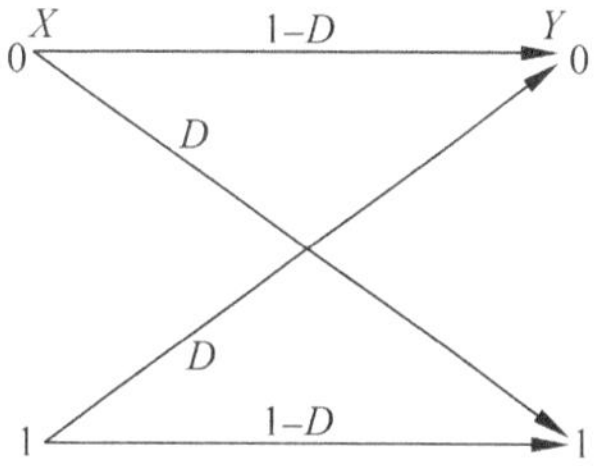

图 5.6 正向试验信道

5.3 信息率失真函数的计算

如果信源概率分布和失真函数已知，求信息率失真函数问题就变成了在保真度准则的约束下求平均互信息量的极小值问题。在一般情况下，这个问题很难求得如 5.2.3 节给出的闭式解，通常要采用参量表述方法或者迭代计算方法来进行求解。

5.3.1 率失真函数的参量表述方法

试验信道的输入概率分布为

$$\begin{bmatrix} X \\ P \end{bmatrix} = \begin{bmatrix} x_1 & x_2 & \cdots & x_n \\ P(x_1) & P(x_2) & \cdots & P(x_n) \end{bmatrix}$$

输出概率分布为

$$\begin{bmatrix} Y \\ P \end{bmatrix} = \begin{bmatrix} y_1 & y_2 & \cdots & y_m \\ P(y_1) & P(y_2) & \cdots & P(y_m) \end{bmatrix}$$

字符传输的失真函数为

$$d(x_i, y_j), \quad 1 \leqslant i \leqslant n, \quad 1 \leqslant j \leqslant m$$

为了表达简洁,记

$$d_{ij} = d(x_i, y_j), \quad p_{ij} = P(y_j \mid x_i)$$

$$p_i = P(x_i), \quad q_j = P(y_j)$$

其中

$$P(y_j) = \sum_{i=1}^{n} P(x_i) P(y_j \mid x_i) = \sum_{i=1}^{n} p_i p_{ij}$$

则信息率失真函数 $R(D)$的计算问题变为在约束条件

$$\begin{cases} \sum_{i=1}^{n} \sum_{j=1}^{m} p_i p_{ij} d_{ij} = D \\ \sum_{j=1}^{m} p_{ij} = 1, \quad i = 1, 2, \cdots, n \end{cases} \tag{5.13}$$

下求平均互信息量

$$I(X;Y) = \sum_{i=1}^{n} \sum_{j=1}^{m} p_i p_{ij} \log \frac{p_{ij}}{q_j} \tag{5.14}$$

的极小值问题。

在数学上应用著名的拉格朗日乘子法就可将上述条件极值问题转换为无条件极值问题。为此,引入乘子 s 和 μ_i,$i=1,2,\cdots,n$,作辅助函数

$$\Omega(\{p_{ij}\}) = I(X;Y) + s\left[D - \sum_{i=1}^{n} \sum_{j=1}^{m} p_i p_{ij} d_{ij}\right] + \sum_{i=1}^{n} \mu_i \left[1 - \sum_{j=1}^{m} p_{ij}\right]$$

由辅助函数对各个信道转移概率 p_{ij} 分别求偏导并置之为零,可得 $n \times m$ 个方程

$$\frac{\delta \Omega}{\delta p_{ij}} = 0, \quad i = 1, 2, \cdots, n; \quad j = 1, 2, \cdots, m \tag{5.15}$$

如果由式(5.15)能解出 $n \times m$ 个 p_{ij},代入式(5.14)就会得到在式(5.13)约束条件下的 $I(X;Y)$极小值,即为所求的 $R(D)$。

对式(5.15)中的辅助函数展开并逐项求偏导后可得

$$p_i \log \frac{p_{ij}}{q_j} - s p_i d_{ij} - \mu_i = 0, \quad 1 \leqslant i \leqslant n, \quad 1 \leqslant j \leqslant m \tag{5.16}$$

这样

$$p_{ij} = q_j \cdot \mathrm{e}^{s d_{ij} + \mu_i / p_i}, \quad 1 \leqslant i \leqslant n, \quad 1 \leqslant j \leqslant m \tag{5.17}$$

式(5.17)可简写为

$$p_{ij}=q_j\cdot\lambda_i\cdot e^{sd_{ij}},\quad 1\leqslant i\leqslant n,\quad 1\leqslant j\leqslant m \tag{5.18}$$

其中，

$$\lambda_i=e^{\mu_i/p_i},\quad 1\leqslant i\leqslant n \tag{5.19}$$

式(5.18)给出的 p_{ij} 表达式仍涉及待定常数 s 和 λ_i，$i=1,2,\cdots,n$，因此需要结合约束条件式(5.13)进行联合求解。

考虑保留待定常数 s 作为参量，求出仅含 s 的所有 p_{ij} 与 λ_i 参量表达式。由于 $\sum_{j=1}^{m}p_{ij}=1$，故对式(5.18)求和得

$$\lambda_i=\frac{1}{\sum_{j=1}^{m}q_j\cdot e^{sd_{ij}}},\quad 1\leqslant i\leqslant n \tag{5.20}$$

另外，由于 $q_j=\sum_{i=1}^{n}p_ip_{ij}$，因此对式(5.18)两边同乘 p_i，并求和得

$$\sum_{i=1}^{n}\lambda_i\cdot p_i\cdot e^{sd_{ij}}=1,\quad 1\leqslant j\leqslant m \tag{5.21}$$

将式(5.20)代入式(5.21)可得关于 q_j 的 m 个方程

$$\sum_{i=1}^{n}\frac{p_i\cdot e^{sd_{ij}}}{\sum_{j=1}^{m}q_j\cdot e^{sd_{ij}}}=1,\quad 1\leqslant j\leqslant m \tag{5.22}$$

由式(5.22)可解出含有 s 的 m 个 q_j，再将这些 q_j 代入式(5.20)可解出含有 s 的 n 个 λ_i，最后将这些解出的 m 个 q_j 和 n 个 λ_i 代入式(5.18)就可解出仅含有 s 的 $n\times m$ 个 p_{ij}。

将这些解出的 p_{ij} 代入约束条件式(5.13)可得

$$D=\sum_{i=1}^{n}\sum_{j=1}^{m}\lambda_ip_iq_jd_{ij}e^{sd_{ij}} \tag{5.23}$$

式(5.23)给出的允许失真度表达式仅含参量 s，故记为 $D(s)$。将极值解式(5.18)代入平均互信息量表达式(5.14)并利用式(5.23)进行化简，最后可得仅含参量 s 的率失真函数表达式为

$$R(D)=R(s)=\sum_{i=1}^{n}P_i\log\lambda_i+sD(s) \tag{5.24}$$

一般情况下，参量 s 无法消去，因此得不到 $R(D)$ 的闭式解，只有在一些比较简单的情况下才可以消去参量 s，得到 $R(D)$ 的闭式解。若无法消去参量 s，就需要进行逐点计算。

与待定常数 $\mu_i(i=1,2,\cdots,n)$ 相比，待定常数 s 在率失真函数问题的求解中发挥着十分重要的作用。为此，下面深入分析其特性。

允许失真度 $D(s)$ 是参量 s 的函数，反过来，s 也可看作 D 的函数，进而 λ_i 也可看作 D 的函数。这样可以对式(5.24)表示的 $R(D)$ 关于 D 进行求导以获得率失真函数的斜率：

$$\begin{aligned}\frac{dR}{dD}&=\frac{\partial R}{\partial D}+\frac{\partial R}{\partial s}\cdot\frac{\partial s}{\partial D}+\sum_{i=1}^{n}\frac{\partial R}{\partial\lambda_i}\cdot\frac{\partial\lambda_i}{\partial D}\\&=\frac{\partial R}{\partial D}+\frac{\partial R}{\partial s}\cdot\frac{ds}{dD}+\sum_{i=1}^{n}\frac{\partial R}{\partial\lambda_i}\cdot\frac{d\lambda_i}{dD}\\&=s+D\cdot\frac{ds}{dD}+\sum_{i=1}^{n}\frac{p_i}{\lambda_i}\cdot\frac{d\lambda_i}{dD}\end{aligned}$$

$$=s+\left[D+\sum_{i=1}^{n}\frac{p_i}{\lambda_i}\cdot\frac{\mathrm{d}\lambda_i}{\mathrm{d}s}\right]\cdot\frac{\mathrm{d}s}{\mathrm{d}D} \tag{5.25}$$

为求出$\frac{\mathrm{d}\lambda_i}{\mathrm{d}s}$，在式(5.21)中对 s 求导得

$$\sum_{i=1}^{n}p_i\cdot \mathrm{e}^{sd_{ij}}\ \frac{\mathrm{d}\lambda_i}{\mathrm{d}s}+\lambda_i p_i d_{ij}\mathrm{e}^{sd_{ij}}=0 \tag{5.26}$$

对式(5.26)两边同乘以 q_j，并对 j 求和得

$$\sum_{i=1}^{n}p_i\left(\sum_{j=1}^{m}q_j\cdot \mathrm{e}^{sd_{ij}}\right)\frac{\mathrm{d}\lambda_i}{\mathrm{d}s}+\sum_{i=1}^{n}\sum_{j=1}^{m}q_j p_i\lambda_i d_{ij}\mathrm{e}^{sd_{ij}}=0 \tag{5.27}$$

将式(5.20)和式(5.23)代入式(5.27)得

$$\sum_{i=1}^{n}p_i\ \frac{1}{\lambda_i}\ \frac{\mathrm{d}\lambda_i}{\mathrm{d}s}+D=0 \tag{5.28}$$

将式(5.28)代入式(5.25)最后可得

$$\frac{\mathrm{d}R}{\mathrm{d}D}=s \tag{5.29}$$

式(5.29)表明，保留的待定常数 s 参量，正好就是允许失真度 D 作为变量的率失真函数 $R(D)$ 的斜率。由于 $R(D)$ 是关于失真度 D 的下凸函数和严格递减函数，这意味着 $R(D)$ 的斜率 $s=\frac{\mathrm{d}R}{\mathrm{d}D}<0$，且$\frac{\mathrm{d}s}{\mathrm{d}D}>0$，斜率 s 会随失真度 D 的增加而增加。一般而言，$R(D)$ 的斜率 s 在开区间 $(0,D_{\max})$ 是失真度 D 的连续函数，但当 $D=0$ 时，$s=-\infty$；当 $D>D_{\max}$ 时，$R(D)=0$，$s=\frac{\mathrm{d}R}{\mathrm{d}D}=0$。在 $D=D_{\max}$ 时，除一些特殊情况外，s 将从负值跳到零，因而在这一点上，s 是不连续的。率失真函数 $R(D)$ 与其斜率 s 之间关系如图 5.7 所示。

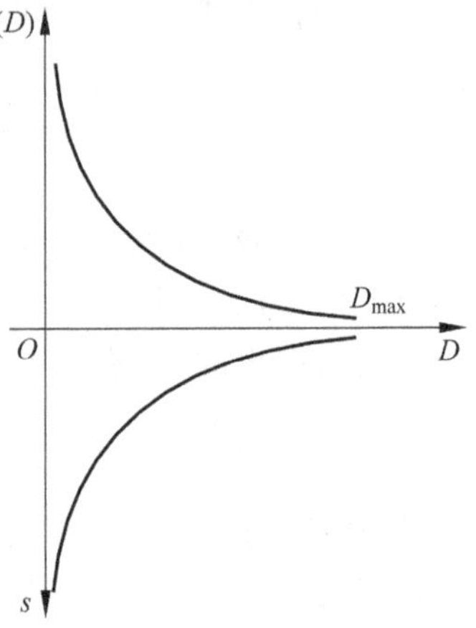

图 5.7 率失真函数 $R(D)$ 与其斜率 s 之间的关系

例 5.5 设信源 X 有 n 个符号，其概率空间为

$$\begin{bmatrix}X\\P\end{bmatrix}=\begin{bmatrix}x_1 & x_2 & \cdots & x_n\\ \frac{1}{n} & \frac{1}{n} & \cdots & \frac{1}{n}\end{bmatrix}$$

试验信道输出符号也有 n 个，其集合为$\{y_1,y_2,\cdots,y_n\}$，失真函数定义为

$$d(x_i,y_j)=\begin{cases}1, & i\neq j\\ 0, & i=j\end{cases}$$

求信息率失真函数 $R(D)$。

解 简记

$$d_{ij}=d(x_i,y_j),\quad p_i=P(x_i),\quad q_j=P(y_j)$$

为了求解信息率失真函数 $R(D)$，先求出带参量 s 的 n 个 q_j 和 n 个 λ_i 表达式。为此，将已知条件代入式(5.22)得

$$\begin{cases} q_1+q_2\mathrm{e}^s+\cdots+q_n\mathrm{e}^s=\dfrac{1+(n-1)\mathrm{e}^s}{n} \\ q_1\mathrm{e}^s+q_2+\cdots+q_n\mathrm{e}^s=\dfrac{1+(n-1)\mathrm{e}^s}{n} \\ \vdots \\ q_1\mathrm{e}^s+q_2\mathrm{e}^s+\cdots+q_n=\dfrac{1+(n-1)\mathrm{e}^s}{n} \end{cases}$$

解上述方程组可得

$$q_j=\frac{1}{n},\quad 1\leqslant j\leqslant n \tag{5.30}$$

将式(5.30)代入式(5.20)得

$$\lambda_i=\frac{n}{1+(n-1)\mathrm{e}^s},\quad 1\leqslant i\leqslant n \tag{5.31}$$

然后再将式(5.30)和式(5.31)代入式(5.23)得

$$D(s)=\frac{(n-1)\mathrm{e}^s}{1(n-1)\mathrm{e}^s} \tag{5.32}$$

利用式(5.32)解出 s 得

$$s=\log\frac{D}{(n-1)(1-D)} \tag{5.33}$$

将式(5.31)代入式(5.24)得到关于仅含参量 s 的 $R(D)$表达式,然后再代入式(5.33),从而有

$$\begin{aligned} R(D)&=\sum_{i=1}^{n}p_i\log\lambda_i+sD \\ &=\log n-D\log(n-1)-H(D) \end{aligned} \tag{5.34}$$

其中,$H(D)=-D\log D-(1-D)\log(1-D)$。

继续考虑例 5.3。应用例 5.5 的最后结果式(5.34),可知

$$R\left(\frac{1}{2}\right)=\log(2n)-\frac{1}{2}\log(2n-1)-1$$

因此,在可允许平均失真度 $\overline{D}\leqslant\frac{1}{2}$ 情况下,信息传输率最大可压缩量是

$$\frac{1}{2}\log(2n-1)+1$$

5.3.2 率失真函数的迭代计算方法

5.3.1 节给出了信息率失真函数 $R(D)$的参量表达式 $R(s)$,但是要进行具体计算仍然是相当困难的,一般需要借助计算机进行迭代运算。众所周知,要形成迭代算法的关键是有描述优化函数的具有互为因果关系的两个自变量组。依据率失真函数 $R(D)$的定义表达式,选择输出概率分布$\{q_j\}$和信道转移概率$\{p_{ij}\}$作为可产生迭代运算的两个自变量组。下面推导形成迭代运算所需的公式。

依据率失真函数 $R(D)$定义表达式,求解 $R(D)$的问题就是求在式(5.13)的约束条件

下平均互信息量 $I(X;Y)$ 极小值的问题，而这个问题通过拉格朗日乘子法可转换为求引入待定常数 s 和 $\{\mu_i, 1\leqslant i\leqslant n\}$ 的辅助函数

$$\Omega(s,\{p_{ij}\}) = I(X;Y) + s\left[D - \sum_{i=1}^{n}\sum_{j=1}^{m} p_i p_{ij} d_{ij}\right] + \sum_{i=1}^{n}\mu_i\left[1 - \sum_{j=1}^{m} p_{ij}\right]$$

的极小值问题，这已变成了无约束条件下的极值问题。在已知输入概率分布 $\{p_i\}$ 的情况下，$\{q_j\}$ 与 $\{p_{ij}\}$ 是相互关联的。为了导出迭代运算公式，先假定 $\{q_j\}$ 固定不变，与 $\{p_{ij}\}$ 无关。在这种情况下，对辅助函数计算关于各个 p_{ij} 的偏导，并置之为零，可得如下 $n\times m$ 个方程

$$\frac{\partial\Omega}{\partial p_{ij}} = 0,\quad i=1,2,\cdots,n;\quad j=1,2,\cdots,m \tag{5.35}$$

完全类似于 5.3.1 节中的推导，有

$$p_{ij}^{*} = q_j\cdot\lambda_i\cdot \mathrm{e}^{sd_{ij}},\quad 1\leqslant i\leqslant n,\quad 1\leqslant j\leqslant m \tag{5.36}$$

其中，

$$\lambda_i = \mathrm{e}^{\mu_i/p_i} = \frac{1}{\sum_{j=1}^{m} q_j\cdot \mathrm{e}^{sd_{ij}}},\quad 1\leqslant i\leqslant n \tag{5.37}$$

因此

$$p_{ij}^{*} = \frac{q_j\cdot \mathrm{e}^{sd_{ij}}}{\sum_{j=1}^{m} q_j\cdot \mathrm{e}^{sd_{ij}}},\quad 1\leqslant i\leqslant n,\quad 1\leqslant j\leqslant m \tag{5.38}$$

这就是在 $\{q_j\}$ 固定不变假定下 $\{p_{ij}\}$ 的优化解。

现在假定 $\{p_{ij}\}$ 固定不变，与 $\{q_j\}$ 无关。可以证明，平均互信息量 $I(X;Y)$ 是关于 $\{q_j\}$ 的下凸函数。因此，在式(5.39)的约束条件下存在关于 $I(X;Y)$ 极小值求解问题

$$\begin{cases}\sum_{i=1}^{n}\sum_{j=1}^{m} p_i p_{ij} d_{ij} = D\\ \sum_{j=1}^{m} q_j = 1\end{cases} \tag{5.39}$$

这个问题可通过拉格朗日乘子法转换为引入待定常数 s 和 μ 下关于辅助函数

$$\Psi(s,\{q_j\}) = I(X;Y) + s\left[D - \sum_{i=1}^{n}\sum_{j=1}^{m} p_i p_{ij} d_{ij}\right] + \mu\left[1 - \sum_{j=1}^{m} q_j\right]$$

的极小值求解问题。在这种情况下，对辅助函数计算关于各个 q_j 的偏导，并置之为 0，可得如下 m 个方程

$$\frac{\partial\Psi}{\partial q_j} = 0,\quad j=1,2,\cdots,m \tag{5.40}$$

解上述方程组得

$$q_j^{*} = \frac{1}{\mu}\sum_{i=1}^{n} p_i p_{ij} \tag{5.41}$$

利用约束条件式(5.39)可进一步解出

$$\mu = \sum_{j=1}^{m}\sum_{i=1}^{n} p_i p_{ij} = 1 \tag{5.42}$$

因此有

$$q_j^* = \sum_{i=1}^{n} p_i p_{ij}, \quad 1 \leqslant j \leqslant m \tag{5.43}$$

这就是在$\{p_{ij}\}$固定不变假定下$\{q_j\}$的优化解。

式(5.43)和式(5.38)形成求解率失真函数$R(D)$迭代算法所需的公式,即

$$\begin{cases} q_j^{(t)} = \sum_{i=1}^{n} p_i p_{ij}^{(t)}, & 1 \leqslant j \leqslant m \\ p_{ij}^{(t+1)} = \dfrac{q_j^{(t)} \mathrm{e}^{sd_{ij}}}{\sum_{j=1}^{m} q_j^{(t)} \mathrm{e}^{sd_{ij}}}, & 1 \leqslant i \leqslant n \\ & 1 \leqslant j \leqslant m \end{cases} \tag{5.44}$$

求$R(D)$迭代算法具体步骤描述如下。

(1) 设定标志算法收敛的误差精度ε,给定参量s值。

(2) 对$\{p_{ij}^{(1)}\}$赋初始值,一般可取$p_{ij}^{(1)} = \dfrac{1}{m}$,$1 \leqslant i \leqslant n$,$1 \leqslant j \leqslant m$。计算

$$q_j^{(1)} = \sum_{i=1}^{n} p_i p_{ij}^{(1)}, \quad 1 \leqslant j \leqslant m$$

(3) 利用计算出的结果$\{q_j^{(1)}, 1 \leqslant j \leqslant m\}$,再计算

$$p_{ij}^{(2)} = \frac{q_j^{(1)} \mathrm{e}^{sd_{ij}}}{\sum_{j=1}^{m} q_j^{(1)} \mathrm{e}^{sd_{ij}}}, \quad 1 \leqslant i \leqslant n, \quad 1 \leqslant j \leqslant m$$

(4) 计算

$$q_j^{(2)} = \sum_{i=1}^{n} p_i p_{ij}^{(2)}, \quad 1 \leqslant j \leqslant m$$

并检验由$\{q_j^{(1)}\}$、$\{q_j^{(2)}\}$、$\{p_{ij}^{(1)}\}$和$\{p_{ij}^{(2)}\}$产生的计算结果是否满足如下收敛性要求

$$|R^{(2)}(s) - R^{(1)}(s)| \leqslant \varepsilon, \quad |D^{(2)}(s) - D^{(1)}(s)| \leqslant \varepsilon$$

(5) 如没有满足收敛性要求,则继续重复第(3)步和第(4)步,直至第t次迭代达到要求。此时由$\{q_j^{(t)}\}$和$\{p_{ij}^{(t)}\}$产生的$R^{(t)}(s)$和$D^{(t)}(s)$即为所求。这实际上给出了$R(D)-D$坐标图上的一个点。

(6) 再给定参量s新的值,重复第(2)步到第(5)步获得新的$R(s)$和$D(s)$值。这实际上给出了$R(D)-D$坐标图上的另一个点。不断重复上述过程,就能画出$R(D)$完整曲线。

参量s是率失真函数$R(D)$的斜率,其取值范围是$(-\infty, 0)$。所以,要得到整个$R(D)$曲线,可先选取一个绝对值充分大的负值s开始上述迭代过程,计算出相应的$R(s)$和$D(s)$值;再逐渐增加s值,并计算$R(s)$和$D(s)$值;当$R(s)$接近零时,计算过程结束,从而获得整个曲线。

理论上可以进一步证明上述迭代运算的收敛性,此处不再赘述。

以上侧重讨论了单符号离散无记忆信源率失真函数的性质、参量表述和迭代运算。尽管比较复杂,但这些方法和结果可以向多符号离散信源延伸。若多符号信源是平稳无记忆的,则可以证明当各维允许失真度一致时,即所有$D_k = D$时,$R_K(D)$才会达到最小。

5.4 限失真信源编码定理

设有一个离散无记忆信源 X，其概率空间为

$$\begin{bmatrix} X \\ P \end{bmatrix} = \begin{bmatrix} x_1 & x_2 & \cdots & x_n \\ P(x_1) & P(x_2) & \cdots & P(x_n) \end{bmatrix}$$

记试验信道输出符号集为$\{y_1, y_2, \cdots, y_m\}$，用 $d(x_i, y_j)$表示发出 x_i 收到 y_j 的失真度。设试验信道每次输入的是长度为 K 的信源符号序列

$$\boldsymbol{x}_i = [x_{i_1}, x_{i_2}, \cdots, x_{i_K}], \quad x_{i_k} \in \{x_1, x_2, \cdots, x_n\}$$

经信道传输后，信宿会接收到的长度为 K 的符号序列可表示为

$$\boldsymbol{y}_j = [y_{j_1}, y_{j_2}, \cdots, y_{j_K}], \quad y_{j_k} \in \{y_1, y_2, \cdots, y_m\}$$

则发出 $\boldsymbol{x}_i$ 收到 $\boldsymbol{y}_j$ 的失真度可表示为

$$d_K(\boldsymbol{x}_i, \boldsymbol{y}_j) = \frac{1}{K}\sum_{k=1}^{K} d(x_{i_k}, y_{j_k})$$

从所有上述接收序列 $\boldsymbol{y}_j$ 选取 M 个序列构成一个码，并称为码字数目为 M、码长为 K 的分组码，记为$\mathbb{C}(M, K)$。采用这样的分组码进行如下信源编码：输入 $\boldsymbol{x}_i$，输出使失真达到最小的码字 $\boldsymbol{y}_j$。记

$$d_K(\boldsymbol{x}_i \mid \mathbb{C}) = \min_{\boldsymbol{y}_j \in \mathbf{C}} d_K(\boldsymbol{x}_i, \boldsymbol{y}_j)$$

则该分组码$\mathbb{C}(M, K)$的平均失真度为

$$d_K(\mathbb{C}) = \sum_{i=1}^{n^K} P(\boldsymbol{x}_i) d_K(\boldsymbol{x}_i \mid \mathbb{C})$$

由于信源是无记忆性的，因此有

$$P(\boldsymbol{x}_i) = \prod_{k=1}^{K} P(x_{i_k})$$

设 D 是预先给定的失真度。如果 $d_K(\mathbb{C}) \leqslant D$，则称分组码$\mathbb{C}(M, K)$是满足保真度准则 D 的**许可码**。对于分组码$\mathbb{C}(M, K)$，其信息率表示为 $R = \frac{1}{K}\log M$。

定理 5.1 对于离散无记忆信源 X，其单字符失真度下的信息率失真函数为 $R(D)$。则对于任意 $\varepsilon > 0$ 和 $D \geqslant 0$，可以找到满足保真度准则$(D+\varepsilon)$的许可码$\mathbb{C}(M, K)$，当 K 足够大时，其信息率满足

$$R \leqslant R(D) + \varepsilon \tag{5.45}$$

另外，对于满足保真度准则 D 的所有许可码，其信息率应满足

$$R \geqslant R(D) \tag{5.46}$$

定理 5.1 就是限失真信源编码定理，即香农第三定理，它可以推广到离散有记忆信源。定理 5.1 表明，对于率失真函数为 $R(D)$的离散无记忆信源 X，当信息率 $R > R(D)$时，只要信源序列长度 K 足够长，一定存在一种编码方法，其译码失真度小于或等于 $D+\varepsilon$，其中 ε 为任意小的正数；反之若 $R < R(D)$，则无论采用什么样的编码方法，其译码失真度必大于 D。或者说，在失真限度内使信息率任意接近 $R(D)$的编码方法存在，然而要使信息率小于 $R(D)$，平均失真一定会超过失真限度 D。

习题解答

5.1 设输入符号集为 $\boldsymbol{X}=\{0,1\}$，输出符号集为 $\boldsymbol{Y}=\{0,1\}$。定义失真函数为

$$d(0,0)=d(1,1)=0$$
$$d(0,1)=d(1,0)=1$$

试求失真矩阵 $\boldsymbol{D}$。

解 根据题意和定义，容易得到失真矩阵

$$\boldsymbol{D}=\begin{bmatrix}0 & 1\\ 1 & 0\end{bmatrix}$$

■

5.2 设有离散对称信源($r=s$)，信源符号集为 $\boldsymbol{X}=\{x_1,x_2,\cdots,x_r\}$，接收符号集为 $\boldsymbol{Y}=\{y_1,y_2,\cdots,y_s\}$，定义单个符号失真度为

$$d(x_i,y_j)=\begin{cases}0, & i=j\\ 1, & i\neq j\end{cases}$$

求失真矩阵 $\boldsymbol{D}([d])$。

解 在失真度定义下，失真矩阵是一个方阵$[d]$，并有

$$[d]=\begin{bmatrix}0 & 1 & 1 & \cdots & 1\\ 1 & 0 & 1 & \cdots & 1\\ 1 & 1 & 0 & \cdots & 1\\ \vdots & \vdots & \vdots & & \vdots\\ 1 & 1 & 1 & \cdots & 0\end{bmatrix}$$

是 $r\times r$ 阶矩阵。 ■

5.3 假定离散矢量信源输出的矢量序列为 $\boldsymbol{X}=X_1X_2X_3$，其中 $X_i(i=1,2,3)$的取值为 0 和 1，经信道传输后的输出为$\boldsymbol{Y}=Y_1Y_2Y_3$，其中 $Y_i(i=1,2,3)$的取值为 0 和 1，定义单个符号失真函数

$$d(0,0)=d(1,1)=0$$
$$d(0,1)=d(1,0)=1$$

求矢量失真矩阵 $\boldsymbol{D}_3=[d_3]$。

解 由矢量失真函数的定义得

$$d_3(\boldsymbol{X},\boldsymbol{Y})=\frac{1}{3}\sum_{i=1}^{3}d(X_i,Y_i)=\frac{1}{3}[d(X_1,Y_1)+d(X_2,Y_2)+d(X_3,Y_3)]$$

所以有

$$d_3(000,000)=\frac{1}{3}[d(0,0)+d(0,0)+d(0,0)]$$
$$=\frac{1}{3}[0+0+0]=0$$
$$d_3(001,000)=\frac{1}{3}[d(0,0)+d(0,0)+d(1,0)]$$
$$=\frac{1}{3}[0+0+1]=\frac{1}{3}$$

类似计算其他元素值，最后得其矢量失真矩阵为

$$\boldsymbol{D}_3=[d_3]=\begin{bmatrix} 0 & \frac{1}{3} & \frac{1}{3} & \frac{2}{3} & \frac{1}{3} & \frac{2}{3} & \frac{2}{3} & 1 \\ \frac{1}{3} & 0 & \frac{2}{3} & \frac{1}{3} & \frac{2}{3} & \frac{1}{3} & 1 & \frac{2}{3} \\ \frac{1}{3} & \frac{2}{3} & 0 & \frac{1}{3} & \frac{2}{3} & 1 & \frac{1}{3} & \frac{2}{3} \\ \frac{2}{3} & \frac{1}{3} & \frac{1}{3} & 0 & 1 & \frac{2}{3} & \frac{2}{3} & \frac{1}{3} \\ \frac{1}{3} & \frac{2}{3} & \frac{2}{3} & 1 & 0 & \frac{1}{3} & \frac{1}{3} & \frac{2}{3} \\ \frac{2}{3} & \frac{1}{3} & 1 & \frac{2}{3} & \frac{1}{3} & 0 & \frac{2}{3} & \frac{1}{3} \\ \frac{2}{3} & 1 & \frac{1}{3} & \frac{2}{3} & \frac{1}{3} & \frac{1}{3} & 0 & \frac{1}{3} \\ 1 & \frac{2}{3} & \frac{2}{3} & \frac{1}{3} & \frac{2}{3} & \frac{1}{3} & \frac{1}{3} & 0 \end{bmatrix}$$ ■

5.4 设有一个二元等概率信源：$U=\{0,1\}$，$p_0=p_1=\frac{1}{2}$，通过一个二进制对称信道(BSC)。其失真函数 d_{ij} 与信道转移概率 P_{ji} 分别定义为

$$d_{ij}=\begin{cases}1, & i\neq j\\ 0, & i=j\end{cases},\quad P_{ji}=\begin{cases}\varepsilon, & i\neq j\\ 1-\varepsilon, & i=j\end{cases}$$

试求：

(1) 失真矩阵$[d_{ij}]$；

(2) 平均失真度 $\overline{D}$。

解 (1) 失真矩阵$[d_{ij}]=\begin{bmatrix}0 & 1\\ 1 & 0\end{bmatrix}$。

(2) 由信道转移概率矩阵

$$[P_{ji}]=\begin{bmatrix}1-\varepsilon & \varepsilon\\ \varepsilon & 1-\varepsilon\end{bmatrix}$$

及

$$\overline{D}=\sum_i\sum_j p_i P_{ij} d_{ij}$$

得

$$\overline{D}=\varepsilon$$ ■

5.5 试证对离散信源，$R(D=0)=H(p)$（信源熵）的充要条件是失真矩阵 $\boldsymbol{D}$ 的每行中至少有一个为0，而每列中至多有一个为0。

证明 必要性：由于

$$D=0\Rightarrow\sum_i\sum_j p_i P_{ji} d_{ij}=0$$

又

$$p_i > 0, \quad d_{ij} \geqslant 0, \quad P_{ji} \geqslant 0$$

故

$$D = 0 \Rightarrow \forall\, i, j, p_i P_{ji} d_{ij} = 0 \Rightarrow \begin{cases} P_{ji} \neq 0, & d_{ij} = 0 \\ P_{ji} = 0, & d_{ij} = \infty \end{cases}$$

若$[d_{ij}]$矩阵中某行没有0,则对应的P_{ji}全为0,必失真,与$D=0$矛盾。

若$[d_{ij}]$矩阵中某列有超过两个以上的0,则表示有不止一个i使得$P_{ji}\neq 0$,必失真,从而得证。

充分性：当$D=0$却无失真时,i、j一一对应,即

$$P_{ji} = \delta_{ij} = \begin{cases} 1, & i = j \\ 0, & i \neq j \end{cases}$$

即对应的(d_{ij})矩阵某行必有一个0,某列只有一个0。易知

$$R(D)\Big|_{D=0} = \sum_i \sum_j p_i \delta_{ij} \log \frac{\delta_{ij}}{p_i} = \sum_i p_i \log \frac{1}{p_i} = H(P)$$ ■

5.6 某信源含有三个消息,概率分布为$p_1=0.2$,$p_2=0.3$,$p_3=0.5$,失真矩阵为

$$\boldsymbol{D} = [d] = \begin{bmatrix} 4 & 2 & 1 \\ 0 & 3 & 2 \\ 2 & 0 & 1 \end{bmatrix}$$

求$D_{\min}$和$D_{\max}$。

解 因为有失真,所以$D_{\min}$不为零。

$$\begin{aligned} D_{\min} &= \sum_X p(x_i) \min_Y d(x_i, y_j) \\ &= 1 \times 0.2 + 0 \times 0.3 + 0 \times 0.5 = 0.2 \end{aligned}$$

根据率失真函数的定义域,可得

$$\begin{aligned} D_{\max} &= \min_Y \left\{ \sum_X p(x) d(x, y) \right\} \\ &= \min\{4 \times 0.2 + 2 \times 0.5, 2 \times 0.2 + 3 \times 0.3, 1 \times 0.2 + 2 \times 0.3 + 1 \times 0.5\} = 1.3 \end{aligned}$$ ■

5.7 有一离散泊松信源,其分布为$P_i = \dfrac{\lambda^i}{i!}\mathrm{e}^{-\lambda}$,且$\displaystyle\sum_{i=0}^{\infty} \frac{\lambda^i}{i!}\mathrm{e}^{-\lambda} = 1$,设其失真函数为

$$d_{ij} = 1 - \delta_{ij} = \begin{cases} 0, & i = j \\ 1, & i \neq j \end{cases}$$

试求：

(1) 信源$R(D)$函数的定义域D;

(2) 若令参数值$\lambda=1$,具体的D值范围。

解 (1) 由$R(D)$函数性质可得

$$D_{\min} = 0$$

$$D_{\max} = \min_j \left(\sum_i p_i d_{ij} \right) = \min_j \left(\sum_i \frac{\lambda^i}{i!} \mathrm{e}^{-\lambda} d_{ij} \right)$$

由定义

$$(d_{ij}) = \begin{bmatrix} 0 & 1 & 1 & \cdots \\ 1 & 0 & 1 & \cdots \\ 1 & 1 & 0 & \cdots \\ \cdots & \cdots & \cdots & \cdots \end{bmatrix}$$

再由泊松分布性质可知 $\lambda>0$，则

当 $j=0$ 时，$D_{\max}=\lambda e^{-\lambda}+\frac{\lambda^2}{2!}e^{-\lambda}+\cdots=1-e^{-\lambda}$

当 $j=1$ 时，$D_{\max}=e^{-\lambda}+\frac{\lambda^2}{2!}e^{-\lambda}+\cdots=1-\lambda e^{-\lambda}$

当 $j=2$ 时，$D_{\max}=e^{-\lambda}+\lambda e^{-\lambda}+\cdots=1-\frac{\lambda^2}{2!}e^{-\lambda}$

因为 $D>0$，则由前三项可知

$$\lambda\leqslant 1$$

所以有

$$1-e^{-\lambda}<1-\lambda e^{-\lambda}<1-\frac{\lambda^2}{2!}e^{-\lambda}<\cdots$$

故 $R(D)$ 函数定义域为

$$[0,1-e^{-\lambda}]$$

(2) 令 $\lambda=1$，则定义域为

$$[0,1-e^{-1}]$$

■

5.8 设输入符号集为 $\{0,1,2,3\}$，且输入信源的分布为

$$p(x_i)=\frac{1}{4}\quad(i=0,1,2,3)$$

设失真矩阵为

$$[d]=\begin{bmatrix}0&1&1&1\\1&0&1&1\\1&1&0&1\\1&1&1&0\end{bmatrix}$$

求 $D_{\min}$ 和 $D_{\max}$ 及 $R(D)$。

解 四元对称信源在汉明失真矩阵下，它的平均失真度等于信道的平均错误概率 p_E，即

$$D=\sum_{XY}p(x_i,y_j)=p_E$$

又根据最大允许失真度的定义，有

$$D_{\max}=\min_{Y}\sum_{x}p(x)d(x,y)=1-\frac{1}{r}=\frac{3}{4}$$

而最小允许失真度

$$D_{\min}=\sum_{i=1}^{4}p(x_i)\min_{j}d(x_i,y_j)=0$$

因为是四元对称信源，又是等概率分布，所以根据 r 元离散对称信源可得

$$R(D)=\begin{cases}\log4-D\log3-H(D), & 0\leqslant D\leqslant\frac{3}{4}\\[2ex] 0, & D>\frac{3}{4}\end{cases}$$

■

5.9 设二进制信源为

$$\begin{bmatrix} X \\ P \end{bmatrix} = \begin{bmatrix} 0 & 1 \\ \frac{1}{2} & \frac{1}{2} \end{bmatrix}$$

失真函数矩阵为

$$[d] = \begin{bmatrix} 0 & a \\ a & 0 \end{bmatrix}$$

求这个信源的 $D_{\min}$ 和 $D_{\max}$ 及 $R(D)$。

解 由已知条件可以求得

$$D_{\min} = 0, \quad D_{\max} = \frac{a}{2}$$

(1) 达到 $D_{\min}$ 的信道为

$$\boldsymbol{P} = \begin{bmatrix} 1 & 0 \\ 0 & 1 \end{bmatrix}$$

所以

$$R(0) = I(X;Y) = H(X) = H\left(\frac{1}{2}\right)$$

(2) 达到 $D_{\max}$ 的信道为

$$\boldsymbol{P} = \begin{bmatrix} 0 & 1 \\ 0 & 1 \end{bmatrix}, \quad \boldsymbol{P} = \begin{bmatrix} 1 & 0 \\ 1 & 0 \end{bmatrix}, \quad 或 \quad \boldsymbol{P} = \begin{bmatrix} a & 1-a \\ a & 1-a \end{bmatrix}, \quad 0 \leqslant a \leqslant 1$$

在这些信道中,可计算得

$$R(D_{\max}) = R\left(\frac{a}{2}\right) = 0$$

(3) 一般情况下,$0 < D < \frac{a}{2}$时的平均失真度为

$$\begin{aligned} \bar{D} &= \sum_{XY} p(x)p(y \mid x)d(x,y) \\ &= p(x=0,y=1)a + p(x=1,y=0)a \\ &= a[p(x=0,y=1) + p(x=1,y=0)] \\ &= a p_{\mathrm{E}} \end{aligned} \tag{5.47}$$

其中,p_{E} 是二元对称信道的平均错误概率。

根据费诺不等式,$r=2$ 时

$$H(X \mid Y) \leqslant H(p_{\mathrm{E}})$$

根据式(5.47),得

$$H(X \mid Y) \leqslant H\left(\frac{D}{a}\right) \tag{5.48}$$

现任选一信道,得平均互信息量为

$$I(X;Y) = H(X) - H(X \mid Y) = H\left(\frac{1}{2}\right) - H(X \mid Y)$$

由式(5.48)可得

$$I(X;Y) \geqslant H\left(\frac{1}{2}\right) - H\left(\frac{D}{a}\right)$$

这是平均互信息量的下限值。

现要找一个试验信道，使平均失真度满足保真度准则，而其平均互信量达到这个下限值，则这个下限值就是 $R(D)$。引进一个"反向"试验信道，设反向信道的信道矩阵为

$$\boldsymbol{P}=\begin{bmatrix}1-\frac{D}{a} & \frac{D}{a}\\ \frac{D}{a} & 1-\frac{D}{a}\end{bmatrix}$$

可计算得

$$p(y=0)=\frac{1}{2},\quad p(y=1)=\frac{1}{2}$$

因为 $0<D<\frac{a}{2}$，$0<p(y)<1$，所以反向试验信道存在。在这个试验信道下，平均失真度为

$$\begin{aligned}D'=\mathrm{E}[d]&=\sum_{XY}p(xy)d(x,y)\\&=\frac{a}{2}\frac{D}{a}+\frac{a}{2}\frac{D}{a}=D\end{aligned}$$

又

$$\begin{aligned}H(X\mid Y)&=-\sum_{XY}p(x,y)\log p(x\mid y)\\&=-\left[\left(1-\frac{D}{a}\right)\log\left(1-\frac{D}{a}\right)+\frac{D}{a}\log\frac{D}{a}\right]\\&=H\left(\frac{D}{a}\right)\end{aligned}$$

所以在这个反向试验信道中，可得传输的平均互信息为

$$\begin{aligned}I(X;Y)&=H(X)-H(X\mid Y)\\&=H\left(\frac{1}{2}\right)-H\left(\frac{D}{a}\right)\end{aligned}$$

由此可得，所选择的这个试验信道正是满足平均失真度小于 D，而平均互信息量达到最小值的信道。因此，求得二元对称信道在失真度 D 下的信息率失真函数为

$$R(D)=\begin{cases}1-H\left(\frac{D}{a}\right), & 0\leqslant D\leqslant\frac{a}{2}\\ 0, & D>\frac{a}{2}\end{cases}$$

其中，$H\left(\frac{D}{a}\right)=-\frac{D}{a}\log\frac{D}{a}-\left(1-\frac{D}{a}\right)\log\left(1-\frac{D}{a}\right)$。 ■

5.10 设已知离散无记忆信源在给定失真量度

$$d(i,j),\quad i=1,2,\cdots,K;\quad j=1,2,\cdots,J$$

下的信息速率失真函数为 $R(D)$。现定义新的失真量度

$$d'(i,j)=d(i,j)-g_i$$

试证：在新的失真量度下信息率失真函数 $R'(D)$ 为 $R'(D)=R(D+G)$，其中 $G=\sum_i p(a_i)g_i$。

证明 对离散无记忆信源

$$R(D)=\min\{I(X;Y),E\{d(X,Y)\}\leqslant D\}$$

因为

$$\begin{aligned}R'(D)&=\min\{I(X;Y),E\{d'(X,Y)\}\leqslant D\}\\&=\min\{I(X;Y),E\{d(i,j)-g_i\}\leqslant D\}\\&=\min\{I(X;Y),E\{d(i,j)-E\{g_i\}\leqslant D\}\}\\&=\min\{I(X;Y),E\{d(i,j)\leqslant E\{g_i\}+D\}\}\end{aligned}$$

而 $E\{g_i\}=\sum_i p(a_i)g_i=G$，故上式可以表示为

$$R'(D)=\min\{I(X;Y),E\{d(i,j)\leqslant D+G\}\}=R(D+G)$$

得证。 ■

5.11 一个离散无记忆信源输出符号等概率，失真函数如下所示：

$$[d_{ij}]=\begin{bmatrix}1&2\\1&1\\2&1\end{bmatrix}$$

试求：

(1) 信息率失真 $R(D)$ 函数；

(2) 试验信道转移概率。

解 容易计算

$$D_{\min}=1,\quad D_{\max}=\frac{4}{3}$$

在信源等概的条件下，若$[d]$具有对称性，则在 $p(y|x)$ 具有对称性时，求出的 $I(X;Y)$ 就等于率失真函数 $R(D)$。

在本题中，根据$[d]$的对称性，可假设信道转移概率

$$[p(y\mid x)]=\begin{bmatrix}1-a&a\\\frac{1}{2}&\frac{1}{2}\\a&1-a\end{bmatrix},\quad a\text{ 为待定常数}\left(a<\frac{1}{2}\right)$$

由假设的信道转移概率计算出信息量

$$\begin{aligned}I(X;Y)&=H(Y)-H(Y\mid X)\\&=\sum_Y p(y)\log\frac{1}{p(y)}-\sum_{XY}p(y\mid x)p(x)\log\frac{1}{p(y\mid x)}\end{aligned}\tag{5.49}$$

可以求出

$$\begin{cases}p(y_1)=\sum_X p(y_1\mid x)p(x)=\frac{1}{3}\left(1-a+\frac{1}{2}+a\right)=\frac{1}{2}\\p(y_2)=1-p(y_1)=\frac{1}{2}\end{cases}\tag{5.50}$$

将式(5.50)代入式(5.49)得

$$\begin{aligned}I(X;Y)&=\log2+\frac{1}{3}\sum_{XY}p(y\mid x)\log p(y\mid x)\\&=\log2+\frac{1}{3}\times2\times\left[(1-a)\log(1-a)+a\log a+\frac{1}{2}\log\frac{1}{2}\right]\end{aligned}$$

$$=\frac{2}{3}[\log 2-H(a)] \tag{5.51}$$

由假设的信道转移概率计算平均失真,得

$$\bar{D}=\sum_{XY}p(y\mid x)p(x)d(x,y)=\frac{1}{3}\times 2\times\left[(1-a)+2a+\frac{1}{2}\right]=1+\frac{2}{3}a \tag{5.52}$$

因为 $\bar{D}\leqslant D$,由式(5.52)得

$$a\leqslant\frac{3}{2}(D-1)$$

考虑到 $a<\frac{1}{2}$,则有

$$\frac{3}{2}(D-1)<\frac{1}{2}\Rightarrow D_{\max}=\frac{4}{3}$$

如图 5.8 所示,在 $0<a<0.5$ 的范围内,$H(a)$是单调递增函数。

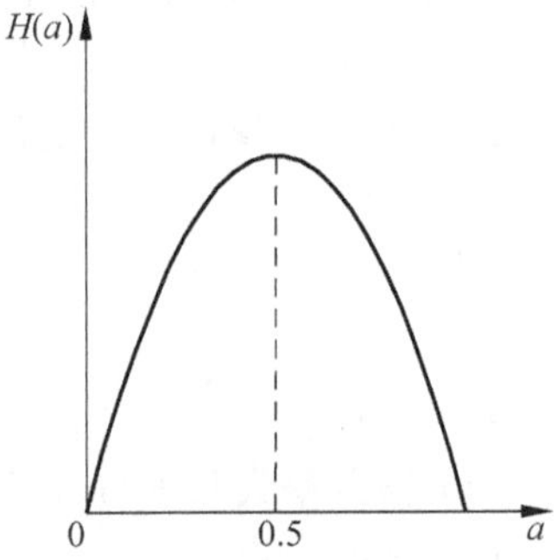

图 5.8 习题 5.11 图

根据式(5.51),考虑到 $a\leqslant\frac{3}{2}(D-1)$,则有

$$I(X;Y)\geqslant\frac{2}{3}\left\{\log 2-H\left[\frac{3}{2}(D-1)\right]\right\}$$

从而有

$$R(D)=\begin{cases}\frac{2}{3}\left\{\log 2-H\left[\frac{3}{2}(D-1)\right]\right\}, & 1\leqslant D\leqslant\frac{4}{3}\\ 0, & D<1,D>\frac{4}{3}\end{cases}$$

■

5.12 三元信源的概率分别为 $p_0=0.4,p_1=0.4,p_2=0.2$,失真函数为

$$d_{ij}=\begin{cases}0, & i=j\\ 1, & i\neq j\end{cases},\quad i,j=0,1,2$$

试求:

(1) 信息率失真函数 $R(D)$;

(2) 若此信源用容量为 1bit 和 0.1bit 的信道传送,其最小误码率 P_e 分别是多少?

解 (1) 根据题意

$$[d_{ij}]=\begin{bmatrix}0 & 1 & 1\\ 1 & 0 & 1\\ 1 & 1 & 0\end{bmatrix}$$

$$[p_{ij}]=(0.4,0.4,0.2)$$

$$D_{\min}=0,\quad D_{\max}=\min_{q_j}\sum_j q_j\sum_i p_i d_{ij}=\min_j D_j$$

$$\left.\begin{aligned}&D_0=\sum_i p_i d_i=0.6\\ &D_1=0.6,D_2=0.8\end{aligned}\right\}$$

则 $D_{\max}=0.6$。

由参量表达式 $\sum_i p_i\lambda_i e^{sd_{ij}}=1$,得下列方程组

$$\begin{cases}0.4\lambda_0+0.4\lambda_1e^s+0.2\lambda_2e^s=1\\0.4\lambda_0e^s+0.4\lambda_1+0.2\lambda_2e^s=1\\0.4\lambda_0e^s+0.4\lambda_1e^s+0.2\lambda_2e^s=1\end{cases}\Rightarrow\begin{cases}\lambda_0=\dfrac{2.5}{1+2e^s}\\\lambda_1=\dfrac{2.5}{1+2e^s}\\\lambda_2=\dfrac{5}{1+2e^s}\end{cases}$$

$$\sum_j q_j e^{sd_{ij}}=\frac{1}{\lambda_i}$$

则有

$$\begin{cases}q_0+q_1e^s+q_2e^s=0.4(1+2e^s)\\q_0e^s+q_1+q_2e^s=0.4(1+2e^s)\\q_0e^s+q_1e^s+q_2=0.2(1+2e^s)\end{cases}\Rightarrow\begin{cases}q_0=\dfrac{0.2(2-e^s)}{1-e^s}\\q_1=\dfrac{0.2(2-e^s)}{1-e^s}\\q_2=\dfrac{0.2(1-3e^s)}{1-e^s}\Rightarrow e^s\leqslant\dfrac{1}{3}\end{cases}$$

故

$$\begin{aligned}D(S)&=\sum_i\sum_j p_iq_j\lambda_ie^{sd_{ij}}d_{ij}\\&=\frac{2e^s}{1+2e^s}\Rightarrow\frac{D}{2(1-D)}\leqslant\frac{1}{3}\Rightarrow D\leqslant\frac{5}{2}=0.4\\R(S)&=SD(S)+\sum_i p_i\log\lambda_i\\&=S\cdot\frac{2e^s}{1+2e^s}+0.8\log\frac{2.5}{1+2e^s}+0.2\log\frac{5}{1+2e^s}\\&=D\cdot\log\frac{D}{2(1-D)}+\log5-0.8\log2+\log(1-D)\\&=\log5-(D+0.8)\log2-H(D,1-D)\quad(D\leqslant0.4)\end{aligned}$$

因而

$$R(D)=0.15(\text{bit}),\quad D=0.4$$
$$R(0)=1.522(\text{bit}),\quad D=0$$

若 $D>0.4$,则 $e^s>\frac{1}{3}$。因为必须有 $q_2=0$,所以 $q_0=q_1=\frac{1}{2}$。由 $\sum_j q_je^{sd_{ij}}=\frac{1}{\lambda}$,求得

$$\lambda_0=\lambda_1=\frac{2}{1+e^s},\quad \lambda_2=\frac{1}{e^s}$$

所以

$$D(S)=\frac{0.2+e^s}{1+e^s}\Rightarrow e^s=\frac{D-0.2}{1-D}$$

$$\begin{aligned}R(S)&=SD+0.8\log\frac{2}{1+e^s}+0.2\log\frac{1}{e^s}\\&=(D-0.2)\log(D-0.2)+(1-D)\log(1-D)-0.8\log0.4\end{aligned}$$

这里 $0.4\leqslant D\leqslant0.6$。当 $D=0.6$ 时,$R(D)=0$。

(2) 当信道容量为 1bit 时,$R(D)=1$,反求得 $D=P_e=0.0885$。当信道容量为 0.1bit 时,$R(D)=0.1$,反求得 $D=P_e=0.436$。 ■

第6章 有扰信道编码

CHAPTER 6

通信信道通常都是有扰信道，与信源编码不同，信道编码用来控制有扰信道对信息序列产生的差错，故常称为差错控制编码或者纠错编码。其实信道编码不仅可用来纠错，也可用来检错，它是为了提高通信系统可靠性而建立的一种编码技术，已广泛地应用到各种通信系统和存储系统中。

本章和第7章将侧重讨论信道编码模块，旨在处理通信中的可靠性问题。本章首先介绍信道编码的基本概念，及其主要差错控制方式和分类方法；然后介绍编码信道模型及其分类，其中着重介绍离散无记忆信道；随后介绍最大后验概率译码和最大似然译码，以及与译码性能有关的最小距离和距离分布；最后阐述编码信道容量和著名的信道编码定理即香农第二定理。

由于目前在信道中传输或计算机内运算的数据序列，大部分是二进制数字序列，因此后续主要讨论二进制数字通信中的信道编码，当然，这些码往往可以推广到多进制情况。在二进制情况下，序列之间0与1这两个符号按下列规则进行运算：

模2相加

⊕	0	1
0	0	1
1	1	0

模2相乘

⊗	0	1
0	0	0
1	0	1

为了简便，今后分别用＋和×表示模2相加和相乘。在模2情况下，加与减是一回事。

6.1 信道编码基本概念

现在介绍信道编码的一些最基本概念。为了便于理解，先通过一个例子来说明。夏天主要有四种天气情况：晴、云、阴、雨。它们可以用两位二进制数字构成的码组来表示：

$$晴—(00),\quad 云—(01),\quad 阴—(10),\quad 雨—(11) \tag{6.1}$$

每个码组中的每位二进制数字称为该码组的一个**码元**。显然，其中任意一个码组在传输中若有一个或两个码元发生错误，则将变成另一个码组。这时接收端将无法发现错误。由三位二进制数字构成的码组共有八个，可以选用其中四个来表示上述四种天气：

$$晴—(000),\quad 云—(011),\quad 阴—(101),\quad 雨—(110) \tag{6.2}$$

对于所发送的码组，如错了一位，在接收端就一定能发现。例如，晴—(000)中错了一位，则接收码组将变成(100)或(010)或(001)。而这三种码组都是没有选用的码组，称为**禁用码组**，故接收端在收到禁用码组时，就认为发生了差错。但是这种码不能发现两个**错误或错码**(即有两个码元发生错误)，因为若发生两个错误，则所产生的码组就是所选用的码组(称为**许用码组**)。

从上述例子可以看出，为了传送四种不同的信息，如果不要求检(纠)错，那么用两位码组就够了，如式(6.1)所示。若使用三位码组，即增加了一个比特位，则可能检出一个错误，如式(6.2)所示。在式(6.2)中，因为前面两个比特位是用来传送信息的，故称为**信息位**；而后增加的那个比特位起监督作用，故称为**监督位**(或**校验位**)。表 6.1 表示了这种情况。

表 6.1　检错码

天气情况	信息位	监督位
晴	00	0
云	01	1
阴	10	1
雨	11	0

一般地，我们将要传输的消息用二进制数字序列(码组)来表示。设所有要传的消息个数为 M，则长度为 k($k=\lceil \log M \rceil$，这里$\lceil X \rceil$表示取大于或等于 X 的最小整数)的二进制数字序列集($m_i \in \{0,1\}$，$0 \leqslant i \leqslant k-1$)

$$\{(m_0, m_1, \cdots, m_{k-1})\} \tag{6.3}$$

的某个子集就能用来代表所有要传的消息。编码的目的就是在长度为 n($n>k$)的二进制序列集合($c_i \in \{0,1\}$，$0 \leqslant i \leqslant n-1$)

$$\{(c_0, c_1, \cdots, c_{n-1})\} \tag{6.4}$$

中选出 M 个码组，并使它们与要传送的消息一一对应。我们把选出的长为 n 的二进制数字序列称为**码字**，用 $\boldsymbol{c}$ 来表示，而所有码字形成的集合就称为**分组码**，用$\boldsymbol{\zeta}$ 来表示。

显然，码$\boldsymbol{\zeta}$ 的**信息位数目**为 k，**监督位**(**校验位**)**数目**为 $r=n-k$，**码长**(码组长度)为 n。它们是分组码的基本参数。此外，$R=(\log M)/n$ 也是码$\boldsymbol{\zeta}$ 的一个重要参数，称为**码率**。R 越大，编码效率越高。因此，它是衡量分组码有效性的基本参数。

码$\boldsymbol{\zeta}$ 的编码器将信息 $\boldsymbol{m}=(m_0, m_1, \cdots, m_{k-1})$映射成 $\boldsymbol{c}=(c_0, c_1, \cdots, c_{n-1})$所依据的规则一般来说不外乎是一组函数关系或一种对应关系：

$$\begin{cases} c_0 = f_0(m_0, m_1, \cdots, m_{k-1}) \\ c_1 = f_1(m_0, m_1, \cdots, m_{k-1}) \\ \quad \vdots \\ c_{n-1} = f_{n-1}(m_0, m_1, \cdots, m_{k-1}) \end{cases} \tag{6.5}$$

当然，不同选取规则，就构成了不同的分组码。如果函数 $f_0, f_1, \cdots, f_{n-1}$ 是 $m_0, m_1, \cdots, m_{k-1}$ 的线性函数，那么就称$\boldsymbol{\zeta}$ 为一个$[n,k]$**线性分组码**(线性分组码通常取 $M=2^k$)，否则称$\boldsymbol{\zeta}$ 为一个(n,M)**非线性分组码**。

下面给出两个简单但很有用的线性分组码的例子。

例 6.1　(重复码)对于$\boldsymbol{\zeta}$，设 $M=2$，则 $k=1$。假定编码规则为

$$c_0=m_0, c_1=m_0, \cdots, c_{n-1}=m_0 \tag{6.6}$$

则ζ是一个$[n,1]$线性分组码,它只有两个码字(00…0)和(11…1),称为**重复码**。重复码的译码方法很简单:如果接收码组所含1的个数大于$\lfloor n/2 \rfloor$(这里$\lfloor X \rfloor$表示取小于或等于X的最小整数),则判发送码字为(11…1),否则判为(00…0)。因此,重复码能纠正$\lfloor n/2 \rfloor-1$个错误。重复编码虽然非常简单,但其思想方法在无线通信领域得到了推广和应用。

例6.2 (奇偶校验码)奇偶校验码可分为奇数校验码和偶数校验码两种,两者原理相同。对于ζ,令$n=k+1$,如果以下面的规则编码

$$\begin{cases} c_0=m_0 \\ c_1=m_1 \\ \vdots \\ c_{k-1}=m_{k-1} \\ c_k=m_0+m_1+\cdots+m_{k-1} \end{cases} \tag{6.7}$$

则ζ是一个$[k+1,k]$线性分组码,它就是**偶数校验码**。式(6.2)所给出的码就是一个$[3,2]$偶数校验码。因为该码每个码字中所含1的个数为偶数,所以当收到所含1的个数不是偶数的码组时,就可以确定它不是一个码字。因此,这种码只能检出单个或奇数个错误,不能发现偶数个错误。如果编码规则变化为

$$\begin{cases} c_0=m_0 \\ c_1=m_1 \\ \vdots \\ c_{k-1}=m_{k-1} \\ c_k=1+m_0+m_1+\cdots+m_{k-1} \end{cases} \tag{6.8}$$

则称ζ为**奇数校验码**。其每个码字所含1的个数为奇数,故其仅能发现奇数个错误,不能检测出偶数个错误。奇偶校验码ζ的码率为$R=k/(k+1)$,它是所有长为$k+1$的分组码中编码效率最高的一种,但是它的检错能力却很低。这种码在信道干扰不太严重及码长不是很长的情况下仍经常使用,特别是在计算机内部的数据传送中经常应用这种检错码。如标准ASCII码是7bit,而计算机的一个字节为8bit,于是可以利用多余的1bit作奇偶校验用。奇偶校验码易于硬件实现,商品化的IC电路很多。此外,值得一提的是,基于奇偶校验码可以形成性能卓越而译码复杂度很低的级联码或低密度校验(LDPC)码。

6.2 差错控制系统

数字通信系统是以数字信号的形式来传递信息的一种通信系统。它所包括的范围很广,从现在的有线电话通信系统、蜂窝移动通信系统、计算机通信系统到雷达系统、遥控遥测系统、计算机运算和存储系统等都是数字通信系统。所有数字通信系统都可归结为如图6.1所示的模型。其中,信源编码器把信源发出的消息如语音、图像、文字等转换成为二进制(也可以转换成为多进制)形式的信息序列。为了抗击传输过程中的各种干扰,往往要人为地增加一些冗余度,使系统具有自动检错或纠错能力,这种功能由信道编码器(纠错编码器)完成。调制器的功能是把纠错编码器送出的信息序列通过调制器变换成适合于信道传输的信号。数字信号在信道传输过程中,总会遇到各种干扰而使信号失真,这种失真信号

传输到接收端的解调器，进行解调，变成二进制(或多进制)信息序列，由于信道干扰的影响，该信息序列中可能已有错误，经过信道译码器(纠错码译码器)，对其中的错误进行检错、纠正，再通过信源译码(解密器)恢复成原来的消息送给用户。

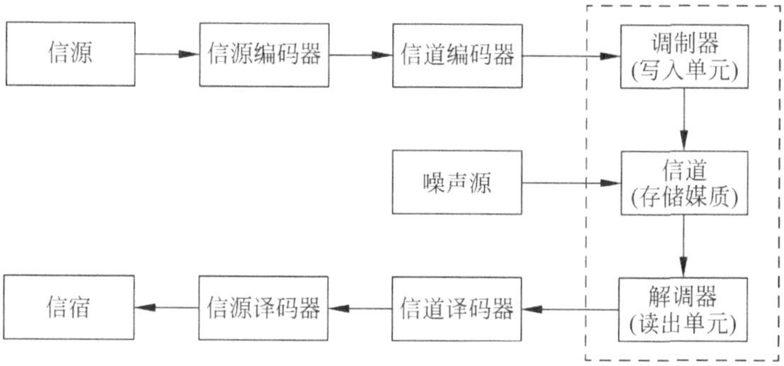

图 6.1　数字通信系统模型

在各种数字通信系统中，利用信道编码进行差错控制的方式基本上分为两类：一类称为**前向纠错**(Forward Error Control，FEC)，另一类称为**自动请求重发**(Automatic Repeat reQuest，ARQ)，并在这两类基础产生一种结合两者优点的**混合纠错**方式(Hybrid Error Control，HEC)。

1. 前向纠错方式

利用前向纠错方式进行差错控制的数字通信系统如图 6.2 所示。在发送端发送能够纠错的码，接收端在收到这些码后，通过纠错译码器不仅能够自动地发现错误，而且还能够自动地纠正接收码字传输中的错误。这种方式的优点是不需要反馈信道，能进行一个用户对多个用户的同时通信，译码实时性较好，控制电路比下述的 ARQ 简单。其缺点是译码设备比较复杂，所选用的纠错码必须与信道的干扰情况相匹配，因而对信道适应性较差。为了获得比较低的误码率，往往必须以最坏的信道条件来设计纠错码，故所需的监督码元数比检错码要多得多，从而使得编码效率很低。值得注意的是，FEC 的纠错能力是有限的，当错码数目大于纠错能力时就纠不过来了，而且出现这种情况后系统没有任何指示，用户无法判断差错是否已纠正。因此，FEC 一般不用于对精度要求严格的数据通信网络，而用于容错能力强的语音、图像通信。随着编码理论的发展和编码、译码设备所需的大规模集成电路成本的不断降低，性能优良的实用编译技术不断出现，FEC 的应用已从语音、图像通信扩展到计算机存储系统、磁盘、光盘及激光唱片等领域。

图 6.2　前向纠错方式

2. 自动请求重发方式

利用自动请求重发方式进行差错控制的数字通信系统如图 6.3 所示。发送端发出能够检测出错误的码，接收端收到通过信道传来的码组后，译码器根据该码的编码规则，判决收到的码组中有无错误产生，并通过反馈信道把判决结果用判决信号告诉发送端。发送端根据这些判决信号，把接收端认为有错的消息再次传送，直到接收端认为正确接收为止。

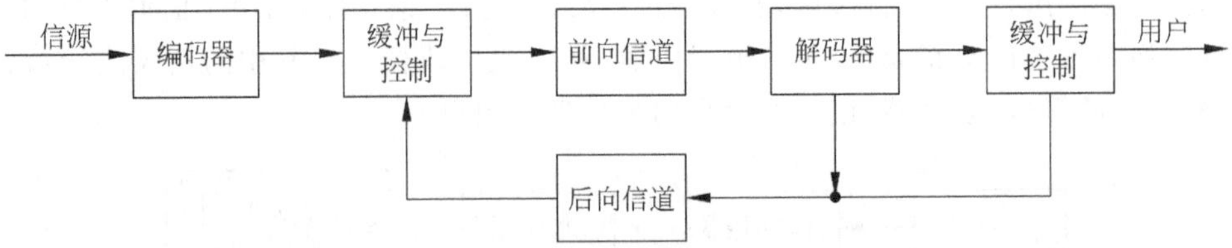

图 6.3　自动请求重发方式

由上可知，应用 ARQ 方式必须有一个反馈信道，一般较适用于一个用户对一个用户的通信，且要求信源能够控制，系统收发两端必须互相配合，密切协作，因此这种方式的控制电路比较复杂。由于反馈重发的次数与信道干扰情况有关，若信道干扰很频繁，则系统经常处于重发消息的状态，因此这种方式传送消息的连贯性和实时性较差。该方式的优点是：编译码设备比较简单；在一定的监督码元数目下，检错码的检错能力比纠错码的纠错能力要高得多，因而整个系统的纠错能力极强，能获得极低的误码率；由于检错码的检错能力与信道干扰的变化基本无关，因此这种系统的适应性很强，特别适合用于短波、散射、有线等干扰情况特别复杂的信道中。ARQ 方式目前广泛应用于数据通信网，如计算机局域网、分组交换网、七号信令网等。

3. 混合纠错方式

利用混合纠错方式进行差错控制的数字通信系统如图 6.4 所示。发送端发送的码不仅能够检测出错误，而且还具有一定的纠错能力。接收端收到码序列以后，首先检验错误情况，如果在纠错码的纠错能力以内，则自动进行纠错。如果错误很多，超过了码的纠错能力，但能检测出来，则接收端通过反馈信道，要求发送端重新传送有错的消息。这种方式在一定程度上避免了 FEC 方式要求用复杂的译码设备和 ARQ 方式信息连贯性和实时性差的缺点，并且能达到较低的误码率，因而在实际（如卫星通信）中应用越来越广泛。

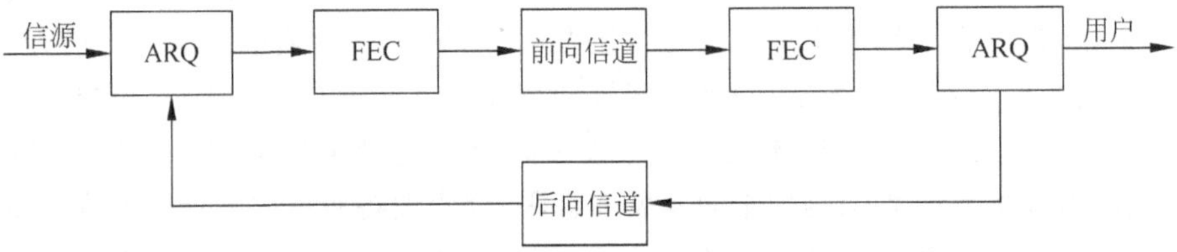

图 6.4　混合纠错方式

在实际系统设计中，如何根据实际情况选择哪种差错控制方式是一个比较复杂的问题。由于篇幅所限，这里不再讨论，有兴趣的读者可参阅相关文献。

6.3　信道编码的分类

上述各种差错控制系统中所用到的码，不外乎是能在译码器自动发现错误的检错码，或者是不仅能发现错误而且能自动纠正错误的纠错码，或者是能纠正删除错误的纠删码（参看 6.4 节）。但是这三类码之间没有明显区分，以后将看到，任何一类码，按照译码方法不同，可分为检错码、纠错码和纠删码三类。除以上划分方法外，还可从不同角度进行分类。

(1) 根据校验元与信息元之间的关系可分为线性码与非线性码。若校验元与信息元之间呈线性关系，即可把校验规则用线性方程组表示的称为线性码，若不存在线性关系，则称为非线性码。由于非线性码的分析比较困难，实现较为复杂，故今后只讨论线性码。

(2) 按照对信息元处理方法可分为分组码与卷积码。对信源输出序列，按 k 个信息元进行分组，每组设置 r 个校验元，形成一个长为 $n=k+r$ 的码字，该码字的校验元与本码字的 k 个信息元有关，而与其他码字无关，这样按组分别进行处理的编码是分组码。对信源输出序列，仍按 k 个信息元进行分组，每组设置 r 个校验元，如此 r 个校验元不仅与本组 k 个信息元有关，也与前 m 组的信息元有关，这样的码称为卷积码。

(3) 按照对信息元保护能力是否相等可分为等保护纠错码与不等保护纠错码。以后讨论的纠错码均指等保护纠错码。

(4) 按照纠正错误类型可分为纠正随机(独立)错误的码、纠正突发错误的码和纠正随机与突发错误的码等。

(5) 按照每个码元取值来分，可分为二进制与 q 进制码($q>2, q=p^m$，p 为素数，m 为正整数)。著名的 Reed-Solomon 码就是一种多进制码。

(6) 按照研究码的数学方法分类，有代数码、几何码、算术码、组合码及图上码等。

除上述分类方法外，可以说有多少观察问题的角度，就有多少分类方法。可根据研究需要来进行新的分类。

例如，文献[24]于 1994 年指出一些具有较高纠错能力的二进制域上非线性码，可以看作 Z_4 环上的线性分组码。这篇论文掀起了研究环上码的热潮，为此获得了 IEEE 信息论分会颁发的优秀论文奖。

值得一提的是，目前纠错编码领域又出现两个重要的研究方向：一个是网络纠错编码[25]，另一个是可应用于生物信息学的广义纠错码[12,26]。

6.4 编码信道模型

由于本章所关心的只是图 6.1 中的信道编码器、译码器两个方框，为了研究方便，将上述模型再进一步简化成如图 6.5 所示的模型。在此模型中，信源是指原来的信源和信源编码器，其输出是二进制(或多进制)信息序列。信道是包括调制器、解调器、传输设备和实际信道(或称传输媒质)在内的**编码信道**(也称**广义信道**)，其输入一般是二进制(或多进制)数字序列，而其输出可以是二进制(或多进制)的数字序列，也可以是未量化的实数序列。而图 6.5 中的信宿可以是人或计算机。下面将讨论信道编码常用的几种编码信道模型。

1. 离散无记忆编码信道

首先讨论编码信道是离散信道的情况。离散信道是输入和输出序列的取值都是离散的信道。离散信道可分为无记忆信道和有记忆信道。无记忆信道又称为**随机信道**，它产生随机错误，这种错误的特点是各码元是否出错是相互独立的，即每个差错的出现与其前后是否有错无关。卫星信道和深空信道可近似看成随机信道。有记忆信道又称**突发信道**，它产生突发错误。这种错误往往不是单个地而是成群成串地出现的，也就是一个错误的出现，往往

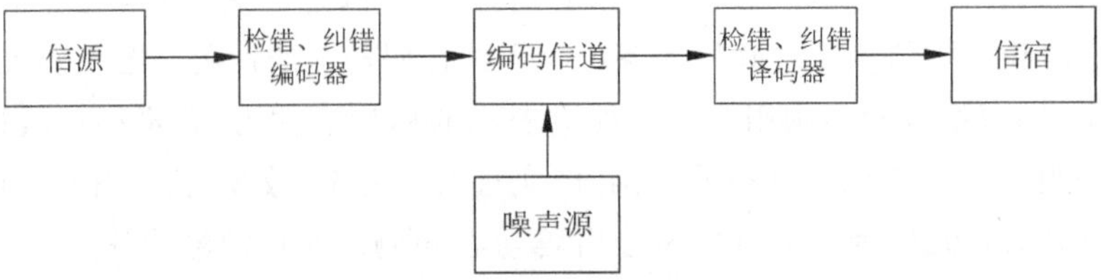

图 6.5　关注信道编码的通信系统模型

引起其前后码元的错误，表现为错误之间的相关性，如高频、散射、有线等信道就可看作有记忆信道。但是由于实际信道干扰的复杂性，错误往往不是一种，而是两种并存。随机错误和突发错误并存的信道叫**组合信道**或**复合信道**。

下面考虑离散编码信道的数学模型。它也用信道的输入输出统计关系定义，即用联合条件概率 $P(\boldsymbol{v}|\boldsymbol{c})$ 来描述，这里 $\boldsymbol{v}=(v_0,v_1,\cdots,v_{n-1})$ 表示信道输出序列，$v_i\in\boldsymbol{B}$；而 $\boldsymbol{c}=(c_0,c_1,\cdots,c_{n-1})$ 表示信道输入序列，$c_i\in\boldsymbol{A}$。通常信道输入符号集为 $\boldsymbol{A}=\{0,1\}$，而信道输出符号集 $\boldsymbol{B}$ 要依据译码方式而确定。如果信道是无记忆的，则

$$P(\boldsymbol{v}\mid\boldsymbol{c})=\prod_{i=0}^{n-1}P(v_i\mid c_i) \tag{6.9}$$

我们最常研究的编码信道就是离散无记忆信道(Discrete Memoryless Channel，DMC)。既然信道是无记忆的，则在任何时刻信道输出只与此时的信道输入有关，而与以前的输入无关。

对于 DMC，如果对于任意 i 和 j，以及任意 $a\in\boldsymbol{A}$ 和 $b\in\boldsymbol{B}$，均有

$$P(v_i=b\mid c_i=a)=P(v_j=b\mid c_j=a) \tag{6.10}$$

则此信道具有平稳性。一般情况下，若无特殊声明，所讨论的 DMC 都是平稳的。这样在离散无记忆条件下，只需研究单个符号的传输。即 DMC 数学模型可用下面一组信道转移概率来定义：

$$\{P(b\mid a)\mid b\in\boldsymbol{B},a\in\boldsymbol{A}\} \tag{6.11}$$

设 $\boldsymbol{A}=\{a_1,a_2,\cdots,a_s\}$，$\boldsymbol{B}=\{b_1,b_2,\cdots,b_u\}$，记 $P_{ij}=P(b_j|a_i)$，则该信道数学模型也可用转移概率矩阵 $\boldsymbol{P}=(P_{ij})$ 来描述。

基于如图 6.5 所示的模型讨论二进制数字序列通过该系统时所发生的情况。设从信源送出英文字母 A，它的二进制序列为 11000，以基带信号传送，经发射器调制后，送往信道的已调信号如图 6.6 所示。由于信道的干扰，从信道输出端的信号产生了失真，如图 6.7 所示。这些失真信号送入检测器进行判决时，由于第一、二、四、五个码元的波形失真不大，容易正确地判为 1、1 和 0、0，但对于第三个码元来说，由于失真严重而难以判决。这时有以下三种判决方法：一是勉强做出是 0 还是 1 的判决，即所谓**硬判决**；二是对该码元暂且不进行判决，而是输出一个未知或待定的信号"?"，称其为**删除判决**；三是输出一种有关该码元的多进制信息(或未量化信息)，这种做法称为**软判决**。基于软判决的译码，和基于硬判决的译码相比，因为能更充分地利用信道提供的信息，故译码性能会更好，但实现起来较复杂。下面将举出两个典型的 DMC 例子，分别与前两种判决方法有关。

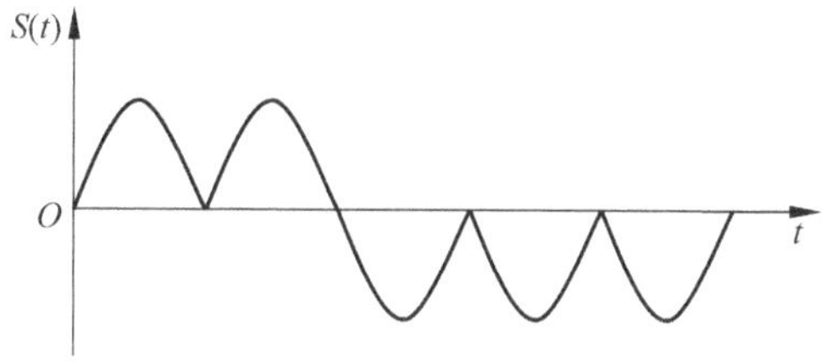

图 6.6 11000 发送的已调信号波形

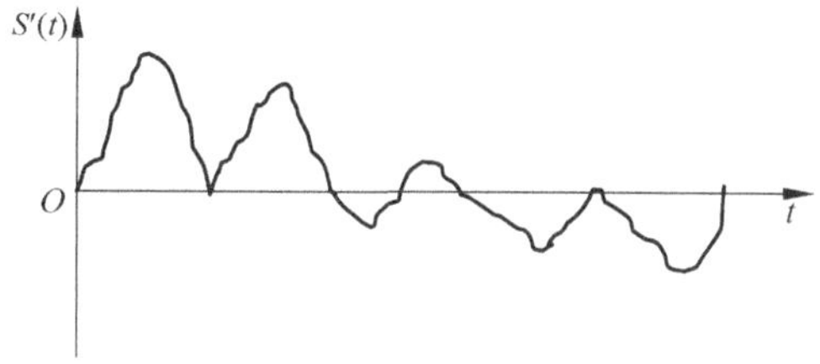

图 6.7 接收端收到的失真信号波形

2. 二进制对称编码信道

在二进制硬判决情况下，即 $\boldsymbol{A}=\boldsymbol{B}=\{0,1\}$ 时，信道转移概率矩阵为

$$\boldsymbol{P}=\begin{bmatrix} P(0\mid 0) & P(0\mid 1) \\ P(1\mid 0) & P(1\mid 1) \end{bmatrix}$$

进一步地，如果有 $P(1|0)=P(0|1)=p$，则这种信道就是第 3 章讨论过的二进制对称信道(Binary Symmetric Channel，BSC)，该信道可用如图 3.5 所示的简单模型表示。

3. 二进制删除编码信道

在二进制删除判决情况下，即 $\boldsymbol{A}=\{0,1\}$ 和 $\boldsymbol{B}=\{0,?,1\}$ 时，如果还有 $P(1|0)=P(0|1)=p$ 且 $P(x|0)=P(x|1)=q$ 成立，则这种信道就是曾在第 3 章讨论的二进制删除信道(Binary Erasure Channel，BEC)。BEC 信道用如图 3.6 所示的模型表示。在有删除处理的情况下，信道的转移概率 p 一般很小，可以忽略，因此把如图 3.6 所示的模型改用图 3.7 代替，并称为二进制纯删除信道。以后所说的 BEC 都是指这种信道。应当指出，当对码元进行删除处理时，它在接收序列中的位置是已知的，仅不知其值是 0 还是 1，故对这种 BEC 信道的纠错要比 BSC 信道容易。

下面的编码信道模型则与软判决方法有关。

4. 离散输入、连续输出编码信道

假定信道是无记忆的，输入符号集仍然是一个有限、离散的集合 $\boldsymbol{A}=\{a_1,a_2,\cdots,a_s\}$，而信道(检测器)输出是未量化信息，这时译码器输入可以是任意实数，即 $\boldsymbol{B}=(-\infty,+\infty)$。定义这样的编码信道模型为**时间离散的连续无记忆信道**，它的特性由离散输入 X、连续输出 Y 及一组条件概率密度函数 $\{P(Y=b|X=a_i),i=1,2,\cdots,s\}$ 来决定。时间离散的连续无记忆信道有利于分析编码器、译码器性能的理论极限。

这类信道中最重要的一种是**加性高斯白噪声**(Additive White Gaussian Noise，AWGN)信道。对它而言，信道输出为

$$b=a_i+n_G$$

式中，n_G 是一个方差为 $N_0/2$、均值为零的高斯随机变量。于是输入为 a_i、输出为 b 的条件概率密度函数为

$$P(b\mid a_i)=\frac{1}{\sqrt{\pi N_0}}\mathrm{e}^{-(b-a_i)^2/N_0} \tag{6.12}$$

在二进制软判决情况下，如果信道输出为输入与高斯白噪声相加，则称这种信道为**二进制输入加性高斯白噪声信道**。为了便于在 AWGN 信道上使用软判决，将信道输入发送码的符号表示为 ±1 或 $\pm a$，而不表示为对硬判决有利的 0 和 1。

早期常常是在假定信道模型为 BSC 的情况下展开对所关注的纠错码（如 BCH 码和卷积码）的理论分析，而近些年来常常是在假定信道模型为 AWGN 的情况下展开对所关注的差错控制码（如 Turbo 码和 LDPC 码）的理论探索。

6.5 最大后验概率译码与最大似然译码

在有噪声信道中传送消息是会发生错误的，错误概率与先验概率分布、信道统计特性及译码规则均有关。例如，在二进制对称信道 BSC 中，单个码元符号错误接收概率为 p，正确接收概率为 $\bar{p}=1-p$。在先验等概率分布情况下，除信道统计特性 p 外，单个码元符号错误概率还会受预先规定的译码规则影响。如果收到 0 或 1 就译成 0 或 1，则译码后的错误概率为 p；反过来，如果收到 0 译为 1，收到 1 译为 0，则译码错误概率就变为 $\bar{p}=1-p$。在编码背景下，我们关注多个码元符号组成的码字的错误概率。因此，相应的译码规则要面向码字而设定。

定义 6.1 设编码信道输入码字集为 $\boldsymbol{\zeta}=\{\boldsymbol{c}^{(i)},i=1,2,\cdots,M\}$，其输出的序列集为 $\boldsymbol{v}=\{\boldsymbol{v}^{(j)},j=1,2,\cdots,N\}$（$N$ 可以取为无穷大）。若对每个输出序列 $\boldsymbol{v}^{(j)}$ 都有一个确定的函数 D，使 $\boldsymbol{v}^{(j)}$ 对应唯一的一个输入码字 $\boldsymbol{c}^{(i)}$，则称这样函数为**译码规则**，记为

$$D(\boldsymbol{v}^{(j)})=\boldsymbol{c}^{(i)},\quad i=1,2,\cdots,M;\quad j=1,2,\cdots,N \tag{6.13}$$

显然，对于有 M 个输入、N 个输出的信道而言，按上述定义得到译码规则共有 M^N 种。

例 6.3 [2,1]重复码共有两个码字{00,11}，在 BSC 下，其译码规则共有如下 16 种：

$D_1(00)=00,\quad D_1(01)=00,\quad D_1(10)=00,\quad D_1(11)=00$

$D_2(00)=00,\quad D_2(01)=00,\quad D_2(10)=00,\quad D_2(11)=11$

$D_3(00)=00,\quad D_3(01)=00,\quad D_3(10)=11,\quad D_3(11)=00$

$D_4(00)=00,\quad D_4(01)=11,\quad D_4(10)=00,\quad D_4(11)=00$

$D_5(00)=11,\quad D_5(01)=00,\quad D_5(10)=00,\quad D_5(11)=00$

$D_6(00)=00,\quad D_6(01)=11,\quad D_6(10)=00,\quad D_6(11)=11$

$D_7(00)=11,\quad D_7(01)=00,\quad D_7(10)=11,\quad D_7(11)=00$

$D_8(00)=11,\quad D_8(01)=00,\quad D_8(10)=00,\quad D_8(11)=11$

$D_9(00)=11,\quad D_9(01)=11,\quad D_9(10)=00,\quad D_9(11)=00$

$D_{10}(00)=00,\quad D_{10}(01)=11,\quad D_{10}(10)=11,\quad D_{10}(11)=00$

$D_{11}(00)=00,\quad D_{11}(01)=00,\quad D_{11}(10)=11,\quad D_{11}(11)=11$

$D_{12}(00)=00,\quad D_{12}(01)=11,\quad D_{12}(10)=11,\quad D_{12}(11)=11$

$D_{13}(00)=11,\quad D_{13}(01)=00,\quad D_{13}(10)=11,\quad D_{13}(11)=11$

$D_{14}(00)=11,\quad D_{14}(01)=11,\quad D_{14}(10)=00,\quad D_{14}(11)=11$

$D_{15}(00)=11,\quad D_{15}(01)=11,\quad D_{15}(10)=11,\quad D_{15}(11)=00$

$D_{16}(00)=11,\quad D_{16}(01)=11,\quad D_{16}(10)=11,\quad D_{16}(11)=11$

一个自然而然的问题是：这 16 种译码规则哪种最好呢？

在确定译码规则 D 之后，若编码信道输出 $\boldsymbol{v}^{(j)}$，则它一定可译为某个 $\boldsymbol{c}^{(i)}$。如果信道输

入的就是 $\boldsymbol{c}^{(i)}$，则意味着译码是正确的，反之，则意味着译码是错误的。于是在译码器收到 $\boldsymbol{v}^{(j)}$ 的情况下，正确译码的条件概率为

$$P(D(\boldsymbol{v}^{(j)}) \mid \boldsymbol{v}^{(j)}) = P(\boldsymbol{c}^{(i)} \mid \boldsymbol{v}^{(j)})$$

错误译码的条件概率为

$$P(\boldsymbol{e} \mid \boldsymbol{v}^{(j)}) = 1 - P(D(\boldsymbol{v}^{(j)}) \mid \boldsymbol{v}^{(j)}) = 1 - P(\boldsymbol{c}^{(i)} \mid \boldsymbol{v}^{(j)}) \tag{6.14}$$

从统计角度讲，平均译码错误概率为

$$P_e = \mathrm{E}(P(\boldsymbol{e} \mid \boldsymbol{v}^{(j)})) = \sum_{j=1}^{N} P(\boldsymbol{v}^{(j)}) P(\boldsymbol{e} \mid \boldsymbol{v}^{(j)}) \tag{6.15}$$

选择译码规则总的原则就是使 P_e 达到最小。欲使 P_e 最小，则使式(6.15)中每项达到最小即可。由于 $P(\boldsymbol{v}^{(j)})$ 与译码规则无关，故要使 P_e 最小，必须使 $P(D(\boldsymbol{v}^{(j)})|\boldsymbol{v}^{(j)})$ 达到最大，于是引出最大后验概率(Maximum A Posteriori，MAP)译码方法。

定义 6.2　选择译码规则 $D(\boldsymbol{v}^{(j)}) = \boldsymbol{c}^{(j)} (j=1,2,\cdots,N)$，使之满足条件

$$P(\boldsymbol{c}^{(j)} \mid \boldsymbol{v}^{(j)}) \geqslant P(\boldsymbol{c}^{(i)} \mid \boldsymbol{v}^{(j)}), \quad i=1,2,\cdots,M \tag{6.16}$$

则称之为**最大后验概率译码**。

最大后验概率译码是一种最佳译码策略。因此，采用最大后验概率译码性能将会达到最好，但译码复杂度也会达到最高。采用著名的 BCJR 算法可实现最大后验概率译码。人们在对 Turbo 码进行迭代译码时，经常使用的译码算法之一就是 BCJR 算法。

但一般来说，后验概率是难以确定的，所以应用起来并不方便，为此需要引入其他译码方法。由贝叶斯(Bayes)公式可知，式(6.16)可再写为

$$\frac{P(\boldsymbol{v}^{(j)} \mid \boldsymbol{c}^{(j)}) P(\boldsymbol{c}^{(j)})}{P(\boldsymbol{v}^{(j)})} \geqslant \frac{P(\boldsymbol{v}^{(j)} \mid \boldsymbol{c}^{(i)}) P(\boldsymbol{c}^{(i)})}{P(\boldsymbol{v}^{(j)})}, \quad i=1,2,\cdots,M$$

于是

$$P(\boldsymbol{v}^{(j)} \mid \boldsymbol{c}^{(j)}) P(\boldsymbol{c}^{(j)}) \geqslant P(\boldsymbol{v}^{(j)} \mid \boldsymbol{c}^{(i)}) P(\boldsymbol{c}^{(i)}), \quad i=1,2,\cdots,M \tag{6.17}$$

当信道输入为等概率分布时，即 $P(\boldsymbol{c}^{(j)}) = P(\boldsymbol{c}^{(i)}), i=1,2,\cdots,M$，则有

$$P(\boldsymbol{v}^{(j)} \mid \boldsymbol{c}^{(j)}) \geqslant P(\boldsymbol{v}^{(j)} \mid \boldsymbol{c}^{(i)}), \quad i=1,2,\cdots,M \tag{6.18}$$

这样我们又得到一种译码方法。

定义 6.3　选择译码规则 $D(\boldsymbol{v}^{(j)}) = \boldsymbol{c}^{(j)} (j=1,2,\cdots,N)$，使之满足条件式(6.17)，则称之为**最大似然译码**(Maximum Likelihood Decoding，MLD)；而 $P(\boldsymbol{v}^{(j)}|\boldsymbol{c}^{(i)}), i=1,2,\cdots,M$，称为 $\boldsymbol{c}^{(i)}$ 对 $\boldsymbol{v}^{(j)}$ 的**似然函数**。

当信道输入为等概率分布时，就可用式(6.18)进行最大似然译码。而式(6.18)中条件概率就是信道转移概率矩阵中的元素。通常我们喜欢用式(6.18)来进行译码。但当信道输入不是等概率分布时，采用式(6.18)进行译码尽管方便，但此时已不是最佳译码。著名的 Viterbi 译码算法就是一种最大似然译码算法。卷积码广泛地使用它来进行译码。6.6 节将介绍对于 BSC 信道最大似然译码与最小距离译码之间联系。

例 6.4　继续考虑例 6.3。设在 BSC 中的码元错误概率 $p=10^{-2}$，而码字出现的先验概率分布为

(1) 等概率分布：$P(00)=\frac{1}{2}, P(11)=\frac{1}{2}$；

(2) 不等概率分布：$P(00)=\frac{1}{4}, P(11)=\frac{3}{4}$。

讨论这两种情况下最优译码规则和码字错误概率。

解 (1) 由于码字出现的先验概率分布为等概率分布，因此采用基于式(6.18)的最大似然译码规则就能使码字错误概率达到最小。码字转移概率矩阵为

$$\begin{array}{c} \\ 00 \\ 11 \end{array}\begin{array}{c} \begin{array}{cccc} 00 & 01 & 10 & 11 \end{array} \\ \begin{bmatrix} \bar{p}^2 & p\bar{p} & p\bar{p} & p^2 \\ p^2 & p\bar{p} & p\bar{p} & \bar{p}^2 \end{bmatrix} \end{array}$$

则平均译码错误概率为

$$\begin{aligned} P_e &= \sum_{j=1}^{N} P(\boldsymbol{v}^{(j)}) P(\boldsymbol{e} \mid \boldsymbol{v}^{(j)}) \\ &= 1 - \sum_{j=1}^{N} P(\boldsymbol{v}^{(j)}) P(D(\boldsymbol{v}^{(j)}) \mid \boldsymbol{v}^{(j)}) \\ &= 1 - \sum_{j=1}^{N} P(D(\boldsymbol{v}^{(j)})) P(\boldsymbol{v}^{(j)} \mid D(\boldsymbol{v}^{(j)})) \\ &= 1 - \frac{1}{2}(\bar{p}^2 + p\bar{p} + p\bar{p} + \bar{p}^2) \\ &= p = 10^{-2} \end{aligned}$$

这与单个码元出现的错误概率一样。容易验证例 6.3 中 D_2、D_6、D_{11}、D_{12} 四种译码规则均是最优的译码规则。

(2) 由于码字出现的先验概率分布为不等概率分布，因此应采用基于式(6.17)的最大似然译码规则才能使码字错误概率达到最小。计算平均译码错误概率得

$$\begin{aligned} P_e &= 1 - \sum_{j=1}^{N} P(D(\boldsymbol{v}^{(j)})) P(\boldsymbol{v}^{(j)} \mid D(\boldsymbol{v}^{(j)})) \\ &= 1 - \left(\frac{1}{4}\bar{p}^2 + \frac{3}{4}p\bar{p} + \frac{3}{4}p\bar{p} + \frac{3}{4}\bar{p}^2\right) \\ &= p\left(1 - \frac{1}{2}\bar{p}\right) = 5 \times 10^{-3} \end{aligned}$$

此时错误概率比(1)减少一半。容易验证例 6.3 中只有 D_{12} 这种译码规则才是最优的译码规则。 ■

6.6 汉明距离与距离分布

下面介绍汉明(Hamming)重量、汉明距离、最小距离和距离分布等基本概念，这些概念与译码性能是密切相关的。

定义 6.4 一个码字(或序列)$\boldsymbol{c}$ 中非零码元的个数，称为该码字(或序列)的**汉明重量**，简称**重量**，用 $\omega(\boldsymbol{c})$ 表示。

例如，$\boldsymbol{c}=(010101)$，则 $\omega(\boldsymbol{c})=3$。

定义 6.5 两个码字(或序列)$\boldsymbol{x}$、$\boldsymbol{y}$ 之间，对应位取值不同的个数，称为这两个码字(或序列)的**汉明距离**，简称距离，用 $d(\boldsymbol{x},\boldsymbol{y})$ 表示。

例如，$\boldsymbol{x}=(10101)$，$\boldsymbol{y}=(01111)$，则 $d(\boldsymbol{x},\boldsymbol{y})=3$。

汉明距离是一种距离量度，它满足如下一般距离公理：

(1) 非负性 $d(\boldsymbol{x},\boldsymbol{y})\geqslant 0$；

(2) 对称性 $d(\boldsymbol{x},\boldsymbol{y})=d(\boldsymbol{y},\boldsymbol{x})$；

(3) 三角不等式 $d(\boldsymbol{x},\boldsymbol{y})\leqslant d(\boldsymbol{x},\boldsymbol{z})+d(\boldsymbol{z},\boldsymbol{y})$。

下面的定理显示汉明距离和最大似然译码之间密切联系。

定理 6.1　对于一个二进制对称信道，如果信道输入码字为等概率分布，则其最大似然译码可以等价于**最小汉明距离译码**。

证明　记二进制对称信道码元错误概率为 $p(p<0.5)$。设通信所用的码为$\boldsymbol{\zeta}$，用 $\boldsymbol{c}=(c_0,c_1,\cdots,c_{n-1})$代表$\boldsymbol{\zeta}$的某个码字。设信道传送一个码字后相应输出序列为$\boldsymbol{v}=(v_0,v_1,\cdots,v_{n-1})$，则

$$P(\boldsymbol{v}\mid\boldsymbol{c})=\prod_{i=0}^{n-1}P(v_i\mid c_i)=p^{d(\boldsymbol{c},\boldsymbol{v})}(1-p)^{n-d(\boldsymbol{c},\boldsymbol{v})}=(1-p)^n\left(\frac{p}{1-p}\right)^{d(\boldsymbol{c},\boldsymbol{v})}\tag{6.19}$$

既然 $p/(1-p)<1$，故 $d(\boldsymbol{c},\boldsymbol{v})$越大，似然函数 $P(\boldsymbol{v}\mid\boldsymbol{c})$越小，因此求最大似然函数$\max_{c\in\boldsymbol{\zeta}}P(\boldsymbol{v}\mid\boldsymbol{c})$的问题就转换为求最小距离$\min\limits_{c\in\boldsymbol{\zeta}}d(\boldsymbol{c},\boldsymbol{v})$的问题。当 $p\geqslant 0.5$ 时，先将信道输出序列中的 0 变为 1，1 变为 0，再进行最小汉明距离译码即可。此时的译码效果与码元错误概率为 $1-p$ 的二进制对称信道时一样。■

简单地说，最小汉明距离译码就是哪个码字与接收序列距离最近，就译成哪个码字。这是最常采用的硬判决译码方法。在定理 6.2 的证明中采用的就是此译码策略。

定义 6.6　在分组码$\boldsymbol{\zeta}$中，任意两个码字之间距离的最小值，称为该码的**最小汉明距离**，简称**最小距离**，用 d 表示。即

$$d=\min_{\forall x,y\in\boldsymbol{\zeta}}\{d(\boldsymbol{x},\boldsymbol{y})\}\tag{6.20}$$

例如，对于$[n,1]$重复码，其最小距离为 $d=n$；而对于$[n,n-1]$偶数校验码，其最小距离为 $d=2$。

一个分组码的最小距离是一个很重要参数，因为它反映了分组码的纠错和检错能力。最小距离越大，码的抗干扰能力越强。最小距离也是设计好的分组码准则之一。当码率一定时，希望构造出最小距离尽可能大的分组码。

定理 6.2　一个分组码$\boldsymbol{\zeta}$，依据其最小距离，具有如下纠错和检错能力。

(1) 如果码$\boldsymbol{\zeta}$的最小距离 $d\geqslant h+1$，则码$\boldsymbol{\zeta}$可以检出不多于 h 个错误；

(2) 如果码$\boldsymbol{\zeta}$的最小距离 $d\geqslant 2t+1$，则码$\boldsymbol{\zeta}$可以纠正不多于 t 个错误；

(3) 如果码$\boldsymbol{\zeta}$的最小距离 $d\geqslant h+t+1(h>t)$，则码$\boldsymbol{\zeta}$可以纠正不多于 t 个错误，并能检测出 $t+1\sim h$ 个错误。

证明：为证该定理，可设编码信道输入码字为 $\boldsymbol{c}=(c_0,c_1,\cdots,c_{n-1})$，输出为二进制序列 $\boldsymbol{v}=(v_0,v_1,\cdots,v_{n-1})$。记 $\boldsymbol{e}=(e_0,e_1,\cdots,e_{n-1})=\boldsymbol{v}-\boldsymbol{c}$。这里 $\boldsymbol{e}$ 被称为**差错图样**。

(1) 检测出有错误意味着$\boldsymbol{v}$一定不是一个码字，或者说$\boldsymbol{v}$与任何码字都有距离。因此，只需证对于 $0<w(\boldsymbol{e})\leqslant h$，$\forall\boldsymbol{c}'\in\boldsymbol{\zeta}-\{\boldsymbol{c}\}$，一定有 $d(\boldsymbol{v},\boldsymbol{c}')\geqslant 1$，即$\boldsymbol{v}\notin\boldsymbol{\zeta}$成立。由距离三角不等式可知，$d(\boldsymbol{v},\boldsymbol{c}')\geqslant d(\boldsymbol{c},\boldsymbol{c}')-d(\boldsymbol{c},\boldsymbol{v})\geqslant h+1-h=1$。

(2) 要将$\boldsymbol{v}$能纠正为$\boldsymbol{c}$，则对于其他任何码字 $\boldsymbol{c}'$必须满足 $d(\boldsymbol{v},\boldsymbol{c}')>d(\boldsymbol{v},\boldsymbol{c})$。因此，只需证明当 $0<w(\boldsymbol{e})\leqslant t$ 时，$\forall\boldsymbol{c}'\in\boldsymbol{\zeta}-\{\boldsymbol{c}\}$，$d(\boldsymbol{v},\boldsymbol{c}')\geqslant t+1$，即 $d(\boldsymbol{v},\boldsymbol{c}')>d(\boldsymbol{v},\boldsymbol{c})$。由距离三角不等式可知，$d(\boldsymbol{v},\boldsymbol{c}')\geqslant d(\boldsymbol{c},\boldsymbol{c}')-d(\boldsymbol{c},\boldsymbol{v})\geqslant 2t+1-t=t+1$。

(3) 前半部分的结论显然成立。为证后半部分，只需证对于 $t+1\leqslant w(\boldsymbol{e})\leqslant h$，$\forall \boldsymbol{c}'\in\boldsymbol{\zeta}-\{\boldsymbol{c}\}$，一定有 $d(\boldsymbol{v},\boldsymbol{c}')\geqslant t+1$，即 $\boldsymbol{v}\notin\boldsymbol{\zeta}$ 且不会被译成任何码字。由距离三角不等式可知，$d(\boldsymbol{v},\boldsymbol{c}')\geqslant d(\boldsymbol{c},\boldsymbol{c}')-d(\boldsymbol{c},\boldsymbol{v})\geqslant t+h+1-h=t+1$。■

在实际的数字通信系统中，即使利用只能纠正或检测一两个比特错误的简单差错控制编码，也会使系统误码率大幅下降。例如，在二进制对称信道 BSC 下，设比特错误（信道转移）概率为 p，则码长为 n 的码组中恰好发生 u 个错误的概率为 $C_n^u p^u(1-p)^{n-u}$，进而经译码纠正 t 个错误后的平均码字错误概率为

$$P_e(t,n)=\sum_{u=t+1}^{n} C_n^u p^u(1-p)^{n-u}$$

如令 $n=7, p=10^{-3}$，则有

$$P_e(0,7)\approx 7\times 10^{-3},\quad P_e(1,7)\approx 2.1\times 10^{-5},\quad P_e(2,7)\approx 3.5\times 10^{-8}$$

考虑一个由 10 个码字所组成的分组码。假定它有两个码字 $\boldsymbol{x}$ 和 $\boldsymbol{y}$，且 $\boldsymbol{x}$ 和 $\boldsymbol{y}$ 之间的汉明距离为 3，而除此之外，其他任何两个码字之间距离均为 13，那么由定理 6.2 可知，该码可以纠正任何一个错误。然而在没有传送码字 $\boldsymbol{x}$ 或 $\boldsymbol{y}$ 时，其实该码有潜力可以纠正六个错误。因此，描述一个码的总体差错控制能力，仅仅研究最小距离还不够，还应考虑码的两两码字之间的距离分布。

定义 6.7 对于一个(n,M)分组码$\boldsymbol{\zeta}$，其**距离分布**由如下 $n+1$ 个数构成

$$D_i=\frac{1}{M}\sum_{\boldsymbol{y}\in\boldsymbol{\zeta}} D_i(\boldsymbol{y}),\quad i=0,1,\cdots,n \tag{6.21}$$

其中

$$D_i(\boldsymbol{y})=|\{\boldsymbol{x}: d(\boldsymbol{x},\boldsymbol{y})=i, \forall \boldsymbol{x}\in\boldsymbol{\zeta}\}|$$

其中$|\{\cdot\}|$表示求集合的所有元素个数。

码的距离分布是对所有码字的距离结构的统计平均，它具有如下基本性质：

(1) $D_0=1$；

(2) $\sum_{i=0}^{n} D_i=M$；

(3) $\boldsymbol{a}+\boldsymbol{\zeta}$ 与$\boldsymbol{\zeta}$具有相同距离分布，这里 $\boldsymbol{a}$ 表示某一个长度为 n 二进制序列，而 $\boldsymbol{a}+\boldsymbol{\zeta}=\{\boldsymbol{a}+\boldsymbol{c}: \forall \boldsymbol{c}\in\boldsymbol{\zeta}\}$。

码的距离分布不仅是计算各种译码错误概率的主要依据之一，而且也是探索码的结构的重要窗口，通过它能透彻地解码的内部关系。如果$\boldsymbol{\zeta}$是一个线性码，则其距离分布和重量分布是一致的。关于线性分组码的重量分布，将在后面讨论。

6.7 编码信道容量

给定一个离散信道，其输入、输出随机序列分别为 $\boldsymbol{X}$ 和 $\boldsymbol{Y}$，那么 $\boldsymbol{X}$ 与 $\boldsymbol{Y}$ 之间的平均互信息量 $I(\boldsymbol{X};\boldsymbol{Y})$就表示接收到 $\boldsymbol{Y}$ 后平均所获得的关于 $\boldsymbol{X}$ 的信息量。平均互信息量是输入概率分布$\{P(\boldsymbol{x})\}$与信道转移概率分布$\{P(\boldsymbol{y}|\boldsymbol{x})\}$的函数。在信道确定（$\{P(\boldsymbol{y}|\boldsymbol{x})\}$已知）的情况下，选择不同的概率分布$\{P(\boldsymbol{x})\}$，就会得到不同的 $I(\boldsymbol{X};\boldsymbol{Y})$，其中最大者就是信道容量

$$C=\max_{\{P(x)\}}\{I(\boldsymbol{X};\boldsymbol{Y})\} \tag{6.22}$$

信道容量表征信道传送信息的最大能力。实际中信道传送的信息量必须小于信道容量，否则在传送过程中将会出现错误。这一点在6.8节中将要进一步讨论。本节主要讨论6.4节中所列出的常用编码信道的信道容量。

1. 离散无记忆信道容量

考虑一个离散无记忆信道，其输入符号集为$\boldsymbol{A}=\{a_1,a_2,\cdots,a_s\}$，输出符号集为$\boldsymbol{B}=\{b_1,b_2,\cdots,b_u\}$，转移概率集为$\{P(b|a)|b\in\boldsymbol{B},a\in\boldsymbol{A}\}$。用随机变量$X$和$Y$表示该信道的输入和输出，故由第3章讨论可知，该DMC的信道容量为

$$C=\max_{\{P(a_i)\}}\{I(X;Y)\}=\max_{\{P(a_i)\}}\left\{\sum_{i=1}^{s}\sum_{j=1}^{u}P(a_i)P(b_j\mid a_i)\log\frac{P(b_j\mid a_i)}{P(b_j)}\right\} \tag{6.23}$$

其中

$$P(b_j)=\sum_{i=1}^{s}P(a_i)P(b_j\mid a_i),\quad j=1,2,\cdots,u$$

以上$I(X;Y)$的最大化是在下列限制条件下进行的：

$$\sum_{i=1}^{s}P(a_i)=1,\quad P(a_i)\geqslant 0,\quad i=1,2,\cdots,s$$

2. 二进制对称信道容量

沿用上述表达符号，考虑二进制对称信道容量。设0和1发生错误的概率为p，正确概率为$\bar{p}=1-p$；信道输入概率分布为$P(X=0)=\omega$，$P(X=1)=\bar{\omega}=1-\omega$，则由第3章的讨论可知

$$I(X;Y)=H(\omega\bar{p}+\bar{\omega}p)-H(p)$$

显然，当$\omega=1/2$时达到信道容量

$$C=1-H(p) \tag{6.24}$$

C与p关系曲线参见图3.11。

3. 二进制删除信道容量

只考虑二进制纯删除信道，设删除概率为q，并记$\bar{q}=1-q$。假定信道输入概率分布为$P(X=0)=\omega$，$P(X=1)=\bar{\omega}=1-\omega$，则由第3章的讨论可知

$$I(X;Y)=\bar{q}H(\omega)$$

当$\omega=1/2$时，达到信道容量

$$C=1-q$$

C与q的关系曲线参见图3.12。

4. 离散输入、连续输出信道容量

若DMC信道输出符号集$\boldsymbol{B}=\{b_1,b_2,\cdots,b_u\}$中$u\to\infty$，信道就可成为离散输入、连续输出的时间离散的连续无记忆信道。时间离散的连续无记忆信道的容量可视为DMC信道软判决译码时容量极限，具有研究价值。这类信道中最重要的是加性高斯白噪声无记忆信道。设离散输入为$X=a\in\boldsymbol{A}=\{a_1,a_2,\cdots,a_s\}$，模拟输出为$Y=b\in(-\infty,+\infty)$，则它的信道特征由6.4节转移概率密度函数式(6.12)描述。由文献[14]可知，它的信道容量为

$$C=\max_{\{P(a_i)\}}\left\{\sum_{i=1}^{s}\int_{-\infty}^{+\infty}P(a_i)P(b\mid a_i)\log\frac{P(b\mid a_i)}{P(b)}\mathrm{d}b\right\} \tag{6.25}$$

式中

$$P(b)=\sum_{i=1}^{s}P(a_i)P(b\mid a_i)$$

实际上，对于式(6.23)，如让 $u\to\infty$ 就可推出式(6.25)。

作为特例，考虑二进制输入的 AWGN 无记忆信道，可记 $\mathbf{A}=\{-\sqrt{E_s},+\sqrt{E_s}\}$，其中 E_s 表示信号能量，则当 $P(X=+\sqrt{E_s})=P(X=-\sqrt{E_s})=1/2$ 时，$I(X;Y)$ 达到信道容量

$$C=\frac{1}{2}\int_{-\infty}^{+\infty}P(b\mid\sqrt{E_s})\log\frac{P(b\mid\sqrt{E_s})}{P(b)}\mathrm{d}b+\frac{1}{2}\int_{-\infty}^{+\infty}P(b\mid-\sqrt{E_s})\log\frac{P(b\mid-\sqrt{E_s})}{P(b)}\mathrm{d}b$$

式中，$P(b|\sqrt{E_s})$、$P(b|-\sqrt{E_s})$ 和 $P(b)$ 均与信道中噪声方差 $N_0/2$ 有关，C 和信噪比 E_s/N_0 函数的关系曲线如图 6.8 所示。

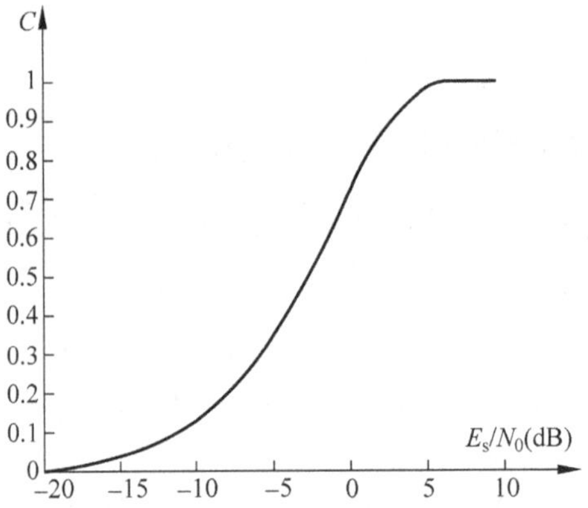

图 6.8　二进制输入的 AWGN 无记忆信道的信道容量

至此，给出了 BSC、BEC 和 AWGN 无记忆信道的信道容量。可以利用这些信道模型构成标准平台，用来衡量数字编码通信系统分别在硬判决、删除判决和软判决译码时的编码性能。

6.8　信道编码定理

本节首先介绍随机编码的基本思想，然后阐述信道编码定理的基本意义。

1. 随机编码思想

在给定信道下，采用概率统计方法，可以对所研究码的集合进行总体性能分析。为简单起见，设编码信道是二进制对称信道。考虑一个 (n,M) 分组码 $\boldsymbol{\zeta}$ 的编码器。它对 k 个二进制符号组成的信息组 $\boldsymbol{m}=(m_0,m_1,\cdots,m_{k-1})$ 进行编码，产生由 n 个二进制符号组成的码字 $\boldsymbol{c}=(c_0,c_1,\cdots,c_{n-1})$。设所有长为 n 的二进制序列构成的 n 维矢量空间为 $\mathbf{V}_n$。$\mathbf{V}_n$ 共有 2^n 个元素。由编码器所生成的任何码字均为 $\mathbf{V}_n$ 的元素，因此分组码 $\boldsymbol{\zeta}$ 就是 $\mathbf{V}_n$ 的一个子集。显然，从 $\mathbf{V}_n$ 中构造出一个 (n,M) 分组码 $\boldsymbol{\zeta}$ 有许多种方法。为了便于从统计规律中分析码的性能，下面考虑随机编码方式。

在随机编码方式下，允许每个信息组 $\boldsymbol{m}$ 随机地对应 $\mathbf{V}_n$ 中任何一个二进制序列，也允许多个信息组对应同一个二进制序列。在这种编码方式下，共有 2^{nM} 种构造 $\boldsymbol{\zeta}$ 的方法。每种

构造方法产生一个(n,M)分组码。所有这些(n,M)分组码构成一个集合，称为**码集**，记为$\{\boldsymbol{\zeta}^{(i)}: i=1,2,\cdots,2^{nM}\}$。显然，在码集中，有的码距离分布好些，有的差些，因而二进制对称信道下它们相应的错误概率有大有小。我们希望知道它们平均错误概率。

设选用的分组码$\boldsymbol{\zeta}$是随机地从码集中选取的，那么第i个码$\boldsymbol{\zeta}^{(i)}$被随机选中的概率为

$$P(\boldsymbol{\zeta}^{(i)})=2^{-nM}$$

记码$\boldsymbol{\zeta}^{(i)}$的错误概率为$P_e(\boldsymbol{\zeta}^{(i)})$，则码集的平均错误概率为

$$\bar{P}_e=\sum_{i=1}^{2^{nM}}P(\boldsymbol{\zeta}^{(i)})\cdot P_e(\boldsymbol{\zeta}^{(i)})=2^{-nM}\sum_{i=1}^{2^{nM}}P_e(\boldsymbol{\zeta}^{(i)})$$

显然，必定存在某些码的错误概率大于平均值$\bar{P}_e$，也必定存在某些码的错误概率小于或等于平均值$\bar{P}_e$。得到平均错误概率$\bar{P}_e$精确表达式是一个困难的问题，即使得到了，也往往难以明晰参数对$\bar{P}_e$的影响。退而求其次，可以考虑给出$\bar{P}_e$的一个上界。对于给出的$\bar{P}_e$上界，则必有一些码的错误概率$P_e(\boldsymbol{\zeta}^{(i)})$小于或等于这个上界。如果能再证明当$n\to\infty$时，这个$\bar{P}_e$的上界$\to 0$，那么必定这些码的错误概率$P_e(\boldsymbol{\zeta}^{(i)})\to 0$。这样就可以合乎逻辑地下结论说，使译码错误概率$\bar{P}_e$趋于0的好码一定存在。

正是在这种思路下，香农等推出了著名的信道编码定理，即香农第二定理。

2. 信道编码定理

1948年，香农在他的开创性论文《通信的数学理论》中，首次给出了著名的信道编码定理，从而奠定了信道编码的基石。

定理6.3 对于一个给定的有扰离散信道，设其信道容量为C，只要待传送码的码率$R<C$，则必存在码率为R、码长为n的分组码，若采用最大似然译码，可使其译码错误概率P_e随码长n的增加而按指数规律降至任意小，即

$$P_e\leqslant e^{-nE_C(R)} \tag{6.26}$$

式中，$E_C(R)$是误差函数或随机编码指数。

$E_C(R)$与R和C的关系如图6.9所示。图6.9中，R_1和R_2均为码率，且$R_1<R_2$；C_1和C_2均为信道容量，且$C_1>C_2$。从图6.9可知，固定R，因$C_1>C_2$，则$E_{C_1}(R)>E_{C_2}(R)$；反过来，固定C，因$R_1<R_2$，则$E_C(R_1)>E_C(R_2)$。并且$E_C(R)$随着R接近C而单调下降，即当$R\to C$时，$E_C(R)\to 0$。例如，对于二进制对称信道，设0和1发生错误概率为p，则由式(6.24)知，$C(p)=1-H(p)$。由文献[11]得

$$E_{C(p)}(R)=-R+\ln 2-\ln(1+2\sqrt{p(1-p)}) \tag{6.27}$$

由式(6.27)可验证上述结论。

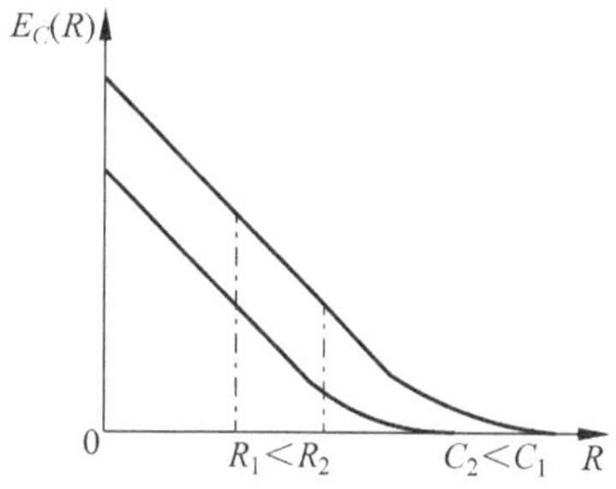

图6.9 $E_C(R)$与R和C的关系

对于一个数字编码通信系统，由如上信道编码定理可知，为了满足一定的误码率P_e的要求，可采用两种方法。方法一是增加信道容量C，从而使$E_C(R)$增加。加大信道带宽或增加信噪比就可增大C。这将从根本上改善信道的特性，从而增强信息传输的可靠性。方法二就是在R一定时，增加分组码长度n。但是随着n增加，将增加码的冗余度和编/译码设备的复杂性。

研究纠错编码的意义就在于，在一定的码率下，尽量降低误码率，以实现可靠通信，或在

给定误码率下，尽量提高码率，以实现有效通信，并力求编译码器结构简单易于实现。香农的信道编码定理表明：通信系统中有效性和可靠性是一对主要矛盾，为了提高可靠性要牺牲有效性。它指明了为提高可靠性进行纠错编码的方向，但并未提供怎样构造纠错编码的方法。

信道编码定理的逆定理也是成立的。如果待传送码的码率 $R>C$，则无论码长 n 取多大，也找不到一个分组码可使译码错误概率 P_e 任意小。此外，信道编码定理可推广至卷积码。

习题解答

6.1 设有一个离散无记忆信道，其信道矩阵为

$$P=\begin{bmatrix}\frac{1}{2} & \frac{1}{3} & \frac{1}{6}\\ \frac{1}{6} & \frac{1}{2} & \frac{1}{3}\\ \frac{1}{3} & \frac{1}{6} & \frac{1}{2}\end{bmatrix}$$

若 $P(x_1)=\frac{1}{2}, P(x_2)=P(x_3)=\frac{1}{4}$，试求采用最佳译码规则时的平均符号错误概率。

解 由于本离散信道的输入符号的先验概率 $P(x_i)(i=1,2,3)$ 不是等概率分布，所以最小错误概率准则必须根据联合概率 $P(a_ib_j)$ 的大小来选择。

对于 y_1：$P(x_1y_1)=\frac{1}{4}>P(x_2y_1)=\frac{1}{24},\quad P(x_1y_1)>P(x_3y_1)=\frac{1}{12}$

对于 y_2：$P(x_1y_2)=\frac{1}{6}>P(x_2y_2)=\frac{1}{8},\quad P(x_1y_2)>P(x_3y_2)=\frac{1}{24}$

对于 y_3：$P(x_3y_3)=\frac{1}{8}>P(x_1y_3)=\frac{1}{12},\quad P(x_3y_3)>P(x_2y_3)=\frac{1}{12}$

所以按最小错误概率准则确定的译码准则是

$$F(y_1)=x_1,\quad F(y_2)=x_1,\quad F(y_3)=x_3$$

对于最大似然译码准则，可以直接从信道矩阵的传递概率中来选择。所以，按最大似然译码准则确定的译码准则是

$$F(y_1)=x_1,\quad F(y_2)=x_2,\quad F(y_3)=x_3$$

平均错误概率公式为

$$P_e=\sum_{Y,X-a^*}P(a_ib_j)$$

所以，最小错误概率准则确定的译码规则引起的平均错误概率为

$$P_e=\frac{1}{24}+\frac{1}{12}+\frac{1}{8}+\frac{1}{24}+\frac{1}{12}+\frac{1}{12}=\frac{11}{24}$$

最大似然译码准则确定的译码规则引起的平均错误概率为

$$P'_e=\frac{1}{24}+\frac{1}{12}+\frac{1}{6}+\frac{1}{24}+\frac{1}{12}+\frac{1}{12}=\frac{1}{2}>P_e$$ ■

6.2 设有一个离散无记忆信道，其信道矩阵为

$$P=\begin{bmatrix}0.5 & 0.3 & 0.2\\0.2 & 0.3 & 0.5\\0.3 & 0.3 & 0.4\end{bmatrix}$$

若 $P(x_1)=P(x_2)=P(x_3)=\frac{1}{3}$。在最大似然规则下求出关于码元符号的错误概率。

解 根据最大似然译码准则选择译码函数 B

$$B:\begin{cases}F(b_1)=a_1\\F(b_2)=a_3\\F(b_3)=a_2\end{cases}$$

设输入符号为等概率分布

$$P(a)=\frac{1}{3}$$

则有

$$P_e=\frac{1}{3}\sum_{Y,X-a^*}P(b\mid a)=\frac{1}{3}[(0.2+0.3)+(0.3+0.3)+(0.2+0.4)]$$
$$=0.567$$

■

6.3 考虑一个码长为4的二元码,其码字为

$$C_1=0000,\quad C_2=0011,\quad C_3=1100,\quad C_4=1111$$

若将码字送入一个二元对称信道,该信道的单符号错误概率为 p,且 $p<0.01$,输入码字的概率分布为

$$P(C_1)=\frac{1}{2},\quad P(C_2)=\frac{1}{8},\quad P(C_3)=\frac{1}{8},\quad P(C_4)=\frac{1}{4}$$

试找出一种译码规则使平均错误概率 P_e 最小。

解 设信道输出端接收到的码字为

α_1:0000 α_2:0001 α_3:0010 α_4:0011 α_5:0100 α_6:0101

α_7:0110 α_8:0111 α_9:1000 α_{10}:1001 α_{11}:1010 α_{12}:1011

α_{13}:1100 α_{14}:1101 α_{15}:1110 α_{16}:1111

针对本例采用的译码规则为:输出端接收到的每个码字,与输入的四种码字分别求汉明距离。将输出码字译作与输出码字的汉明距离最小的那个输入码字。如果输出码字与多于一个输入码字的最小汉明距离相同,就将输出码字译作输入码字概率最大的那个码字。采用最大似然译码规则平均错误概率最小,本题中单符号错误概率非常小,而输入码字的概率分布又比较均匀,所以本题中最大似然译码规则与上面描述的规则效果相同。

输出端接收到的码字与输入端的码字汉明距离如表6.2所示。

表6.2 习题6.3表

输 入	输 出			
	0000	0011	1100	1111
0000	0	2	2	4
0001	1	1	3	3
0010	1	1	3	3
0011	2	0	4	2

续表

输入	输出			
	0000	0011	1100	1111
0100	1	3	1	3
0101	2	2	2	2
0110	2	2	2	2
0111	3	1	3	1
1000	1	3	1	3
1001	2	2	2	2
1010	2	2	2	2
1011	3	1	3	1
1100	2	4	0	2
1101	3	3	1	1
1110	3	3	1	1
1111	4	2	2	0

这样，最后得到的平均错误概率为

$$\begin{aligned}P_e=&1-(1-p)^4\times\frac{1}{2}-(1-p)^3p\times\frac{1}{2}-(1-p)^3p\times\frac{1}{2}-(1-p)^4\times\frac{1}{8}-\\&(1-p)^3p\times\frac{1}{2}-(1-p)^2p^2\times\frac{1}{2}-(1-p)^2p^2\times\frac{1}{2}-(1-p)^3p\times\frac{1}{4}-\\&(1-p)^3p\times\frac{1}{2}-(1-p)^2p^2\times\frac{1}{2}-(1-p)^2p^2\times\frac{1}{2}-(1-p)^3p\times\frac{1}{4}-\\&(1-p)^4\times\frac{1}{8}-(1-p)^3p\times\frac{1}{4}-(1-p)^3p\times\frac{1}{4}-(1-p)^4\times\frac{1}{4}\\=&1-(1-p)^4-3(1-p)^3p-2(1-p)^2p^2\end{aligned}$$

■

6.4 设有一个二元对称信道，其信道矩阵为 $\boldsymbol{P}=\begin{bmatrix}0.99 & 0.01\\0.01 & 0.99\end{bmatrix}$。假定信道输入概率分布为 $P(X=0)=P(X=1)=\frac{1}{2}$，并将采用二元重复码$(2n+1,1)$进行信息传输。求重复码长为3,5,7,9时的码字错误概率。

解 二元重复码$(2n+1,1)$采用最大似然译码准则时，译码的平均错误概率为

$$P_e=\sum_{k=n+1}^{2n+1}\begin{bmatrix}2n+1\\k\end{bmatrix}p^k(1-p)^{2n+1-k}$$

当 $n=3$ 时，是二元(7,1)重复码，其译码的平均错误概率为

$$\begin{aligned}P_e&=\sum_{k=3}^{7}\begin{bmatrix}7\\k\end{bmatrix}p^k(1-p)^{7-k}=35p^4(1-p)^3+21p^5(1-p)^2+7p^6(1-p)+p^7\\&\approx 3.42\times10^{-7}\end{aligned}$$

当 $n=5$ 时，是二元(11,1)重复码，其译码的平均错误概率为

$$\begin{aligned}P_e=&\sum_{k=6}^{11}\begin{bmatrix}11\\k\end{bmatrix}p^k(1-p)^{11-k}=462p^6(1-p)^5+330p^7(1-p)^4+165p^8(1-p)^3+\\&55p^9(1-p)^2+11p^{10}(1-p)+p^{11}\\\approx&4.43\times10^{-10}\end{aligned}$$

当 $n=7$ 时，是二元(15,1)重复码，其译码的平均错误概率为

$$P_e=\sum_{k=8}^{15}\begin{bmatrix}15\\k\end{bmatrix}p^k(1-p)^{15-k}=6435p^8(1-p)^7+5005p^9(1-p)^6+3003p^{10}(1-p)^5+$$
$$607p^{11}(1-p)^4+455p^{12}(1-p)^3+105p^{13}(1-p)^2+15p^{14}(1-p)+p^{15}$$
$$\approx 5.998\times 10^{-13}$$

当 $n=9$ 时，是二元(19,1)重复码，其译码的平均错误概率为

$$P_e=\sum_{k=10}^{19}\begin{bmatrix}19\\k\end{bmatrix}p^k(1-p)^{19-k}=92\,378p^{10}(1-p)^9+75\,582p^{11}(1-p)^8+$$
$$50\,388p^{12}(1-p)^7+27\,132p^{13}(1-p)^6+11\,628p^{14}(1-p)^5+3876p^{15}(1-p)^4+$$
$$969p^{16}(1-p)^3+171p^{17}(1-p)^2+19p^{18}(1-p)+p^{19}$$
$$\approx 8.4388\times 10^{-16}$$

■

6.5 某信道输入 X 的符号集为 $\left\{0,\frac{1}{2},1\right\}$，输出 Y 的符号集为 $\{0,1\}$，信道矩阵为

$$\boldsymbol{P}=\begin{bmatrix}1 & 0\\ \frac{1}{2} & \frac{1}{2}\\ 0 & 1\end{bmatrix}$$

现有 4 个消息的信源通过此信道传输(消息等概率出现)。若对信源进行编码，选择这样一种码

$$\boldsymbol{C}:\left\{\left(x_1,x_2,\frac{1}{2},\frac{1}{2}\right)\right\}\quad x_i=0\text{ 或 }1\quad (i=1,2)$$

其码长为 4，并选择这样的译码规则

$$f(y_1,y_2,y_3,y_4)=\left(y_1,y_2,\frac{1}{2},\frac{1}{2}\right)$$

(1) 这样编码后信息传输速率等于多少？

(2) 证明在选用的译码规则下，对所有码字有 $P_e=0$。

解 (1) 对信源的 4 个消息进行编码，选择码长 $n=4$，这组码为

$$\boldsymbol{C}:\left\{\left(x_1,x_2,\frac{1}{2},\frac{1}{2}\right)\right\}\quad x_i=0\text{ 或 }1\quad (i=1,2)$$

所以，该码为

$$\boldsymbol{C}:\left\{\left(0\quad 0\quad \frac{1}{2}\quad \frac{1}{2}\right),\left(0\quad 1\quad \frac{1}{2}\quad \frac{1}{2}\right),\left(1\quad 0\quad \frac{1}{2}\quad \frac{1}{2}\right),\left(1\quad 1\quad \frac{1}{2}\quad \frac{1}{2}\right)\right\}$$

编码后信息传输速率为

$$R=\frac{\log 4}{n}=\frac{1}{2}\text{(比特 / 码符号)}$$

(2) 设接收序列 $\boldsymbol{\beta}=(y_1y_2y_3y_4)$，$y_i\in\{0,1\}(i=1,2,3,4)$，根据信道的传输特性，输出序列 $\boldsymbol{\beta}$ 共有 $2^4=16$ 个，正好分成四个互不相交的子集，每个码字只传输到其中对应的一个子集：

$$\boldsymbol{\alpha}_1=\left(0\quad 0\quad \frac{1}{2}\quad \frac{1}{2}\right)\rightarrow(0\quad 0\quad y_3\quad y_4),\quad \boldsymbol{\alpha}_2=\left(0\quad 1\quad \frac{1}{2}\quad \frac{1}{2}\right)\rightarrow(0\quad 1\quad y_3\quad y_4)$$

$$\boldsymbol{\alpha}_3=\left(1\quad 0\quad \frac{1}{2}\quad \frac{1}{2}\right)\rightarrow(1\quad 0\quad y_3\quad y_4),\quad \boldsymbol{\alpha}_4=\left(1\quad 1\quad \frac{1}{2}\quad \frac{1}{2}\right)\rightarrow(1\quad 1\quad y_3\quad y_4)$$

$$y_3,y_4\in\{0,1\}$$

具体传输信道如下：

	0000	0001	0010	0011	0100	0101	0110	0111	1000	1001	1010	1011	1100	1101	1110	1111
$\left(0\ 0\ \frac{1}{2}\ \frac{1}{2}\right)$	$\frac{1}{4}$	$\frac{1}{4}$	$\frac{1}{4}$	$\frac{1}{4}$	0	0	0	0	0	0	0	0	0	0	0	0
$\left(0\ 1\ \frac{1}{2}\ \frac{1}{2}\right)$	0	0	0	0	$\frac{1}{4}$	$\frac{1}{4}$	$\frac{1}{4}$	$\frac{1}{4}$	0	0	0	0	0	0	0	0
$\left(1\ 0\ \frac{1}{2}\ \frac{1}{2}\right)$	0	0	0	0	0	0	0	0	$\frac{1}{4}$	$\frac{1}{4}$	$\frac{1}{4}$	$\frac{1}{4}$	0	0	0	0
$\left(1\ 1\ \frac{1}{2}\ \frac{1}{2}\right)$	0	0	0	0	0	0	0	0	0	0	0	0	$\frac{1}{4}$	$\frac{1}{4}$	$\frac{1}{4}$	$\frac{1}{4}$

所以，根据选取的译码规则

$$f(y_1\quad y_2\quad y_3\quad y_4)=\left(y_1\quad y_2\quad \frac{1}{2}\quad \frac{1}{2}\right)$$

正好将接收序列译成所发送的码字。可计算对于每个码字引起的错误概率

$$P_e^{(i)}=\left\{\sum_Y P(\boldsymbol{\beta}\mid\boldsymbol{\alpha}_i):f(\boldsymbol{\beta})\neq\boldsymbol{\alpha}_i\right\}=0\quad(i=1,2,3,4)$$

所以有

$$P_e=\sum_C P(\boldsymbol{\alpha}_i)P_e^{(i)}=0$$ ■

6.6 设有一离散无记忆信道，其信道矩阵为

$$\boldsymbol{P}=\begin{bmatrix}\frac{1}{2}&\frac{1}{2}&0&0&0\\0&\frac{1}{2}&\frac{1}{2}&0&0\\0&0&\frac{1}{2}&\frac{1}{2}&0\\0&0&0&\frac{1}{2}&\frac{1}{2}\\\frac{1}{2}&0&0&0&\frac{1}{2}\end{bmatrix}$$

(1) 计算信道容量 C；

(2) 找出一个码长为2的重复码，其信息传输率为$\frac{1}{2}\log 5$。当输入码字为等概分布时，如果按最大似然译码规则设计译码器，求译码器输出端的平均错误概率。

解 (1) 根据信道矩阵 $\boldsymbol{P}$，可知其是一对称信道，所以信道容量为

$$\begin{aligned}C&=\log 5-H\left(\frac{1}{2},\frac{1}{2},0,0,0\right)\\&=\log 5-\log 2\end{aligned}$$

$$\approx 1.322(\text{比特/符号})$$

(2) 设信道的输入符号集 $\boldsymbol{A}=\{0,1,2,3,4\}$，输出符号集 $\boldsymbol{B}=\{0,1,2,3,4\}$，其传递信道矩阵 $\boldsymbol{P}$，任选码长为 2 的重复码：

$$\boldsymbol{C}:\boldsymbol{W}_1=00,\quad \boldsymbol{W}_2=11,\quad \boldsymbol{W}_3=22,\quad \boldsymbol{W}_4=33,\quad \boldsymbol{W}_5=44$$

因为输入码字等概率分布，重复码 $n=2,M=5$，因此满足信息传输速率

$$R=\frac{\log M}{n}=\frac{1}{2}\log 5$$

此信道是无记忆信道，满足

$$P(\boldsymbol{\beta}_j \mid \boldsymbol{W}_i)=P(b_{j_1} \mid a_{i_1})P(b_{j_2} \mid a_{i_2})$$

$$\boldsymbol{\beta}_j=(b_{j_1}b_{j_2}),\quad \boldsymbol{W}_i=(a_{i_1}a_{i_2}),\quad b_{j_1},b_{j_2}\in \boldsymbol{B},\quad a_{i_1},a_{i_2}\in \boldsymbol{A}$$

$$j=1,2,\cdots,25,\quad i=1,2,\cdots,5$$

下面给出传递概率 $P(\boldsymbol{\beta}_j|\boldsymbol{W}_i)$ 的矩阵为

	00	01	02	03	04	10	11	12	13	14	20	21	22	23	24	30	31	32	33	34	40	41	42	43	44
$\boldsymbol{W}_1=00$	1/4	1/4	0	0	0	1/4	1/4	0	0	0	0	0	0	0	0	0	0	0	0	0	0	0	0	0	0
$\boldsymbol{W}_2=11$	0	0	0	0	0	0	1/4	1/4	0	0	0	1/4	1/4	0	0	0	0	0	0	0	0	0	0	0	0
$\boldsymbol{W}_3=22$	0	0	0	0	0	0	0	0	0	0	0	0	1/4	1/4	0	0	0	1/4	1/4	0	0	0	0	0	0
$\boldsymbol{W}_4=33$	0	0	0	0	0	0	0	0	0	0	0	0	0	0	0	0	0	0	1/4	1/4	0	0	0	1/4	1/4
$\boldsymbol{W}_5=44$	1/4	0	0	0	1/4	0	0	0	0	0	0	0	0	0	0	0	0	0	0	0	1/4	0	0	0	1/4

根据最大似然译码准则，确定的译码规则为

$$\boldsymbol{\beta}_j=\left.\begin{matrix}00\\01\\10\end{matrix}\right\}\text{译成 }00,\quad \boldsymbol{\beta}_j=\left.\begin{matrix}11\\12\\21\end{matrix}\right\}\text{译成 }11,\quad \boldsymbol{\beta}_j=\left.\begin{matrix}22\\23\\32\end{matrix}\right\}\text{译成 }22,$$

$$\boldsymbol{\beta}_j=\left.\begin{matrix}33\\34\\43\end{matrix}\right\}\text{译成 }33,\quad \boldsymbol{\beta}_j=\left.\begin{matrix}40\\44\\04\end{matrix}\right\}\text{译成 }44$$

在选择 $\boldsymbol{C}$ 重复码的情况下，因为对于其他 $\boldsymbol{\beta}_j$，$P(\boldsymbol{\beta}_j|\boldsymbol{W}_i)=0$，所以其他 $\boldsymbol{\beta}_j$ 在输出端不会出现。可计算得译码器输出端的平均错误概率 P_e

$$P_e=\frac{1}{M}P_e^{(i)}=\frac{1}{M}\sum_{Y^2}\{P(\boldsymbol{\beta}_j \mid \boldsymbol{W}_i):F(\boldsymbol{\beta}_j)\neq W_i\}$$

$$=\frac{1}{5}\left(\frac{5}{4}\right)=\frac{1}{4}$$

■

6.7 设一离散无记忆信道输入符号集为 $\boldsymbol{A}=\{x_1,x_2,\cdots,x_n\}$，输出符号集为 $\boldsymbol{B}=\{y_1,y_2,\cdots,y_m\}$，信道转移概率为

$$p_{ij}=P(y_j \mid x_i),\quad i=1,2,\cdots,n;\quad j=1,2,\cdots,m$$

若译码器以概率 $p_{ij}(i=1,2,\cdots,n;j=1,2,\cdots,m)$ 对收到 y_j 的判决为 x_i。试证明对于给定的输入分布，任意随机判决方法得到的错误概率不低于最大后验概率译码时的错误概率。

证明 根据最大后验概率译码准则，有 $x_q=f(y_j)$，$q\in\{1,2,\cdots,n\}$，且

$$p_{qj}\geqslant p_{ij}\quad \forall i\in\{1,2,\cdots,n\},\quad j\in\{1,2,\cdots,m\}$$

所以有
$$p(x_q \mid y_j) \geqslant p(x_i \mid y_j) \Rightarrow \frac{p(x_q, y_j)}{p(y_j)} \geqslant \frac{p(x_i, y_j)}{p(y_j)}$$
$$\Rightarrow \frac{p(x_q)p(y_j \mid x_q)}{p(y_j)} \geqslant \frac{p(x_i)p(y_j \mid x_i)}{p(y_j)}$$
$$\Rightarrow p(y_j \mid x_q)p(x_q) \geqslant p(y_j \mid x_i)p(x_i)$$

最大后验概率译码的错误概率为
$$P_{e1} = \sum_{Y, X-x_q} p(y_j \mid x_i)p(x_i) = 1 - \sum_{j=1}^{m} p(y_j \mid x_q)p(x_q)$$
随机判决法译码的错误概率为
$$P_{e2} = \sum_{Y, X-x_i} p(y_j \mid x_i)p(x_i) = 1 - \sum_{j=1}^{m} p(y_j \mid x_i)p(x_i)$$
所以 $P_{e1} \leqslant P_{e2}$ 得证。■

6.8 证明最小距离为 $d_{\min}$ 的分组码用于二元对称信道能够纠正小于 $d_{\min}/2$ 个错误的所有组合。

证明 用反证法证明。设最小码间距离为 $d_{\min}$ 的码，它的一个码字 $\boldsymbol{\alpha}_1$ 经过信道传输之后，由于传输错误小于 $d_{\min}/2$，因而接收码字 $\boldsymbol{\beta}_1$ 与输入码字 $\boldsymbol{\alpha}_1$ 之间的汉明距离就等于传输错误的位数，所以接收码字 $\boldsymbol{\beta}_1$ 与输入码字 $\boldsymbol{\alpha}_1$ 之间的距离小于 $d_{\min}/2$。

假设接收码字 $\boldsymbol{\beta}_1$ 与输入端其他码字(这里不妨设为 $\boldsymbol{\alpha}_2$)之间的汉明距离也小于 $d_{\min}/2$，那么，根据汉明距离的三角不等式，有
$$d(\boldsymbol{\alpha}_1, \boldsymbol{\alpha}_2) \leqslant d(\boldsymbol{\alpha}_1, \boldsymbol{\beta}_1) + d(\boldsymbol{\alpha}_1, \boldsymbol{\beta}_1)$$
又因为 $d(\boldsymbol{\alpha}_1, \boldsymbol{\beta}_1) < \frac{d_{\min}}{2}$，$d(\boldsymbol{\alpha}_2, \boldsymbol{\beta}_1) < \frac{d_{\min}}{2}$ 所以有
$$d(\boldsymbol{\alpha}_1, \boldsymbol{\alpha}_2) < d_{\min}$$
可以看出，假设情况下，此码的最小码间距小于 $d_{\min}$，与最小码间距为 $d_{\min}$ 矛盾。所以假设不成立，原命题成立。■

6.9 考虑一个码长为 5 的二元码，其码字为
$$C_1 = 01001,\quad C_2 = 10010,\quad C_3 = 11100,\quad C_4 = 00111$$
(1) 计算此码的最小距离和码率；

(2) 假设码字是等概率分布，采用最小距离译码准则，试问接收序列为 $V_1 = 10000$，$V_2 = 01100$，$V_3 = 00100$，$V_4 = 00000$ 时分别应译成什么码字？

(3) 此码能纠、检几位错误？

解 (1) 此二元码的最小距离为
$$d_{\min} = 3$$
由于此码的码字个数为 4，码长为 5，所以码率为
$$R = \frac{\log 4}{5} = \frac{2}{5}\text{(比特 / 码元符号)}$$

(2) 采用最小距离译码准则(将接收序列译成与其码距最小的码字)，接收序列 10000 与码字 10010 距离为 1，与其他码字的距离都大于 1，所以

	10000	译成	10010	
同理	01100	译成	11100	
	00100	译成	11100	或　00111 任一个
	00000	译成	01001	或　10010 任一个

(3) 因为此码 $d_{\min}=3=2\times1+1=2+1$，即 $t=1,e=2$，所以此码能纠正一位随机错误，检测出两位随机错误。■

6.10　离散无记忆强对称信道的信道矩阵为

$$P=\begin{bmatrix}\bar{p} & \frac{p}{m-1} & \frac{p}{m-1} & \cdots & \frac{p}{m-1}\\ \frac{p}{m-1} & \bar{p} & \frac{p}{m-1} & \cdots & \frac{p}{m-1}\\ \frac{p}{m-1} & \frac{p}{m-1} & \frac{p}{m-1} & \cdots & \bar{p}\end{bmatrix}$$

证明：对于此信道，最小距离译码准则等价于最大似然译码准则。

证明　设码 $\boldsymbol{C}$ 为 M 个码长为 n 的 m 元码，其码字为

$$\boldsymbol{\alpha}_i=(\alpha_{i_1}\alpha_{i_2}\cdots\alpha_{i_n}),\quad \alpha_{i_k}\in\{0,1,\cdots,m-1\}$$

接收的序列为

$$\boldsymbol{\beta}_j=(b_{j_1}b_{j_2}\cdots b_{j_n}),\quad b_{j_k}\in\{0,1,\cdots,m-1\}$$

码字$\boldsymbol{\alpha}_i$ 与接收序列$\boldsymbol{\beta}_j$ 的距离 $D_{ij}=D(\boldsymbol{\alpha}_i,\boldsymbol{\beta}_j)$仍是二序列之间对应码位上不同码元的个数。因为是强对称信道，所以只要 α_{i_k} 与$\beta_{j_k}(k=1,2,\cdots,n)$不相同就引起错误，而其传递概率都相等，即

$$P(b_{j_k}\mid a_{i_k})=\frac{P}{m-1},\quad a_{i_k}\neq b_{j_k},k=1,2,\cdots,n$$

且强对称信道是无记忆的，所以

$$P(\boldsymbol{\beta}_j\mid\boldsymbol{\alpha}_i)=P(b_{j_1}\mid a_{i_1})P(b_{j_2}\mid a_{i_2})\cdots P(b_{j_n}\mid a_{i_n})$$

$$\boldsymbol{\alpha}_i\in\boldsymbol{C},\quad \boldsymbol{\beta}_j\in Y^n,\quad a_{i_k}\text{ 和 }b_{j_k}\in\{0,1,2,\cdots,m-1\}$$

$$k=1,2,\cdots,n$$

$$=\bar{p}^{\,n-D_{ij}}\left(\frac{p}{m-1}\right)^{D_{ij}}$$

$$=\left(\frac{1}{m-1}\right)^{D_{ij}}p^{D_{ij}}\bar{p}^{\,(n-D_{ij})}$$

一般 $p<\frac{1}{2}<\bar{p}$；$m>2$，$\frac{1}{m-1}<1$，所以接收序列$\boldsymbol{\beta}_j$ 与码字$\boldsymbol{\alpha}_i$ 的距离越大，即 D_{ij} 越大，$n-D_{ij}$ 越小时，$\left(\frac{1}{m-1}\right)^{D_{ij}}$ 和 $p^{D_{ij}}$ 越小，$\bar{p}^{(n-D_{ij})}$ 也越小，则 $P(\boldsymbol{\beta}_j|\boldsymbol{\alpha}_i)$越小。$\boldsymbol{\beta}_j$ 与$\boldsymbol{\alpha}_i$ 的距离越小，即 D_{ij} 越小，$n-D_{ij}$ 越大，则 $P(\boldsymbol{\beta}_j|\boldsymbol{\alpha}_i)$越大。

所以满足

$$D(\boldsymbol{\alpha}^*,\boldsymbol{\beta}_j)\leqslant D(\boldsymbol{\alpha}_i,\boldsymbol{\beta}_j)$$

$$\boldsymbol{\alpha}_i \neq \boldsymbol{\alpha}^*, \quad \boldsymbol{\alpha}_i, \boldsymbol{\alpha}^* \in \boldsymbol{C}, \quad \boldsymbol{\beta}_j \in Y^n$$

亦满足

$$P(\boldsymbol{\beta}_j \mid \boldsymbol{\alpha}^*) \geqslant P(\boldsymbol{\beta}_j \mid \boldsymbol{\alpha}_i)$$

$$\boldsymbol{\alpha}_i \neq \boldsymbol{\alpha}^*, \quad \boldsymbol{\alpha}_i, \boldsymbol{\alpha}^* \in \boldsymbol{C}, \quad \boldsymbol{\beta}_j \in Y^n$$

所以最小距离译码准则是选择译码函数

$$F(\boldsymbol{\beta}_j) = \boldsymbol{\alpha}^*, \quad \boldsymbol{\alpha}^* \in \boldsymbol{C}, \quad \boldsymbol{\beta}_1 = Y^n$$

使满足

$$P(\boldsymbol{\beta}_j \mid \boldsymbol{\alpha}^*) \geqslant P(\boldsymbol{\beta}_j \mid \boldsymbol{\alpha}_i) \quad \boldsymbol{\alpha}_i \neq \boldsymbol{\alpha}^*, \quad \boldsymbol{\alpha}_i \in \boldsymbol{C}$$ ■

第7章 线性分组码

CHAPTER 7

本章将侧重讨论纠错编码中最基本的一类码，即线性分组码。这类码有明显的数学结构，概念比较简单，是探讨各类码的基础，且许多已知好码都可纳入线性分组码范畴，如Turbo分组码和LDPC码。

本章首先介绍线性分组码的基本概念和矩阵之间的密切联系，然后介绍它的译码方法，接着讨论可纠正一位错误的汉明码及其各种变形，随后阐述几种线性分组码的性能限，最后简述性能卓越的Turbo码和LDPC码，并介绍了如何评价编码的性能。此外，为了知识完整起见，本章还介绍了经典的循环码与卷积码。如无特别声明，本章所讨论的码均指二进制线性分组码。

7.1 线性分组码与生成矩阵

由例6.1可知，重复码的码字 $\boldsymbol{c}$ 可以表示为

$$\boldsymbol{c}=(c_0,c_1,\cdots,c_{n-1})=m_0[1,1,\cdots,1] \tag{7.1}$$

而由例6.2可知，奇偶校验码码字 $\boldsymbol{c}$ 可以表示为

$$\boldsymbol{c}=(m_0,m_1,\cdots,m_{k-1})\begin{bmatrix}1 & 0 & \cdots & 0 & 1\\ 0 & 1 & \cdots & 0 & 1\\ \vdots & \vdots & & \vdots & \vdots\\ 0 & 0 & \cdots & 1 & 1\end{bmatrix} \tag{7.2}$$

这两个例子启发我们，一个$[n,k]$线性分组码$\boldsymbol{\zeta}$ 的码字 $\boldsymbol{c}$ 可用秩为 k 的一个 $k\times n$ 阶矩阵 $\boldsymbol{G}$ 来生成，即

$$\boldsymbol{c}=\boldsymbol{m}\cdot\boldsymbol{G} \tag{7.3}$$

由线性代数知识可知，一个$[n,k]$**线性分组码**$\boldsymbol{\zeta}$ 就是一个由0与1组成的二元域上 n 重 k 维线性空间。它有 2^k 个码字，可从中选出 k 个线性无关码字形成一个 $k\times n$ 阶矩阵 $\boldsymbol{G}$，并可由该矩阵产生任何码字 $\boldsymbol{c}$。为此，有下面的定义。

定义7.1 令$\boldsymbol{\zeta}$ 表示一个$[n,k]$二进制线性分组码，则有一个秩为 k 的 $k\times n$ 阶矩阵 $\boldsymbol{G}$ 满足：$\boldsymbol{\zeta}=\{\boldsymbol{c}:\boldsymbol{c}=\boldsymbol{mG},\forall\,\boldsymbol{m}\in\boldsymbol{V}_k\}$，其中 $\boldsymbol{V}_k$ 是长度为 k 的二元域上的 k 维线性空间。称矩阵 $\boldsymbol{G}$ 为$\boldsymbol{\zeta}$ 的**生成矩阵**。

例7.1 设有一个$[6,3]$线性分组码$\boldsymbol{\zeta}$，其编码规则为

$$\begin{cases} c_0 = m_0 + m_1 \\ c_1 = m_2 \\ c_2 = m_1 + m_2 \\ c_3 = m_0 + m_1 + m_2 \\ c_4 = m_0 + m_2 \\ c_5 = m_1 + m_2 \end{cases}$$

因此，$\boldsymbol{\zeta}$ 的生成矩阵为

$$\boldsymbol{G} = \begin{bmatrix} 1 & 0 & 0 & 1 & 1 & 0 \\ 1 & 0 & 1 & 1 & 0 & 1 \\ 0 & 1 & 1 & 1 & 1 & 1 \end{bmatrix} \tag{7.4}$$

■

二进制线性分组码 $\boldsymbol{\zeta}$ 有两个重要性质：

(1) 任意两个码字 $\boldsymbol{a}$、$\boldsymbol{b}$ 之和 $\boldsymbol{a}+\boldsymbol{b} \in \boldsymbol{\zeta}$；

(2) 码的最小距离 d 等于码的最小重量，既然 $\forall \boldsymbol{a},\boldsymbol{b} \in \boldsymbol{\zeta}$，则有

$$d(\boldsymbol{a},\boldsymbol{b}) = \omega(\boldsymbol{a}+\boldsymbol{b})$$

由式(7.1)和式(7.2)可以发现，输入信息序列是以不变的形式出现在码字前面的，这样的码称为系统码。它的一般定义如下。

定义 7.2 对于一个$[n,k]$二进制线性分组码 $\boldsymbol{\zeta}$，若输入信息序列以不变的形式，在码字的任意 k 位中出现，则称 $\boldsymbol{\zeta}$ 为**系统码**，否则称为**非系统码**。

对于一个$[n,k]$系统码，如果其前 k 位为信息位，而后 $n-k$ 位为监督位，那么其生成矩阵可表示为

$$\boldsymbol{G} = [\boldsymbol{I}_k \quad \boldsymbol{P}] = \begin{bmatrix} 1 & 0 & \cdots & 0 & p_{11} & p_{12} & \cdots & p_{1n-k} \\ 0 & 1 & \cdots & 0 & p_{21} & p_{22} & \cdots & p_{2n-k} \\ \vdots & 0 & & \vdots & \vdots & \vdots & & \vdots \\ 0 & 0 & \cdots & 1 & p_{k1} & p_{k2} & \cdots & p_{kn-k} \end{bmatrix} \tag{7.5}$$

称式(7.5)的生成矩阵为**典型生成矩阵**或**标准生成矩阵**。显然，重复码或奇偶校验码都是由典型生成矩阵产生的系统码。当然，将信息比特放在前面或者后面并没有本质区别，但人们习惯采用式(7.5)的表达方式。系统码与非系统码在检错、纠错的抗干扰性能方面是完全一样的，但由于系统码表达和构造简单，因此更容易为实际系统所使用。

例 7.2 对于式(7.4)给出的矩阵 $\boldsymbol{G}$ 所生成的$[6,3]$线性分组码 $\boldsymbol{\zeta}$ 也可以变换成一个$[6,3]$系统码 $\boldsymbol{\zeta}_s$。这是因为矩阵 $\boldsymbol{G}$ 可通过线性代数中的初等行变换和列置换转换成如下典型生成矩阵

$$\boldsymbol{G}_s = \begin{bmatrix} 1 & 0 & 0 & 1 & 1 & 0 \\ 0 & 1 & 0 & 0 & 0 & 1 \\ 0 & 0 & 1 & 1 & 1 & 0 \end{bmatrix} \tag{7.6}$$

■

所谓矩阵的初等行变换，是指矩阵的两行交换位置，或者是用矩阵的一行加到矩阵的另一行。在初等行变换和列置换下，矩阵的秩没有改变。而且这样产生的系统码与原来的分组码具有相同距离结构，因而这两个码将会有同样的纠错或检错效果。故有如下结论：任何线性分组码都等价于一个系统码。

7.2　线性分组码与校验矩阵

让 $\mathbf{0}$ 表示全零矢量或矩阵。给定一个 $k\times n$ 阶矩阵 $\boldsymbol{A}$，设 $k<n$，且该矩阵的秩为 k。考虑如下方程组

$$\boldsymbol{A}\boldsymbol{x}^{\mathrm{T}}=\mathbf{0},\quad \boldsymbol{x}=(x_0,x_1,\cdots,x_{n-1})$$

其中，$\boldsymbol{x}^{\mathrm{T}}$ 是 $\boldsymbol{x}$ 的转置。由线性代数知识可知，该方程组在二元域上有解，且所有解构成一个 $n-k$ 维线性空间。设这个 $n-k$ 维线性空间的一组基为 $\boldsymbol{b}^{(i)}=(b_0^{(i)},b_1^{(i)},\cdots,b_{n-1}^{(i)})$，$i=1,2,\cdots,n-k$。记

$$\boldsymbol{B}=\begin{bmatrix}\boldsymbol{b}^{(1)}\\\boldsymbol{b}^{(2)}\\\vdots\\\boldsymbol{b}^{(n-k)}\end{bmatrix}$$

也记

$$\boldsymbol{A}=\begin{bmatrix}\boldsymbol{a}^{(1)}\\\boldsymbol{a}^{(2)}\\\vdots\\\boldsymbol{a}^{(k)}\end{bmatrix}$$

其中，$\boldsymbol{a}^{(i)}=(a_0^{(i)},a_1^{(i)},\cdots,a_{n-1}^{(i)})$，$i=1,2,\cdots,k$，则

$$\boldsymbol{A}\boldsymbol{B}^{\mathrm{T}}=\mathbf{0}$$

或者

$$\boldsymbol{B}\boldsymbol{A}^{\mathrm{T}}=\mathbf{0}$$

对于一个$[n,k]$二进制线性分组码ζ，令 $\boldsymbol{G}$ 是ζ 的一个生成矩阵，则由上述讨论可知，存在一个秩为 $n-k$ 的$(n-k)\times n$ 阶矩阵 $\boldsymbol{H}$ 使 $\boldsymbol{H}\boldsymbol{G}^{\mathrm{T}}=\mathbf{0}$。进而对任意码字 $\boldsymbol{c}=\boldsymbol{m}\cdot\boldsymbol{G}$，有

$$\boldsymbol{H}\boldsymbol{c}^{\mathrm{T}}=\boldsymbol{H}\boldsymbol{G}^{\mathrm{T}}\boldsymbol{m}^{\mathrm{T}}=\mathbf{0}\tag{7.7}$$

反之，若给出一个$(n-k)\times n$ 阶矩阵 $\boldsymbol{H}$，则满足方程式(7.7)的所有解 $\boldsymbol{c}$ 可构成一个 k 维的线性空间。这一方面说明，只有码字 $\boldsymbol{c}\in\zeta$ 满足方程式(7.7)，或者说矩阵 $\boldsymbol{H}$ 可对码ζ 起校验作用；另一方面也说明，给定一个$(n-k)\times n$ 阶矩阵 $\boldsymbol{H}$，也可通过式(7.7)来产生一个$[n,k]$线性分组码ζ。于是有下面一个重要概念。

定义 7.3　令ζ 表示一个$[n,k]$二进制线性分组码，则有一个秩为 $n-k$ 的$(n-k)\times n$ 阶矩阵 $\boldsymbol{H}$ 满足：$\zeta=\{\boldsymbol{c}:\boldsymbol{H}\boldsymbol{c}^{\mathrm{T}}=\mathbf{0},\forall\,\boldsymbol{c}\in\boldsymbol{V}_n\}$，其中 $\boldsymbol{V}_n$ 是长度为 n 的二元域上的 n 维线性空间。称矩阵 $\boldsymbol{H}$ 为ζ 的一个**一致校验矩阵**或者**一致监督矩阵**，简称**校验矩阵**或者**监督矩阵**。

BCH 码和 LDPC 码通常采用校验矩阵来刻画。校验矩阵可通过寻求矩阵 $\boldsymbol{G}$ 形成方程组的解空间的基底来获得。

例 7.3　对于式(7.4)中的矩阵 $\boldsymbol{G}$ 所生成的$[6,3]$线性分组码ζ，其一个校验矩阵为

$$\boldsymbol{H}=\begin{bmatrix}1&1&0&1&0&0\\1&0&0&0&1&1\\0&0&1&0&0&1\end{bmatrix}$$ ■

由以上讨论可知，线性分组码可通过生成矩阵或校验矩阵来描述。因此，生成矩阵和校

验矩阵是线性分组码中两个重要的概念。另外，值得一提的是，生成矩阵和校验矩阵可相互推导，特别是在系统码情况下，这种相互推导是非常容易的。

例 7.4 对于式(7.6)典型矩阵 $\boldsymbol{G}_s$ 所生成的[6,3]系统码$\boldsymbol{\zeta}_s$，其一个校验矩阵为

$$\boldsymbol{H}_s=\begin{bmatrix}1&0&1&1&0&0\\1&0&1&0&1&0\\0&1&0&0&0&1\end{bmatrix}$$ ■

校验矩阵可通过信息位与校验位之间的线性关系式来确定。

例 7.5 (1) 对于$[n,1]$重复码，其校验矩阵为

$$\boldsymbol{H}=\begin{bmatrix}1&1&0&\cdots&0\\1&0&1&\cdots&0\\\vdots&\vdots&\vdots&&\vdots\\1&0&0&\cdots&1\end{bmatrix}\tag{7.8}$$

(2) 对于$[n,n-1]$奇偶校验码，其校验矩阵为

$$\boldsymbol{H}=[1\quad 1\quad\cdots\quad 1]\tag{7.9}$$ ■

对上述例子观察容易发现，对于一个二元域上$[n,k]$系统码，若其生成矩阵是典型的，为 $\boldsymbol{G}=[\boldsymbol{I}_k\quad\boldsymbol{P}]$，则它对应的校验矩阵为

$$\boldsymbol{H}=[\boldsymbol{P}^{\mathrm{T}}\quad\boldsymbol{I}_{n-k}]\tag{7.10}$$

称具有上述形式的校验矩阵为**典型校验矩阵**或**标准校验矩阵**。对于 $q(q\geqslant 2)$元域上的$[n,k]$系统码，若其生成矩阵是典型的，为 $\boldsymbol{G}=[\boldsymbol{I}_k\quad\boldsymbol{P}]$，则它对应的典型校验矩阵应为

$$\boldsymbol{H}=[-\boldsymbol{P}^{\mathrm{T}}\quad\boldsymbol{I}_{n-k}]$$

其中，$-\boldsymbol{P}^{\mathrm{T}}$ 表示它的每个元素是 $\boldsymbol{P}^{\mathrm{T}}$ 中对应元素的负元素。如 $q=3$，则 $-2=1(\mathrm{mod}\ 3)$。由线性代数理论可知，非典型的校验矩阵可经过初等行变换和列置换转换为典型的形式。因此，一个非系统的线性分组码也可通过校验矩阵转换为一个等价的系统码。

对于一个$[n,k]$线性分组码$\boldsymbol{\zeta}$，若以其$(n-k)\times n$ 阶的校验矩阵 $\boldsymbol{H}$ 为生成矩阵，则可产生一个$[n,n-k]$线性分组码，称之为 $\boldsymbol{\zeta}$ 的**对偶码**，记为 $\boldsymbol{\zeta}^{\perp}$，即有

$$\boldsymbol{\zeta}^{\perp}=\{\boldsymbol{c}^{\perp}:\boldsymbol{c}^{\perp}=\boldsymbol{m}^{\perp}\boldsymbol{H},\quad\forall\boldsymbol{m}^{\perp}\in\boldsymbol{V}_{n-k}\}\tag{7.11}$$

让 $\boldsymbol{G}$ 是$\boldsymbol{\zeta}$ 的一个生成矩阵，则 $\boldsymbol{H}\boldsymbol{G}^{\mathrm{T}}=\boldsymbol{0}$。因此$\boldsymbol{\zeta}$ 的对偶码$\boldsymbol{\zeta}^{\perp}$ 的校验矩阵就是$\boldsymbol{\zeta}$ 的生成矩阵 $\boldsymbol{G}$，且$\boldsymbol{\zeta}$ 与$\boldsymbol{\zeta}^{\perp}$ 互为对偶码。

例 7.6 用式(7.8)和式(7.9)容易证明$[n,1]$重复码和$[n,n-1]$奇偶校验码互为对偶码。 ■

既然 $\boldsymbol{H}\boldsymbol{G}^{\mathrm{T}}=\boldsymbol{0}$，则$\boldsymbol{\zeta}$ 的任何一个码字 $\boldsymbol{c}=(c_0,c_1,\cdots,c_{n-1})$与$\boldsymbol{\zeta}^{\perp}$的任何一个码字 $\boldsymbol{c}^{\perp}=(c_0^{\perp},c_1^{\perp},\cdots,c_{n-1}^{\perp})$正交，即

$$\boldsymbol{c}\cdot\boldsymbol{c}^{\perp}=\sum_{i=0}^{n-1}c_i\cdot c_i^{\perp}=0\tag{7.12}$$

对偶码的上述性质能用于 Turbo 分组码的迭代译码中，以降低译码复杂度。

此外，值得一提的是，为了方便研究，上述所定义的校验矩阵 $\boldsymbol{H}$ 可不局限于$(n-k)\times n$ 阶，可以是 $r\times n$ 阶，其中 $r\geqslant n-k$。因为从线性代数理论，只要它的秩为 $n-k$，就可利用它形成一个$[n,k]$线性分组码。广义规则 LDPC 码就是通过这样的校验矩阵来定义的。因

此，定义7.3可重写如下。

定义7.3*　令ζ表示一个$[n,k]$二进制线性分组码，则必有一个秩为$n-k$的$r\times n$阶矩阵$\boldsymbol{H}$满足：$\zeta=\{\boldsymbol{c}:\boldsymbol{H}\boldsymbol{c}^{\mathrm{T}}=\boldsymbol{0},\forall \boldsymbol{c}\in \boldsymbol{V}_n\}$，其中$r\geqslant n-k$，$\boldsymbol{V}_n$是长度为$n$的二元域上的$n$维线性空间，称矩阵$\boldsymbol{H}$为$\zeta$的一个**一致校验矩阵**或者**一致监督矩阵**，简称**校验矩阵**或者**监督矩阵**。

7.3　线性分组码的译码

7.1节和7.2节讨论了线性分组码的编码问题。有了生成矩阵或校验矩阵，便解决了线性分组码的编码问题。由于信道干扰，经编码后发送的码字可能出错，那接收端如何发现或纠正错误呢？这就是译码问题。本节将讨论线性分组码的译码问题。

如果无特别说明，以后所考虑的编码信道均指与硬判决译码有关的二进制对称信道。

7.3.1　伴随式与码的结构

假定系统采用一个$[n,k]$二进制线性分组码ζ进行通信，其校验矩阵为$\boldsymbol{H}$。设发送的码字为$\boldsymbol{c}=(c_0,c_1,\cdots,c_{n-1})$，信道产生的错误图样为$\boldsymbol{e}=(e_0,e_1,\cdots,e_{n-1})$，则接收端得到的码组为$\boldsymbol{v}=\boldsymbol{c}+\boldsymbol{e}=(v_0,v_1,\cdots,v_{n-1})$。因此，译码的任务就是从$\boldsymbol{v}$中求出$\boldsymbol{e}$，从而得到$\boldsymbol{c}=\boldsymbol{v}-\boldsymbol{e}$。既然$\boldsymbol{c}\boldsymbol{H}^{\mathrm{T}}=\boldsymbol{0}$，则定义一个矢量

$$\boldsymbol{s}=\boldsymbol{v}\boldsymbol{H}^{\mathrm{T}}=\boldsymbol{e}\boldsymbol{H}^{\mathrm{T}} \tag{7.13}$$

矢量$\boldsymbol{s}$仅与$\boldsymbol{e}$有关，而与$\boldsymbol{c}$无关，它反映了信道干扰的情况。显然，若$\boldsymbol{e}=\boldsymbol{0}$，则$\boldsymbol{s}=\boldsymbol{0}$，那么$\boldsymbol{c}=\boldsymbol{v}$；若$\boldsymbol{e}\neq\boldsymbol{0}$，则$\boldsymbol{s}\neq\boldsymbol{0}$，如能从$\boldsymbol{s}$得到$\boldsymbol{e}$，则从$\boldsymbol{c}=\boldsymbol{v}-\boldsymbol{e}$即可恢复发送码字。这提供给我们一种译码思路。为此下面要对矢量$\boldsymbol{s}$展开研究。

定义7.4　令ζ表示一个$[n,k]$二进制线性分组码，其校验矩阵为$\boldsymbol{H}$。设$\boldsymbol{v}$为接收码组，则称$\boldsymbol{s}=\boldsymbol{v}\boldsymbol{H}^{\mathrm{T}}$为$\boldsymbol{v}$的**伴随式**或**校正子**(Syndrome)。

例7.7　一个$[6,3]$系统码ζ_s，其典型校验矩阵为

$$\boldsymbol{H}_s=\begin{bmatrix}1&0&1&1&0&0\\1&1&1&0&1&0\\0&1&1&0&0&1\end{bmatrix}$$

容易发现，该码的最小距离为$d=3$，因此它可纠正一个错误或检出两个错误。采用ζ_s发送一个码字$\boldsymbol{c}$，设接收码组为$\boldsymbol{v}$，计算$\boldsymbol{v}$的伴随式$\boldsymbol{s}=\boldsymbol{v}\boldsymbol{H}^{\mathrm{T}}$。若没有发生错误，则显然$\boldsymbol{s}=\boldsymbol{0}$。若发生一个错误，则$\boldsymbol{s}$与$\boldsymbol{H}^{\mathrm{T}}$的一个行矢量相同；如果$\boldsymbol{s}$与$\boldsymbol{H}^{\mathrm{T}}$的第$i$个行矢量相同，则说明$\boldsymbol{v}$中第$i$位码元出错。若发生一个或两个错误，则必然有$\boldsymbol{s}\neq\boldsymbol{0}$。因此，接收端利用伴随式$\boldsymbol{s}$就能纠正一个错误或检出两个错误。■

一般地，一个$[n,k]$线性分组码要是能纠正一个错误，则由一个错误而产生错误图样确定的伴随式均不相同且不等于$\boldsymbol{0}$矢量。进一步，一个$[n,k]$线性分组码如何才能纠正不超过t个错误呢？显然，必须要求所有不超过t个错误的错误图样，都应有不同的伴随式与之对应。也就是说，若有两个不相同的不超过t个错误的错误图样$\boldsymbol{e}\neq\boldsymbol{e}'$，则要求相应的伴随式也不同，即$\boldsymbol{s}=\boldsymbol{e}\boldsymbol{H}^{\mathrm{T}}\neq\boldsymbol{s}'=\boldsymbol{e}'\boldsymbol{H}^{\mathrm{T}}$。若

$$\boldsymbol{e}=(0\cdots0e_{i_1}0\cdots0e_{i_2}0\cdots0e_{i_t}0\cdots0)$$

和

$$e' = (0\cdots0e'_{j_1}0\cdots0e'_{j_2}0\cdots0e'_{j_t}0\cdots0)$$

其中，$e_{i_k}\neq0, e'_{j_k}\neq0$，则

$$e_{i_1}\boldsymbol{h}_{i_1}^{\mathrm{T}}+e_{i_2}\boldsymbol{h}_{i_2}^{\mathrm{T}}+\cdots+e_{i_t}\boldsymbol{h}_{i_t}^{\mathrm{T}}\neq e'_{j_1}\boldsymbol{h}_{j_1}^{\mathrm{T}}+e'_{j_2}\boldsymbol{h}_{j_2}^{\mathrm{T}}+\cdots+e'_{j_t}\boldsymbol{h}_{j_t}^{\mathrm{T}}$$

或

$$e_{i_1}\boldsymbol{h}_{i_1}^{\mathrm{T}}+e_{i_2}\boldsymbol{h}_{i_2}^{\mathrm{T}}+\cdots+e_{i_t}\boldsymbol{h}_{i_t}^{\mathrm{T}}+e'_{j_1}\boldsymbol{h}_{j_1}^{\mathrm{T}}+e'_{j_2}\boldsymbol{h}_{j_2}^{\mathrm{T}}+\cdots+e'_{j_t}\boldsymbol{h}_{j_t}^{\mathrm{T}}\neq\boldsymbol{0}$$

其中，$\boldsymbol{h}_{i_k}$ 是 $\boldsymbol{H}$ 的第 i_k 列，而 $\boldsymbol{h}_{j_k}$ 是 $\boldsymbol{H}$ 的第 j_k 列。这说明一个$[n,k]$线性分组码要纠正所有不超过 t 个错误，其校验矩阵 $\boldsymbol{H}$ 任意 $2t$ 列必须线性无关。而一个$[n,k]$线性分组码要纠正所有不超过 t 个错误，其最小距离必须满足 $d\geqslant 2t+1$。这相当于要求 $\boldsymbol{H}$ 中任意 $d-1$ 列线性无关。值得注意的是，上述讨论对一般 q 元域上的$[n,k]$线性分组码也成立。

定理 7.1 一个 q 元域上$[n,k]$线性分组码$\boldsymbol{\zeta}$具有最小距离为 d 的充分必要条件是其校验矩阵 $\boldsymbol{H}$ 中任意 $d-1$ 列线性无关，且存在某 d 列线性相关。

证明 让 $\boldsymbol{c}=(0\cdots0c_{i_1}0\cdots0c_{i_2}0\cdots0c_{i_w}0\cdots0)$是码$\boldsymbol{\zeta}$中重量为 w 的一个码字，其中 $c_{i_j}\neq0$，$j=1,2,\cdots,w$，则

$$c_{i_1}\boldsymbol{h}_{i_1}^{\mathrm{T}}+c_{i_2}\boldsymbol{h}_{i_2}^{\mathrm{T}}+\cdots+c_{i_w}\boldsymbol{h}_{i_w}^{\mathrm{T}}=\boldsymbol{0} \tag{7.14}$$

即校验矩阵 $\boldsymbol{H}$ 中第 $i_1,i_2,\cdots,i_w$ 列线性相关。反过来，若校验矩阵 $\boldsymbol{H}$ 中第 $i_1,i_2,\cdots,i_w$ 列线性相关，即存在不全为 0 的数 $c_{i_1},c_{i_2},\cdots,c_{i_w}$ 使式(7.14)成立，则$\boldsymbol{\zeta}$中必有一个重量不大于 w 的码字为

$$\boldsymbol{c}=(0\cdots0c_{i_1}0\cdots0c_{i_2}0\cdots0c_{i_w}0\cdots0)$$

(充分性)假定码$\boldsymbol{\zeta}$校验矩阵 $\boldsymbol{H}$ 中任意 $d-1$ 列线性无关，且存在某 d 列线性相关，则$\boldsymbol{\zeta}$中没有任何码字重量$\leqslant d-1$，即 $\forall \boldsymbol{c}\in\boldsymbol{\zeta}$，均有 $\omega(\boldsymbol{c})\geqslant d$，且$\boldsymbol{\zeta}$中一定存在一个重量$\leqslant d$ 的码字。因此，码$\boldsymbol{\zeta}$最小距离为 d。

(必要性)假定码$\boldsymbol{\zeta}$最小距离为 d，则$\boldsymbol{\zeta}$中一定存在一个重量为 d 的码字，进而校验矩阵 $\boldsymbol{H}$ 中存在 d 列线性相关。假定 $\boldsymbol{H}$ 中存在 $d-1$ 列线性相关，则$\boldsymbol{\zeta}$中一定存在一个重量$\leqslant d-1$ 的码字，这与$\boldsymbol{\zeta}$最小距离为 d 矛盾，故 $\boldsymbol{H}$ 中任意 $d-1$ 列线性无关。■

从定义 7.3* 可知，码$\boldsymbol{\zeta}$校验矩阵 $\boldsymbol{H}$ 的秩为 $n-k$，因此其任意 $n-k+1$ 列必然线性相关，于是定理 7.1 有如下推论。

推论 7.1(Singleton 界) 一个 q 元域上$[n,k]$线性分组码$\boldsymbol{\zeta}$的最小距离 $d\leqslant n-k+1$。

如果一个 q 元域上$[n,k]$线性分组码$\boldsymbol{\zeta}$的最小距离 $d=n-k+1$，则称$\boldsymbol{\zeta}$为**最大距离可分**(Maximum Distance Separable，MDS)**码**，简称 MDS 码。著名的 Reed-Solomon 码就是一种 MDS 码。

7.3.2 不可检错概率与码的重量分布

值得注意的是，若错误图样 $\boldsymbol{e}\in\boldsymbol{\zeta}$，则 $\boldsymbol{s}=\boldsymbol{0}$。此时的错误不能被发现，也无法纠正，因此称之为**不可检错**。在 ARQ 和 HEC 差错控制系统的性能分析中需要估计一个码的**不可检错概率**，记之为 P_{ud}。下面将考虑计算不可检错概率。

让$\boldsymbol{\zeta}$表示一个一般(n,M)分组码(不一定是线性的)，让 p 表示二进制对称信道 BSC 的误码率，则$\boldsymbol{\zeta}$的不可检错概率为

$$P_{\mathrm{ud}}=\sum_{c\in\boldsymbol{\zeta}}P(\boldsymbol{c})\sum_{i=0}^{n}D_i(\boldsymbol{c})p^i(1-p)^{n-i} \tag{7.15}$$

其中，$P(\boldsymbol{c})$表示发送码字$\boldsymbol{c}$的概率，$D_i(\boldsymbol{c})$表示与码字$\boldsymbol{c}$的距离为i的码字数（见定义6.7）。当$\boldsymbol{c}=\boldsymbol{0}$时，$D_i(\boldsymbol{0})$表示重量为$i$的码字数，记之为$A_i$。我们称集合$\{A_i: i=1,2,\cdots,n\}$为码$\boldsymbol{\zeta}$的**重量分布**。

例 7.8 对于式(7.4)矩阵$\boldsymbol{G}$所生成的[6,3]线性分组码$\boldsymbol{\zeta}$，它的重量分布为

$$\{A_0=1, A_1=0, A_2=1, A_3=3, A_4=2, A_5=1, A_6=0\}$$ ■

当$\boldsymbol{\zeta}$是一个线性码时，若$\boldsymbol{c}\in\boldsymbol{\zeta}$，则有集合$\boldsymbol{c}+\boldsymbol{\zeta}=\boldsymbol{\zeta}$，因此

$$D_i(\boldsymbol{c})=D_i(0)=A_i$$

且

$$D_i=\frac{1}{M}\sum_{\boldsymbol{c}\in\boldsymbol{\zeta}}D_i(\boldsymbol{c})=A_i$$

这说明线性码的重量分布与其距离分布是一样的。此时式(7.15)可简化为

$$\begin{aligned}P_{\mathrm{ud}}&=\sum_{\boldsymbol{c}\in\boldsymbol{\zeta}}P(\boldsymbol{c})\sum_{i=0}^{n}A_i p^i(1-p)^{n-i}\\&=\sum_{i=0}^{n}\boldsymbol{A}_i p^i(1-p)^{n-i}\end{aligned}\tag{7.16}$$

式(7.16)表明，在信道一定情况下，线性码的重量分布决定其不可检错概率。为此，下面要考虑求解线性码的重量分布。

如果码$\boldsymbol{\zeta}$的最小距离为d，则$A_i=0, i=1,2,\cdots,d-1$。为了研究方便，重量分布可以采用如下多项式表示

$$A(x)=\sum_{i=0}^{n}A_i x^i\tag{7.17}$$

称$A(x)$为码$\boldsymbol{\zeta}$的**重量算子**或**重量枚举函数**。

定理 7.2(MacWilliams 恒等式) 设一个$[n,k]$二进制线性分组码$\boldsymbol{\zeta}$与其对偶码$\boldsymbol{\zeta}^{\perp}$的重量算子分别为

$$A(x)=\sum_{i=0}^{n}A_i x^i,\quad B(x)=\sum_{i=0}^{n}B_i x^i\tag{7.18}$$

则它们之间有如下关系

$$A(x)=2^{-(n-k)}(1+x)^n B\left(\frac{1-x}{1+x}\right)\tag{7.19}$$

例 7.9 求$[n,n-1]$奇偶校验码$\boldsymbol{\zeta}$的重量分布。

$[n,n-1]$奇偶校验码$\boldsymbol{\zeta}$的对偶码$\boldsymbol{\zeta}^{\perp}$为$[n,1]$重复码，其重量算子为

$$B(x)=1+x^n$$

因此由定理7.2可知，$\boldsymbol{\zeta}$的重量算子为

$$\begin{aligned}A(x)&=2^{-1}(1+x)^n\left(1+\left(\frac{1-x}{1+x}\right)^n\right)\\&=\sum_{i=0}^{\lfloor n/2\rfloor}\binom{n}{2i}x^{2i}\end{aligned}$$

除了少数几类码的重量分布是已知的，还有很多码的重量分布并不知道，特别是当n和k较大时，要得到码的重量分布更为困难。

7.3.3 标准阵列与陪集

已知一个$[n,k]$二进制线性分组码$\boldsymbol{\zeta}$所有码字$\boldsymbol{c}^{(i)}$,$i=1,2,\cdots,2^k$,形成二元域上n维矢量空间$\boldsymbol{V}_n$的一个k维子空间$\boldsymbol{V}_n^k$,如果将整个$\boldsymbol{V}_n$的2^n个矢量划分2^k个子集$\boldsymbol{V}_n^{(i)}$,$i=1,2,\cdots,2^k$,且这些子集互不相交,每个子集$\boldsymbol{V}_n^{(i)}$包含且仅包含一个码字,那么$\boldsymbol{V}_n^{(i)}$与$\boldsymbol{c}^{(i)}$之间会建立一一对应关系。这就提供给我们一种译码思路:当发送一个码字$\boldsymbol{c}$,而接收矢量为$\boldsymbol{v}$时,则$\boldsymbol{v}$必属于且仅属于这些子集中之一;若$\boldsymbol{v}$落在$\boldsymbol{V}_n^{(i)}$中,则译码器可判断发送码字是$\boldsymbol{c}^{(i)}$。显然,如果$\boldsymbol{c}\in\boldsymbol{V}_n^{(i)}$,则译码正确;否则,译码错误。我们希望所划分的子集方案能使译码错误概率达到最小。如何将n维矢量空间$\boldsymbol{V}_n$划分成符合上述要求的2^k个子集呢?行之有效的一种方法就是构造陪集。

定义 7.5 给定一个$[n,k]$二进制线性分组码$\boldsymbol{\zeta}$。让$\boldsymbol{a}$表示一个二元域上n维矢量空间$\boldsymbol{V}_n$中一个矢量,则称集合$\{\boldsymbol{a}+\boldsymbol{c}\mid\forall\boldsymbol{c}\in\boldsymbol{\zeta}\}$为$\boldsymbol{\zeta}$的一个**陪集**(Coset),记为$\boldsymbol{a}+\boldsymbol{\zeta}$,并称$\boldsymbol{a}$为这个陪集的**陪集首**(Coset Leader)。

由于$\boldsymbol{\zeta}$是一个线性空间,则$\forall\boldsymbol{b}\in\boldsymbol{a}+\boldsymbol{\zeta}$,有$\boldsymbol{b}+\boldsymbol{\zeta}=\boldsymbol{a}+\boldsymbol{\zeta}$。因此,陪集$\boldsymbol{a}+\boldsymbol{\zeta}$中任意元素均可作其陪集首。

命题 7.1 不同的陪集之间彼此不相交。

证明 让$\boldsymbol{a}+\boldsymbol{\zeta}$和$\boldsymbol{b}+\boldsymbol{\zeta}$是两个不同的陪集。假定有一个矢量$\boldsymbol{x}\in\boldsymbol{a}+\boldsymbol{\zeta}\cap\boldsymbol{b}+\boldsymbol{\zeta}$,则$\boldsymbol{\zeta}$中必有码字$\boldsymbol{c}^{(1)}$和$\boldsymbol{c}^{(2)}$使

$$\boldsymbol{x}=\boldsymbol{a}+\boldsymbol{c}^{(1)}=\boldsymbol{b}+\boldsymbol{c}^{(2)}$$

因此,$\forall\boldsymbol{u}\in\boldsymbol{a}+\boldsymbol{\zeta}$,有$\boldsymbol{c}\in\boldsymbol{\zeta}$使

$$\boldsymbol{u}=\boldsymbol{a}+\boldsymbol{c}=\boldsymbol{b}+\boldsymbol{c}^{(2)}-\boldsymbol{c}^{(1)}+\boldsymbol{c}\in\boldsymbol{b}+\boldsymbol{\zeta}$$

于是$\boldsymbol{a}+\boldsymbol{\zeta}\subseteq\boldsymbol{b}+\boldsymbol{\zeta}$,从而$\boldsymbol{a}+\boldsymbol{\zeta}=\boldsymbol{b}+\boldsymbol{\zeta}$。这与已知矛盾,故$\boldsymbol{a}+\boldsymbol{\zeta}$和$\boldsymbol{b}+\boldsymbol{\zeta}$不相交。 ■

每个陪集$\boldsymbol{a}+\boldsymbol{\zeta}$的元素个数为$2^k$,因此通过$2^{n-k}$个陪集可将整个$n$维矢量空间$\boldsymbol{V}_n$的$2^n$个矢量划分为$2^k$个子集。下面举例说明。

例 7.10 一个[4,2]线性分组码的生成矩阵为

$$\boldsymbol{G}=\begin{bmatrix}1&0&0&1\\0&1&1&1\end{bmatrix} \tag{7.20}$$

则该码有4个陪集,如表7.1所示。表7.1中每行就是一个陪集,其首项是陪集首。 ■

表 7.1 [4,2]码的标准阵列

阵列元素	$\boldsymbol{V}_4^{(1)}$	$\boldsymbol{V}_4^{(2)}$	$\boldsymbol{V}_4^{(3)}$	$\boldsymbol{V}_4^{(4)}$
$\boldsymbol{\zeta}$	0000	1001	0111	1110
$(1000)+\boldsymbol{\zeta}$	1000	0001	1111	0110
$(0100)+\boldsymbol{\zeta}$	0100	1101	0011	1010
$(0010)+\boldsymbol{\zeta}$	0010	1011	0101	1100

由所有陪集形成如表7.1所示的阵列称为**标准阵列**。采用标准阵列可进行译码处理:对于发送码字$\boldsymbol{c}$,如其接收矢量$\boldsymbol{v}$落在某一列$\boldsymbol{V}_n^{(i)}$中,则可将$\boldsymbol{v}$译成该列最上面的码字$\boldsymbol{c}^{(i)}$。这种译码方法就是**标准阵列译码**。这样译码能否保证译码错误概率达到最小呢?解决问题的关键是挑选好陪集首。

在二进制对称信道下，由定理6.1可知，最大似然译码可等效为最小距离译码。这是因为产生一个错误的概率比产生两个错误的概率要大，而产生两个错误的概率比产生三个错误的概率要大，……，这就是说，错误图样重量越小产生的可能性越大。因此，译码器可以纠正的可能性最大的错误图样，必是重量最轻的错误图样。为此，在基于陪集构造标准阵列时，应挑选重量最轻的矢量作陪集首，放在标准阵列的第一列，并以全体码字所构成的陪集作为第一行，而全0的码字作其陪集首。这样得到的标准阵列，既方便译码又可保证译码出错的概率最小。

对于一个$[n,k]$线性分组码$\boldsymbol{\zeta}$，构造其标准阵列的步骤如下：

(1) 将$\boldsymbol{\zeta}$的2^k个码字$\boldsymbol{c}^{(i)}, i=1,2,\cdots,2^k$，作为第一行，全0矢量作其陪集首，记为$\boldsymbol{e}^{(1)}$；

(2) 在禁用码字中挑选重量最小的矢量作第二行的陪集首，记为$\boldsymbol{e}^{(2)}$，以此求出$\boldsymbol{e}^{(2)}+\boldsymbol{c}^{(i)}, i=1,2,\cdots,2^k$，从而构成第二行；

(3) 依(2)所述的方法，直至将$\boldsymbol{V}_n$的2^n个矢量划分完毕。

最后得到$\boldsymbol{\zeta}$的标准阵列如表7.2所示。

表7.2 $[n,k]$线性分组码标准阵列

码字	$\boldsymbol{c}^{(1)}=\boldsymbol{e}^{(1)}$	$\boldsymbol{c}^{(2)}$	$\cdots$	$\boldsymbol{c}^{(i)}$	$\cdots$	$\boldsymbol{c}^{(2^k)}$
禁	$\boldsymbol{e}^{(2)}$	$\boldsymbol{c}^{(2)}+\boldsymbol{e}^{(2)}$	$\cdots$	$\boldsymbol{c}^{(i)}+\boldsymbol{e}^{(2)}$	$\cdots$	$\boldsymbol{c}^{(2^k)}+\boldsymbol{e}^{(2)}$
用	$\boldsymbol{e}^{(3)}$	$\boldsymbol{c}^{(2)}+\boldsymbol{e}^{(3)}$	$\cdots$	$\boldsymbol{c}^{(i)}+\boldsymbol{e}^{(3)}$	$\cdots$	$\boldsymbol{c}^{(2^k)}+\boldsymbol{e}^{(3)}$
码	$\vdots$	$\vdots$	$\vdots$	$\vdots$	$\vdots$	$\vdots$
字	$\boldsymbol{e}^{(2^{n-k})}$	$\boldsymbol{c}^{(2)}+\boldsymbol{e}^{(2^{n-k})}$	$\cdots$	$\boldsymbol{c}^{(i)}+\boldsymbol{e}^{(2^{n-k})}$	$\cdots$	$\boldsymbol{c}^{(2^k)}+\boldsymbol{e}^{(2^{n-k})}$

从标准阵列来看，陪集首的集合就是可纠正错误图样的集合，而各码字所对应的列就是该码字的正确接收区。因此，在二进制对称信道BSC下，$\boldsymbol{\zeta}$的标准阵列译码错误概率为

$$P_e = P(\boldsymbol{e} \neq \text{陪集首}) = 1 - \sum_{i=0}^{n} E_i p^i (1-p)^{n-i}$$

其中，p为BSC的错误概率，而E_i为重量为i的陪集首的个数，$i=0,1,\cdots,n$。

例7.11 一个[6,3]线性分组码的生成矩阵为

$$\boldsymbol{G} = \begin{bmatrix} 0 & 1 & 1 & 1 & 0 & 0 \\ 1 & 0 & 1 & 0 & 1 & 0 \\ 1 & 1 & 0 & 0 & 0 & 1 \end{bmatrix} \tag{7.21}$$

试构造其标准阵列，如$p=0.01$，再求出其译码错误概率。

这是一个系统码，许用码组有8个，禁用码组为56个，陪集有8个，所构成的标准阵列如表7.3所示。 ■

表7.3 [6,3]码标准阵列

陪集首 000000	001110	010101	100011	011011	101101	110110	111000
000001	001111	010100	100010	011010	101100	110111	111001
000010	001100	010111	100001	011001	101111	110100	111010
000100	001010	010001	100111	011111	101001	110010	111100
001000	000110	011101	101011	010011	100101	111110	110000

续表

陪集首 000000	001110	010101	100011	011011	101101	110110	111000
010000	011110	000101	110011	001011	111101	100110	101000
100000	101110	110101	000011	111011	001101	010110	011000
001001	000111	011100	101010	010010	100100	111111	110001

因为 $E_0=1,E_1=6,E_2=1,E_i=0,i=3,4,5,6$，所以

$$P_e=1-\sum_{i=0}^{6}E_i p^i(1-p)^{6-i}=1.37\times10^{-3}$$

采用标准阵列译码，需将 2^n 个长度为 n 的矢量存储在译码器中。显然，译码器的复杂度将随 n 以指数规律增加。那么，能不能将其简化呢？回答是肯定的。先考查陪集和伴随式之间的联系。

命题 7.2 $\boldsymbol{V}_n$ 中两个矢量 $\boldsymbol{x}$ 和 $\boldsymbol{y}$ 属于 $\boldsymbol{\zeta}$ 的同一个陪集的充分必要条件是 $\boldsymbol{x}$ 和 $\boldsymbol{y}$ 具有相同的伴随式。

证明（必要性） 设 $\boldsymbol{x}$ 和 $\boldsymbol{y}$ 属于 $\boldsymbol{\zeta}$ 的同一个陪集，即 $\boldsymbol{x},\boldsymbol{y}\in\boldsymbol{a}+\boldsymbol{\zeta}$，则 $\boldsymbol{x}\boldsymbol{H}^{\mathrm{T}}=\boldsymbol{y}\boldsymbol{H}^{\mathrm{T}}=\boldsymbol{a}\boldsymbol{H}^{\mathrm{T}}$，即 $\boldsymbol{x}$ 和 $\boldsymbol{y}$ 具有相同的伴随式。

（充分性）假定 $\boldsymbol{x}\boldsymbol{H}^{\mathrm{T}}=\boldsymbol{y}\boldsymbol{H}^{\mathrm{T}}$，则 $(\boldsymbol{x}-\boldsymbol{y})\boldsymbol{H}^{\mathrm{T}}=\boldsymbol{0}$，故矢量 $\boldsymbol{c}=\boldsymbol{x}-\boldsymbol{y}\in\boldsymbol{\zeta}$。因此，$\boldsymbol{x}=\boldsymbol{c}+\boldsymbol{y}\in\boldsymbol{y}+\boldsymbol{\zeta}$，故 $\boldsymbol{x}$ 和 $\boldsymbol{y}$ 属于 $\boldsymbol{\zeta}$ 的同一个陪集。 ■

由此可见，一个陪集的全部 2^k 个矢量具有相同的伴随式，不同陪集的伴随式不同，具有同一伴随式的全部矢量正好构成码的一个陪集。因此，标准阵列中的 2^{n-k} 个陪集和 2^{n-k} 个伴随式之间存在着一一对应的关系。这样可根据陪集首与伴随式之间的对应关系简化标准阵列表，并依此表大大降低译码器的存储容量。 ■

例 7.12 将表 7.3 简化为表 7.4。

表 7.4 [6,3]码简化译码表

伴随式	陪集首	伴随式	陪集首
000	000000	100	001000
001	000001	101	010000
010	000010	011	100000
100	000100	111	001001

依据上述简化表，标准阵列译码步骤变为：

(1) 计算接收矢量的伴随式 $\boldsymbol{s}=\boldsymbol{v}\boldsymbol{H}^{\mathrm{T}}$；

(2) 找到对应 $\boldsymbol{s}$ 的陪集首即错误图样 $\hat{\boldsymbol{e}}$；

(3) 由 $\hat{\boldsymbol{e}}$ 和 $\boldsymbol{v}$ 输出译码结果 $\hat{\boldsymbol{c}}=\boldsymbol{v}-\hat{\boldsymbol{e}}$。

由于$[n,k]$线性分组码的 n 和 k 通常都比较大，即使使用这种简化的译码表，译码器的复杂度还是很高。例如，一个[100,70]码，一共有 $2^{30}\approx10^9$ 个伴随式及其错误图样，译码器要存储如此多的错误图样和伴随式是不太可能的。因此，在线性分组码理论研究中，如何构造复杂度低的译码器是其基本的研究课题。

7.4 汉明码及其变形

7.4.1 汉明码

1. 汉明码的定义与构造

从定理 7.1 可知，要构造一个能纠正一个错误的线性分组码，则要求其校验矩阵 $\boldsymbol{H}$ 的任意两列线性无关。这意味着 $\boldsymbol{H}$ 没有相同的列，也没有全 0 列。当给定 $r=n-k$，即 $\boldsymbol{H}$ 的行数时，可从 $1\sim2^r-1$ 的 r 重二进制表示矢量集合中任意选取 n 个构成 $\boldsymbol{H}$ 所有列。显然，$r=1$ 或 $r=2$，所构成的码无趣，一般要求 $r\geqslant3$。在这种约束条件下，最长码长能达到 $n=2^r-1$，则称这类最长码为**汉明**(Hamming)**码**。汉明码的校验矩阵 $\boldsymbol{H}$ 中任意两列之和必等于矩阵中某一列，故其最小距离为 $d=3$。因此，汉明码是一个参数为$[2^r-1,2^r-1-r,3]$的线性分组码。汉明码的编码效率为

$$R=\frac{k}{n}=1-\frac{r}{2^r-1}$$

且当 $r\to\infty$时，有 $R\to1$。

例 7.13 构造一个[7,4,3]汉明码。

监督位数目 $r=3$，$1\sim2^3-1(=7)$的三重二进制表示矢量共有 7 个，分别为

$$(001),(010),(011),(100),(101),(110),(111)$$

若让校验矩阵的列按自然次序排列，则校验矩阵为

$$\boldsymbol{H}=\begin{bmatrix}0&0&0&1&1&1&1\\0&1&1&0&0&1&1\\1&0&1&0&1&0&1\end{bmatrix}$$

此时所构造的是一个非系统[7,4,3]汉明码。若让校验矩阵的列形成一个典型校验矩阵

$$\boldsymbol{H}_s=\begin{bmatrix}1&1&0&1&1&0&0\\0&1&1&1&0&1&0\\1&0&1&1&0&0&1\end{bmatrix} \tag{7.22}$$

此时所构造的是一个系统[7,4,3]汉明码。 ■

汉明码很方便采用伴随式进行译码：设接收码组为 $\boldsymbol{v}$，计算 $\boldsymbol{v}$ 的伴随式 $\boldsymbol{s}=\boldsymbol{v}\boldsymbol{H}^{\mathrm{T}}$；若 $\boldsymbol{s}=\boldsymbol{0}$，则表示没有发生错误，译码输出为 $\hat{\boldsymbol{c}}=\boldsymbol{v}$；若 $\boldsymbol{s}\neq\boldsymbol{0}$，则 $\boldsymbol{s}$ 必与 $\boldsymbol{H}^{\mathrm{T}}$ 的某行相同。如果 $\boldsymbol{s}$ 与 $\boldsymbol{H}^{\mathrm{T}}$ 的第 i 个行矢量相同，则说明 $\boldsymbol{v}$ 中第 i 位码元出错，译码输出为 $\hat{\boldsymbol{c}}=\boldsymbol{v}-\boldsymbol{e}^{(i)}$，其中$\boldsymbol{e}^{(i)}=(\overbrace{0\cdots1}^{i}0\cdots0)$。

可纠正单个错误的汉明码是 1949 年由汉明提出的，其编译码电路非常简单，易于实际中应用。汉明码在计算机系统中已得到了广泛的应用。汉明码可以用来构造 Turbo 分组码和 LDPC 码。基于汉明码的 Turbo 分组码已成为 LMDS(Local Multipoint Distribution System)系统的信道编码标准。

2. 汉明码的重量分布与其对偶码

汉明码的对偶码是一个$[2^r-1,r,2^{r-1}]$等重码，称为**单纯码**或**极长码**，它除一个全 0 码字外，其余码字的重量都等于 2^{r-1}。因此，极长码的重量算子为

$$B(x)=1+(2^r-1)x^{2^{r-1}}$$

由定理 7.2 的 MacWilliams 恒等式可知，$[2^r-1,2^r-1-r,3]$汉明码的重量算子为

$$A(x)=\frac{1}{n+1}\left[(1+x)^n+n(1-x)(1-x^2)^{\frac{n-1}{2}}\right] \tag{7.23}$$

这里 $n=2^r-1$。

例 7.14 由式(7.23)可求出[7,4,3]汉明码的重量分布为

$\{A_0=1,\ A_1=0,\ A_2=0,\ A_3=7,\ A_4=7,\ A_5=0,\ A_6=0,\ A_7=1\}$ ■

3. 最佳码与完备码

在所有最小距离为 3 的线性分组码中，汉明码的码长是最长的。汉明码的标准阵列陪集首只包含全 0 和所有重量为 1 的错误图样，而其他码的标准阵列陪集首不仅含全 0 和所有重量为 1 的错误图样，还含有重量大于 1 的错误图样。我们将会发现汉明码既是最佳码又是完备码。

定义 7.6 在所有$[n,k]$线性分组码中，必有一个或几个码能使其标准阵列的陪集首总重量$\sum_{i=0}^{n}E_i\cdot i$达到最小。当陪集首总重量为最小时，其译码错误概率将为最小，故称这样的$[n,k]$码为**最佳码**。

例 7.15 对于由式(7.20)生成矩阵所确定的[4,2]线性分组码，其陪集首总重量为 3，而对于由式(7.21)生成矩阵所确定的[6,3]线性分组码，其陪集首总重量为 8，这两个码均是最佳码。 ■

例 7.16 对于由下面矩阵生成的[4,2]码，其标准阵列如表 7.5 所示。

$$\boldsymbol{G}=\begin{bmatrix}1 & 1 & 0 & 0\\ 0 & 0 & 1 & 1\end{bmatrix}$$

由于该码的陪集首总重量为 4，没有达到最小，故该码不是最佳码。 ■

表 7.5 [4,2]码标准阵列

码　字	0000	1100	0011	1111
禁用码字	0010	1110	0001	1101
	1000	0100	1011	0111
	1010	0110	1001	0101

定义 7.7 一个$[n,k,d]$线性码能纠正$t=\lfloor (d-1)/2 \rfloor$个错误，当且仅当用$\leqslant t$个错的全部错误图样作陪集首即可构成标准阵列，则称此码为**完备码**。若其陪集首的集合除包含所有$\leqslant t$的错误图样外，还包含某些$t+1$个错的错误图样，但并未包含$t+1$个错的全部错误图样，则称此码为**准完备码**。

例 7.17 $[2k+1,1]$重复码是完备码，而$[2k,1]$重复码是准完备码。 ■

对于完备码，其所有的伴随式与重量$\leqslant t$的全部错误图样一一对应，校验码元得到充分利用。显然，汉明码是完备码。二进制[23,12,7]Golay 码和三进制[11,6,5]Golay 码都是完备码，除上述几个完备码之外不存在其他的完备码。

对于准完备码，除可以纠正所有重量$\leqslant t$的错误外，还可以纠正部分重量$\leqslant t+1$的错误，但不能纠正全部$\leqslant t+1$的错误。

例 7.18 由式(7.20)生成矩阵所确定的[4,2]线性分组码和由式(7.21)生成矩阵所确

定的[6,3]线性分组码均是准完备码。 ■

显然,完备码和准完备码均是最佳码。

7.4.2 汉明码的变形

下面将以汉明码为例说明如何通过增加或减少一位信息位或监督位而将一个线性分组码进行变形。

1. 扩展码

汉明码可纠正一个错误或检测两个错误,但不能既纠正一个错误同时又能检测两个错误。如何对汉明码进行简单的变化从而使其满足新的要求呢?我们看下面的例子。

例 7.19 对于由式(7.22)校验矩阵所确定的系统[7,4,3]汉明码,再进行奇偶校验编码,则产生一个[8,4,4]码,称为**扩展汉明码**。扩展汉明码的最小距离为 4,因此它既能纠正一个错误同时又能检测两个错误,其校验矩阵如下:

$$\boldsymbol{H}=\begin{bmatrix}1&1&1&1&1&1&1&1\\1&1&0&1&1&0&0&0\\0&1&1&1&0&1&0&0\\1&0&1&1&0&0&1&0\end{bmatrix}$$ ■

对于一个有奇数重量码字的$[n,k]$线性分组码ζ,能对其再进行奇偶校验编码,即增加一个偶数校验位,从而产生一个$[n+1,k]$线性分组码$\tilde{\zeta}$,称之为码ζ的**扩展码**。若原码ζ的校验矩阵为$\boldsymbol{H}$,则扩展码$\tilde{\zeta}$的校验矩阵为

$$\widetilde{\boldsymbol{H}}=\begin{bmatrix}1&1&\cdots&1\\&&&0\\&\boldsymbol{H}&&\vdots\\&&&0\end{bmatrix}$$

一般$[2^r-1,2^r-1-r,3]$汉明码的扩展码是$[2^r,2^r-r-1,4]$码。[23,12,7]Golay 码的扩展码是一个[24,12,8]码。[24,12,8]扩展 Golay 码ζ_{24}具有自对偶性:$\zeta_{24}=\zeta_{24}^{\perp}$。

2. 删余码

显然,将上述扩展码删掉最后的偶数校验元则可恢复原码。例如,将[8,4,4]扩展汉明码删掉最后的偶数校验元又变成[7,4,3]汉明码。

一般地,在原$[n,k]$码的基础上删掉一个校验元即构成$[n-1,k]$**删余码**。删余码最小距离可能不变,也可能比原$[n,k]$码小 1。

3. 增信删余码

例 7.20 一个[7,3,4]线性码,其生成矩阵为

$$\boldsymbol{G}=\begin{bmatrix}1&0&0&1&1&1&0\\0&1&0&0&1&1&1\\0&0&1&1&1&0&1\end{bmatrix}$$

该码没有全 1 码字。如果对该码增加全 1 码字,并还要保持线性,则可变成一个[7,4,3]汉明码,其生成矩阵变为

$$\hat{\boldsymbol{G}}=\begin{bmatrix}1&1&1&\cdots&1\\&&\boldsymbol{G}&&\end{bmatrix} \tag{7.24}$$

一般地，对于没有全1码字的$[n,k,d]$二进制码$\boldsymbol{\zeta}$，若将其生成矩阵$\boldsymbol{G}$变为如式(7.24)所示的矩阵$\hat{\boldsymbol{G}}$，则可生成一个参数为$[n,k+1,\hat{d}]$码，其中$\hat{d}=\min\{d,n-d^*\}$，而$d^*=\max\limits_{c\in\boldsymbol{\zeta}}\omega(\boldsymbol{c})$。

如上在原$[n,k]$码的基础上，增加一个信息元同时删去一个校验元便得到**增信删余码**，也称为**增广码**。

4. 增余删信码

例 7.21 对于一个[7,4,3]汉明码，挑出所有重量为4的码字和全0码字，便得到一个[7,3,4]线性码。 ■

一般地，对于一个$[n,k,d]$（d为奇数）码，挑选所有偶数重量码字组成一个新码，该码就是**增余删信码**，其参数为$[n,k-1,d+1]$。和增广码构造过程相反，增余删信码是在原码的基础上，删去一个信息位同时增加一个校验位而得到的。

5. 延长码

例 7.22 对于上述[7,3,4]增余删信汉明码，先进行增广，变成[7,4,3]汉明码，然后再扩展，则变成[8,4,4]扩展汉明码。 ■

如上，在原$[n,k]$码的基础上，先进行增广，然后再扩展（增加一个偶数校验位），便得到**延长码**，也称**增信码**，其参数为$[n+1,k+1]$。延长码的最小距离可能与原码相同。

图7.1描述汉明码与其各种变形之间的关系。

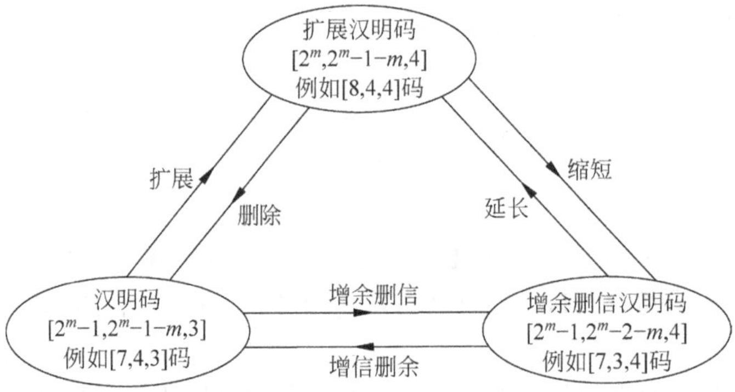

图 7.1 汉明码与其各种变形之间的关系

此外，汉明码的对偶码是$[2^r-1,r,2^{r-1}]$单纯码。对单纯码进行延长就得到一个$[2^r,r+1,2^{r-1}]$码，它是一阶 Reed-Muller 码，简称 RM 码，用 RM$(1,r)$表示。Reed-Muller 码是一类重要的线性码。

7.5 线性分组码的性能限

研究码的纠错能力无疑是编码理论重要课题之一。研究线性分组码的纠错能力，离不开对码的三大参数n、k、d之间关系的分析。这不仅能从理论上指出哪些码可以构造，哪些码不可以构造，而且也为工程应用提供码的性能估计的理论依据。

本节将介绍几个比较简单的线性分组码性能限，目前已有更为精细的结果，关于这方面的详细探讨请参阅文献[8,22]。

1. Plotkin 限

Plotkin 限简称 **P 限**,它说明了线性分组码最小距离所能达到的最大值,故它是线性分组码的一个性能上限。

定理 7.3 q 元域上$[n,k]$线性分组码的最小距离至多等于码的平均重量,即

$$d \leqslant \bar{w} = \frac{nq^{k-1}(q-1)}{q^k - 1}$$

证明 q 元域上$[n,k]$线性分组码$\boldsymbol{\zeta}$的码字总数为q^k个。对于第1位码元为0的所有码字,它们可构成一个线性子空间,记为$\boldsymbol{\zeta}^{(0)}$。以子空间$\boldsymbol{\zeta}^{(0)}$为基础构造下列陪集

$$\boldsymbol{\zeta}^{(i)} = (i0\cdots0) + \boldsymbol{\zeta}^{(0)}, \quad i = 0,1,\cdots,q-1$$

容易证明$\boldsymbol{\zeta}$的任何码字必属上述q个陪集之一。因此,$\boldsymbol{\zeta}^{(0)}$码字总数为$q^k/q = q^{k-1}$,第1位码元不为0的码字总数为$q^k - q^{k-1} = (q-1)q^{k-1}$。同样,其他位码元不为0的码字总数也为$(q-1)q^{k-1}$。因此,码$\boldsymbol{\zeta}$的总重量为$n(q-1)q^{k-1}$。将此总重量平均分配在$q^k-1$个非零码字上,便是码$\boldsymbol{\zeta}$的最小距离一个上限。 ■

2. 汉明限

汉明限简称 **H 限**,也称为球包限,它说明了线性分组码的校验位数目所能达到的最小值,故它是线性分组码的一个性能上限。

定理 7.4 任何纠t个错误的q元域上$[n,k]$线性分组码,其校验位数目$r=n-k$满足

$$q^r \geqslant \sum_{i=0}^{t} \binom{n}{i} (q-1)^i$$

证明 一个q元域上$[n,k]$线性分组码共有q^k个码字和q^{n-k}个伴随式。若要求该码能纠正$\leqslant t$个错误,则所有$\leqslant t$个错的错误图样都必须有不同的伴随式与之对应,故汉明限成立。 ■

3. Varsharmov-Gilbert 限

上述 P 限和 H 限是构造一个码的必要条件,任何码都必须满足它们。下面给出构造码的充分条件：Varsharmov-Gilbert 限。

Varsharmov-Gilbert 限简称 **V-G 限**,它是线性分组码的一个性能下限。

定理 7.5 若q元域上码的校验位数目$r=n-k$满足下式,则一定能构造出一个最小距离为d的$[n,k]$线性分组码

$$q^r > \sum_{i=0}^{d-2} \binom{n-1}{i} (q-1)^i$$

证明 要构造有最小距离为d的线性分组码,由定理7.1可知,该码的校验矩阵$\boldsymbol{H}$的任意$d-1$列线性无关。r重q进制非全0矢量共有q^r-1个,$\boldsymbol{H}$的所有列必须按下述方式从这q^r-1个矢量中选取才能达到要求。第1列从任意r重非全0矢量中选取；选第2列时要保证不是第1列的倍数；第3列不是前两列的线性组合；……；第n列不是前面选定列中任意$\leqslant d-2$列的线性组合。

在最坏情况下,上述所有可能的组合均不相同。假定已经选定的$n-1$列均满足上述要求,则$n-1$列的所有可能的$\leqslant d-2$组合的总数为

$$\binom{n-1}{1}(q-1) + \binom{n-1}{2}(q-1)^2 + \cdots + \binom{n-1}{d-2}(q-1)^{d-2}$$

若它们均不相同，但比 q^r-1 小，于是从剩下的非全 0 矢量中选一个矢量作为校验矩阵 $\boldsymbol{H}$ 的最后一列，从而构造出校验矩阵 $\boldsymbol{H}$。所构造的校验矩阵 $\boldsymbol{H}$ 任意 $d-1$ 列线性无关，因此相应码的最小距离至少为 d。■

4. 渐近性能

香农第二定理指出，仅当分组码的码长 $n\to\infty$ 时，译码错误概率才能任意地接近于 0。因此，研究 $n\to\infty$ 时码的渐近性能具有重大的理论意义。

在 $q=2$ 的情况下，当 $n\to\infty$ 时，上述三个性能限可分别简化为

（1）P 限：

$$k/n \leqslant 1-2d/n \tag{7.25}$$

（2）H 限：

$$k/n \leqslant 1-H(d/2n) \tag{7.26}$$

（3）V-G 限：

$$k/n \geqslant 1-H(d/n) \tag{7.27}$$

上述三个码限比较如图 7.2 所示。从图 7.2 可以看出，在 n 和 d 一定时，P 限和 H 限给出了码率的上限，而 V-G 限给出了码率的下限。而在 n 和 k 一定时，P 限和 H 限给出了最小距离 d 的上限，而 V-G 限给出了最小距离 d 的下限。在相同情况下，最小距离 d 越接近上限的码越好。

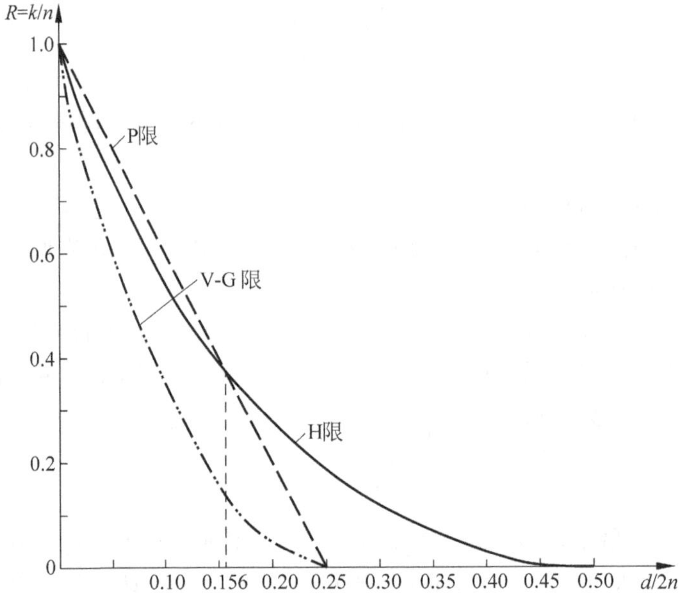

图 7.2　二进制下三个码限比较

从图 7.2 不难看出，P 限和 H 限在 $R=0.4$ 和 $d/2n=0.156$ 附近有一交叉点。这意味着在当 $d/2n<0.156$ 时，码率较高而纠错能力较弱的码应用 H 限分析较精确，而当 $d/2n\geqslant 0.156$ 时，码率较低而纠错能力较强的码应用 P 限分析较精确。

一个码的参数越接近 P 限和 H 限，则码的效率越高；若等于它，则达到最佳。某些码率高的 RM 码和汉明码，以及一些 BCH 码，它们与 H 限符合，故为最佳码。而码率低的

RM 码和 BCH 码等与 P 限符合，也为最佳码。

香农第二定理表明，存在有码长 $n\to\infty$，译码错误概率接近于 0，而码率接近信道容量的分组码。称这种码为**香农码**或**渐近好码**。而 V-G 限也保证存在这样的码。因此，达到或超过 V-G 限的码必是渐近好码。对于上述 RM 码和 BCH 码，当码率高时，若 $n\to\infty$，则 $R\to 1$，但 $d/2n\to 0$；而当码率低时，若 $n\to\infty$，则 $d/2n\to 1/4$，但 $R\to 0$。此外，对于中等速率的码来说，某些码如 RM 码和 BCH 码，在保证码率 k/n 不为 0 情况下，当 $n\to\infty$ 时，有 $d/2n\to 0$。因此都不符合渐近好码的要求。

1970 年，Goppa 找到了一类线性分组码——Goppa 码，这类码中存在一个子类，当 $n\to\infty$ 时性能接近 V-G 限，但当 $n\to\infty$ 时，如何具体构造出这类码仍很困难，而且达到 V-G 限的译码方法至今仍没有解决。1972 年，Justesen 构造的 Justesen 码也能做到当 $n\to\infty$，R 一定时，$d/2n>0$。但遗憾的是，当码率 $R<0.3$ 时性能离 V-G 限还有相当距离。

20 世纪 80 年代初，Goppa 把分组码看成射影平面上的曲线，从而把代数几何引入分组码的构造。1982 年，Tsfasman 等人利用模曲线构造了一类代数几何码，当 $q\geqslant 49$ 时，其性能超过了 V-G 限。这说明从理论上讲，利用代数几何码可以构造出渐近好码，因此具有重大理论意义。但是，正如 Goppa 码所遇到的困难一样，当 $n\to\infty$ 时，如何具体构造出这类码以及如何译码，都没有完全解决。如何具体地构造出渐近好码一直是编码理论界热门的话题之一。20 世纪 90 年代，Turbo 码的出现和 LDPC 码的兴起则为彻底地解决这一问题开辟了道路。

7.6　Turbo 分组码

在 1993 年的 ICC 国际会议上，C. Berrou 和 A. Glavieux 两位教授和他们的博士生 P. Thitimajshima 首先提出了 Turbo 码，并报道了他们的仿真结果：对于 AWGN 信道，当信噪比大于或等于 0.7dB 时，交织长度为 65 536、码率为 1/2 的 Turbo 码经过 18 次迭代译码后其误比特率小于或等于 10^{-5}。由于码率为 1/2 的香农限为 0dB，故此时离香农限已仅差 0.7dB。这一超乎寻常的优异性能立即引起通信与编码学界的轰动。因为自从香农于 1948 年提出信息论到 1993 年以来，人们虽然一直不懈地向逼近香农限努力，但是所得到结果还是与之相距甚远。因此，Turbo 码一经 C. Berrou 等人提出，立即受到了世界范围内通信与编码学界的关注，并成为该领域最热门的话题之一。

Turbo 码的出现已在通信与编码领域产生了深远的影响。起初 Turbo 码是指一类具有交织器的并行级联递归系统卷积码。如今 Turbo 码的概念已有了很大的延拓，其分量码不仅可以是一般的卷积码，而且也可以是一般的分组码；级联分量码的个数不限于两个，可以是三个以上。Turbo 码能取得成功离不开所采用新式译码方法：软输入/软输出反馈迭代译码（以下简称**迭代译码**）。迭代译码不仅适用于并行级联码，也适用于串行级联码，以及并行与串行混合的级联码。Turbo 码的迭代译码思想已影响了很多物理层技术，如 Turbo 均衡、空时 Turbo 码和 Turbo 检测等新技术。

本节只简单介绍分量码为分组码的 Turbo 码及其迭代译码思想。

7.6.1 Turbo 分组码的编码

众所周知，纠错码越长性能越好，然而码越长译码复杂度越容易高。因此，如何构造出译码复杂度较低的长码无疑是一个重要课题。一种普遍采用的构造长码思路是将短码通过串行或并行方式进行级联，而在译码时，先将长的级联码转换成短码，再对短码进行译码。Turbo 码就是一种具有交织器的并行级联码。

1. 标准 Turbo 分组码

由两个分量码构成的 Turbo 码称为标准 Turbo 码，简称 **Turbo 码**。Turbo 码编码器由两个系统分量码的编码器通过一个交织器并行级联而组成，如图 7.3 所示，交织器用符号 π 表示，设每次交织长度为 K。具体编码过程是，每次输入编码器长度为 K 的一段信息序列 $\boldsymbol{a}$，然后信息序列 $\boldsymbol{a}$ 输入第一个分量码的编码器（编码器 1）生成校验序列 $\boldsymbol{b}_1$，同时 $\boldsymbol{a}$ 经交织器交织后输入第二个分量码的编码器（编码器 2）生成校验序列 $\boldsymbol{b}_2$；最后将 $\boldsymbol{a}$、$\boldsymbol{b}_1$ 和 $\boldsymbol{b}_2$ 一起发送出去。

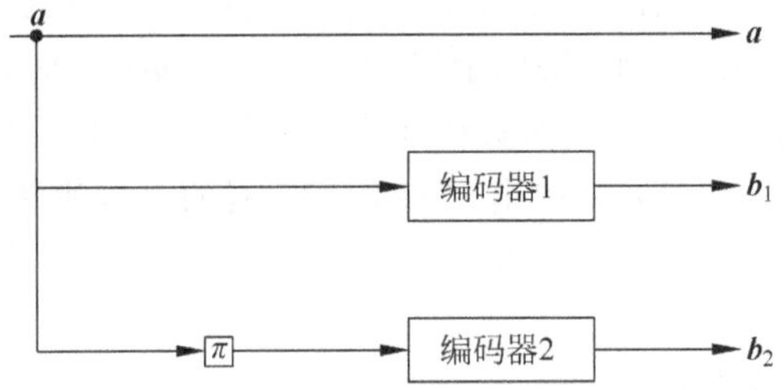

图 7.3 Turbo 码的编码器结构

构成 Turbo 码所用的分量码既可以是卷积码，也可以是分组码；两个分量码既可以相同，也可以不同。从广义上讲，分量码也可以采用非系统码的形式，但考虑到码整体速率、编码方便，一般采用系统码的形式。本节将只考虑分量码为系统分组码的 Turbo 码，即 **Turbo 分组码**。

当然，分量码的个数可以不限为二，可以为三个以上，称为**多重**（或多维）**Turbo 码**。

2. 交织器

在 Turbo 码系统中，交织器是一个非常重要的组成部件。Turbo 码中交织器主要用于减小校验比特之间的相关性，进而在迭代译码过程中降低误比特率。通过增加交织器的长度，可以使译码性能得到提高，但也加大了编码和译码的复杂度。好的交织器应尽量使所输入的信息序列随机化，从而使 Turbo 码中重量小的码字数目减少。

交织实际上就是将数据序列中元素的位置进行重置，从而得到交织序列的过程。这个过程的逆过程就是在交织序列的基础上将交织序列中的元素恢复原有顺序，从而恢复原始序列的过程，这个过程则称为**解交织**。

设交织器每次进行交织的数据序列长度（简称**交织长度**或**交织器长度**）为 K。记交织器输入序列和相应的输出分别为

$$\boldsymbol{c}=(c_1,c_2,\cdots,c_K)$$

和

$$\breve{\boldsymbol{c}}=(\breve{c}_1,\breve{c}_2,\cdots,\breve{c}_K)$$

其中，$c_i \in \{0,1\}$ 和 $\breve{c}_i \in \{0,1\}$，$i=1,2,\cdots,K$。序列 $\boldsymbol{c}$ 和序列 $\breve{\boldsymbol{c}}$ 之间仅仅是元素的位置不同。如果把输入序列和输出序列看成一对含有 K 个元素的集合，则交织过程可以看成从集合 $\boldsymbol{c}$ 到集合 $\breve{\boldsymbol{c}}$ 的一个映射过程，即 $\pi: \boldsymbol{c}_i \to \breve{\boldsymbol{c}}_i$。

分组交织器是最简单实用的一类交织器。它的交织过程可以描述为：将数据序列按行的顺序写入一个 $m\times n$ 矩阵，然后按列的顺序读出，即完成交织。相应的解交织过程就是交织后的数据序列按列的顺序写入，然后按行的顺序读出。分组交织过程如图 7.4 所示。不完全乘积码是一种常用的 Turbo 分组码，所采用的交织器就是分组交织器。分组交织器的优点是简单易行，缺点是对矩阵形式错误失去作用。

写入→

$$\text{读出}\uparrow \begin{bmatrix} 1 & 2 & \cdots & n \\ n+1 & n+2 & \cdots & 2n \\ \vdots & \vdots & & \vdots \\ (m-1)n+1 & (m-1)n+2 & \cdots & mn \end{bmatrix}$$

图 7.4　分组交织过程示意图

目前已出现的多种交织器大致可以分为两类：规则交织器和随机交织器。从信息论的角度看，在 Turbo 码编码器中引入交织器的目的是实现随机性编码，但是在交织长度有限的情况下，实现完全的随机性编码是不可能的。交织长度越短，随机性越差，这时规则交织器可以得到比随机交织器更好的性能。而交织长度较大时，随机交织器将比规则交织器获得更好的性能。

3. 不完全乘积码

乘积码是一种特殊的串行级联分组码。如将乘积码的监督位的监督位去掉就会变成**不完全乘积码**。不完全乘积码是一种特殊的 Turbo 分组码。对于（标准）Turbo 分组码，设它的两个分量码 $\boldsymbol{C}_i$ 的参数为 $[n_i, k_i]$，$i=1,2$，且让交织器 π 是长度为 $K=k_1\times k_2$ 的分组交织器，即行列互换型交织器，这样的 Turbo 分组码就是不完全乘积码。不完全乘积码的数据结构可以用 k_1 行和 k_2 列的数据矩阵描述，如图 7.5 所示。图 7.5 中，每行表示一个码 $\boldsymbol{C}_2$ 的码字，每个码字含有 k_2 个信息比特和 n_2-k_2 个监督比特；每列表示一个码 $\boldsymbol{C}_1$ 的码字，每个码字含有 k_1 个信息比特和 n_1-k_1 个监督比特。不完全乘积码的参数为

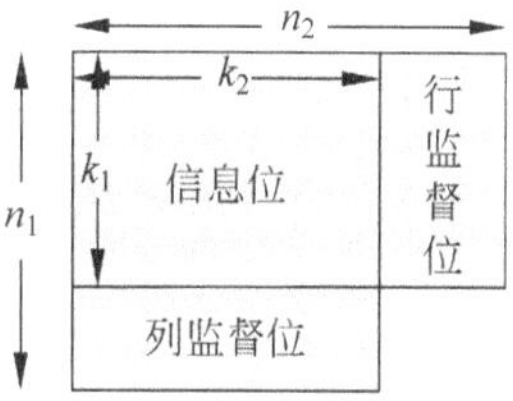

图 7.5　不完全乘积码的编码结构

$$[n_1\times n_2-(n_1-k_1)\times(n_2-k_2), k_1\times k_2]$$

1996 年，J. Hagenauer 等人通过仿真证实：在码率要求较高的情况下，以汉明码为分量码的 Turbo 码（不完全乘积码）比以卷积码为分量码的 Turbo 码性能要好。现已知基于[1023, 1013]汉明码的不完全乘积码在 AWGN 信道上误比特率为 10^{-5} 时离香农容量极限仅为 0.27dB。

7.6.2　Turbo 迭代译码的基本思想

Turbo 码的卓越性能不仅取决于其独特的编码结构，更取决于与编码结构相匹配的译码方法。Turbo 码的译码采用了软输入软输出反馈迭代译码方法，能使分量码的译码器之间反复交换有益的软判决信息，从而极大地提高译码性能。Turbo 码的译码算法最早是在 BCJR 算

法的基础上改进而来的，人们习惯称之为 MAP 算法，后来又形成译码复杂度较低的 Log-MAP 算法、Max-Log-MAP 算法及 SOVA 算法。下面只简单介绍 Turbo 译码的基本原理。

对于标准 Turbo 码而言，如图 7.3 所示，其一个码字 $\boldsymbol{c}$ 由三部分组成：

$$\boldsymbol{c}=(\boldsymbol{a}\quad \boldsymbol{b}_1\quad \boldsymbol{b}_2)$$

其中，$\boldsymbol{a}=(a_0,a_1,\cdots,a_{K-1})$表示信息比特序列（$K$ 为交织长度），$\boldsymbol{b}_u(u=1,2)$表示由第 u 个分量码 $\boldsymbol{C}_u$ 所产生的校验比特序列。码字 $\boldsymbol{c}$ 经历有干扰的离散无记忆信道后变成 $\boldsymbol{v}$，信道输出序列 $\boldsymbol{v}$ 也由三部分组成：

$$\boldsymbol{v}=(\boldsymbol{x}\quad \boldsymbol{y}_1\quad \boldsymbol{y}_2)$$

其中，$\boldsymbol{x}=(x_0,x_1,\cdots,x_{K-1})$与信息序列 $\boldsymbol{a}$ 相对应，$\boldsymbol{y}_u(u=1,2)$与校验序列 $\boldsymbol{b}_u$ 相对应。序列 $\boldsymbol{v}$ 要输入给译码器以进行迭代译码处理。

标准 Turbo 码的译码器结构是基于反馈迭代译码思想设计产生的，如图 7.6 所示。译码器由两个分量译码器、两个交织器和两个解交织器组成。每个分量译码器要进行软判决译码，每次译码时都要输入关于码字 $\boldsymbol{c}$ 的软信息；为了形成迭代，每个分量译码器都要输出关于信息序列 $\boldsymbol{a}$ 的软信息。信息序列 $\boldsymbol{a}$ 的软信息包含三种统计上相互独立的信息：先验信息、信道信息和边信息。边信息是利用编码知识通过译码处理而产生的额外信息。边信息有益于提高信息序列 $\boldsymbol{a}$ 的可信度。通过反馈迭代译码处理，边信息可以不断更新。

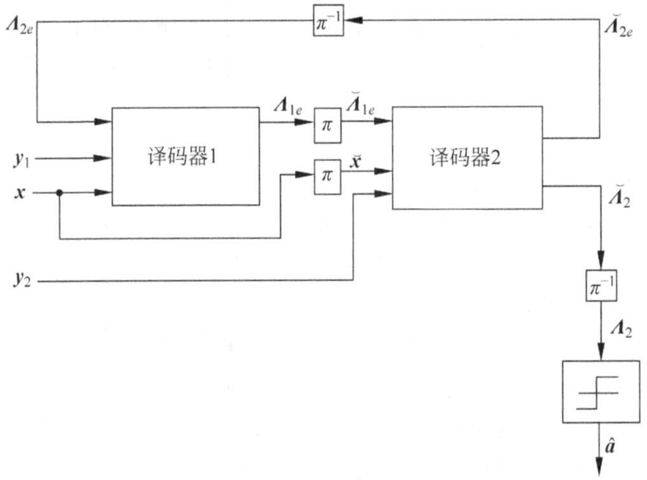

图 7.6 标准 Turbo 码的译码器结构

迭代译码过程如下：分量译码器 1 输入 $\boldsymbol{x}$、$\boldsymbol{y}_1$ 和来自分量译码器 2 的边信息$\boldsymbol{\Lambda}_{2e}$（最初 $\boldsymbol{\Lambda}_{2e}=\boldsymbol{0}$），输出关于 $\boldsymbol{a}$ 的边信息$\boldsymbol{\Lambda}_{1e}$，$\boldsymbol{\Lambda}_{1e}$ 经过交织后变为$\breve{\boldsymbol{\Lambda}}_{1e}$ 并传给分量译码器 2；分量译码器 2 输入对 $\boldsymbol{x}$ 交织形成的 $\breve{\boldsymbol{x}}$、$\boldsymbol{y}_2$ 和来自分量译码器 1 的边信息$\breve{\boldsymbol{\Lambda}}_{1e}$，输出边信息$\breve{\boldsymbol{\Lambda}}_{2e}$ 和软信息$\breve{\boldsymbol{\Lambda}}_2$，$\breve{\boldsymbol{\Lambda}}_{2e}$ 经过解交织生成$\boldsymbol{\Lambda}_{2e}$并传给分量译码器 1。上述过程一直持续到迭代终止，最后译码器将最新的$\breve{\boldsymbol{\Lambda}}_2$ 解交织得到$\boldsymbol{\Lambda}_2$，并依据$\boldsymbol{\Lambda}_2$ 输出关于信息序列 $\boldsymbol{a}$ 的硬判决结果 $\hat{\boldsymbol{a}}$。其中，$\boldsymbol{\Lambda}_2$ 包含关于 $\boldsymbol{a}$ 的先验信息、信道信息和边信息三种信息。

上述反馈迭代译码过程，类似于涡轮机的工作过程。在英文中，前缀 Turbo-带有涡轮驱动的含义。因此，具有交织器的并行级联码最初就被起名为 Turbo 码，而反馈迭代译码目前也常被称为 **Turbo 译码**。

7.7 LDPC 码

低密度校验(Low-Density Parity-Check,LDPC)**码**简称 LDPC 码,是一大类可以用稀疏校验矩阵定义的线性分组码。早在 1962 年,著名学者 R. G. Gallager 就曾提出过规则型 LDPC 码,并采用了现在流行的迭代译码思想来进行译码。但是限于当时条件和人们认识水平,这种好码被冷落了。1993 年性能逼近香农限的 Turbo 码的出现,给人们编译码思想带来革新。1996 年,D. J. C. Mackay 和 R. M. Neal 对这种规则 LDPC 码重新进行了研究,发现它们也如 Turbo 码那样具有逼近香农限的性能。LDPC 码的重新发现是继 Turbo 码之后在纠错编码领域又一重大进展。2001 年仿真结果显示:当误比特率小于或等于 10^{-6} 时,码率为 1/2 的非规则 LDPC 码在 AWGN 信道上离香农限只差 0.04dB,明显好于相应的 Turbo 码。LDPC 码的优点主要有:性能优于 Turbo 码,具有较大灵活性和较低的错误平底特性;描述简单,对于严格的理论分析具有可验证性;译码复杂度低于 Turbo 码,且可实现完全的并行操作,硬件复杂度低,因而适合硬件实现;吞吐量大,极具高速译码潜力。LDPC 码的这些优点展示了良好的应用前景。

本节首先阐述 LDPC 码的概念和特点,然后介绍 LDPC 码的编码与译码的思想和方法,最后讨论 LDPC 码在删除信道中迭代译码的基本原理。

7.7.1 LDPC 码的概念

1. LDPC 码的定义

简单地说,**LDPC 码**是一种具有稀疏校验矩阵的线性分组码。即对于一个$[N,K]$二进制 LDPC 码,它可以用一个大小为 $M\times N$ 的稀疏校验矩阵 $\boldsymbol{H}$ 来描述。校验矩阵 $\boldsymbol{H}$ 中的大部分元素等于 0,只有一小部分的元素为 1,而且校验矩阵的每行代表一个校验位,每列代表一个码元。对于第 m 个校验位($1\leqslant m\leqslant M$)来说,所有参与校验的码元集合记为 $N(m)$;而对第 n 个码元($1\leqslant n\leqslant N$)来说,其参与校验的所有校验位集合记为 $M(n)$。校验矩阵 $\boldsymbol{H}$ 的一般结构如图 7.7 所示。

$$\begin{array}{c} \leftarrow \quad N\text{列} \quad \rightarrow \\ \boldsymbol{H}=\begin{array}{c}\uparrow\\ M\\ \text{行}\\ \downarrow\end{array}\begin{bmatrix} 1 & 0 & 0 & 0 & \cdots & 1 & 0 & 0 \\ 0 & 0 & 1 & 0 & \cdots & 0 & 1 & 0 \\ \vdots & \vdots & \vdots & \vdots & & \vdots & \vdots & \vdots \\ 0 & 1 & 0 & 1 & \cdots & 0 & 0 & 1 \\ 0 & 0 & 1 & 0 & \cdots & 0 & 1 & 0 \end{bmatrix} \end{array}$$

图 7.7 LDPC 码校验矩阵的一般结构

与一般的校验矩阵相比,LDPC 码的校验矩阵有所不同,其校验矩阵中只含有少数的非零元素,故称之为低密度。

如果一个 LDPC 码的校验矩阵 $\boldsymbol{H}$ 是满秩的,那么该码的校验位数目为 $M=N-K$,因此码率 $R=\dfrac{N-M}{N}=1-\dfrac{M}{N}$。但有时,校验矩阵 $\boldsymbol{H}$ 的 M 个行矢量不是独立的,也就是说,校

验矩阵 $\boldsymbol{H}$ 的秩小于M，在这种情况下，$M>N-K$ 且 $R>1-\frac{M}{N}$。此时可以通过高斯消去法及必要的列置换，把校验矩阵改成如下形式：

$$\boldsymbol{H}\rightarrow\left[\begin{array}{c|c}\boldsymbol{I}_{(N-K)\times(N-K)} & \boldsymbol{P}_{(N-K)\times K} \\ \hline \boldsymbol{0} & \boldsymbol{0}\end{array}\right]$$

下面如有 h 行元素为 0，那么矩阵 $\boldsymbol{H}$ 的秩就为 $M-h$，此时 $K=N-M+h$。

2. LDPC 码的 Tanner 图表示

LDPC 码可以用二分图来表示，现在一般称为 **Tanner 图**。在用 Tanner 图表示 LDPC 码时，分别用变量节点和校验节点来表示 $M\times N$ 校验矩阵 $\boldsymbol{H}$ 的列和行，也就是说，在 Tanner 图的一边有 N 个节点，每个节点表示码字的一个码元，称为左节点；而在另一边有 M 个节点，每个节点代表一个校验方程，称为右节点；校验矩阵中的 1 元素用对应变量节点和校验节点之间的连线来表示，这样所得到的图就是与该校验矩阵相对应的 Tanner 图，如图 7.8 所示。我们称一条边两端的节点为相邻节点，每个节点相连的边数为该节点的度数。

在 Tanner 图中，每个变量节点 n 都与集合 $M(n)$ 的所有校验节点相连，其度数 $d_v(n)=|M(n)|$；同理，每个校验节点 m 都与集合 $N(m)$ 的所有变量节点相连，其度数为 $d_c(m)=|N(m)|$。

例 7.23 一个[6,3]码的校验矩阵为

$$\boldsymbol{H}=\begin{bmatrix}1 & 1 & 0 & 0 & 1 & 0\\ 0 & 1 & 1 & 0 & 0 & 1\\ 1 & 0 & 1 & 1 & 0 & 0\end{bmatrix}$$

由于 $\boldsymbol{H}$ 中元素为 1 的个数与元素为 0 的个数相同，因此这不是严格意义上的 LDPC 码。对于任何一个码字 $\boldsymbol{c}=(c_1,c_2,\cdots,c_6)$，满足 $\boldsymbol{Hc}^{\mathrm{T}}=\boldsymbol{0}$。该码的 Tanner 图如图 7.9 所示，Tanner 图能形象地刻画码字中码元之间的校验关系。■

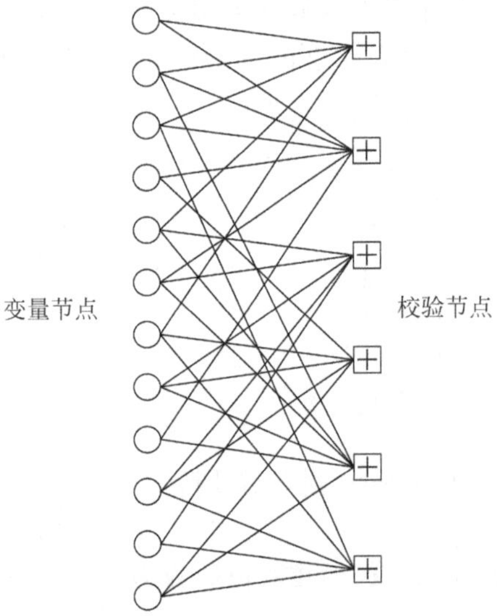

图 7.8 LDPC 码的 Tanner 图

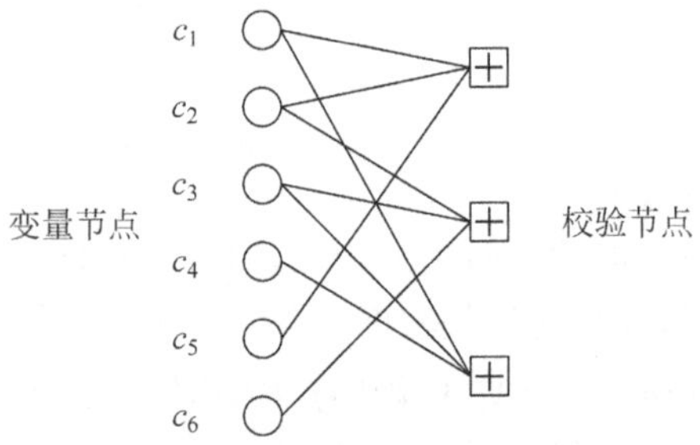

图 7.9 [6,3]码的 Tanner 图

3. 规则和非规则的 LDPC 码

根据校验矩阵 $\boldsymbol{H}$ 中各行和各列所含 1 的个数是否相同，可以把 LDPC 码分为规则码和非规则码。在介绍规则码和非规则码之前，首先来了解一下行重和列重的定义。所谓**行重**，就是指校验节点的度数，也就是校验矩阵中每行非零元素的个数，若用 Tanner 图来描述，则是指与某个校验节点相连的边数；同理，**列重**是指变量节点的度数，即校验矩阵中每列 1 的个数，在 Tanner 图中，就是指与某个变量节点相连的边数。如果一个码的校验矩阵每列中非零元素的个数是相同的，每行中非零元素的个数是相同的，就称这种码为**规则的 LDPC 码**，且用 (N,j,k) 来表示该码，其中，N 为码长，j 为每列非零元素的个数，k 为每行非零元素的个数。在一些情况下，特别是在码长不明确的情况下，也用 (j,k) 来表示为每列非零元素的个数为 j、每行非零元素的个数为 k 的规则 LDPC 码。

例 7.24　一个(12,3,4)规则 LDPC 码的校验矩阵为

$$\boldsymbol{H}=\begin{bmatrix}1&1&1&1&0&0&0&0&0&0&0&0\\0&0&0&0&1&1&1&1&0&0&0&0\\0&0&0&0&0&0&0&0&1&1&1&1\\-&-&-&-&-&-&-&-&-&-&-&-\\0&0&0&1&0&1&0&1&0&0&1&0\\0&0&1&0&0&0&1&0&1&1&0&0\\1&1&0&0&1&0&0&0&0&0&0&1\\-&-&-&-&-&-&-&-&-&-&-&-\\0&0&1&0&1&0&1&0&0&1&0&0\\1&0&0&0&0&0&0&0&1&0&1&1\\0&1&0&1&0&1&0&1&0&0&0&0\\-&-&-&-&-&-&-&-&-&-&-&-\end{bmatrix}$$

通过行初等变换可以显示这是一个[12,5]线性分组码。 ■

对于**非规则 LDPC 码**来说，其校验矩阵 $\boldsymbol{H}$ 中的行重或列重就不限制是相同的，在其对应的 Tanner 图中，变量节点之间及校验节点之间的度数可以是不相同的。我们分别用序列$\boldsymbol{\lambda}=(\lambda_1,\lambda_2,\cdots,\lambda_{d_v})$和$\boldsymbol{\rho}=(\rho_1,\rho_2,\cdots,\rho_{d_c})$来描述变量节点和校验节点的**边次数分布**，其中 λ_i 和 ρ_i 分别表示的是 Tanner 图上度为 i 的变量节点和校验节点的边数在总边数中所占的比例，d_v 和 d_c 分别表示的是变量节点和校验节点的最大度数。显然，序列$\boldsymbol{\lambda}$ 和$\boldsymbol{\rho}$ 分别满足等式 $\sum_{i=1}^{m}\lambda_i=1$ 和 $\sum_{i=1}^{d}\rho_i=1$。非规则 LDPC 码的变量节点和校验节点的边次数分布$\boldsymbol{\lambda}$ 和$\boldsymbol{\rho}$ 也可以用多项式来表示：

$$\lambda(x)=\sum_{j=1}^{d_v}\lambda_j x^{j-1}$$

$$\rho(x)=\sum_{j=1}^{d_c}\rho_j x^{j-1}$$

例 7.25　假设变量节点的总数为 N，其一半变量节点的度数为 3，另一半的度数为 4。由于每个度数为 3 的变量节点有 3 条边，因此与度数为 3 的变量节点相连的边的总数为

$\frac{3N}{2}$；而每个度数为 4 的变量节点有 4 条边，因此与度数为 4 的变量节点相连的边的总数为 $\frac{4N}{2}$。这样

$$\lambda_3=\frac{3N/2}{3N/2+4N/2}=\frac{3}{7}$$

$$\lambda_4=\frac{4N/2}{3N/2+4N/2}=\frac{4}{7}$$

于是变量节点的边次数分布为

$$\lambda(x)=\frac{3}{7}x^2+\frac{4}{7}x^3$$

给定变量节点和校验节点的边次数分布，可以确定出变量节点和校验节点的**节点度数分布**：

$$\tilde{\lambda}_i=\frac{\lambda_i}{i\int_0^1\lambda(x)\mathrm{d}x}$$

$$\tilde{\rho}_i=\frac{\rho_i}{i\int_0^1\rho(x)\mathrm{d}x}$$

其中，$\int_0^1\lambda(x)\mathrm{d}x=\sum_i\frac{\lambda_i}{i}$ 和 $\int_0^1\rho(x)\mathrm{d}x=\sum_i\frac{\rho_i}{i}$。

7.7.2 LDPC 码的构造

LDPC 码可采用代数方法、图论方法、几何方法及组合方法等来进行构造。LDPC 码构造的关键在于要使它有好的性能和低的编/译码复杂度。

在性能方面，非规则 LDPC 码要好于规则 LDPC 码，这可以从非规则 LDPC 码 Tanner 图的结构来进行解释。对于变量节点来说，从校验节点得到的信息越多，它就越能够准确地判断出它的正确值，因此它最好有高的次数；但是从校验节点来说，由于校验节点的次数越高，它就越有可能发送给变量节点错误的信息，因此它最好有低的次数。当对非规则 LDPC 码进行译码时，具有高次数的变量节点迅速得到它们的正确值，接着它们就能够提供好的信息给次数稍低的节点，从而形成一种波状效应，这样相对于规则码来说在性能上会有很大的提高。

人们在研究 LDPC 码迭代译码性能时发现，当 LDPC 码对应的 Tanner 图中含有长度较小的环时，会影响该码的纠错能力，从而使其译码性能下降；而且环的数量和环的大小如同码的分布重量一样对 LDPC 码的纠错性能有着重要影响。

迄今已涌现出许多构造 LDPC 码的方法。下面只介绍两种简单实用的 LDPC 码的代数构造方法，其他的一些构造方法可参见文献[11,17,34]。

1. R. G. Gallager 的构造方法

早在 1962 年，R. G. Gallager 就提出了一种构造(N,j,k)规则 LDPC 码的方法，我们把这种方法构造出来的 LDPC 码称为 Gallager 码。

该方法具体描述如下：首先构造一个每列只有一个 1，每行有 k 个 1，总列数为 N 的子矩阵 $\boldsymbol{H}_0$；然后对 $\boldsymbol{H}_0$ 进行 $j-1$ 次列置换，分别得到 $j-1$ 个子矩阵 $\pi_i(\boldsymbol{H}_0)$，$i=2,3,\cdots,j$，

其中 π_i 表示对矩阵 $\boldsymbol{H}_0$ 进行列置换；最后利用这 j 个子矩阵得到校验矩阵 $\boldsymbol{H}$：

$$\boldsymbol{H}=\begin{bmatrix}\boldsymbol{H}_0\\ \pi_2(\boldsymbol{H}_0)\\ \vdots\\ \pi_j(\boldsymbol{H}_0)\end{bmatrix}$$

那么，以 $\boldsymbol{H}$ 为校验矩阵就可产生一个(N,j,k)规则 LDPC 码。对于这样的规则 LDPC 码，如果 $\boldsymbol{H}$ 的行是线性无关的，那么编码的码率为 $R=1-\dfrac{j}{k}$，否则 $R\geqslant 1-\dfrac{j}{k}$。

依据上述 R. G. Gallager 的构造方法，可以得出一个(20,3,4)规则 LDPC 码的校验矩阵，其校验矩阵如图 7.10 所示。

$$\left[\begin{array}{cccccccccccccccccccc}
1&1&1&1&0&0&0&0&0&0&0&0&0&0&0&0&0&0&0&0\\
0&0&0&0&1&1&1&1&0&0&0&0&0&0&0&0&0&0&0&0\\
0&0&0&0&0&0&0&0&1&1&1&1&0&0&0&0&0&0&0&0\\
0&0&0&0&0&0&0&0&0&0&0&0&1&1&1&1&0&0&0&0\\
0&0&0&0&0&0&0&0&0&0&0&0&0&0&0&0&1&1&1&1\\
\hline
1&0&0&0&1&0&0&0&1&0&0&0&1&0&0&0&0&0&0&0\\
0&1&0&0&0&1&0&0&0&1&0&0&0&0&0&0&1&0&0&0\\
0&0&1&0&0&0&1&0&0&0&0&0&0&0&1&0&0&1&0&0\\
0&0&0&1&0&0&0&0&0&0&1&0&0&0&0&1&0&0&1&0\\
0&0&0&0&0&0&0&1&0&0&0&1&0&1&0&0&0&0&0&1\\
\hline
1&0&0&0&0&1&0&0&0&0&0&1&0&0&0&0&0&1&0&0\\
0&1&0&0&0&0&1&0&0&0&1&0&0&0&0&1&0&0&0&0\\
0&0&1&0&0&0&0&1&0&0&0&0&1&0&0&0&0&0&1&0\\
0&0&0&1&0&0&0&0&1&0&0&0&0&1&0&0&1&0&0&0\\
0&0&0&0&1&0&0&0&0&1&0&0&0&0&1&0&0&0&0&1
\end{array}\right]$$

图 7.10　(20,3,4)规则 LDPC 码的校验矩阵

2. 广义 Gallager 码的构造方法

广义 Gallager 码是 J. Boutros 等人提出来的，是 Gallager 规则 LDPC 码的推广。广义 Gallager 码的构造思想与 Gallager 码的构造思想大致相同，唯一不同的是它利用一般线性分组码的校验矩阵来取代 Gallager 码的校验矩阵中每个奇偶校验码的校验矩阵（全 1 矢量）。文献[36]也提出了类似的构造思想，并以汉明码的校验矩阵来取代 Gallager 码的校验矩阵中每个奇偶校验码的校验矩阵。

广义 Gallager 码的构造方法具体步骤如下：

(1) 给定一个$[n,k]$线性分组码 $\boldsymbol{C}$，其校验矩阵为 $\boldsymbol{H}_c$；

(2) 构造出一个每列只有一个 1，每行有 n 个 1，总列数为 N 的子矩阵 $\boldsymbol{H}_0$；

(3) 对子矩阵 $\boldsymbol{H}_0$ 中的每行的 n 个 1 分别用 $\boldsymbol{H}_c$ 中的 n 个列来取代，从而形成一个新矩阵 $\boldsymbol{H}_1$；

(4) 对 $\boldsymbol{H}_1$ 进行 $j-1$ 次列置换，分别得到 $j-1$ 个子矩阵 $\pi_i(\boldsymbol{H}_1)$，$i=2,3,\cdots,j$，其中 π_i 表示对矩阵 $\boldsymbol{H}_1$ 进行列置换；

(5) 利用这 j 个子矩阵得到校验矩阵 $\boldsymbol{H}$。

那么以 $\boldsymbol{H}$ 为校验矩阵就可得到一个码长为 N 的广义 Gallager 码，它的码率 $R\geqslant 1-$

$j\left(1-\frac{k}{n}\right)$。广义 Gallager 码的校验矩阵形成过程如图 7.11 所示。

$$[11\cdots1]\Rightarrow \boldsymbol{H}_c\Rightarrow \boldsymbol{H}_1=\left[\begin{array}{c|c|c|c|c} \boldsymbol{H}_c & 0 & \cdots & 0 & 0 \\ \hline 0 & \boldsymbol{H}_c & \cdots & 0 & 0 \\ \hline \vdots & \vdots & \ddots & \vdots & \vdots \\ \hline 0 & 0 & \cdots & \boldsymbol{H}_c & 0 \\ \hline 0 & 0 & \cdots & 0 & \boldsymbol{H}_c \end{array}\right]\Rightarrow \boldsymbol{H}=\begin{bmatrix} \boldsymbol{H}_1 \\ \boldsymbol{H}_2=\pi_2(\boldsymbol{H}_1) \\ \boldsymbol{H}_3=\pi_3(\boldsymbol{H}_1) \\ \vdots \\ \boldsymbol{H}_j=\pi_j(\boldsymbol{H}_1) \end{bmatrix}$$

图 7.11　广义 LDPC 码的校验矩阵形成过程

基于上述校验矩阵的构造，广义 Gallager 码可以采用 Turbo 码常用的软输入/软输出反馈迭代译码方法来进行译码。

7.7.3　LDPC 码迭代译码的基本思想

对于一个一般的线性分组码来说，其译码复杂度与码长呈指数关系，因此当码长增大到一定的程度后，译码系统难以实现。但是对于 LDPC 码，校验矩阵具有稀疏性，使得其译码复杂度与码长呈线性关系，从而克服了线性分组码在码长很长时所面临的译码复杂度偏高的问题。

LDPC 码的译码方法主要是消息传递(Message Passing)算法。消息传递算法包含很多种译码算法，如置信传播(Belief Propagation)算法。下面只概述这几大类译码算法的基本思想。

消息传递算法是一种基于 Tanner 图的迭代译码算法，由于在进行迭代译码的过程中，可靠性信息即所谓的"消息"通过 Tanner 图上变量节点和校验节点之间的边来回传递，故称之为**消息传递算法**。既然 Tanner 图所具有边的数目与码长呈线性关系，因此这类译码算法的复杂度随码长增长而线性增加。

消息传递算法是一个算法类，算法的性能随量化阶数的增加而提高，同时译码复杂度也随之增大。因此，人们可以根据需要在性能和复杂度之间进行折中，选择合适的算法。当在译码中采用两阶量化时，消息传递算法就是 R. G. Gallager 最初所提出的硬判决译码算法，该算法具有最低的译码复杂度，但是在性能方面也是该算法类中最差的，适用于对性能要求不高的通信系统。如果在译码中采用无穷阶量化即没有量化时，消息传递算法就是置信传播算法，该算法译码性能最好，但复杂度也最高，适用于对性能要求很高的场合。置信传播算法在 Tanner 图中没有环的情况下等价为最大似然译码，因此具有最优的译码性能；但是在编码长度有限的情况下，尤其是码长较短时，Tanner 图中不可能没有环，此时译码性能和最大似然译码的性能相比有一定差距。

消息传递算法的基本思想可简单描述如下：

消息传递算法是工作在编码 Tanner 图上的迭代译码算法，其操作过程如下：在初始时刻，所有变量节点都收到编码信道送来的信道信息，随即译码器开始进行迭代译码。在迭代过程中，可靠性信息沿着边在变量节点和校验节点之间相互交换。首先，每个变量节点都给所有与之相邻的校验节点发送一个可靠性信息，这个可靠性信息就是信道送来的信息。然后，每个校验节点处理它接收到的可靠性信息，并返回新得到的可靠性信息给所有与之相邻的变量节点，这样就完成了第一次迭代译码。随后开始第二次迭代译码：每个变量节点处理它刚刚收到的可靠性信息,计算出新的可靠性信息,并将之发送给相关的校验节点;而校验节点处理它刚刚收到的可靠性信息,计算出新的可靠信息,然后将之发送给相关的变量节点,这样就完成第二次迭代译码。随后开始第三次迭代译码……如此反复,最后经过多次迭代译码后,译码器停止迭代,输出译码结果。

需要指出的是,迭代译码过程中沿某边发送的可靠性信息,应不包括来自该边的信息。这样就能保证所发送的信息与接收节点已得到的信息相互独立。这有利于获得更佳的译码性能。变量节点和校验节点之间相互交换的可靠性信息,类似于 Turbo 译码中分量译码器之间相互传递的边信息。

上述每个可靠性信息包含对发送比特的估计信息。该信息既包括对比特的估计,也包括估计的可信度,因此称之为可靠性信息。

消息传递算法工作在 LDPC 码的 Tanner 图上,对它的性能分析比较简单,关于这方面的探讨请参阅文献[19]。

7.7.4 二进制删除信道中的迭代译码算法

在二进制输入无记忆信道中,二进制删除信道无疑是其中最简单的信道之一。正因为如此,很容易描述这种信道下 LDPC 码的迭代译码算法。

下面将以一个[7,4,3]系统汉明码为例阐述在二进制删除信道下迭代译码算法的基本思想。之所以采用这个简单的汉明码只是为了描述方便,所叙述的译码方法其实适合任何线性分组码,特别是 LDPC 码。

1. 迭代解线性方程组

设通信系统采用的是[7,4,3]系统汉明码,其典型校验矩阵为

$$\boldsymbol{H}=\begin{bmatrix}1&1&0&1&1&0&0\\1&0&1&1&0&1&0\\0&1&1&1&0&0&1\end{bmatrix} \tag{7.28}$$

设系统所发出的码字为 $\boldsymbol{c}=(0\quad 1\quad 0\quad 1\quad 0\quad 1\quad 0)$,码字 $\boldsymbol{c}$ 经二进制删除信道后变为 $\boldsymbol{v}=(0\quad ?\quad ?\quad 1\quad 0\quad ?\quad 0)$,其中"?"代表一个删除。由于任何码字 $\boldsymbol{x}=(x_1\quad x_2\quad x_3\quad x_4\quad x_5\quad x_6\quad x_7)$均满足

$$\boldsymbol{H}\boldsymbol{x}^{\mathrm{T}}=\boldsymbol{0} \tag{7.29}$$

因此可将接收序列 $\boldsymbol{v}$ 中已知码元 $x_1=0,x_4=1,x_5=0,x_7=0$ 代入式(7.29),从而得到下列线性方程组:

$$\begin{bmatrix}1&1&0&1&1&0&0\\1&0&1&1&0&1&0\\0&1&1&1&0&0&1\end{bmatrix}\begin{bmatrix}0\\x_2\\x_3\\1\\0\\x_6\\0\end{bmatrix}=\begin{bmatrix}0\\0\\0\end{bmatrix} \tag{7.30}$$

如果能解出方程组(7.30)中的未知变量 x_2,x_3,x_6,就完成译码。现将该方程组化简,即将等式左边的已知数值模 2 求和,并放入等式右边,从而得到

$$\begin{bmatrix}1&0&0\\0&1&1\\1&1&0\end{bmatrix}\begin{bmatrix}x_2\\x_3\\x_6\end{bmatrix}=\begin{bmatrix}1\\1\\1\end{bmatrix} \tag{7.31}$$

注意上面 3×3 阶矩阵中的第一行只含有一个 1，这意味着 x_2 能被解出，即 $x_2=1$。将 $x_2=1$ 代入式(7.31)，去掉第一行，将等式左边的已知数值模 2 求和，并放入等式右边，从而得到

$$\begin{bmatrix}1&1\\1&0\end{bmatrix}\begin{bmatrix}x_3\\x_6\end{bmatrix}=\begin{bmatrix}1\\0\end{bmatrix} \tag{7.32}$$

此时上面 2×2 阶矩阵中的第二行只含有一个 1，这意味着 $x_3=0$。类似于上面的处理，最后只剩下一个方程一个变量：$x_6=1$。这意味着已完全解出方程组(7.29)中所有未知变量，且没有采用常规的高斯消去法。

上述迭代解方程组过程反复操作的只是将已知变量值传给等式右边，然后从只包含一个未知变量的方程中解出未知变量值，这或许蕴含着一种简单可行的迭代译码方法。

多次试验表明，不是对所有接收序列，都能如此顺利地成功译码。但理论研究表明，对于适宜设计的码型，特别是 LDPC 码，能保证以很高的概率成功进行译码。

2. 简单的迭代译码算法

对于上述基于方程组的迭代译码过程，下面改用 Tanner 图来描述。

[7,4,3]系统汉明码以式(7.28)中 $\boldsymbol{H}$ 为校验矩阵，其 Tanner 图如图 7.12 所示。关于发送码字 $\boldsymbol{c}$ 的 Tanner 图和关于接收序列 $\boldsymbol{v}$ 的 Tanner 图，分别如图 7.13 和图 7.14 所示。在图 7.14 中，数值 0 和 1 是已知信息，而“?”是未知信息。二进制删除信道下基于 Tanner 图的迭代译码的基本思路就是利用图 7.14 中左边的已知信息通过左右节点来回传递和处理已知信息，逐步恢复出所有未知信息。

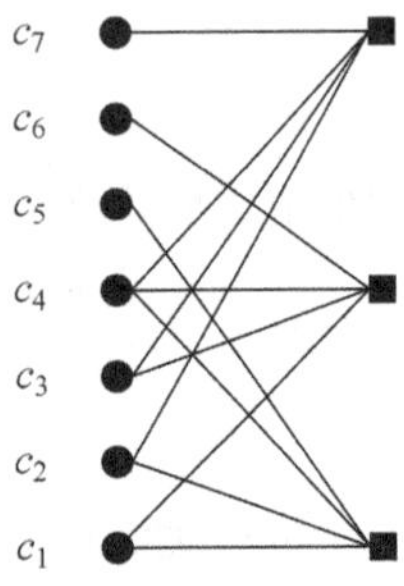

图 7.12 [7,4,3]汉明码的 Tanner 图

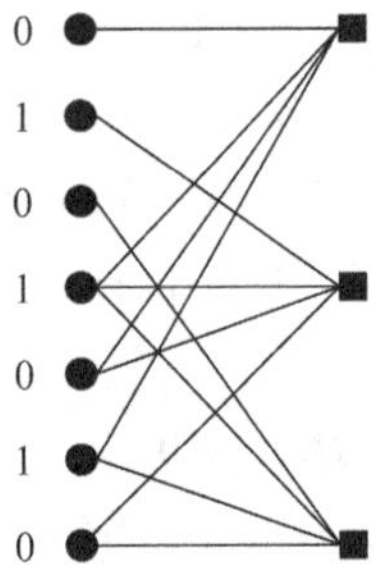

图 7.13 [7,4,3]汉明码的发送码字 Tanner 图

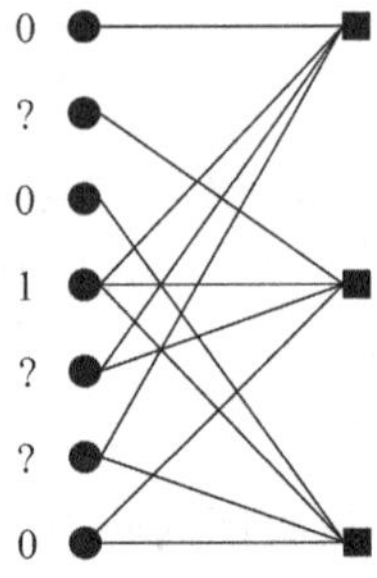

图 7.14 [7,4,3]汉明码的接收序列 Tanner 图

依据接收序列 $\boldsymbol{v}$，该码的迭代译码过程如图 7.15 所示。在图 7.15 中，左侧系列子图表示变量节点向校验节点发送信息，右侧系列子图表示校验节点向变量节点发送信息。带有删除“?”标记的变量节点称为**未知变量节点**，而具有 0 或 1 符号的变量节点称为**已知变量节点**。

译码的第一步是，每个已知变量节点向与其相连的校验节点传递其上数值 0 或 1，见左侧第一张图(以下部分均指图 7.15)。图 7.15 中传递数值 0 的边用实线表示，传递数值 1 的边用点横线表示；与未知变量节点相连的边则采用虚线来刻画。在每个校验节点，对收

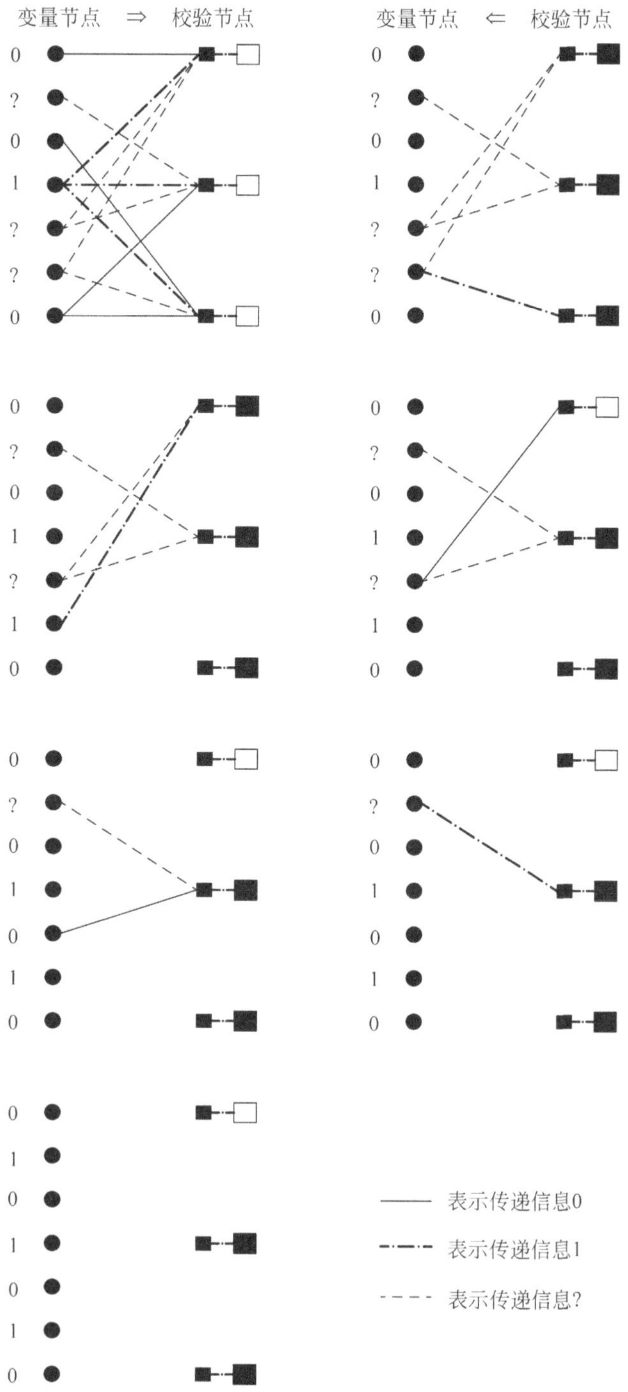

图 7.15　在二进制删除信道下简单的迭代译码过程

到的所有数值求模 2 和，并将计算结果存储在该节点的记忆单元中，然后删除所有涉及求模 2 和的边。处理结果见右侧第一张图。黑色小盒表示目前存储的数值为 1，而白色小盒表示目前存储的数值为 0。注意，有一个度数为 1 的校验节点，其上存储的数值为 1。对于任何校验节点，按照编码规律所有与之相连过的变量节点上的数值之和应模 2 为 0。因此，对于目前度数为 1 的校验节点，其上所存储的数值就是与之相连的未知变量节点的数值。

译码的第二步是，任何度数为 1 的校验节点传送其上所存储的数值给与其相连的未知变量节点，如右侧第一张图所示。任何未知变量节点收到从与之相连的一条边传来的数值后就取定该数值，从而变成了已知变量节点，然后再将这条传数值的边删掉，如左侧第二张图所示。

同样的处理过程重复进行，即已知变量节点沿剩下的所有与之相连的边发送其上数值；而校验节点再对收到的所有数值求模 2 和，并删除所有传来数值的边；然后度数为 1 的校验节点返回其上存储的数值，任何收到数值的未知变量节点就取定该数值，从而变成已知变量节点，然后再次删掉传来数值的边。这样就完成了译码的一次迭代过程。

如果所有未知变量节点变成已知变量节点，那么译码过程就结束。对于如图 7.15 所示的例子，经过三次迭代过程就成功地恢复了三个删除。但有时采用这样的迭代译码可能不会成功。导致失败的原因有如下几方面：发生在某次迭代时没有产生度数为 1 的校验节点，这样就没有校验节点向变量节点传递信息；或者从校验节点向变量节点发送的信息虽使一些未知变量节点变成了已知变量节点，但这些变量节点变成了无边相连的孤点，因此不能向校验节点发送信息。在这种情况下，译码就不能完成任务。这是一种次优的译码方法，即当采用最大似然译码方法成功译码时，采用该译码方法有时会出现译码失败。

值得一提的是，在上述迭代译码过程中，每条边至多被用到一次。既然所有边的数目与变量节点数目成正比例关系，因此可知这样译码方法的复杂度与码长呈线性关系。

3. 消息传递译码算法

如上所描述的迭代译码方法是非常简单易行的，但不幸的是，不能推广到一般二进制输入无记忆信道。下面将采用消息传递算法的语言来描述迭代译码过程，这也便于进行迭代译码算法的性能分析。

对于一个变量节点 $\boldsymbol{v}$（一个校验节点 c），用 $E(v)(E(c))$ 表示与之相连的边的集合。传递信息符号集合是$\{0,1,?\}$，其中“?”仍表示一个删除，即相应的比特还没有确定数值。对于变量节点 v 和与之相连的一条边 $e\in E(v)$，如果该节点已收到信道传来的信息为“?”，且沿其余的边 $E(v)-\{e\}$发来的信息都是“?”，那么沿着边 e 发送的信息就是“?”，否则发送的信息就是该变量节点上的数值 0 或 1。对于校验节点 c 和与之相连的一条边 $e\in E(c)$，如果其余的边 $E(c)-\{e\}$中起码有一条边送来的信息是“?”，那么沿着边 e 发出的信息就是“?”，否则，就先对从其余的边 $E(c)-\{e\}$得到的所有数值求模 2 和，再将求和结果发送出去。如果一个变量节点接收从信道发来的信息是 0 或 1，或者从校验节点传来的所有信息中起码有一个不是“?”，就称该变量节点是已知的。

可以证明，消息传递译码算法与上述简单的迭代译码算法其实是等价的，即无论在何次迭代，已知的变量节点集合是一样的。应用消息传递算法到上述[7,4,3]汉明码例子，图 7.16 给出了整个译码过程。译码从变量节点传递信息给校验节点开始，如图 7.16 左侧第一张图所示。与前面的例子一致，所传递的信息为 0 则用实线表示，为“1”则用点横线表示，如是“?”，则用虚线表示。然后校验节点向变量节点返回信息，这些信息是依据译码规则对变量节点传递给校验节点的信息进行计算得到的。经过三次迭代译码，所有带删除标记的变量节点都被确定下来。将图 7.15 和图 7.16 进行比较，不难发现，在每次迭代过程中，两种译码算法都具有同样的已知的变量节点集合。

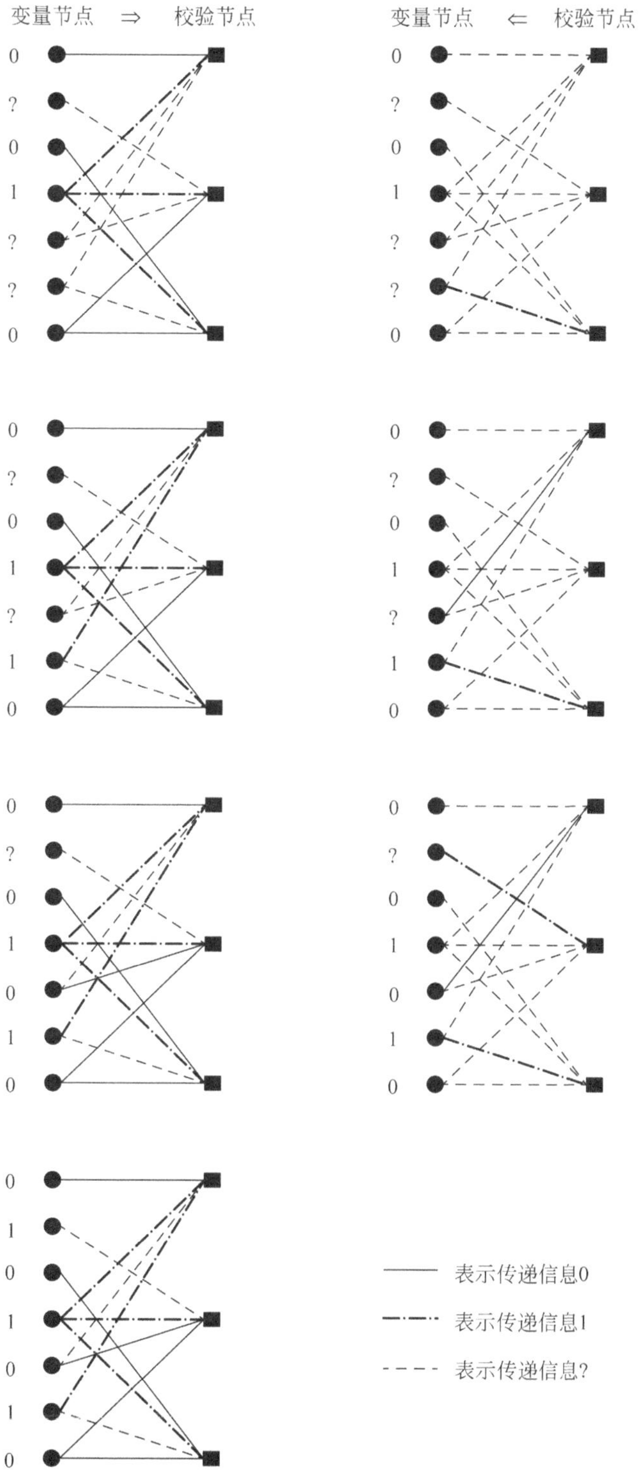

图 7.16　二进制删除信道下消息传递译码过程

7.8 循环码

7.8.1 循环码的基本原理

1. 循环码的概念

循环码是1957年由普兰奇(Prange)提出的，它是线性分组码中一个很重要的子类。循环码除了具有$[n,k]$线性分组码的一般性质外，还具有循环性，即若将其任意一个码字$(c_{n-1},c_{n-2},\cdots,c_1,c_0)$的码元向右或向左循环移一位，所得的$(c_0,c_{n-1},c_{n-2},\cdots,c_1)$或$(c_{n-2},\cdots,c_1,c_0,c_{n-1})$仍然是码字。

循环码的结构完全建立在有限域的基础上，可以用代数的方法来描述。为了便于计算，通常用码多项式来表示码字。对于一个$[n,k]$循环码的码字$(c_{n-1},c_{n-2},\cdots,c_1,c_0)$，其码多项式为$C(x)=(c_{n-1}x^{n-1}+c_{n-2}x^{n-2}+\cdots+c_1x+c_0)$。例如，码字(1101001)对应的码多项式为$C(x)=x^6+x^5+x^3+1$，其中$x$只是码元位置的标记，我们并不关心它的取值。

2. 循环码的码多项式

在整数运算中，有模n运算。特别地，对于整数m进行模n运算，有

$$\frac{m}{n}=Q+\frac{p}{n}\equiv p(\text{模 } n)$$

式中，Q为整数，$p<n$。这说明，在模n运算下，一个整数m等于它被n除得的余数。

对码多项式也可以按模运算。若任意一个多项式$F(x)$被一个n次多项式$N(x)$除，得到商式$Q(x)$和一个次数小于n的余式$R(x)$，即

$$F(x)=N(x)Q(x)+R(x)$$

则在按模$N(x)$运算下，有

$$F(x)\equiv R(x)\quad(\text{模 } N(x))$$

此时，码多项式系数仍按模2运算，系数只取0和1。例如，$F(x)=x^4+x^2+1$被$N(x)=x^3+1$除，得到余式$R(x)=x^2+x+1$，即$x^4+x^2+1\equiv x^2+x+1(\text{模}(x^3+1))$。

$$\begin{array}{r|l} & x \\ \hline x^3+1 & x^4+x^2+1 \\ & x^4+x \\ \hline & x^2+x+1 \end{array}$$

在$[n,k]$循环码中，若$C(x)$是一个长度为n的码字，则$x^iC(x)$在按模(x^n+1)运算下，也是该循环码中的一个码字，即若

$$x^iC(x)=Q(x)(x^n+1)+C'(x)\equiv C'(x)(\text{模}(x^n+1))$$

则$C'(x)$也是该循环码中的一个码组。其中，i为码字左移的位数，$Q(x)$为$x^iC(x)$除以x^n+1的商式，$C'(x)$为$x^iC(x)$被x^{n+1}除得的余式。

例如，码字(1101001)，若将此码字左移两位，则可得到

$$x^2(x^6+x^5+x^3+1)=(x+1)(x^7+1)+x^5+x^2+x+1$$

即$Q(x)=x+1$，$C(x)=x^5+x^2+x+1$，对应的码字为(0100111)，与直接对码字进行循环左移两位的结果相同。

3. 循环码的生成多项式和生成矩阵

如果一种码的所有码多项式都是多项式$g(x)$的倍式，则称$g(x)$为该码的**生成多项**

式。循环码的码多项式都是最低次码多项式 $g(x)$ 的倍式。例如,存在一个[7,3]循环码,其生成多项式为 $g(x)=x^4+x^3+x^2+1$。显然,循环码中次数最低的多项式(除全0码字外)就是生成多项式 $g(x)$。可以证明,$g(x)$ 是常数项为1的 r 次多项式,是 x^n+1 的一个因子。一旦确定了 $g(x)$,则整个$[n,k]$循环码就被确定了。

问题是如何确定任意一个$[n,k]$循环码的生成多项式 $g(x)$,例如(x^7+1)可以分解为 $x^7+1=(x+1)(x^3+x^2+1)(x^3+x+1)$。为了求出[7,3]循环码的生成多项式 $g(x)$,需要从中找到一个 $r=n-k=4$ 次的因子。不难看出,这样的因子有两个:①$(x+1)(x^3+x^2+1)=x^4+x^2+x+1$;②$(x+1)(x^3+x+1)=x^4+x^3+x^2+1$。

这两个因子都可以作为生成多项式。选用不同的生成多项式,所产生的循环码的码字不同。

$[n,k]$循环码的生成多项式满足下面三条性质:

(1) $g(x)$ 是一个$(n-k)$次多项式;

(2) $g(x)$ 的常数项不为0;

(3) $g(x)$ 是 x^n+1 的一个因子。

循环码的生成矩阵 $\boldsymbol{G}$ 常用多项式的形式来表示,即

$$\boldsymbol{G}(x)=\begin{bmatrix} x^{k-1}g(x) \\ x^{k-2}g(x) \\ \vdots \\ xg(x) \\ g(x) \end{bmatrix}$$

对于前述的[7,3]循环码,有 $n=7,k=3,r=4$,且其生成多项式为 $g(x)=x^4+x^3+x^2+1$,则其生成(多项式)矩阵为

$$\boldsymbol{G}(x)=\begin{bmatrix} x^2g(x) \\ xg(x) \\ g(x) \end{bmatrix}=\begin{bmatrix} x^6+x^5+x^4+x^2 \\ x^5+x^4+x^3+x \\ x^4+x^3+x^2+1 \end{bmatrix}$$

即有

$$\boldsymbol{G}=\begin{bmatrix} 1 & 1 & 1 & 0 & 1 & 0 & 0 \\ 0 & 1 & 1 & 1 & 0 & 1 & 0 \\ 0 & 0 & 1 & 1 & 1 & 0 & 1 \end{bmatrix}$$

显然,$\boldsymbol{G}$ 不是典型形式的生成矩阵,但经过简单的变换就很容易化为典型形式的生成矩阵,即

$$\boldsymbol{G}=\begin{bmatrix} 1 & 0 & 0 & 1 & 1 & 1 & 0 \\ 0 & 1 & 0 & 0 & 1 & 1 & 1 \\ 0 & 0 & 1 & 1 & 1 & 0 & 1 \end{bmatrix}$$

4. 循环码的监督多项式和监督矩阵

由于 $g(x)$ 能除尽 x^n+1,因此有

$$h(x)=\frac{x^n+1}{g(x)}$$

其中,$g(x)$ 是常数项为1的 r 次生成多项式,$h(x)$ 是常数项为1的 k 次多项式,称为**监督**

多项式。令 $h(x)=x^k+h_{k-1}x^{k-1}+\cdots+h_1x+1$，$h(x)$的逆多项式为

$$h^*(x)=x^k+h_1x^{k-1}+h_2x^{k-2}+\cdots+h_{k-1}x+1$$

例如，对于[7,3]循环码，由于 $g(x)=x^4+x^3+x^2+1$，则

$$h(x)=\frac{x^7+1}{g(x)}=x^3+x^2+1$$

$$h^*(x)=x^3+x+1$$

由监督多项式很容易得到循环码的监督矩阵，即

$$\boldsymbol{H}(x)=\begin{bmatrix} x^{n-k-1}h^*(x) \\ \vdots \\ xh^*(x) \\ h^*(x) \end{bmatrix}$$

例如，对于前述的[7,3]循环码，其监督矩阵为

$$\boldsymbol{H}(x)=\begin{bmatrix} x^3h^*(x) \\ x^2h^*(x) \\ xh^*(x) \\ h^*(x) \end{bmatrix}=\begin{bmatrix} x^6+x^4+x^3 \\ x^5+x^3+x^2 \\ x^4+x^2+x \\ x^3+x+1 \end{bmatrix}$$

5. 循环码的编码方法

循环码编码时，首先要根据给定的[n,k]值来选定生成多项式 $g(x)$，即从(x^n+1)的因式中选定一个 $r=n-k$ 次多项式作为 $g(x)$。根据循环码中的所有码多项式都可被 $g(x)$ 整除这条原则，就可以对给定的信息码元进行编码。假设编码前的信息码多项式为 $m(x)$，其次数小于 k。用 x^r 乘以 $m(x)$，得到 $x^rm(x)$的次数小于 n。用$(k-1)$除以 $x^rm(x)$，得到余式 $R(x)$，$R(x)$次数必小于 $g(x)$的次数，即小于$(n-k)$。将此余数 $R(x)$加在信息码元之后作为监督位，即将 $R(x)$与 $x^rm(x)$相加，得到的多项式必为码多项式。因为它必能被 $g(x)$整除，且高的次数不大于$(k-1)$。因此，循环码的码多项式为

$$C(x)=x^rm(x)+R(x)$$

循环码的编码方法可归纳如下。

(1) 用 x^r 乘以 $m(x)$。该运算的作用是在信息码元后附加上 r 个“0”。例如，在[7,3]循环码中信息码组为(110)，它可以写成 $m(x)=x^2+x$；由于 $r=n-k=4$，所以 $x^rm(x)=x^4(x^2+x)=x^6+x^5$，它表示码 1100000，即信息码元后附加 4 个“0”。

(2) 用 $g(x)$除以 $x^rm(x)$，得到商 $Q(x)$和 $R(x)$，即

$$\frac{x^rm(x)}{g(x)}=Q(x)+\frac{R(x)}{g(x)}$$

若选定 $g(x)=x^4+x^2+x+1$，则有

$$\frac{x^rm(x)}{g(x)}=\frac{x^6+x^5}{x^4+x^2+x+1}=(x^2+x+1)+\frac{x^2+1}{x^4+x^2+x+1}$$

即 $Q(x)=x^2+x+1$，$R(x)=x^2+1$，上式等效于

$$\frac{1100000}{10111}=111+\frac{101}{10111}$$

(3) 编码器输出的码字为

$$C(x)=x^r m(x)+R(x)=1100000+101=1100101$$

6. 循环码的译码方法

由于任意码多项式 $C(x)$都应能被生成多项式 $g(x)$整除,因此在接收端可以将接收码组 $B(x)$用生成多项式去除,即$\frac{B(x)}{g(x)}=Q(x)+\frac{R(x)}{g(x)}$。当传输过程中没有发生差错时,接收码组与发送码组相同($C(x)=B(x)$),即接收码组 $B(x)$必定能被 $g(x)$整除,即 $R(x)=0$。当传输过程中发生差错时,$C(x)\neq B(x)$,$B(x)$除以 $g(x)$时必定除不尽而有余项,即 $R(x)\neq 0$。因此,可以用余项 $R(x)$是否为零来判定码组中是否有差错。

应当注意,当接收码组中的错误数量超出编码的检错能力时,有错误的接收码组也可能被 $g(x)$整除,此时,差错就无法检出。这种错误称为不可检错码。

在纠错时,译码方法比检错时复杂。为了能纠错,要求每个可纠正的错误图样必须与一个特定的余式有一一对应关系。只有这样才可能按此余式唯一地决定错误图样,从而纠正错误。循环码的纠错译码方法如下:

(1) 用生成多项式 $g(x)$除以接收码组 $B(x)$,得到余式 $R(x)$。

(2) 按照余式 $R(x)$,用查表方法或计算校正子得出错误图样 $E(x)$,就可以确定错码的位置。

(3) 从 $B(x)$中减去 $E(x)$,便得到已经纠正错码的原发送码组 $C(x)$。

常用的循环码译码方法主要有梅吉特译码、捕错译码和大数逻辑译码等[14]。

7. 缩短循环码

一般来说,x^n+1 的因式数目不多,它们所能组合出来的因式次数也是有限的,并非任何$[n,k]$的取值都能产生循环码。为了满足实际中对 n、k 的多种要求和限制,循环码常采用缩短码的形式,即缩短循环码。

缩短循环码的基本思想是:从$[n,k]$循环码的 2^k 个码字中挑选出前 $i(0<i<k)$个信息码元为 0 值的码字(有 2^{k-i} 个这样的码字),删去前 $i(0<i<k)$位后作为$[n-i,k-i]$缩短循环码的码字。由于缩短循环码的码集是$[n,k]$循环码的子集,因此其码多项式也一定能被生成多项式 $g(x)$整除。由于在缩短循环码的过程中,并没有删除"1"码,因此缩短循环码的最小距离 $d_{\min}$ 不变,即$[n-i,k-i]$缩短循环码的检纠错能力与原$[n,k]$循环码的相同,只是编码效率降低了。

7.8.2 BCH 码

BCH 码是一种非常重要的循环码,它在编码理论研究和实际应用上占有重要的地位。BCH 码的重要性体现在:①它有严密的代数结构,是目前研究得最透彻的一类码;②它的生成多项式 $g(x)$与最小距离 $d_{\min}$ 之间有密切的关系,人们能根据所要求的纠错能力(对 $d_{\min}$ 的要求)很容易地构造出 BCH 码;③BCH 编码和译码比较简单,易于实现,是线性分组中应用广泛的一类码。

首先引入本原多项式的概念。如果一个 n 次多项式 $F(x)$满足以下条件,则称 $F(x)$是一个最高次数为 n 的本原多项式。

(1) $F(x)$是既约多项式(即不能分解因式的多项式)。

(2) $F(x)$可整除(x^p+1)，$p=2^n-1$。

(3) $F(x)$除不尽(x^q+1)，$q<p$。

例如，当$n=3$时，$x^{2^n-1}+1=x^7+1$，此时最高次为3的本原多项式为x^3+x^2+1和x^3+x+1，它们都能整除x^7+1，但不能整除x^6+1，x^5+1等。

BCH码可分为本原BCH码和非本原BCH码。本原BCH码是指在生成多项式$g(x)$中，含有最高次数为m的一个本原多项式，且码长$n=2^m-1$。而非本原BCH码的生成多项式$g(x)$中不含有这种本原多项式，且码长n是2^m-1的一个因子，即码长n一定能除尽2^m-1。

BCH码的码长n、监督位r和纠错能力t之间的关系如下：对于任意整数m和$t\leqslant m/2$，一定存在一个二进制BCH码，其码长$n=2^m-1$，监督位数$r=n-k\leqslant mt$，并能纠正所有不大于t的随机错误。

在实际应用中，如果要求BCH码的码长不是2^m-1或它的因子，则可采用前面介绍的缩短循环码的方法来构造缩短BCH码。

7.8.3 RS码

RS码是里德-索洛蒙(Reed-Solomon)码的简称，它是一种多进制BCH码，具有很强的纠错能力，特别适合在衰落信道中纠正突发错误。

在$[n,k]$RS码中，输入信号分成$k\cdot m$比特一组，每组包括k个符号，每个符号由m比特组成。一个能纠正t个符号错误的RS码，其主要参数如下。

(1) 码长：$n=2^m-1$符号或$n=m(2^m-1)$比特。

(2) 信息段：k个符号或mk比特。

(3) 监督段：$r=n-k=2t$个符号或$m\cdot 2t$比特。

(4) 最小距离：$d_{\min}=2t+1$个符号或$m(2t+1)$比特。

对于一个长度为$n=2^m-1$符号的RS码，每个符号都可以看成有限域GF(2^m)中的一个元素。对于最小距离为$d_{\min}$符号的RS码，其生成多项式为

$$g(x)=(x+\alpha)(x+\alpha^2)\cdots(x+\alpha^{d_{\min}-1})$$

其中，α^i是GF(2^m)域元素，$i=1,2,\cdots,d_{\min}-1$。

例如，构造一个能纠正3个错误符号、码长为15、$m=4$的RS码，最小距离为$d_{\min}=2t+1=2\times3+1=7$个符号，监督段有$r=2t=2\times3=6$个符号，信息段有$k=n-r=15-6=9$个符号，即[15,9]RS码。从二进制的角度，这是一个[60,36]码，其生成多项式为

$$\begin{aligned}g(x)&=(x+\alpha)(x+\alpha^2)(x+\alpha^3)(x+\alpha^4)(x+\alpha^5)(x+\alpha^6)\\&=x^6+\alpha^{10}x^5+\alpha^{14}x^4+\alpha^4x^3+\alpha^6x^2+\alpha^9x+\alpha^6\end{aligned}$$

RS码的编码过程与BCH码大体一样，同样可以用带反馈的移位寄存器来实现。不同之处有：①移位寄存器为m级并联工作；②每个反馈连接必须乘以生成多项式$g(x)$中相应的系数。

RS的译码过程也与BCH码的大体相同，不同的是：需要在找到错误位置后，求出错误值，这是因为RS译码有2^m-1种可能的取值。

7.8.4 CRC 码

在循环码类中，有些码因具有很强的检错能力，已广泛地应用于各种传输系统的帧校验中，这些码称为**循环冗余校验**(CRC)**码**。对于一个$[n,k]$CRC 码，整个 n 位帧(或分组、信元等)就是一个码组($C(x)$)，由 k 位信息($m(x)$)和 $n-k$ 个校验位($R(x)$)组成。在发送端，$C(x)=x^{n-k}m(x)$，其中 $R(x)$是 $x^{n-k}m(x)$除以 $g(x)$的余式。在接收端，若接收码组中无错误，应有接收码组 $B(x)$等于发送码组 $C(x)$，即 $B(x)=C(x)=x^{n-k}m(x)+R(x)=Q(x)g(x)$，接收码组能被 $g(x)$整除；若接收码组中有错码，则 $B(x)$必定不能被 $g(x)$整除。

例如，假定 CRC 码的生成多项式 $g(x)=x^4+x+1$，$n-k=4$，信息码组 $m=(110001)$，则信息码多项式 $m(x)=x^5+x^4+1$，$k=6$，因此 $n=4+6=10$，且有

$$x^{n-k}m(x)=x^4(x^5+x^4+1)=x^9+x^8+x^4$$

将 $x^{n-k}m(x)$除以 $g(x)$，可得余式 $R(x)=x^3+x^2$。可求得发送码多项式为

$$C(x)=x^{n-k}m(x)+R(x)=x^9+x^8+x^4+x^3+x^2$$

对应的发送码组为(1100011100)。

CRC 码在数据通信中得到了广泛应用，国际上常用的 CRC 码如文献[42]中的表 4.7 所示。

7.9 卷积码

7.9.1 卷积码的基本概念

本章前 8 节详细讨论了线性码中的分组码类。给定一个(n,k)线性分组码，为了达到一定的纠/检错能力和编码效率，码组的长度 n 通常都比较大，在编/译码时，必须把整个码组存储起来，因此处理产生的延时会随码长 n 的增大而线性增加。线性分组码有一个鲜明的特点，本组 $n-k$ 个监督码元仅与本组 k 个信息元有关，而各码组之间是彼此无关的，没有利用到码组之间的相关性。

卷积码是 P. Elias 于 1955 年提出的另一类线性码，其码组之间是彼此相关的。卷积码的相关码组数 N 和码长 n 通常较小，故处理延时小，特别适合以串行形式传输信息的数字通信。同时卷积码在任何一个码组中的监督码元不仅与本组的 k 个信息码元有关，而且与前面 $N-1$ 个码组的信息码元有关，因此相关的码元总数为 Nn 个。

随着 N 的增加，卷积码的纠错能力随之增强，误码率呈指数下降。一般来说，在编码器复杂性相同的情况下，卷积码的性能要优于分组码，因此卷积码在数字通信中得到了广泛的应用。不同于线性分组码，卷积码的分析至今还缺乏有效的数学工具，通常需要采用计算机来搜索好码。

7.9.2 卷积码的编码方法

基于输入和输出的关系，可以画出卷积码编码器的一般原理图，如图 7.17 所示。编码器主要由移位寄存器和模 2 加法器组成。输入移位寄存器有 N 组，每组有 k 级，共有 Nk 位寄存器，用于存储 Nk 个信息码元；各信息码元通过 n 个模 2 加法器相加，产生 n 个码元

的输出码组，并寄存在由 n 级组成的输出寄存器中。

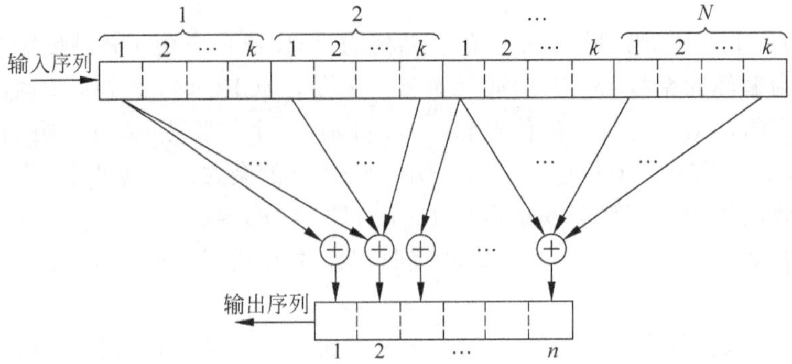

图 7.17 卷积码编码器的一般原理图

显然，n 个输出码元不仅与当前的 k 个输入码元有关，而且与前面的 $m=(N-1)$ 个信息组密切有关。因为一个码组中的监督码元监督着 N 个信息组，故将 N 称为约束长度或记忆长度。通常把这样的卷积码记作 (n,k,m)，其编码速率为 $R=\dfrac{k}{n}$。

卷积码的编码过程描述可以分为两大类型：解析法和图形法。

(1) 解析法：可以用数学公式直接表达，包括离散卷积法、生成矩阵法、码生成多项式法。

(2) 图形法：包括状态图(最基本的图形表达形式)、树图及格图(或称为网格图)。

采用这两类方法，都可以求出编码器输出结果，下面举例说明。

1. 解析法

1) 离散卷积法

例 7.26 如图 7.18 所示为(2,1,3)卷积码编辑器。若输入信息序列 $\boldsymbol{u}=(10111)$，用离散卷积法求编码器输出。

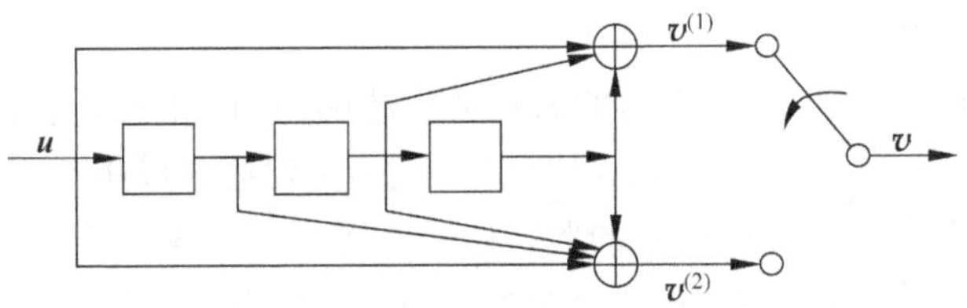

图 7.18 (2,1,3)卷积码编码器

解 由题意，将信息序列及其编码输出分别表示为

信息序列

$$\boldsymbol{u}=(u_0,u_1,u_2,\cdots)$$

编码输出

$$\boldsymbol{v}=(v_0^{(1)},v_0^{(2)},v_1^{(1)},v_1^{(2)},v_2^{(1)},v_2^{(2)},\cdots)$$

可将编码器看成一个线性网络，利用线性系统的冲激响应或传递函数进行分析。令 $\boldsymbol{u}=(1000\cdots)$，输出 $\boldsymbol{v}^{(1)}$、$\boldsymbol{v}^{(2)}$ 即为 $\boldsymbol{u}$ 与对应的冲激响应的卷积之和，故得名卷积码。冲激响

应至多维持 $m+1$ 个单位时间，用 $\boldsymbol{g}^{(1)}$、$\boldsymbol{g}^{(2)}$ 表示

$$\boldsymbol{g}^{(1)}=(g_0^{(1)},g_1^{(1)},g_2^{(1)},\cdots,g_m^{(1)})$$
$$\boldsymbol{g}^{(2)}=(g_0^{(2)},g_1^{(2)},g_2^{(2)},\cdots,g_m^{(2)})$$

又称 $\boldsymbol{g}^{(1)}$、$\boldsymbol{g}^{(2)}$ 为**码的生成序列**。

对于本题，有 $\boldsymbol{g}^{(1)}=(1011)$，$\boldsymbol{g}^{(2)}=(1111)$，编码方程为

$$\boldsymbol{v}^{(1)}=\boldsymbol{u}*\boldsymbol{g}^{(1)}$$
$$\boldsymbol{v}^{(2)}=\boldsymbol{u}*\boldsymbol{g}^{(2)}$$

卷积运算对应于模 2 相加，对所有 $i\geqslant 0$，有

$$v_l^{(j)}=\sum_{i=0}^{m}u_{l-i}g_i^{(j)}$$

式中，对所有 $l<i$，有 $u_{l-i}=0$。

对于本题，$j=1,2$，有

$$\begin{cases}v_l^{(1)}=u_l+u_{l-2}+u_{l-3}\\ v_l^{(2)}=u_l+u_{l-1}+u_{l-2}+u_{l-3}\end{cases}$$

对于 $\boldsymbol{u}=(10111)$，编码器输出为

$$\boldsymbol{v}^{(1)}=(10111)*(1011)=(10000001)$$
$$\boldsymbol{v}^{(2)}=(10111)*(1111)=(11011101)$$

交织可得

$$\boldsymbol{v}=(11,01,00,01,01,01,00,11)$$ ■

例 7.27 (3,2,1)卷积码的编码器电路如图 7.19 所示，若 $\boldsymbol{u}=(11,01,10)$，用离散卷积法求编码器输出。

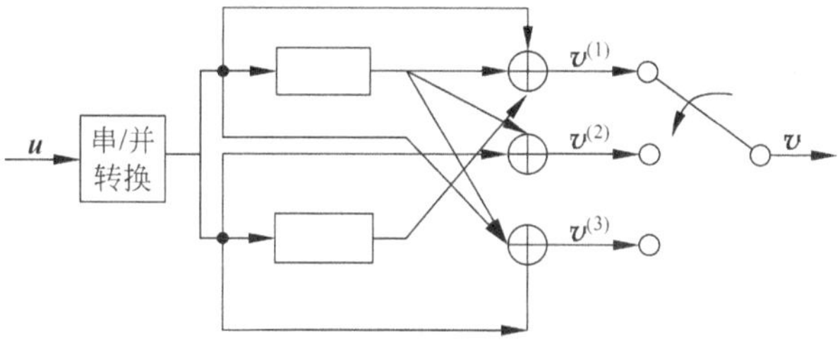

图 7.19 (3,2,1)卷积码编码器电路

解 编码器输入序列可写为

$$\boldsymbol{u}=(u_0^{(1)}u_0^{(2)},u_1^{(1)}u_1^{(2)},u_2^{(1)}u_2^{(2)},\cdots)$$

或

$$\boldsymbol{u}^{(1)}=(u_0^{(1)},u_1^{(1)},u_2^{(1)},\cdots),\quad \boldsymbol{u}^{(2)}=(u_0^{(2)},u_1^{(2)},u_2^{(2)},\cdots)$$

相对于每个输入序列，有三个生成序列。令 $\boldsymbol{g}_i^{(j)}=(g_{i,0}^{(j)},g_{i,1}^{(j)},\cdots,g_{i,m}^{(j)})$（其中 $i=1,2$，$j=1,2,3$）表示与输入 i 和输出 j 相对应的生成序列，对于本例有

$$\boldsymbol{g}_1^{(1)}=(11),\quad \boldsymbol{g}_1^{(2)}=(01),\quad \boldsymbol{g}_1^{(3)}=(11)$$
$$\boldsymbol{g}_2^{(1)}=(01),\quad \boldsymbol{g}_2^{(2)}=(10),\quad \boldsymbol{g}_2^{(3)}=(10)$$

编码方程为

$$\begin{cases} \boldsymbol{v}^{(1)} = \boldsymbol{u}^{(1)} * \boldsymbol{g}_1^{(1)} + \boldsymbol{u}^{(2)} * \boldsymbol{g}_2^{(1)} \\ \boldsymbol{v}^{(2)} = \boldsymbol{u}^{(1)} * \boldsymbol{g}_1^{(2)} + \boldsymbol{u}^{(2)} * \boldsymbol{g}_2^{(2)} \\ \boldsymbol{v}^{(3)} = \boldsymbol{u}^{(1)} * \boldsymbol{g}_1^{(3)} + \boldsymbol{u}^{(2)} * \boldsymbol{g}_2^{(3)} \\ \boldsymbol{v} = (v_0^{(1)} v_0^{(2)} v_0^{(3)}, v_1^{(1)} v_1^{(2)} v_1^{(3)}, v_2^{(1)} v_2^{(2)} v_2^{(3)}, \cdots) \end{cases}$$

编码器输出结果为

$$\boldsymbol{v} = (110,000,001,111)$$

■

2）生成矩阵法

例 7.28 对于如图 7.18 所示的(2,1,3)卷积码编码器，若信息序列 $\boldsymbol{u}=(10111)$，则用生成矩阵法求编码器输出。

解 若将生成序列预先进行交织，再排成矩阵为

$$\boldsymbol{G} = \begin{bmatrix} g_0^{(1)} g_0^{(2)} & g_1^{(1)} g_1^{(2)} & g_2^{(1)} g_2^{(2)} & \cdots & g_m^{(1)} g_m^{(2)} & & 0 \\ & g_0^{(1)} g_0^{(2)} & g_1^{(1)} g_1^{(2)} & \cdots & g_{m-1}^{(1)} g_{m-1}^{(2)} & g_m^{(1)} g_m^{(2)} & \\ 0 & & g_0^{(1)} g_0^{(2)} & \cdots & g_{m-2}^{(1)} g_{m-2}^{(2)} & g_{m-1}^{(1)} g_{m-2}^{(2)} & \\ & & \ddots & & & \ddots & \end{bmatrix}$$

$\boldsymbol{G}$ 称为**生成矩阵**，有以下特点。

(1) 每行都恒等于前面的行，但向右移了 $n=2$ 位。

(2) 若 $\boldsymbol{u}$ 无限长，则 $\boldsymbol{G}$ 为半无限矩阵，若 $\boldsymbol{u}$ 为有限长 L，则 $\boldsymbol{G}$ 有 L 行、$2(m+L)$列。

(3) $\boldsymbol{v}=\boldsymbol{u}\cdot\boldsymbol{G}$，长度为 $2(m+L)$。

因此，若信息序列 $\boldsymbol{u}=(10111)$，则有

$$\boldsymbol{v} = (10111)\begin{bmatrix} 11 & 01 & 11 & 11 & & & & \\ & 11 & 01 & 11 & 11 & & 0 & \\ & & 11 & 01 & 11 & 11 & & \\ & 0 & & 11 & 01 & 11 & 11 & \\ & & & & 11 & 01 & 11 & 11 \end{bmatrix}$$

$$= (11,01,00,01,01,01,00,11)$$

结果同例 7.26。 ■

例 7.29 对于如图 7.19 所示(3,2,1)卷积码的编码器电路，若 $\boldsymbol{u}=(11,01,10)$，用生成矩阵法求编码器输出。

解 如果将生成序列预先交织得到生成矩阵 $\boldsymbol{G}$，则编码方程为 $\boldsymbol{v}=\boldsymbol{u}\cdot\boldsymbol{G}$。对于(3,2,$m$)码，$\boldsymbol{G}$ 的 $k=2$ 行为一组，每组的元素相同，但向右移了 $n=3$，即

$$\boldsymbol{G} = \begin{bmatrix} & G_0 & & & G_1 & & & & G_m & \\ g_{1,0}^{(1)} & g_{1,0}^{(2)} & g_{1,0}^{(3)} & g_{1,1}^{(1)} & g_{1,1}^{(2)} & g_{1,1}^{(3)} & \cdots & g_{1,m}^{(1)} & g_{1,m}^{(2)} & g_{1,m}^{(3)} \\ g_{2,0}^{(1)} & g_{2,0}^{(2)} & g_{2,0}^{(3)} & g_{2,1}^{(1)} & g_{2,1}^{(2)} & g_{2,1}^{(3)} & \cdots & g_{2,m}^{(1)} & g_{2,m}^{(2)} & g_{2,m}^{(3)} \\ & & & & G_0 & & G_1 & & G_{m-1} & \\ & & & & & \ddots & & \ddots & & \ddots \end{bmatrix}$$

对于本例，有

$$
\boldsymbol{v}=\boldsymbol{u}\cdot\boldsymbol{G}=(11,01,10)\begin{bmatrix}1&0&1&1&1&1&&&&\\0&1&1&1&0&0&&&&\\&&1&0&1&1&1&1&&\\&&0&1&1&1&0&0&&\\&&&&1&0&1&1&1&1\\&&&&0&1&1&1&0&1\end{bmatrix}
$$

$$
=(110,000,001,111)
$$

■

结果同例 7.27。

一般地，(n,k,m)码的生成矩阵为

$$
\boldsymbol{G}=\begin{bmatrix}\boldsymbol{G}_0&\boldsymbol{G}_1&\boldsymbol{G}_2&\cdots&\boldsymbol{G}_m&&0\\&\boldsymbol{G}_0&\boldsymbol{G}_1&\cdots&\boldsymbol{G}_{m-1}&\boldsymbol{G}_m&\\&&\boldsymbol{G}_0&\cdots&\boldsymbol{G}_{m-2}&\boldsymbol{G}_{m-1}&\boldsymbol{G}_m\\0&&&\ddots&\ddots&\ddots&\ddots\end{bmatrix}\tag{7.33}
$$

式中，每个 $\boldsymbol{G}_l$ 的元素为

$$
\boldsymbol{G}_l=\begin{bmatrix}g_{1,l}^{(1)}&g_{1,l}^{(2)}&\cdots&g_{1,l}^{(n)}\\g_{2,l}^{(1)}&g_{2,l}^{(2)}&\cdots&g_{2,l}^{(n)}\\\vdots&\vdots&&\vdots\\g_{k,l}^{(1)}&g_{k,l}^{(2)}&\cdots&g_{k,l}^{(n)}\end{bmatrix},\quad k\times n\text{ 阶子矩阵}\tag{7.34}
$$

3）码生成多项式法

首先引入延迟算子 D，D 的幂次表示序列中的某一位相对于起始位延迟的时间单位数。利用延迟算子 D，可以将时域的卷积转换成变换域的多项式乘法。

如以$(2,1,m)$码为例，即

$$
\boldsymbol{v}=(v_0^{(1)}v_0^{(2)},v_1^{(1)}v_1^{(2)},\cdots),\quad \boldsymbol{v}(D)=\boldsymbol{v}^{(1)}(D^2)+D\boldsymbol{v}^{(2)}(D^2)
$$

式中

$$
\boldsymbol{v}^{(1)}=\boldsymbol{u}*\boldsymbol{g}^{(1)},\quad \boldsymbol{v}^{(1)}(D)=\boldsymbol{u}(D)\cdot\boldsymbol{g}^{(1)}(D)
$$
$$
\boldsymbol{v}^{(2)}=\boldsymbol{u}*\boldsymbol{g}^{(2)},\quad \boldsymbol{v}^{(2)}(D)=\boldsymbol{u}(D)\cdot\boldsymbol{g}^{(2)}(D)
$$
$$
\boldsymbol{u}=(u_0,u_1,u_2,\cdots),\quad \boldsymbol{u}(D)=u_0+u_1D+u_2D^2+\cdots
$$
$$
\boldsymbol{g}^{(1)}=(g_0^{(1)},g_1^{(1)},\cdots,g_m^{(1)})
$$
$$
\boldsymbol{g}^{(1)}(D)=g_0^{(1)}+g_1^{(1)}D+\cdots+g_m^{(1)}D^m
$$
$$
\boldsymbol{g}^{(2)}=(g_0^{(2)},g_1^{(2)},\cdots,g_m^{(2)})
$$
$$
\boldsymbol{g}^{(2)}(D)=g_0^{(2)}+g_1^{(2)}D+\cdots+g_m^{(2)}D^m
$$
$$
\boldsymbol{v}^{(1)}=(v_0^{(1)},v_1^{(1)},\cdots)
$$
$$
\boldsymbol{v}^{(1)}(D)=v_0^{(1)}+v_1^{(1)}D+v_2^{(1)}D^2+\cdots
$$
$$
\boldsymbol{v}^{(2)}=(v_0^{(2)},v_1^{(2)},\cdots)
$$
$$
\boldsymbol{v}^{(2)}(D)=v_0^{(2)}+v_1^{(2)}D+v_2^{(2)}D^2+\cdots
$$

显然，这里 $\boldsymbol{g}^{(i)}(D)$与码的生成序列$\boldsymbol{g}^{(i)}$相对应，称为码的**生成多项式**。

例 7.30 对于如图 7.18 所示的(2,1,3)卷积码的编码器，若信息序列 $\boldsymbol{u}=(10111)$，用码多项式法求编码器输出。

解 由 $\boldsymbol{u}=(1\ 0\ 1\ 1\ 1)$，可得

$$\boldsymbol{u}(D)=1+D^2+D^3+D^4$$
$$\boldsymbol{g}^{(1)}(D)=1+D^2+D^3$$
$$\boldsymbol{g}^{(2)}(D)=1+D+D^2+D^3$$
$$\boldsymbol{v}^{(1)}(D)=(1+D^2+D^3+D^4)(1+D^2+D^3)=1+D^7$$
$$\begin{aligned}\boldsymbol{v}^{(2)}(D)&=(1+D^2+D^3+D^4)(1+D+D^2+D^3)\\&=1+D+D^3+D^4+D^5+D^7\end{aligned}$$
$$\begin{aligned}\boldsymbol{v}(D)&=\boldsymbol{v}^{(1)}(D^2)+D\,\boldsymbol{v}^{(2)}(D^2)\\&=1+D+D^3+D^7+D^9+D^{11}+D^{14}+D^{15}\end{aligned}$$

故编码器输出为(11,01,00,01,01,01,00,11)，也与例 7.26 结果一致。 ■

对于 k 个输入、n 个输出的卷积编码系统，共有 $k\times n$ 个转移函数，用矩阵表示为

$$\boldsymbol{G}(D)=\begin{bmatrix}\boldsymbol{g}_1^{(1)}(D) & \boldsymbol{g}_1^{(2)}(D) & \cdots & \boldsymbol{g}_1^{(n)}(D)\\ \boldsymbol{g}_2^{(1)}(D) & \boldsymbol{g}_2^{(2)}(D) & \cdots & \boldsymbol{g}_2^{(n)}(D)\\ \vdots & \vdots & & \vdots\\ \boldsymbol{g}_k^{(1)}(D) & \boldsymbol{g}_k^{(2)}(D) & \cdots & \boldsymbol{g}_k^{(n)}(D)\end{bmatrix},\quad k\times n\ 阶 \tag{7.35}$$

$$\begin{aligned}\boldsymbol{v}(D)&=\boldsymbol{u}(D)\cdot\boldsymbol{G}(D)=[\boldsymbol{v}^{(1)}(D),\boldsymbol{v}^{(2)}(D),\cdots,\boldsymbol{v}^{(n)}(D)]\\&=\boldsymbol{v}^{(1)}(D^n)+D\,\boldsymbol{v}^{(2)}(D^n)+\cdots+D^{n-1}\boldsymbol{v}^{(n)}(D^n)\end{aligned} \tag{7.36}$$

编码器转移函数矩阵如图 7.20 所示。

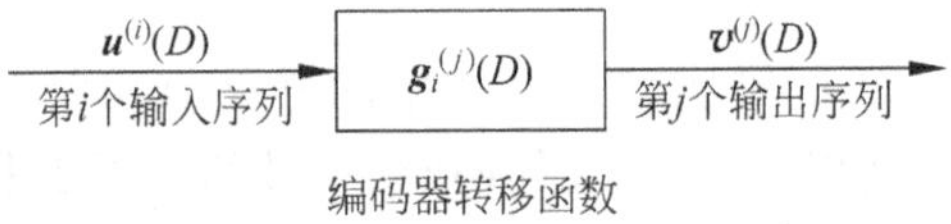

图 7.20 编码器转移函数矩阵

例 7.31 对于如图 7.19 所示的(3,2,1)卷积码编码器电路，若 $\boldsymbol{u}=(11,01,10)$，用码生成多项式法求编码器输出。

解 由式(7.35)和式(7.36)，有

$$\begin{aligned}\boldsymbol{v}(D)&=[\boldsymbol{v}^{(1)}(D),\boldsymbol{v}^{(2)}(D),\boldsymbol{v}^{(3)}(D)]\\&=[\boldsymbol{u}^{(1)}(D),\boldsymbol{u}^{(2)}(D)]\cdot\begin{bmatrix}\boldsymbol{g}_1^{(1)}(D),\boldsymbol{g}_1^{(2)}(D),\boldsymbol{g}_1^{(3)}(D)\\ \boldsymbol{g}_2^{(1)}(D),\boldsymbol{g}_2^{(2)}(D),\boldsymbol{g}_2^{(3)}(D)\end{bmatrix}\\&=[1+D^2,1+D]\cdot\begin{bmatrix}1+D & D & 1+D\\ D & 1 & 1\end{bmatrix}\\&=[1+D^3,1+D^3,D^2+D^3]\\&=1+(D^3)^3+D[1+(D^3)^3]+D^2[(D^2)^3+(D^3)^3]\\&=1+D+D^8+D^9+D^{10}+D^{11}\end{aligned}$$
■

最后编码器输出结果同例 7.27。

2. 图形法

图 7.21 是(2,1,2)卷积码的编码器。起始状态时，各移位寄存器清零，即 $S_1S_2S_3=000$。

S_1 为当前输入数据，移位寄存器状态 S_2S_3 存储以前的数据，输出码字 $\boldsymbol{C}=(C^{①}C^{②})$。下面以(2,1,2)卷积码为例讨论编码的图形法。

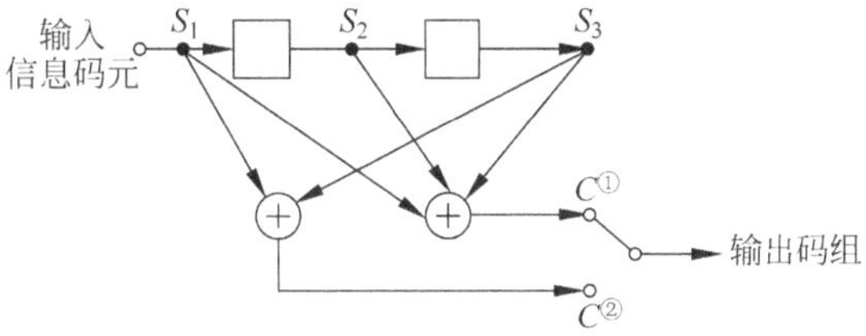

图 7.21　卷积码(2,1,2)编码器

1）状态图

卷积码可以用状态图来描述。对于如图 7.21 所示的(2,1,2)卷积码，其状态图如图 7.22 所示。其中，箭头表示状态转移方向，a、b、c、d 分别表示两个移位寄存器 S_3S_2 的 4 种可能状态 00、01、10、11。括号内的数字表示输入信息，括号外的数字表示对应的输出信息。利用这种状态图可以方便地从输入序列中得到输出序列。状态图法的特点是结构简单，但时序关系不够清晰。

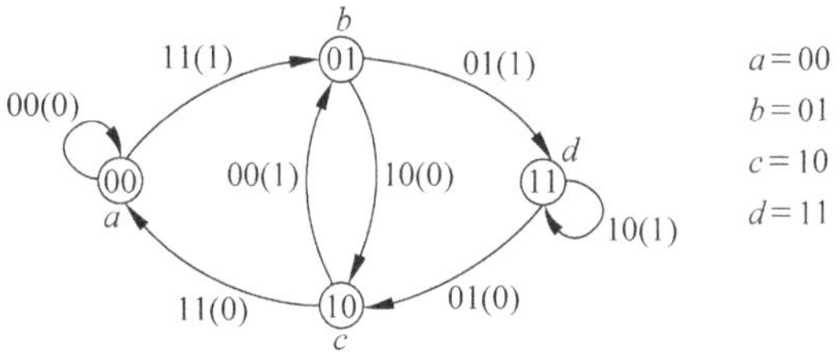

图 7.22　(2,1,2)卷积码状态图

2）树图

卷积码也可以用树图来描述，即码树。对于图 7.21 所示的(2,1,2)卷积码，其码树图如图 7.23 所示。码树的起点是初始状态，即 $S_1S_2S_3=000$，仍用 a、b、c、d 分别表示 S_3S_2 的 4 种状态。规定：若输入信息位为 0，则状态向上支路转移；若输入信息位为 1，则状态向下支路转移。输入不同的信息序列，编码器就走不同的路径，输出不同的码序列。

例如，输入信息码元序列为(1101000…)时，其编码路径如图 7.23 中带箭头线所示，相应的输出码序列为(11010100101100…)。

3）格图

格图也称网格图或篱笆图，是由状态图和树图演变而来的，它既保留了状态图简洁的状态关系，又保留了树图时序展开的直观特性。如图 7.24 所示，格图由状态节点和支路组成，4 行节点分别表示 a、b、c、d 4 种状态；支路表示状态之间的转移关系，其中实线支路表示输入信息为 0，虚线支路表示输入信息为 1，支路上标注的数字为输出码元。当输入序列为(11010)时，可得到如图 7.25 所示的编码路径，其输出编码序列为(1101010010…)。

一般地，对于(n,k,m)卷积码，格图中共有 2^{km} 种状态，每个节点(状态)有 2^k 条支路引入和 2^k 条支路引出。格图是三种图形表示形式中最有用、最有价值的图形形式，由于它特别适合卷积码中的维特比译码，所以备受重视。

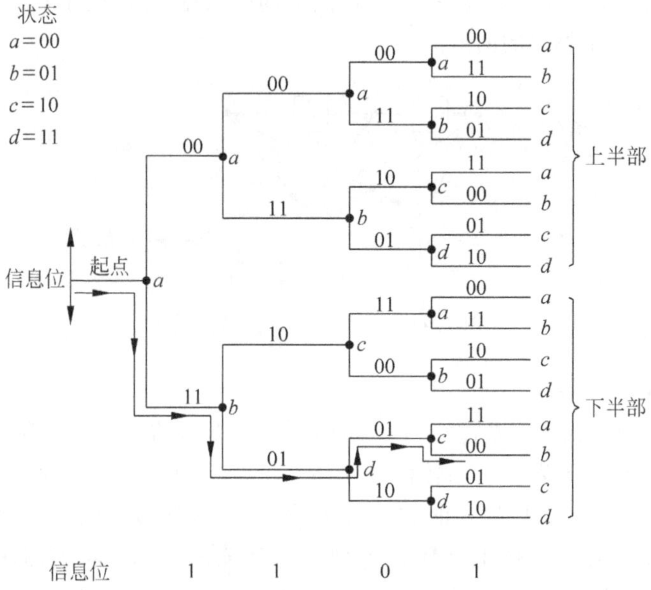

图 7.23 (2,1,2)卷积码的码树图

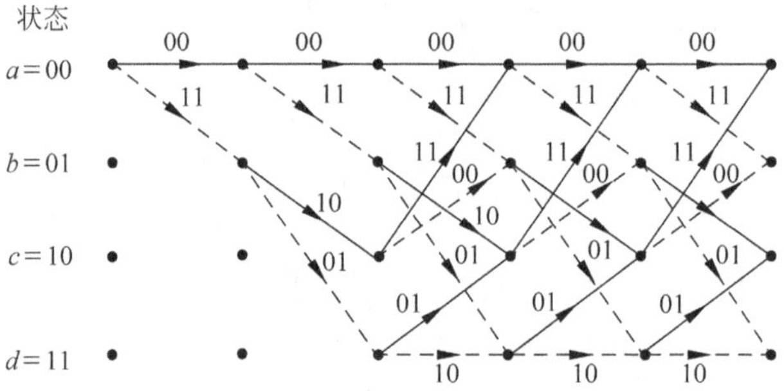

图 7.24 (2,1,2)卷积码的格图

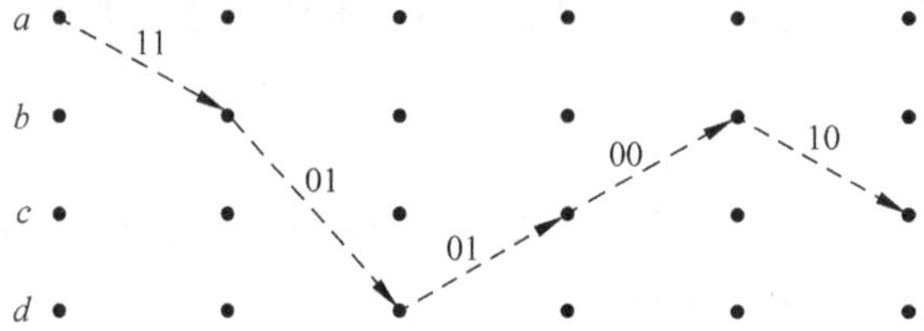

图 7.25 (2,1,2)卷积码编码路径

7.9.3 卷积码的译码方法

卷积码的译码可分为两类：一是代数译码的门限译码，二是概率译码的序列译码与维特比译码。其中，维特比译码是目前最常用的译码方法，它是 1967 年由维特比(Viterbi)提出的

概率译码方法。维特比译码是基于网格图的一种最大似然译码方法。本节仅介绍维特比译码。

1. 最大似然译码准则

在数字与数据通信中，通信的可靠性度量一般采用平均误码率 P_e，由 6.5 节可知，最小的平均误码率等效于最大后验概率，即

$$\min P_e = \min \sum_{\boldsymbol{Y}} P(\boldsymbol{Y}) P(\boldsymbol{e}/\boldsymbol{Y}) = \min \sum_{\boldsymbol{Y}} P(\boldsymbol{Y}) P(\hat{\boldsymbol{C}} \neq \boldsymbol{C}/\boldsymbol{Y}) \tag{7.37}$$

式中，$P(\boldsymbol{Y})$为接收信号序列的概率，它与具体的译码方式无关；$\boldsymbol{e}$ 为差错序列；$\hat{\boldsymbol{C}}$ 为接收端恢复的码字；$\boldsymbol{C}$ 为发送的码字。由贝叶斯公式可知，在信源等先验概率的条件下，最大后验概率准则与最大似然概率准则是等效的，即因

$$P(\boldsymbol{C}/\boldsymbol{Y}) = \frac{P(\boldsymbol{C})P(\boldsymbol{Y}/\boldsymbol{C})}{P(\boldsymbol{Y})} \tag{7.38}$$

当 $P(\boldsymbol{C})$为等概率分布时，有

$$\max P(\hat{\boldsymbol{C}} = \boldsymbol{C}/\boldsymbol{Y}) = \max P(\boldsymbol{Y}/\hat{\boldsymbol{C}} = \boldsymbol{C}) \tag{7.39}$$

对于无记忆的二进制对称信道，最大似然准则又可等效为最小汉明距离准则，即

$$\max \log P(\boldsymbol{Y}/\hat{\boldsymbol{C}} = \boldsymbol{C}) = \min d(\boldsymbol{Y}, \boldsymbol{C}) = \min \sum_{l=0}^{L-1} d(y_l, c_l) \tag{7.40}$$

在维特比译码中，硬判决中常采用最小汉明距离准则，而软判决中常采用最大似然准则。

2. 硬判决译码

卷积码的维特比译码过程是以网格图为基础进行的。下面仍以简单的(2,1,2)卷积码为例进行维特比译码过程分析。

若编码器真正要输入的信息序列为 $\boldsymbol{m}=(10111)$，实际上输入的序列则为 $\boldsymbol{u}=(1011100)$，其中后两位 00 为尾比特，其目的是将状态恢复至初始状态。图 7.26 绘出了输入为 $\boldsymbol{u}=(1011100)$时的便于译码分析的格图。图 7.26 中横坐标表示时序关系的节点级数 l。格图横轴共有 $L+m+1$ 个时间段(节点级数)，其中 L 为数据信息长度，m 为寄存器级(节)数。由于系统是有记忆的，所以其影响可扩展至 $l=L+m+1$ 位。图 7.26 是按 $\boldsymbol{u}=(1011100)$即 $L=5$，$m=2$ 考虑的，这时 $l=5+2+1=8$，所以横轴以 $l=0,1,2,\cdots,7$ 表示，且前 $l=m=2$ 位为建立状态，后 $l \geqslant L$ 即 $l=5,6$ 为回归恢复状态。

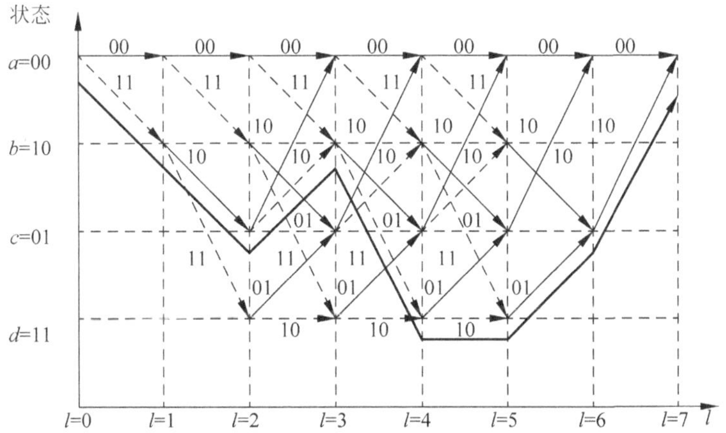

图 7.26　$L=5$ 时(2,1,2)卷积码格图

维特比译码器主要步骤如下。

(1) 从 $l=m=2$ 开始，网格充满状态，并将路径存储器和路径度量存储器从 $l=0$ 至 $l=m=2$ 的初始状态记录下来，完成初始化。

(2) $l=l+1(l=2+1=3)$接收新一组数据并完成下列运算：进行 $l=l(=2)$至 $l=l+1(=3)$分支路径度量计算，从路径度量存储器中取出 $l=l(=2)$时刻幸存路径度量值；进行累加→比较→选择基本计算并产生新的幸存路径；将新的幸存路径及其度量值分别存入路径存储器和路径度量存储器中。

(3) 如果 $l<L+m=5+2=7$，则回到步骤(2)，否则继续往下进行。

(4) 如果路径度量存储器中最大似然值(或最小汉明距离)对应的路径存储器中最佳路径值，即为维特比译码的最后输出值。

根据上述维特比译码算法，下面给出输入 $\boldsymbol{u}=(1011100)$时维特比算法的运算过程和最后结果。

在发送端，如图 7.21 所示的(2,1,2)卷积码编码器编码后输出码字为 $\boldsymbol{C}=(11,10,00,01,10,01,11)$。在接收端，经过信道传输后，假设接收到的信号序列为 $\boldsymbol{Y}=(10,10,01,01,10,01,11)$。对照发送和接收信号，可求得汉明距离如下：发送端 $\boldsymbol{C}=(11,10,00,01,10,01,11)$；接收端 $\boldsymbol{Y}=(10,10,01,01,10,01,11)$；则汉明距离为 $d(\boldsymbol{Y},\boldsymbol{C})=1+0+1+0+0+0+0=2$。

当维特比译码采用最常用的硬判决时，信道可假设为较理想的二进制对称信道，此时最优的最大似然译码可进一步简化为最小汉明距离译码，其度量值可用式(7.40)直接计算求得，其结果如图 7.27 所示。

将所有分支度量值全部计算出来并对应列在图中，结果如图 7.27 所示。

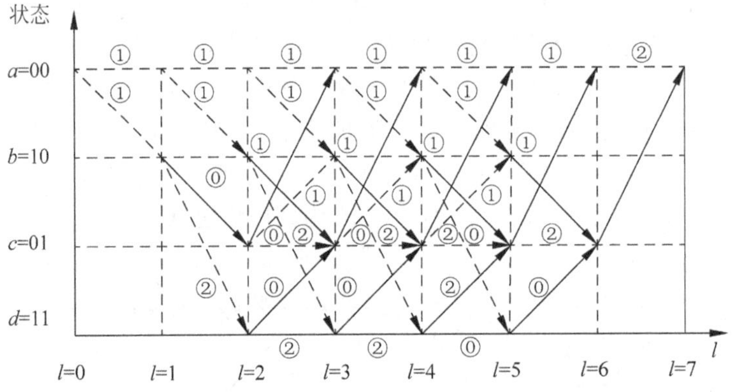

图 7.27　$L=5$ 时(2,1,2)卷积码汉明距离图

按照维特比算法，求出幸存路径如图 7.28 所示。

由上述图 7.27 和图 7.28 可见，在(2,1,2)卷积码的维特比译码中，进入每个节点有两个路径，仅能保留汉明距离最小的那一条路径，另一路则需删除，这样可以大大节省往后继续运算的运算量；在整个译码运算过程中，不断删除淘汰那些汉明距离大的路径，最后仅保留唯一的一条走到底全通的路径，其积累汉明距离最小，它就是所需的译码序列。在图 7.28 中，求得的最后译码序列唯一的一条全通路径用粗黑线表示。

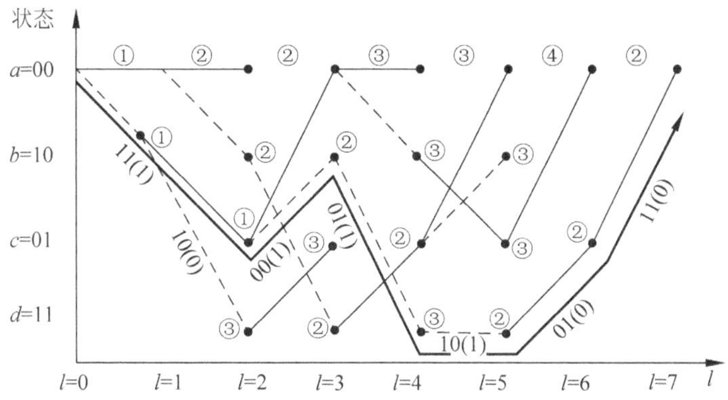

图 7.28 $L=5$ 时(2,1,2)卷积码维特比译码图

译出的码字为$\hat{\boldsymbol{C}}=(11,10,00,01,10,01,11)$；译出的对应数据为$\hat{\boldsymbol{u}}=(1011100)$，其中后两位00为尾比特。对应的状态转移路线(后两步状态转移为了回归原状态 a)为 $a_0=00\to b_1=10\to c_2=01\to b_3=10\to d_4=11\to d_5=11\to c_6=01\to a_7=00$，即从 a 状态回归至 a 状态。将译出的数据 $\hat{\boldsymbol{u}}$ 与发送的数据 $\boldsymbol{u}$ 对比，两者完全一致，即没有差错。

3. 软判决译码

为了充分利用接收信号的全部信息，提高译码性能，可将硬判决改为软判决，即对接收信号进行多电平判决的维特比译码。

关于两电平(硬)判决与多电平(软)判决，两电平是非此即彼(非0即1)的判决，所以称它为硬判决；而多电平则不属于非0即1的简单的硬判决。软判决和硬判决所允许的归一化噪声、干扰水平是不一样的。电平级数越多，允许噪声、干扰越大，判决性能越好，但是电平越多，实现就越复杂，一般取4～8电平即可。软判决与硬判决的译码过程完全相似，两者之间的主要差异如下。

(1) 信道模型不一样。硬判决采用二进制对称信道模型，软判决由于是多电平判决，因此不能再采用二进制信道模型，而采用二进制输入、多进制输出的离散无记忆信道模型。

(2) 度量值与度量标准不一样。硬判决的度量值是汉明距离，度量准则是最小汉明距离准则；软判决的度量值是似然值，度量标准是最大似然准则。

软判决与硬判决相比，稍增加了一些复杂度，但是性能上却比硬判决好1.5～2dB，所以在实际译码中常采用软判决。

7.10 纠错编码的性能估计

数字通信中最关键的质量指标是误码率。纠错编码的目的是降低误码率，因此评价某个编码方案优劣的标准，就是看在一定条件下编码与不编码相比误码率性能改善了多少。根据衡量传输质量标准不同，误码率有三种表示：一是误码字率，二是误符号率，三是误比特率。在纠错编码的性能分析中，误码字率和误比特率是最常采用的评价性能标准。人们常通过误码率 P_e 与信噪比 E_b/N_0 关系曲线来刻画编码的性能，这里 E_b 是传送每比特信息所需的能量，N_0 是单边噪声功率谱密度。信噪比 E_b/N_0 一般用dB表示。

误码率 P_e 与信噪比 E_b/N_0 关系曲线体现了各种编码的“绝对”性能，但就编码研究而言，人们最感兴趣的不是性能本身，而是不同编码方案下性能的改善量。人们特别关心在某一误码率下，采用一个特定编码方案与没有应用编码情况相比信噪比减少的数量。这个数量可用来评价该编码方案性能的好坏，称为**编码增益**。编码增益是误码率的函数，随着误码率增大，编码增益越来越小。

描述编码增益的常用方法是对应用和未应用编码的同一系统画出误码率 P_e 与信噪比 E_b/N_0 关系曲线。当误码率表示误比特率时，常用符号 P_b 而不是 P_e 来表示误比特率。例如，图 7.29 中画出了在 BPSK 调制下利用[23，12]Golay 码硬判决译码时的性能曲线和未用编码时的性能曲线。从图 7.29 可知，当 $P_b=10^{-5}$ 时，编码增益为 2.15dB；而在 $P_b=10^{-3}$ 时，编码增益降为 1.35dB；但 $P_b=10^{-1}$ 时，编码增益已变为负值，这说明不编码反而比编码好。这种门限效应是所有利用纠错码的差错控制系统所共有的。这种现象很容易解释：当信噪比很低时，出现错码的个数会很多，超过了编码的纠错能力，结果越纠越错。

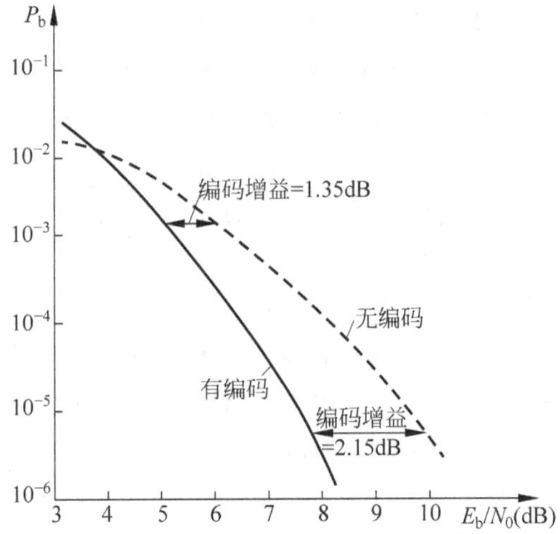

图 7.29　应用[23，12]Golay 码与未应用编码时误码率与信噪比关系曲线

显然，编码增益随着信噪比增大越来越大。但当信噪比 $E_b/N_0\to\infty$ 时，编码增益收敛于一个固定量值，称此量值为**渐近编码增益**。渐近编码增益是编码增益的上界。

在 AWGN 信道中，对于一个速率为 R、最小距离为 d 的码，当采用硬判决译码时，其渐近编码增益为

$$G=10\lg[R(d+1)/2]$$

而当采用未量化软判决译码时，其渐近编码增益变为

$$G_s=10\lg[Rd]$$

由上述两式可知，当信噪比充分高时，未量化的软判决译码比硬判决译码性能要好 $G_s-G=3$dB，称此增益为**渐近软判决增益**。当然，对于信噪比不是很高和量化级数有限的情况，软判决译码所能获得的增益(称为**软判决增益**)要小于 3dB。通常，在 8 电平量化和中等信噪比情况下，对于中等码长和中等纠错能力的码来说，所获得的软判决增益大约为 2dB。例如，图 7.30 描绘了对[24，12，8]扩展 Golay 码利用软判决译码和硬判决译码的性能曲线。由图 7.30 可以看出，在 AWGN 信道中，当误比特率 $P_b=10^{-5}$ 时，硬判决译码获得 2dB 的

编码增益，而基于 Chase 算法的软判决译码获得 4dB 的编码增益，其中软判决译码增益为 2dB。

除了将编码性能与未编码情况相比，人们还常将它与香农容量极限(简称香农限)进行比较。香农限是任何编码性能的理论极限值，是编码技术奋斗的目标。实际通信系统可以允许的误比特率为 $10^{-3}\sim10^{-6}$，所以人们特别关心这个范围内编码效果的好坏。近 20 年来，人们通过将这个范围内的先进编码技术的性能与香农限进行对比，来观察其逼近理论极限情况。1993 年提出的 Turbo 码，在达到误比特率 $P_b=10^{-5}$ 时，对于码率 $R=1/2$，需要信噪比 $E_b/N_0=0.7\text{dB}$，而此时的香农限为 0dB，故可以说离香农限仅差 0.7dB。这在当时是超乎寻常的优异性能，因此引起了编码与通信界的轰动。而到了 2001 年，一个码率为 1/2 的非规则 LDPC 码在信噪比 $E_b/N_0=0.04\text{dB}$ 时，误比特率仅 $P_b=10^{-6}$，这又向接近香农限迈进了一大步，如图 7.31 所示。

然而，应该注意到香农限是编码在误比特率 $P_b=0$ 时的极限性能。因此，将编码在误比特率 $P_b=10^{-5}$ 或 $P_b=10^{-6}$ 时的编码性能与香农限相比较并不公平。即使如此，Turbo 码和 LDPC 码的卓越性能和先进编/译方法已为编码技术书写出崭新的篇章。

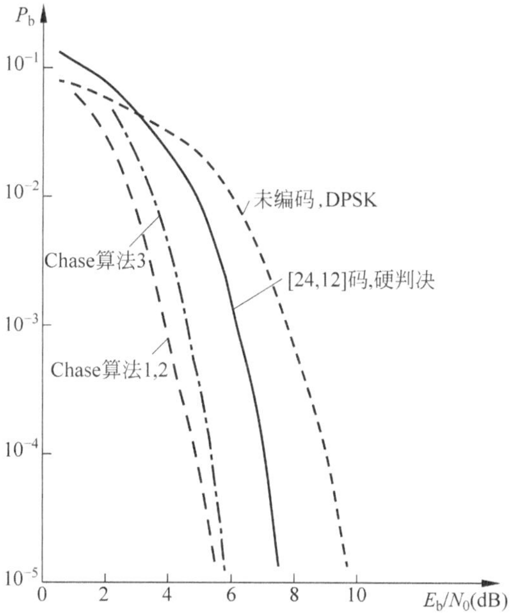

图 7.30 AWGN 信道中[24,12,8]Golay 码的软判决、硬判决译码的性能曲线

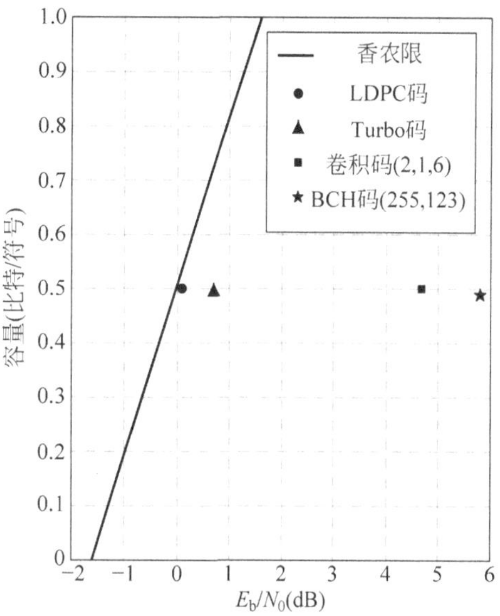

图 7.31 AWGN 信道中码的性能与香农限

习题解答

7.1 试把生成矩阵

$$G=\begin{bmatrix}0&0&0&1&0&1&1\\0&0&1&0&1&1&0\\0&1&0&1&1&0&0\\1&0&1&1&0&0&0\end{bmatrix}$$

转换为标准形式($\boldsymbol{I}\quad\boldsymbol{P}$)。

解 生成矩阵为

$$\boldsymbol{G}=\begin{bmatrix}0&0&0&1&0&1&1\\0&0&1&0&1&1&0\\0&1&0&1&1&0&0\\1&0&1&1&0&0&0\end{bmatrix}$$

用第二行加第四行则生成矩阵转换为

$$\boldsymbol{G}=\begin{bmatrix}0&0&0&1&0&1&1\\0&0&1&0&1&1&0\\0&1&0&1&1&0&0\\1&0&0&1&1&1&0\end{bmatrix}$$

各列位置置换后即可得到标准化形式

$$\boldsymbol{G}=\begin{bmatrix}1&0&0&0&1&0&1\\0&1&0&0&0&1&1\\0&0&1&0&1&1&0\\0&0&0&1&1&1&1\end{bmatrix}$$

7.2 已知(n,k)码的校验矩阵为

$$\boldsymbol{H}=\begin{bmatrix}1&0&0&&1&0&0&&1&1&0\\1&0&1&&0&1&0&&0&1&0\\0&1&1&&1&0&0&&0&0&1\\1&0&1&&0&1&1&&1&0&1\end{bmatrix}$$

(1) 试求该矩阵的标准型校验矩阵和生成矩阵；

(2) 试求该码的信息元数目k、编码效率R和码的最小距离。

解 (1)

$$\boldsymbol{H}=\begin{bmatrix}1&0&0&1&0&0&1&1&0\\1&0&1&0&1&0&0&1&0\\0&1&1&1&0&0&0&0&1\\1&0&1&0&1&1&1&0&1\end{bmatrix}$$

经过基本矩阵变化可得标准型校验矩阵为

$$\boldsymbol{H}=\begin{bmatrix}1&1&0&1&0&1&0&0&0\\1&0&1&0&0&0&1&0&0\\0&1&1&1&1&0&0&1&0\\1&0&0&1&1&0&0&0&1\end{bmatrix}$$

则

$$\boldsymbol{P}=\begin{bmatrix}1&1&0&1&0\\1&1&1&0&0\\0&0&1&1&1\\1&0&0&1&0\end{bmatrix}$$

$$Q = P^{\mathrm{T}} = \begin{bmatrix} 1 & 1 & 0 & 1 \\ 1 & 1 & 0 & 0 \\ 0 & 1 & 1 & 0 \\ 1 & 0 & 1 & 1 \\ 0 & 0 & 1 & 0 \end{bmatrix}$$

生成矩阵为

$$G = \begin{bmatrix} 1 & 0 & 0 & 0 & 0 & 1 & 1 & 0 & 1 \\ 0 & 1 & 0 & 0 & 0 & 1 & 1 & 0 & 0 \\ 0 & 0 & 1 & 0 & 0 & 0 & 1 & 1 & 0 \\ 0 & 0 & 0 & 1 & 0 & 1 & 0 & 1 & 1 \\ 0 & 0 & 0 & 0 & 1 & 0 & 0 & 1 & 0 \end{bmatrix}$$

(2) 因 $\boldsymbol{H}$ 的秩为 4，是满秩矩阵，故信息元数目 $k=9-4=5$，编码效率 $R=\frac{k}{n}=\frac{5}{9}$。$\boldsymbol{H}$ 中任何两列都不同，即不相关，存在三列线性相关，因此最小距离 $d=3$(如第一列、第四列与第九列)。 ■

7.3 已知(6,3)线性分组码的全部码字为

$$\begin{matrix} 1 & 1 & 0 & 1 & 0 & 0 \\ 1 & 1 & 0 & 0 & 1 & 1 \\ 0 & 1 & 1 & 0 & 1 & 0 \\ 0 & 1 & 1 & 1 & 0 & 1 \\ 1 & 0 & 1 & 0 & 0 & 1 \\ 0 & 0 & 0 & 1 & 1 & 1 \\ 1 & 0 & 1 & 1 & 1 & 0 \\ 0 & 0 & 0 & 0 & 0 & 0 \end{matrix}$$

问该码能纠正单个错误吗？求构造该码组的生成矩阵和校验矩阵。

解 任意选取三个线性无关的码字作为生成矩阵

其生成矩阵为

$$G = \begin{bmatrix} 1 & 0 & 0 & 1 & 0 & 1 \\ 0 & 1 & 0 & 1 & 1 & 0 \\ 0 & 0 & 1 & 0 & 1 & 1 \end{bmatrix}$$

其监督矩阵为

$$H = \begin{bmatrix} 1 & 1 & 0 & 1 & 0 & 0 \\ 0 & 1 & 1 & 0 & 1 & 0 \\ 1 & 0 & 1 & 0 & 0 & 1 \end{bmatrix}$$

因为最小距离 $d=3\geqslant 2t+1$ 所以 $t=1$，即能纠一位错误。 ■

7.4 已知某系统汉明码的校验矩阵为

$$H = \begin{bmatrix} 1 & 1 & 1 & 0 & 1 & 0 & 0 \\ 0 & 1 & 1 & 1 & 0 & 1 & 0 \\ 1 & 1 & 0 & 1 & 0 & 0 & 1 \end{bmatrix}$$

试求其生成矩阵。当输入序列为1　1　0　1　0　1　1　0　1　0　1　0时，求编码器输出的码序列。

解　其生成矩阵如下：

$$G=\begin{bmatrix}1&0&0&0&1&0&1\\0&1&0&0&1&1&1\\0&0&1&0&1&1&0\\0&0&0&1&0&1&1\end{bmatrix}$$

当输入序列为1101,0110,1010时，编码器输出的序列为1101001,0110001,1010011。■

7.5　设计一个包含8位信息数字的纠一个错误的二进制线性分组码。

解　先构造一个[7,4,3]汉明码。令监督位数目 $r=3$，则从1到 $2^3-1=7$ 的三重二进制表示矢量共有7个，分别为

$$(001),\quad(010),\quad(011),\quad(100),\quad(101),\quad(110),\quad(111)$$

由例7.13，若让校验矩阵的列形成一个典型的校验矩阵

$$H_s=\begin{bmatrix}1&1&0&1&1&0&0\\0&1&1&1&0&1&0\\1&0&1&1&0&0&1\end{bmatrix}$$

则此时所构造的码就是一个系统[7,4,3]汉明码。

对于这个系统[7,4,3]汉明码，再进行奇偶校验编码，则产生一个[8,4,4]扩展汉明码。该扩展汉明码的最小距离为4，因此它既能纠正一个错误，同时又能检测两个错误。其校验矩阵如下：

$$H=\begin{bmatrix}1&1&1&1&1&1&1&1\\1&1&0&1&1&0&0&0\\0&1&1&1&0&1&0&0\\1&0&1&1&0&0&1&0\end{bmatrix}$$ ■

7.6　设某个线性码的校验矩阵为

$$H'=\begin{bmatrix}&&&0\\&H&&\vdots\\&&&0\\1&1&\cdots&1\end{bmatrix}$$

其中，H 为一个 (n,k) 码的校验矩阵，且该码的最小距离 $d_{\min}$ 为奇数。证明利用校验矩阵 H' 所形成的码为 $(n+1,k)$ 线性码，且其最小距离为 $d_{\min}+1$。

证明　记校验矩阵为 H 的 (n,k) 码为 ζ。对 ζ 再进行奇偶校验编码，即增加一个偶数校验位，则产生一个 $(n+1,k)$ 线性分组码 ζ'，它是码 ζ 的扩展码。码 ζ' 校验矩阵就是 H'。码 ζ' 的任何码字重量是偶数，因此其最小距离必为偶数。再由定理7.1可知，其最小距离必为 $d_{\min}+1$。■

7.7　将12位的数据序列用(24,12)线性分组码编码，假定此码可纠正所有一位和二位错误，但不能纠正多于二位的错误，已知信道符号错误概率为 10^{-3}，试求消息的差错率。

解　消息的差错率为

$$P=1-P_{e0}-P_{e1}-P_{e2}$$

其中，P_{e0} 为 24 个符号全部正确的概率，P_{e1} 为 24 个符号中 1 个符号出错的概率，P_{e2} 为 24 个符号中两个符号出错的概率，且有

$$P_{e0}=(1-10^{-3})^{24}$$

$$P_{e1}=24\times(1-10^{-3})^{23}\times 10^{-3}$$

$$P_{e2}=\frac{24\times 23}{1\times 2}\times(1-10^{-3})^{22}\times 10^{-6}$$

所以

$$P=1-P_{e0}-P_{e1}-P_{e2}\approx 0.000001993\approx 2\times 10^{-6}$$

7.8　写出(4,3)奇偶校验码的所有码字，并计算当 BSC 信道误码率为 $p=10^{-3}$ 时不可检测的差错率 P_{ud}。

解　(4,3)奇偶校验码的所有码字为

0000，　0011，　0101，　0110，　1001，　1010，　1100，　1111

不可检测的概率为

$$P_{ud}=1-P_0-P_1$$

其中，P_0 是 4 个码字中没有错误的概率

$$P_0=(1-10^{-3})^4$$

P_1 是 4 个码字中有 1 个是错误的概率

$$P_1=4\times 10^{-3}\times(1-10^{-3})^3$$

所以

$$P_{ud}=1-P_0-P_1=6\times 10^{-6}$$

7.9　考虑一个(8,4)系统线性分组码，其一致校验方程如下：

$$\begin{cases} c_3=m_1+m_2+m_4 \\ c_2=m_1+m_3+m_4 \\ c_1=m_1+m_2+m_3 \\ c_0=m_2+m_3+m_4 \end{cases}$$

其中，m_1,m_2,m_3,m_4 是信息数字；c_3,c_2,c_1,c_0 是校验位数字。

(1) 求出此码的生成矩阵和一致校验矩阵；

(2) 证明此码的最小重量为 4；

(3) 若某接收序列 $\boldsymbol{v}$ 的伴随式为 $\boldsymbol{s}=[1011]$，求其错误图样 $\boldsymbol{e}$ 及发送码字 $\boldsymbol{c}$；

(4) 若某接收序列 $\boldsymbol{v}$ 的伴随式为 $\boldsymbol{s}=[0111]$，问发生了几位错。

解　(1) 设码字 $\boldsymbol{c}=(c_7c_6c_5c_4c_3c_2c_1c_0)$，令 $c_7=m_1,c_6=m_2,c_5=m_3,c_4=m_4$，由此得码字为

$$\boldsymbol{c}=(m_1,m_2,m_3,m_4,m_1+m_2+m_4,m_1+m_3+m_4,m_1+m_2+m_3,m_2+m_3+m_4)$$

则(8,4)系统线性分组码的生成矩阵由 4 个线性独立的码字组成。这 4 个码字为

10001110，　01001011，　00100111，　00011101

所以

$$\boldsymbol{G}=\begin{bmatrix}1&0&0&0&1&1&1&0\\0&1&0&0&1&0&1&1\\0&0&1&0&0&1&1&1\\0&0&0&1&1&1&0&1\end{bmatrix}$$

$$\boldsymbol{G}=[\boldsymbol{I}_4 \quad \boldsymbol{P}], \quad \boldsymbol{H}=[\boldsymbol{P}^{\mathrm{T}} \quad \boldsymbol{I}_4]$$

所以

$$\boldsymbol{H}=\begin{bmatrix} 1 & 1 & 0 & 1 & 1 & 0 & 0 & 0 \\ 1 & 0 & 1 & 1 & 0 & 1 & 0 & 0 \\ 1 & 1 & 1 & 0 & 0 & 0 & 1 & 0 \\ 0 & 1 & 1 & 1 & 0 & 0 & 0 & 1 \end{bmatrix}$$

（2）码的最小重量为

$$\min W(\boldsymbol{c}_j)=\min W(\boldsymbol{c}_i+\boldsymbol{c}_k)$$

$$\boldsymbol{c}_j, \boldsymbol{c}_i, \boldsymbol{c}_k \in (8,4)，且\ \boldsymbol{c}_j, \boldsymbol{c}_i, \boldsymbol{c}_k\ 不等于全\ 0\ 字$$

$\boldsymbol{G}$ 矩阵的秩

$$\operatorname{rank}(\boldsymbol{G})=4$$

$\boldsymbol{G}$ 可通过初等线性变换后得到矩阵 $\boldsymbol{G}'$，$\boldsymbol{G}'$ 中的行矢量都是码字 $\boldsymbol{c}_i$，而 $\boldsymbol{G}'$ 的秩不变，$\operatorname{rank}(\boldsymbol{G}')=4$。由于线性分组码必满足封闭性，因此 $\boldsymbol{G}$ 和 $\boldsymbol{G}'$ 的行矢量中必都含大于或等于 4 个 1。所以

$$\min W(\boldsymbol{c}_j)=4 \quad \boldsymbol{c}_j \in (8,4), \quad \boldsymbol{c}_j \neq 0$$

（3）某接收序列 $\boldsymbol{v}$ 的伴随式 $\boldsymbol{s}=[1011]$，即

$$\boldsymbol{s}^{\mathrm{T}}=\begin{bmatrix} 1 \\ 0 \\ 1 \\ 1 \end{bmatrix}$$

它正好是 $\boldsymbol{H}$ 中的第二列，所以其错误图样

$$\boldsymbol{e}_1=(01000000)$$

发送码字

$$\boldsymbol{c}=\boldsymbol{v}+\boldsymbol{e}_1$$

（4）若此(8,4)分组码用于纠错和检错，因为

$$d_{\min}=\min W(\boldsymbol{c}_j)=4$$

所以

$$d_{\min}=t+e+1 \quad e \geqslant t$$

得

$$t=1, \quad e=2$$

此码能纠正一位码元发生错误，同时能发现二位码元发生了错误。

若只用于检测随机错误，则 $e=3$，能检测出小于或等于三位码元发生了错误。因此，当接收序列 $\boldsymbol{v}$ 的伴随式为 $\boldsymbol{s}=[0111]$时

$$\boldsymbol{s}^{\mathrm{T}}=\begin{bmatrix} 0 \\ 1 \\ 1 \\ 1 \end{bmatrix}$$

若此码用于纠正随机错误，就认为是发送码字$\boldsymbol{c}_i$ 中 c_5 发生了错误，即一位码元错了并给予纠正。

若此码用于检测随机错误，$\boldsymbol{s}^{\mathrm{T}}$ 可以是 $\boldsymbol{H}$ 中三列列矢量之和，即

$$\overbrace{\begin{matrix}0&0&0\\1&0&0\\0&1&0\\0&0&1\end{matrix}},\quad\overbrace{\begin{matrix}1&1&0\\1&0&1\\1&0&0\\1&0&0\end{matrix}},\quad\overbrace{\begin{matrix}1&1&0\\1&0&0\\1&0&0\\0&0&1\end{matrix}}$$

所以,认为接收序列 v 是发送码字发生了三位错误而得。这时只能知道有错但无法判断是哪几位码元错了。因此,只能根据信道性质与用途来选择此码作为纠错还是检错用。 ■

7.10 当二元对称信道的信道误码率为 p 时,求出$(2n+1,1)$重复码采用最大似然译码准则进行译码的平均错误概率。如果重复码是$(2n,1)$码,那么其平均错误概率又会怎样?

解 (1) 二元重复码$(2n+1,1)$其码字的码长为 $2n+1$,码字个数 $M=2$。一般选择码字 $W_1=(\overbrace{0\ \ 0\ \ \cdots\ \ 0}^{2n+1})$,$W_2=(\overbrace{1\ \ 1\ \ \cdots\ \ 1}^{2n+1})$。所以,$(2n+1,1)$重复码的码间最小距离 $d_{\min}=2n+1=2t+1,t=n$。可见,当采用最大似然译码准则(择多译码准则)时,$(2n+1,1)$重复码能纠正任意发生小于或等于 n 位码元错误的随机错误。但若码字发生大于或等于 $n+1$ 位码元错误时就会发生译码错误。因为 W_1 与 W_2 是完全对称的,并且等概率分布,所以

$$\begin{aligned}P_E&=\frac{1}{2}\sum_{i=1}^{2}P_e^{(1)}=P_e^{(1)}\\&=\binom{2n+1}{n+1}p^{n+1}\bar{p}^{n}+\binom{2n+1}{n+2}p^{n+2}\bar{p}^{n-1}+\cdots+\binom{2n+1}{2n+1}p^{2n+1}\\&=\sum_{k=n+1}^{2n+1}\binom{2n+1}{k}p^{k}\bar{p}^{2n+1-k}\end{aligned}$$

(2) 二元重复码$(2n,1)$码字的码长为 $2n$,码字个数 $M=2$。一般选择码字 $W_1=(\overbrace{0\ \ 0\ \ \cdots\ \ 0}^{2n})$,$W_2=(\overbrace{1\ \ 1\ \ \cdots\ \ 1}^{2n})$。所以,$(2n,1)$重复码的码间最小距离 $d_{\min}=2n>2(n-1)+1,t=n-1$。可见,当采用最小距离译码准则$\left(\text{当 } p<\frac{1}{2}\text{ 时等价于最大似然译码准则}\right)$时,能纠正任意发生小于或等于 $n-1$ 位码元错误的随机错误。但发生 n 位码元错误时,接收序列 $\beta_j=(b_{j_1}b_{j_2}\cdots b_{j_{2n}})$,$b_{j_k}\in\{0,\ 1\}$与 W_1 和 W_2 是等距离的,无法纠正,但能发现它是错的。当码字 W_1(或 W_2)发生大于 $n(\geqslant n+1)$位码元错误时,接收序列 β_j 与 W_2(或 W_1)的距离反而近了(距离$\leqslant n-1$),则译成了 W_2(或 W_1),因而发生错误。可见,一般码字是等概率分布,当采用最小距离译码准则(最大似然译码准则)时,码字 W_1 和 W_2 纠正$\leqslant n-1$ 位码元错误和发生$\geqslant n+1$ 位码元错误都是完全对称的。因此,为了使译码平均错误概率最小,仍采用最小距离译码准则(择多译准则),但对于接收序列 β_j 中含 n 个 1 的序列(它可能由 W_1 或 W_2 发生 n 位码元错误而来),则将接收序列一半译成 W_1,另一半译成 W_2。由此可得

$$\begin{aligned}P_e^{(1)}=P_e^{(2)}&=\frac{1}{2}\binom{2n}{n}p^{n}\bar{p}^{n}+\binom{2n}{n+1}p^{n+1}\bar{p}^{n-1}+\binom{2n}{n+2}p^{n+2}\bar{p}^{n-2}+\cdots+\binom{2n}{2n}p^{2n}\\&=\frac{1}{2}\binom{2n}{n}p^{n}\bar{p}^{n}+\sum_{k=n+1}^{2n}\binom{2n}{k}p^{k}\bar{p}^{2n-k}\end{aligned}$$

所以

$$P_E=\sum_{i=1}^{2}P(W_i)P_e^{(i)}=P_e^{(1)}\quad\left(P(W_1)=P(W_2)=\frac{1}{2}\right)$$

$$=\frac{1}{2}\binom{2n}{n}p^n\bar{p}^n+\sum_{k=n+1}^{2n}\binom{2n}{k}p^k\bar{p}^{2n-k}$$

其中，$\bar{p}=(1-p)$。上式是最小的译码平均错误概率。

当采用最小距离译码准则时，将所有接收序列 β_j 中含 n 个 1 的序列全部译成 W_2，由此可得

$$p_e^{(1)}=\sum_{k=n}^{2n}\binom{2n}{k}p^k\bar{p}^{2n-k}$$

$$p_e^{(2)}=\sum_{k=n+1}^{2n}\binom{2n}{k}p^k\bar{p}^{2n-k}$$

所以

$$P_E=\sum_{i=1}^{2}P(W_i)P_e^{(i)}$$

当 $P(W_1)=P(W_2)=\frac{1}{2}$ 时，得

$$P_E=\frac{1}{2}\binom{2n}{n}p^n\bar{p}^n+\sum_{k=n+1}^{2n}\binom{2n}{k}p^k\bar{p}^{2n-k}$$

其结果与将接收序列 β_j 中含 n 个 1 的序列一半译成 W_1、一半译成 W_2 的结果是一样的。可见，输入码字等概率分布时，最小距离译码准则（最大似然译码准则）可使译码平均错误概率最小。但若码字 W_1 与 W_2 不是等概率分布，其结果不同。■

7.11 一个(2,1,4)卷积码，$\boldsymbol{g}^{(1)}=(11101)$，$\boldsymbol{g}^{(2)}=(10011)$

(1) 画出该码的编码器框图；

(2) 写出该码的生成多项式；

(3) 给出该码的生成矩阵；

(4) 若输入信息序列 $\boldsymbol{u}=(11010001)$，求其相应的码序列。

解 (1) 编码器框图如图 7.32 所示。

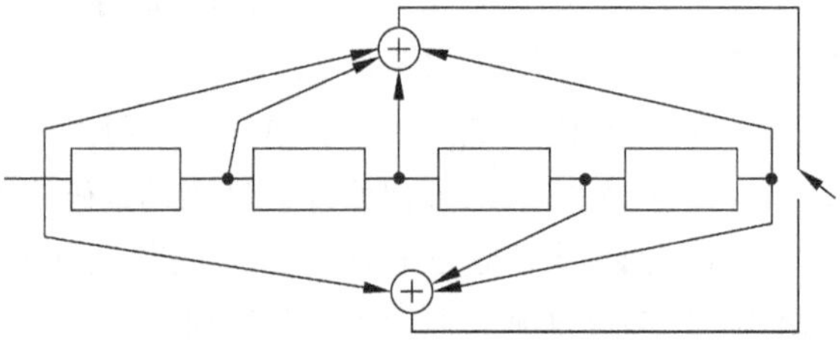

图 7.32 习题 7.11 图

(2) 生成多项式为

$$\boldsymbol{g}^{(1)}=1+D+D^2+D^4$$

$$\boldsymbol{g}^{(2)}=1+D+D^3+D^4$$

(3) 生成矩阵为

$$
G=\begin{bmatrix}
11 & 10 & 10 & 01 & 11 & & & & & & & \\
 & 11 & 10 & 10 & 01 & 11 & & & & & & \\
 & & 11 & 10 & 10 & 01 & 11 & & & & & \\
 & & & 11 & 10 & 10 & 01 & 11 & & & & \\
 & & & & 11 & 10 & 10 & 01 & 11 & & & \\
 & & & & & 11 & 10 & 10 & 01 & 11 & & \\
 & & & & & & 11 & 10 & 10 & 01 & 11 & \\
 & & & & & & & 11 & 10 & 10 & 01 & 11
\end{bmatrix}
$$

(4) (输入为 $\boldsymbol{u}=(11010001)$) 相应的码序列为

$$\boldsymbol{C}=(11\ 01\ 00\ 00\ 00\ 01\ 01\ 00\ 10\ 10\ 01\ 11)$$ ■

7.12　有一个卷积码的编码器,如图 7.33 所示。

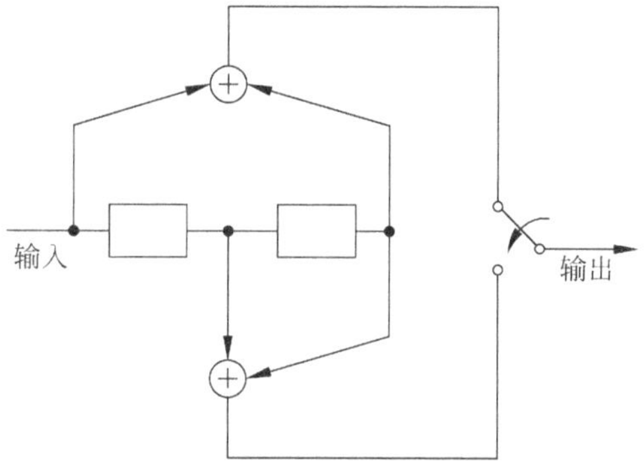

图 7.33　习题 7.12 图(一)

(1) 写出此卷积码的生成序列和生成多项式;

(2) 画出该卷积码的状态图、树图和网格图。

解　(1) 生成序列和生成多项式分别为

$$\boldsymbol{g}^{(1)}=(101)\quad \boldsymbol{g}^{(2)}=(011)$$

$$\boldsymbol{g}^{(1)}=1+D^2\quad \boldsymbol{g}^{(2)}=D+D^2$$

(2) 状态图、树图、网格图分别如图 7.34～图 7.36 所示。

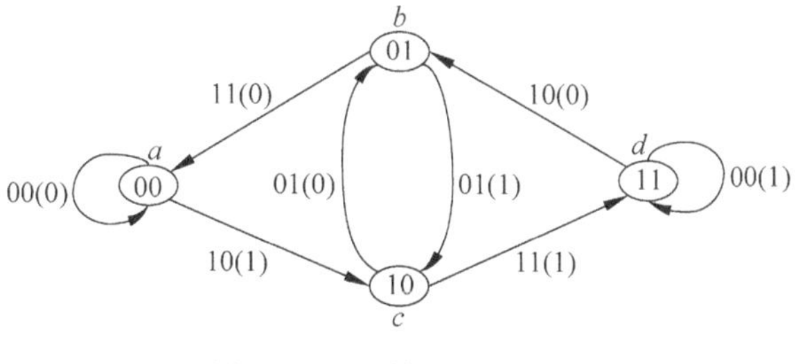

图 7.34　习题 7.12 图(二)

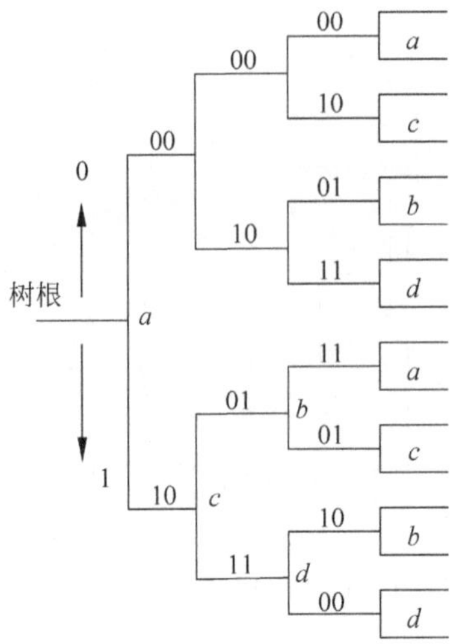

图 7.35　习题 7.12 图(三)

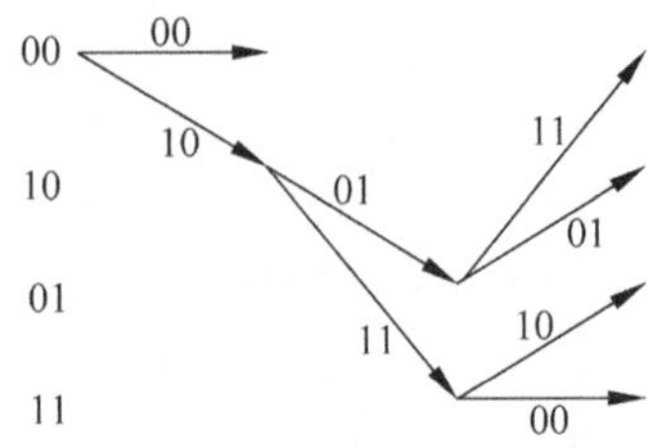

图 7.36　习题 7.12 图(四)　■

7.13　已知循环码的全部码组为

0000000,0100111,1000101,1100010,0001011,0101100,1001110,1101001,

0010110,0110001,1010011,1110100,0011101,0111010,1011000,1111111。

试求该循环码的生成多项式、生成矩阵和监督矩阵。

解　(1) 求生成多项式 $g(x)$。

已知

$$n=7, k=4, r=n-k=7-4=3$$

$$x^7+1=(x+1)(x^3+x+1)(x^3+x^2+1)$$

生成多项式 $g(x)$ 必须满足：是一个 $n-k=3$ 次多项式，其常数项不为 0，是 x^7+1 的一个因子。显然，满足上述条件的因子有两个：x^3+x+1 和 x^3+x^2+1。由于本题给出了循环码的全部码字，因此符合本题条件的生成多项式 $g(x)$ 只有一个：$g(x)=x^3+x+1$。

(2) 求生成矩阵 $\boldsymbol{G}$。

$$\boldsymbol{G}(x)=\begin{bmatrix} x^3 g(x) \\ x^2 g(x) \\ x g(x) \\ g(x) \end{bmatrix}=\begin{bmatrix} x^6+x^4+x^3 \\ x^5+x^3+x^2 \\ x^4+x^2+x \\ x^3+x+1 \end{bmatrix}$$

生成矩阵为

$$\boldsymbol{G}=\begin{bmatrix} 1011000 \\ 0101100 \\ 0010110 \\ 0001011 \end{bmatrix}$$

将第三行与第四行的和加到第一行，得到

$$\boldsymbol{G}=\begin{bmatrix} 1000101 \\ 0101100 \\ 0010110 \\ 0001011 \end{bmatrix}$$

再将第四行加到第二行，从而得到典型生成矩阵

$$\boldsymbol{G}=\begin{bmatrix}1000101\\0100111\\0010110\\0001011\end{bmatrix}$$

经检验，由 $g(x)=x^3+x+1$ 得到的生成矩阵 $\boldsymbol{G}$ 能产生本题所给定的全部生成码字，而 $g(x)=x^3+x^2+1$ 所生成的循环码则与本题所给的码组不符。

(3) 求监督矩阵。

$$\boldsymbol{Q}=\begin{bmatrix}101\\111\\110\\011\end{bmatrix},\quad \boldsymbol{P}=\boldsymbol{Q}^{\mathrm{T}}=\begin{bmatrix}1110\\0111\\1101\end{bmatrix},\quad \boldsymbol{H}=(\boldsymbol{P}\quad \boldsymbol{I}_r)=\begin{bmatrix}1110100\\0111010\\1101001\end{bmatrix}$$

7.14 已知[15,7]循环码的生成多项式为 $g(x)=x^8+x^7+x^6+x^4+1$，试问接收码组 $B(x)=x^{14}+x^5+x+1$ 是否有误。

解 因为

$$\frac{B(x)}{g(x)}=\frac{x^{14}+x^5+x+1}{x^8+x^7+x^6+x^4+1}=x^6+x^5+x^3+\frac{x^7+x^6+x^3+x+1}{x^8+x^7+x^6+x^4+1}$$

$$R(x)=x^7+x^6+x^3+x+1\neq 0$$

所以接收码 $B(x)=x^{14}+x^5+x+1$ 有误。

第 8 章 连续信源与连续信道

CHAPTER 8

前 7 章对离散信源和离散信道进行了详细的分析和讨论。本章将简要介绍连续信源和连续信道及其信息传输特性，所介绍的很多概念和结论与离散情况相似，但也有一些明显不同。

8.1 连续信源与其相对熵

在实际应用中，有诸多信源的输出消息都是时间和取值均为连续的随机函数，如语音信号、电视信号等，这样的连续信源称为**波形信源**。波形信源要由随机过程来刻画。信源输出的任意消息就是随机过程中的一个样本函数。在某个固定时刻，信源输出就是一个取值连续的随机变量。与离散情况明显不同，一般要用多维概率密度函数族来描述波形信源的统计特性。当然，采用的维数越多，描述越完善。

就统计特性区别而言，随机过程大致可分为平稳随机过程和非平稳随机过程两类。一般的波形信源常常可以当作平稳随机过程来处理。这意味着其统计特性将不会随时间平移而变化，从而方便进行深入的分析。依据采样定理，信源随机过程可以变换成时间离散的随机序列来处理。因此，我们应主要关注时间离散的连续信源。进一步地，如果按信源是否有记忆性来区分，时间离散的连续信源还可分为无记忆和有记忆两类。平稳、时间离散、无记忆的连续信源是重点要探索的。与离散情况类似，我们也从单维连续信源出发展开讨论。

单维连续信源是指仅由一个连续随机变量表示的连续信源。单维连续信源是模拟通信系统中最简单、最基本的信源，将在本节着重进行讨论。至于多维情况，也将简略地予以介绍。

8.1.1 单维连续信源的相对熵

由第 2 章可知，单维离散信源的信息熵定义式为

$$H(X)=-\sum_{i}P(x_i)\log P(x_i)$$

其中，$P(x_i)$表示事件概率。现在考虑如何给出单维连续信源的信息熵定义式。对于连续情况，事件概率 $P(x_i)$要改为概率密度 $p(x)$，表达式中的和号 $\sum$ 要改为积分号$\int$。因此，

直觉上容易想到的连续情况下信息熵表达式应为

$$H(X)=-\int_{-\infty}^{\infty}p(x)\log p(x)\mathrm{d}x$$

这个表达式很有用,但也存在问题。

连续随机变量总是可以通过离散化,用离散随机变量来逼近。我们可以沿着这个思路讨论单维连续信源的信息熵。设有一单维连续信源 X,其取值区间为(a,b),$a<b$。把取值区间分割成 n 个小区间,各小区间等宽,宽度都为 $\Delta=\frac{(b-a)}{n}$。那么,X 处于第 i 个小区间的概率是 $p_i=p(x_i)\cdot\Delta$。于是事件 $x_i<x\leqslant x_i+\Delta$ 的自信息量可表示为

$$I_i=-\log p_i=\log(p(x_i)\cdot\Delta)$$

其平均自信息量为

$$\begin{aligned}H_\Delta(X)&=-\sum_i(p(x_i)\cdot\Delta)\log(p(x_i)\cdot\Delta)\\&=-\sum_i p(x_i)\log[p(x_i)]\cdot\Delta-\sum_i p(x_i)[\log\Delta]\cdot\Delta\end{aligned}$$

对上式取极限得

$$H(X)=\lim_{\Delta\to0}H_\Delta(X)=-\int_a^b p(x)\log p(x)\mathrm{d}x-\lim_{\Delta\to0}\log\Delta \tag{8.1}$$

由于$\lim\limits_{\Delta\to0}\log\Delta=-\infty$,说明 $H(X)$是无穷大的,即连续信源含有无穷信息量,这与实际情况是一致的。另一方面也说明,连续情况下的信息熵明显不同于离散情况。

在实际通信中,我们常常关心各种熵之间的相对差,尤其是在考虑平均互信息量时。一种常用的平均互信息量表达式是

$$I(X;Y)=H(X)-H(X\mid Y)$$

$H(X)$已有表达式(8.1)。为此,沿着上述思路再推出连续情况下的条件熵 $H(X|Y)$表达式。记

$$\begin{aligned}H_{\mathrm{C}}(X)&=-\int_a^b p(x)\log p(x)\mathrm{d}x\\H_{\mathrm{C}/\Delta}(X)&=-\sum_i P(x_i)[\log P(x_i)]\cdot\Delta\end{aligned} \tag{8.2}$$

那么

$$H_\Delta(X)=H_{\mathrm{C}/\Delta}(X)-\log\Delta$$

给定某个 y,类似可有

$$\begin{aligned}H_\Delta(X\mid y)&=-\sum_i p(x_i\mid y)\log[p(x_i\mid y)]\cdot\Delta-\sum_i p(x_i\mid y)[\log\Delta]\cdot\Delta\\&=-\sum_i p(x_i\mid y)[\log p(x_i\mid y)]\cdot\Delta-\log\Delta\\&=H_{\mathrm{C}/\Delta}(X\mid y)-\log\Delta\end{aligned}$$

其中

$$H_{\mathrm{C}/\Delta}(X\mid y)=-\sum_i P(x_i\mid y)[\log P(x_i\mid y)]\cdot\Delta$$

对所有 y 做统计平均有

$$
\begin{aligned}
H_{\Delta}(X \mid Y) &= \int_{y} p(y) H_{\Delta}(X \mid y) \mathrm{d}y \\
&= \int_{y} p(y) \left(-\sum_{i} p(x_i \mid y) [\log p(x_i \mid y)] \cdot \Delta - \log \Delta \right) \mathrm{d}y \\
&= \int_{y} p(y) H_{\mathrm{C}/\Delta}(X \mid y) \mathrm{d}y - \log \Delta \\
&= H_{\mathrm{C}/\Delta}(X \mid Y) - \log \Delta
\end{aligned}
$$

其中

$$
H_{\mathrm{C}/\Delta}(X \mid Y) = \int_{y} p(y) H_{\mathrm{C}/\Delta}(X \mid y) \mathrm{d}y
$$

进而有

$$
\begin{aligned}
I(X; Y) &= \lim_{\Delta \to 0} H_{\Delta}(X) - H_{\Delta}(X \mid Y) \\
&= \lim_{\Delta \to 0} \{ H_{\mathrm{C}/\Delta}(X) - H_{\mathrm{C}/\Delta}(X \mid Y) \} \\
&= H_{\mathrm{C}}(X) - H_{\mathrm{C}}(X \mid Y)
\end{aligned} \tag{8.3}
$$

这里

$$
\begin{aligned}
H_{\mathrm{C}}(X \mid Y) &= \lim_{\Delta \to 0} \{ H_{\mathrm{C}/\Delta}(X \mid Y) \} \\
&= \int_{y} p(y) H_{\mathrm{C}}(X \mid y) \mathrm{d}y
\end{aligned} \tag{8.4}
$$

$$
H_{\mathrm{C}}(X \mid y) = -\int_{a}^{b} p(x \mid y) \log p(x \mid y) \mathrm{d}x \tag{8.5}
$$

值得注意的是，在式(8.3)中，两个无穷项已相互抵消，平均互信息量最后是两个有限项之差。这说明，在连续情况下的平均互信息量也是一个有限量。

一般地，对于两个信源 X 和 X'，若

$$
H(X) = H_{\mathrm{C}}(X) + H_{0}(X)
$$

$$
H(X') = H_{\mathrm{C}}(X') + H_{0}(X')
$$

且

$$
H_{0}(X) = H_{0}(X') = -\lim_{\Delta \to 0} \log \Delta = +\infty
$$

$$
H_{0}(X) - H_{0}(X') = 0
$$

则可以通过比较 $H_{\mathrm{C}}(X)$ 与 $H_{\mathrm{C}}(X')$ 来取代 $H(X)$ 与 $H(X')$ 之间的比较。由于实际应用中常常关心熵之间的相对差，无穷项可相互抵消，因此有限项 $H_{\mathrm{C}}(X)$ 很有用。我们称 $H_{\mathrm{C}}(X)$ 为信源 X 的**相对熵**（或微分熵），而称 $H(X)$ 为 X 的绝对熵。$H(X)$ 具有非负性，但 $H_{\mathrm{C}}(X)$ 本身不具有非负性。

例 8.1 设信源 X 在 (a,b) 服从均匀分布，即

$$
p(x) = \begin{cases} \dfrac{1}{b-a}, & x \in (a,b) \\ 0, & x \notin (a,b) \end{cases}
$$

那么

$$
H_{\mathrm{C}}(X) = -\int_{-\infty}^{+\infty} \frac{1}{b-a} \log \frac{1}{b-a} \mathrm{d}x = \log(b-a)
$$

因此，当 $b-a \geqslant 1$ 时，$H_{\mathrm{C}}(X) \geqslant 0$；但当 $b-a < 1$ 时，$H_{\mathrm{C}}(X) < 0$。 ■

相对熵 $H_C(X)$具有相对性，在取两熵之间的差时，才具有信息的所有特征，例如非负性等。尽管 $H_C(X)$不像离散熵那样代表信源平均统计特征——平均自信息量，但它拥有很多与离散熵一样的关系式，例如

$$H_C(X,Y)=H_C(X)+H_C(Y\mid X)$$
$$H_C(X,Y)=H_C(Y)+H_C(X\mid Y)$$
$$I(X;Y)=H_C(X)-H_C(X\mid Y)$$
$$I(X;Y)=H_C(Y)-H_C(Y\mid X)$$
$$H_C(X\mid Y)\leqslant H_C(X)$$
$$H_C(Y\mid X)\leqslant H_C(Y)$$

这里 $H_C(X,Y)$表示联合相对熵，定义为

$$H_C(X,Y)=-\int_{-\infty}^{+\infty}\int_{-\infty}^{+\infty}p(x,y)\log p(x,y)\mathrm{d}x\mathrm{d}y$$

而 $H_C(Y|X)$和 $H_C(X|Y)$表示有条件相对熵，分别定义为

$$H_C(Y\mid X)=-\int_{-\infty}^{+\infty}\int_{-\infty}^{+\infty}p(x)p(y\mid x)\log p(y\mid x)\mathrm{d}x\mathrm{d}y$$

$$H_C(X\mid Y)=-\int_{-\infty}^{+\infty}\int_{-\infty}^{+\infty}p(y)p(x\mid y)\log p(x\mid y)\mathrm{d}x\mathrm{d}y$$

这些关系式容易推导，只要将离散情况中求和项变换成积分项、事件概率变换为概率密度函数即可。

8.1.2 连续信源的最大熵

相对熵不具有非负性，但仍具有可加性、上凸性和极值性。对于离散信源，当所有消息服从等概率分布时，信息熵会达到最大值。对于连续信源，情况会怎样呢？连续情况比较复杂，下面将在两种约束条件下展开讨论。

1. 峰值功率受限下信源的最大熵

峰值功率受限意味着信源所输出的随机信号取值幅度有限。下面讨论信源输出幅度受限条件下信源的最大熵问题。这个问题可以具体描述如下：

假定 a、b 是有限实数，且 $a<b$，在如下约束条件下

$$\int_a^b p(x)\mathrm{d}x=1 \tag{8.6}$$

求相对熵

$$H_C(X)=-\int_a^b p(x)\log p(x)\mathrm{d}x$$

达到最大值的概率密度函数 $p(x)$。这个有条件优化问题可转化为无条件优化问题。令

$$F[p(x)]=H_C(X)+\lambda\left[\int_a^b p(x)\mathrm{d}x-1\right]$$

那么最优解 $p(x)$满足如下偏导方程

$$\frac{\partial F[p(x)]}{\partial p(x)}=\int_a^b\frac{\partial}{\partial p(x)}\left[-p(x)\log p(x)+\lambda p(x)-\frac{\lambda}{b-a}\right]\mathrm{d}x=0$$

对上式化简得

$$-\log p(x)+\lambda-1=0$$

因此

$$p(x)=\mathrm{e}^{\lambda-1} \tag{8.7}$$

将式(8.7)代入式(8.6)可得

$$\mathrm{e}^{\lambda-1}=\frac{1}{b-a}$$

这样

$$p(x)=\begin{cases}\dfrac{1}{b-a}, & x\in(a,b)\\ 0, & x\notin(a,b)\end{cases}$$

此时由例8.1可知

$$H_{\mathrm{C}}(X)=\log(b-a)$$

命题8.1 对于单维连续信源，在输出信号受限情况下服从均匀分布将会取得最大的相对熵。

命题8.1给出的结论与离散情景下的结论类似。

2. 平均功率受限下信源的最大熵

平均功率受限意味着信源输出的随机信号均值有限、方差有限。这个问题可以具体描述如下：

在约束条件为

$$\begin{cases}\displaystyle\int_{-\infty}^{\infty} xp(x)\mathrm{d}x=m\\ \displaystyle\int_{-\infty}^{\infty}(x-m)^2p(x)\mathrm{d}x=\sigma^2\\ \displaystyle\int_{-\infty}^{\infty}p(x)\mathrm{d}x=1\end{cases} \tag{8.8}$$

的情况下，求相对熵 $H_{\mathrm{C}}(X)=-\int_a^b p(x)\log p(x)\mathrm{d}x$ 达到最大值的概率密度函数 $p(x)$。

如令

$$F[p(x)]=H_{\mathrm{C}}(X)+\lambda\left[\int_a^b p(x)\mathrm{d}x-1\right]+u_m\left[\int_a^b xp(x)\mathrm{d}x-m\right]+u_\sigma\left[\int_a^b(x-m)^2p(x)\mathrm{d}x-\sigma^2\right]$$

那么最优解 $p(x)$ 满足如下偏导方程

$$\frac{\partial F[p(x)]}{\partial p(x)}=0$$

对上式展开并化简得

$$-\log p(x)+\lambda-1+u_mx+u_\sigma(x-m)^2=0$$

这样

$$p(x)=\mathrm{e}^{\lambda-1+u_mx+u_\sigma(x-m)^2} \tag{8.9}$$

将式(8.9)代入式(8.8)可得

$$\begin{cases}\mathrm{e}^{\lambda-1}=\dfrac{1}{\sqrt{2\pi}\sigma}\\ u_m=0\\ u_\sigma=-\dfrac{1}{2\sigma^2}\end{cases}$$

这样

$$p(x)=\frac{1}{\sqrt{2\pi}\sigma}e^{-\frac{(x-m)^2}{2\sigma^2}} \tag{8.10}$$

式(8.10)表明，具有高斯分布的连续信源可使相对熵达到最大值。可计算出最大相对熵为

$$\begin{aligned}
H_C(X)&=-\int_{-\infty}^{+\infty}p(x)\log p(x)\mathrm{d}x\\
&=\mathrm{E}_X\left\{\log\left[\frac{1}{\sqrt{2\pi\sigma^2}}e^{-\frac{(x-m)^2}{2\sigma^2}}\right]^{-1}\right\}\\
&=\mathrm{E}_X\left[\frac{1}{2}\log(2\pi\sigma^2)+\frac{1}{2\sigma^2}(x-m)^2\cdot\log e\right]\\
&=\frac{1}{2}\log(2\pi\sigma^2)+\frac{1}{2\sigma^2}\mathrm{E}_X(x-m)^2\cdot\log e\\
&=\frac{1}{2}\log(2\pi\sigma^2)+\frac{1}{2\sigma^2}\sigma^2\cdot\log e\\
&=\frac{1}{2}\log(2\pi e\sigma^2)
\end{aligned} \tag{8.11}$$

式(8.11)表明，相对熵与信源方差 σ^2 有关，而与数学期望 m 无关，且将随着方差的增加而变大。

命题 8.2 对于单维连续信源，在平均功率受限情况下，服从高斯分布将会取得最大的相对熵。

均值为零($m=0$)的单维连续信源是常见的单维连续信源，而均值不为零($m\neq0$)的单维连续信源往往可以转化为均值为零($m=0$)的单维连续信源来处理。在均值为零的情况下，平均功率 P 与方差 σ^2 一致，即 $P=\sigma^2$。命题 8.2 表明，均值为零的高斯信源具有最大相对熵。以自然数为底，并让 P 表示其平均功率，那么这个最大熵就可表示为

$$H_C(X)=\ln\sqrt{2\pi e\sigma^2}=\ln\sqrt{2\pi eP} \tag{8.12}$$

对于其他分布的信源 Y，当其平均功率也为 P 时，则该信源熵 $H_C(Y)$ 必小于高斯信源熵 $\ln\sqrt{2\pi eP}$。因此，为了衡量某一信源的熵 Y 与同样平均功率限制下的高斯信源熵的不一致程度，定义熵功率为

$$\bar{P}=\frac{e^{2H_C(Y)}}{2\pi e} \tag{8.13}$$

显然，任何一个信源的熵功率 $\bar{P}$ 必小于或等于其平均功率，当且仅当信源为高斯信源时，熵功率才会与平均功率相等。

8.1.3 多维连续信源的相对熵

前面讨论了单维连续信源的信息熵，给出了相对熵的概念和表达式。在实际通信中，一般的连续信源常常要用多维的随机序列来描述。为此需要将单维的概念推广到多维。

K 维连续信源的相对熵、联合相对熵及条件熵的定义表达式容易描述如下：

$$H_C(\boldsymbol{X})=-\int_{\boldsymbol{x}}p(\boldsymbol{x})\log p(\boldsymbol{x})\mathrm{d}\boldsymbol{x} \tag{8.14}$$

$$H_C(\boldsymbol{X},\boldsymbol{Y}) = -\iint_{\boldsymbol{x},\boldsymbol{y}} p(\boldsymbol{x},\boldsymbol{y})\log p(\boldsymbol{x},\boldsymbol{y})\mathrm{d}\boldsymbol{x}\mathrm{d}\boldsymbol{y} \tag{8.15}$$

$$H_C(\boldsymbol{X} \mid \boldsymbol{Y}) = -\iint_{\boldsymbol{x},\boldsymbol{y}} p(\boldsymbol{x},\boldsymbol{y})\log p(\boldsymbol{x} \mid \boldsymbol{y})\mathrm{d}\boldsymbol{x}\mathrm{d}\boldsymbol{y} \tag{8.16}$$

$$H_C(\boldsymbol{Y} \mid \boldsymbol{X}) = -\iint_{\boldsymbol{x},\boldsymbol{y}} p(\boldsymbol{x},\boldsymbol{y})\log p(\boldsymbol{y} \mid \boldsymbol{x})\mathrm{d}\boldsymbol{x}\mathrm{d}\boldsymbol{y} \tag{8.17}$$

其中

$$\boldsymbol{x} = (x_1, x_2, \cdots, x_K)$$

$$\boldsymbol{y} = (y_1, y_2, \cdots, y_K)$$

另外，也容易推出如下多维相对熵与各维熵之间关系式

$$H_C(\boldsymbol{X}) \leqslant \sum_{k=1}^{K} H_C(X_k)$$

只有当各维随机变量相互独立时上式等号才能成立。

例 8.2 设信源 $\boldsymbol{X}=(X_1, X_2, \cdots, X_K)$服从 K 维高斯分布，求其联合相对熵。

解 信源 $\boldsymbol{X}$ 是一个随机矢量，设其均值矢量为

$$\boldsymbol{m} = (m_1, m_2, \cdots, m_K)$$

协方差矩阵为

$$\boldsymbol{\mu} = \begin{bmatrix} \mu_{11} & \mu_{12} & \cdots & \mu_{1K} \\ \mu_{21} & \mu_{22} & \cdots & \mu_{2K} \\ \vdots & \vdots & & \vdots \\ \mu_{K1} & \mu_{K2} & \cdots & \mu_{KK} \end{bmatrix}$$

其中，$\mu_{kk}=\sigma_k^2$，$\mu_{ji}=\mu_{ij}$，那么其 K 维联合概率密度函数表示为

$$p(\boldsymbol{x}) = \frac{\mathrm{e}^{-\frac{1}{2}(\boldsymbol{x}-\boldsymbol{m})^{\mathrm{T}}\boldsymbol{\mu}^{-1}(\boldsymbol{x}-\boldsymbol{m})}}{\sqrt{(2\pi)^K \mid \boldsymbol{\mu} \mid}}$$

于是，联合相对熵可计算为

$$\begin{aligned} H_C(\boldsymbol{X}) &= -\int_{\boldsymbol{x}} p(\boldsymbol{x})\log p(\boldsymbol{x})\mathrm{d}\boldsymbol{x} \\ &= -\int_{-\infty}^{\infty}\cdots\int_{-\infty}^{\infty} p(\boldsymbol{x})\log\left[\frac{\mathrm{e}^{-\frac{1}{2}(\boldsymbol{x}-\boldsymbol{m})^{\mathrm{T}}\boldsymbol{\mu}^{-1}(\boldsymbol{x}-\boldsymbol{m})}}{\sqrt{(2\pi)^K \mid \boldsymbol{\mu} \mid}}\right]\mathrm{d}\boldsymbol{x} \\ &= \int_{-\infty}^{\infty}\cdots\int_{-\infty}^{\infty} p(\boldsymbol{x})\left[\log\sqrt{(2\pi)^K \mid \boldsymbol{\mu} \mid} + \frac{1}{2}(\boldsymbol{x}-\boldsymbol{m})^{\mathrm{T}}\boldsymbol{\mu}^{-1}(\boldsymbol{x}-\boldsymbol{m})\log\mathrm{e}\right]\mathrm{d}\boldsymbol{x} \\ &= \frac{1}{2}\log[(2\pi\mathrm{e})^K \mid \boldsymbol{\mu} \mid] \end{aligned}$$

当 $X_1, X_2, \cdots, X_K$ 统计独立时，有

$$\mid \boldsymbol{\mu} \mid = \prod_{k=1}^{K} \sigma_k^2$$

因此有

$$H_C(\boldsymbol{X}) = \sum_{k=1}^{K} H_C(X_k) = \sum_{k=1}^{K} \frac{1}{2}\log(2\pi\mathrm{e}\sigma_k^2)$$ ■

8.2 连续信道与平均互信息量

对于一个连续信道，如果输入和输出都是时间连续、取值连续的随机过程，则称这样的信道为**波形信道**。由于在实际通信中，通信所采用的频带不可能无限宽，通信信号所持续的时间不可能无限长，因此依据随机信号采样定理，复杂的波形信道可用时间离散的多维连续信道来描述。当输入和输出均是取值连续的随机变量时，这种连续信道就称为单维连续信道。单维连续信道是模拟通信系统中最简单、最基本的信道，也是多维连续信道发展的基础。为此，本章将着重讨论单维连续信道；至于多维情况，也将简略地予以介绍。

8.2.1 单维连续信道的平均互信息量

8.1 节研究了连续信源含有多少信息量的问题，本节将探讨通过连续信道能得到多少信息量的问题。信息量用平均互信息量定义。平均互信息量是研究连续信源信道容量、信息率失真函数的重要基础概念。

单维连续信道的数学模型可表示为$\{X,p(y|x),Y\}$，其中 X 表示输入信道的连续随机变量，Y 表示信道输出的连续随机变量，而 $p(y|x)$表示输入 x、输出 y 情况下信道转移概率密度函数。对于这样的连续信道，依据信息熵和条件熵概念，平均互信息量可以表示为

$$I(X;Y)=H(X)-H(X\mid Y) \tag{8.18}$$

其中，$H(X)$为 X 的绝对熵，$H(X|Y)$为在 Y 已知下 X 的绝对熵，这两个熵值均为无穷大，不便于以后进行分析。为此，由式(8.3)，采用它们的相对熵来重新表示平均互信息量

$$I(X;Y)=H_C(X)-H_C(X\mid Y)$$

进一步对上式展开，有

$$I(X;Y)=\int_{-\infty}^{+\infty}\int_{-\infty}^{+\infty}p(x,y)\log\frac{p(x,y)}{p(x)p(y)}\mathrm{d}x\,\mathrm{d}y$$

这与离散情况对平均互信息量的描述是完全一致的。

例 8.3 设连续信道输入为 X，输出为 Y，X 与 Y 联合概率密度函数为二维高斯概率密度函数，即

$$p(x,y)=\frac{1}{2\pi\sigma_x\sigma_y\sqrt{1-\rho^2}}\mathrm{e}^{-\frac{1}{2(1-\rho^2)}\cdot\left[\frac{(x-m_x)^2}{\sigma_x^2}-2\rho^2\frac{(x-m_x)(y-m_y)}{\sigma_x\sigma_y}+\frac{(y-m_y)^2}{\sigma_y^2}\right]}$$

其中，m_x、m_y、σ_x^2、σ_y^2 分别表示 X 与 Y 的均值和方差，而 ρ 则表示 X 与 Y 之间归一化相关系数，定义式为

$$\rho^2=\int_{-\infty}^{+\infty}\int_{-\infty}^{+\infty}(x-m_x)(y-m_y)p(x,y)\mathrm{d}x\,\mathrm{d}y$$

求平均互信息量。

解 先求出边概率密度函数

$$p_X(x)=\int_{-\infty}^{+\infty}p(x,y)\mathrm{d}y=\frac{1}{\sqrt{2\pi\sigma_x^2}}\mathrm{e}^{-\frac{(x-m_x)^2}{2\sigma_x^2}}$$

$$p_Y(y)=\int_{-\infty}^{+\infty}p(x,y)\mathrm{d}x=\frac{1}{\sqrt{2\pi\sigma_y^2}}\mathrm{e}^{-\frac{(x-m_y)^2}{2\sigma_y^2}}$$

因此

$$H_C(X)=-\int_{-\infty}^{+\infty}p_X(x)\log p_X(x)\mathrm{d}x=\frac{1}{2}\log(2\pi e\sigma_x^2)$$

$$H_C(X\mid Y)=\int_{-\infty}^{+\infty}\int_{-\infty}^{+\infty}p(x,y)\log p(x\mid y)\mathrm{d}x\mathrm{d}y=\int_{-\infty}^{+\infty}\int_{-\infty}^{+\infty}p(x,y)\log\left(\frac{p(x,y)}{p_Y(y)}\right)\mathrm{d}x\mathrm{d}y=\frac{1}{2}\log(2\pi e\sigma_x^2(1-\rho^2))$$

这样

$$I(X;Y)=H_C(X)-H_C(X\mid Y)=-\frac{1}{2}\log(1-\rho^2)$$

上式表明，平均互信息只与相关系数 ρ 有关，而与 X 和 Y 各自的方差无关。特别地，当 $\rho=0$（X 和 Y 互不相关）时，$I(X;Y)=0$。■

连续型的平均互信息量也保持离散型的平均互信息量的一些重要性质。

（1）**非负性**

$$I(X;Y)\geqslant 0 \tag{8.19}$$

（2）**互易性**

$$I(X;Y)=I(Y;X) \tag{8.20}$$

（3）**凸函数性**

① 当信道固定即信道转移概率密度函数 $p(y|x)$ 固定时，平均互信息量 $I(X;Y)$ 是关于信源概率密度函数 $p(x)$ 的上凸函数。

② 当信源固定即信源概率密度函数 $p(x)$ 固定时，平均互信息量 $I(X;Y)$ 是关于信道转移概率密度函数 $p(y|x)$ 的下凸函数。

（4）**信息不增性**

连续信道输入变量为 X，输出变量为 Y，若对 Y 再进行处理而成为另一个连续随机变量 Z，一般总会丢失信息，最多保持原获得的信息不变，所获得的信息不会增加，即

$$I(X;Z)\leqslant I(X;Y) \tag{8.21}$$

上述 4 条性质的证明方法与离散情况类似，只要将离散情况中求和项变换成积分项、事件概率变换为概率密度函数即可。

8.2.2 多维连续信道的平均互信息量

多维连续信道的数学模型可表示为 $\{\boldsymbol{X},P(\boldsymbol{y}|\boldsymbol{x}),\boldsymbol{Y}\}$，其中 $\boldsymbol{X}$ 表示输入信道的连续随机序列，$\boldsymbol{Y}$ 表示信道输出的连续随机序列，而 $P(\boldsymbol{y}|\boldsymbol{x})$ 表示在输入随机序列 $\boldsymbol{x}$、输出随机序列 $\boldsymbol{y}$ 情况下的信道转移概率密度函数。那么多维连续信道的平均互信息量可以表示为

$$I(\boldsymbol{X};\boldsymbol{Y})=H_C(\boldsymbol{X})-H_C(\boldsymbol{X}\mid\boldsymbol{Y}) \tag{8.22}$$

对上式进一步展开有

$$I(\boldsymbol{X};\boldsymbol{Y})=-\iint_{\boldsymbol{x},\boldsymbol{y}}p(\boldsymbol{x},\boldsymbol{y})\log\left(\frac{p(\boldsymbol{x},\boldsymbol{y})}{p(\boldsymbol{x})p(\boldsymbol{y})}\right)\mathrm{d}\boldsymbol{x}\mathrm{d}\boldsymbol{y}$$

类似于离散情况讨论，K 维平均互信息量与单维平均互信息量之间有如下关系：

(1) 若连续信源是无记忆的，则

$$I(\boldsymbol{X};\boldsymbol{Y}) \geqslant \sum_{k=1}^{K} I(X_k;Y_k)$$

(2) 若连续信道是无记忆的，则

$$I(\boldsymbol{X};\boldsymbol{Y}) \leqslant \sum_{k=1}^{K} I(X_k;Y_k)$$

(3) 若连续信源与连续信道均是无记忆的，则

$$I(\boldsymbol{X};\boldsymbol{Y}) = \sum_{k=1}^{K} I(X_k;Y_k)$$

8.3 连续信道的信道容量

与离散情景一样，定义连续信道的最大信息传输率为信道容量。对于不同种类的连续信道，噪声形式不同，信道带宽与信号限制不同，相应的信道容量也会不同。本节关注常用的加性信道，先分析单维情况下的信道容量，再讨论多维情况下的信道容量。在讨论多维情况时，将会介绍著名的香农公式。

8.3.1 单维加性信道的信道容量

现在假定信道输入和输出是一维随机变量 X 与 Y，信道噪声 Z 是加性的，且与 X 统计独立，那么

$$Y = X + Z$$

且信道转移概率密度函数为

$$p(y \mid x) = p_Z(y-x) = p_Z(z)$$

进而有

$$\begin{aligned}
H_{\mathrm{C}}(Y \mid X) &= -\int_{-\infty}^{+\infty}\int_{-\infty}^{+\infty} p_X(x)p(y \mid x)\log p(y \mid x)\mathrm{d}x\mathrm{d}y \\
&= -\int_{-\infty}^{+\infty}\int_{-\infty}^{+\infty} p_X(x)p_Z(y-x)\log p_Z(y-x)\mathrm{d}x\mathrm{d}y \\
&= -\int_{-\infty}^{+\infty}\int_{-\infty}^{+\infty} p_X(x)p_Z(z)\log p_Z(z)\mathrm{d}x\mathrm{d}z \\
&= \int_{-\infty}^{+\infty} p_X(x)H_{\mathrm{C}}(Z)\mathrm{d}x \\
&= H_{\mathrm{C}}(Z)
\end{aligned}$$

这样平均互信息量就等于

$$I(X;Y) = H_{\mathrm{C}}(Y) - H_{\mathrm{C}}(Y \mid X) = H_{\mathrm{C}}(Y) - H_{\mathrm{C}}(Z)$$

若 X 服从均值为零、方差为 σ_x^2 的高斯分布，Z 服从均值为 0、方差为 σ_z^2 的高斯分布，那么 Y 服从均值为 0、方差为 $\sigma_x^2+\sigma_z^2$ 的高斯分布。此时由式(8.11)可知

$$I(X;Y) = \frac{1}{2}\log(2\pi\mathrm{e}(\sigma_x^2+\sigma_z^2)) - \frac{1}{2}\log(2\pi\mathrm{e}(\sigma_z^2)) = \frac{1}{2}\log\left(1+\frac{\sigma_x^2}{\sigma_z^2}\right)$$

现在假定信道是固定的，加性噪声 Z 是均值为 0、方差为 σ_z^2 的高斯噪声，那么噪声 Z 的

相对熵 $H_C(Z)$是确定的，且为

$$H_C(Z)=\frac{1}{2}\log(2\pi e\sigma_z^2)$$

在这样的情况下，依据命题8.2，平均互信息量只有在信道输出 Y 服从高斯分布条件时才能达到最大。从概率论知识，只有当 X 服从高斯分布时，Y 才会服从高斯分布。综上，当 X 服从均值为0、方差为 σ_x^2 高斯分布时，平均互信息量可达到信道容量

$$C=\max_{p(x)}I(X;Y)=\frac{1}{2}\log\left(1+\frac{\sigma_x^2}{\sigma_z^2}\right)$$

但是，如果信道是加性非高斯信道，则其信道容量比较难以确定，只能给出上限和下限。

命题8.3 对于加性非高斯信道，其信道容量满足

$$\frac{1}{2}\log\left(\frac{\sigma_x^2+\bar{\sigma}_z^2}{\bar{\sigma}_z^2}\right)\leqslant C\leqslant\frac{1}{2}\log\left(\frac{\sigma_x^2+\sigma_z^2}{\bar{\sigma}_z^2}\right)$$

其中，σ_x^2 是均值为0、信道输入 X 的平均功率的上限，σ_z^2 是均值为0、加性非高斯噪声 Z 的平均功率，而 $\bar{\sigma}_z^2$ 是噪声 Z 的熵功率。

证明 由8.1.2节熵功率定义可知

$$H_C(Z)=\frac{1}{2}\log(2\pi e\bar{\sigma}_z^2)$$

再由命题8.2可得

$$H_C(Y)\leqslant\frac{1}{2}\log(2\pi e\sigma_y^2)$$

其中，σ_y^2 是信道输出 Y 的平均功率。另外，由 Z 与 X 统计独立性可知

$$\sigma_y^2\leqslant\sigma_x^2+\sigma_z^2$$

这样，有

$$H_C(Y)\leqslant\frac{1}{2}\log(2\pi e(\sigma_x^2+\sigma_z^2))$$

于是

$$\begin{aligned}
C&=\max_{p(x)}I(X;Y)\\
&=\max_{p(x)}(H_C(Y)-H_C(Z))\\
&=\max_{p(x)}(H_C(Y))-H_C(Z)\\
&\leqslant\frac{1}{2}\log(2\pi e(\sigma_x^2+\sigma_z^2))-\frac{1}{2}\log(2\pi e\bar{\sigma}_z^2)\\
&=\frac{1}{2}\log\left(\frac{\sigma_x^2+\sigma_z^2}{\bar{\sigma}_z^2}\right)
\end{aligned}$$

即不等式右端成立。

现在选择信道输入 X 是均值为0、平均功率为 σ_x^2 的高斯随机变量，那么由文献[2]给出的熵功率性质可知

$$H_C(Y)\geqslant\frac{1}{2}\log(2\pi e(\sigma_x^2+\bar{\sigma}_z^2))$$

这样

$$
\begin{aligned}
C &\geqslant I(X;Y) \\
&= H_C(Y) - H_C(Z) \\
&\geqslant \frac{1}{2}\log(2\pi e(\sigma_x^2 + \bar{\sigma}_z^2)) - \frac{1}{2}\log(2\pi e\bar{\sigma}_z^2) \\
&= \frac{1}{2}\log\left(\frac{\sigma_x^2 + \bar{\sigma}_z^2}{\bar{\sigma}_z^2}\right)
\end{aligned}
$$

即不等式左端成立。 ■

命题 8.3 表明，当噪声功率给定后，高斯型的干扰是最坏的干扰，此时信道容量变得最小。因此，在实际应用时，往往把干扰视为高斯的，这样分析最坏情况是比较安全的。

8.3.2 多维加性信道的信道容量

一般波形信道既是幅度连续又是时间连续的信道，要用随机过程来描述。对于其中常用的加性噪声信道，其数学模型可表示为

$$Y(t) = X(t) + Z(t)$$

式中，$X(t)$、$Y(t)$和 $Z(t)$均为随机过程，$Z(t)$表示与 $X(t)$统计独立的加性噪声。由于信道的带宽总是有限的，因此依据随机信号采样定理，可以把一个时间连续的信道等效地转换成一个时间离散的随机序列信道来处理，即如上式所示的数学模型可转变为

$$\boldsymbol{Y} = \boldsymbol{X} + \boldsymbol{Z} \tag{8.23}$$

其中，

$$
\begin{aligned}
\boldsymbol{X} &= (X_1, X_2, \cdots, X_K) \\
\boldsymbol{Y} &= (Y_1, Y_2, \cdots, Y_K) \\
\boldsymbol{Z} &= (Z_1, Z_2, \cdots, Z_K)
\end{aligned}
$$

这里 K 表示采样数目。

加性噪声 $\boldsymbol{Z}$ 常用高斯白噪声来描述，其各维分量相互统计独立，且都服从均值为 0、方差为 σ_z^2 的高斯分布。这样有

$$p(\boldsymbol{y} \mid \boldsymbol{x}) = p_{\boldsymbol{Z}}(\boldsymbol{z}) = \prod_{k=1}^{K} p_Z(z_k) = \prod_{k=1}^{K} \frac{1}{\sqrt{\pi N_0}} e^{-\frac{z_k^2}{N_0}}$$

这意味着信道是平稳无记忆的，因此应有

$$I(\boldsymbol{X};\boldsymbol{Y}) \leqslant \sum_{k=1}^{K} I(X_k;Y_k)$$

上式等号成立必须要求信源是无记忆的(见 8.2.2 节讨论)。在信源无记忆条件下，上述 K 维连续信道的信道容量可表示为

$$C = \max_{p_{\boldsymbol{X}}(\boldsymbol{x})} I(\boldsymbol{X};\boldsymbol{Y}) = \sum_{k=1}^{K} \max_{p_X(x_k)} I(X_k;Y_k)$$

依据命题 8.2，在信源序列 $\boldsymbol{X}$ 各维分量相互统计独立，且都服从均值为 0、方差为 σ_x^2 的高斯分布时，信道容量可以达到，这时信道容量等于

$$C = \frac{K}{2}\log\left(1 + \frac{\sigma_x^2}{\sigma_z^2}\right)$$

现在假定该信道的频限为 B、时限为 T，则采样数目可取 $K = 2BT$。如信道输入信号的平均功率为 P_s，则 $\sigma_x^2 = P_s T/(2BT) = P_s/(2B)$；噪声功率谱密度记为 $N_0/2$，则 $\sigma_z^2 = N_0/2$。

因此,信道容量可再表示为

$$C = BT\log\left(1+\frac{P_s}{N_0 B}\right)$$

这样单位时间的信道最大信息传输率为

$$C_t = B\log\left(1+\frac{P_s}{N_0 B}\right)$$

这就是著名的**香农公式**。香农公式给出了理想通信系统的极限信息传输率,因此对实际通信系统的设计有着非常重要的指导意义。香农公式蕴含着信息传输率与传输频带、传输时间和信噪功率之比的内在联系。

香农公式适用于加性高斯白噪声信道。然而,由于高斯噪声信道是平均功率受限下最差信道,因此对于非高斯噪声信道,香农公式实际上提供了其信道容量下限。另外,值得注意的是,当信道带宽无限大,即 $B\to\infty$ 时,考虑到 $\lim\limits_{g\to 0}\ln(1+g)^{1/g}=1$,香农公式有极限为

$$C_t = \lim_{B\to\infty} B\log_2\left(1+\frac{P_s}{N_0 B}\right) = \frac{1}{\ln 2}\cdot\frac{P_s}{N_0}$$

上式表明,在频带相当宽(或信噪比极其低)时,信道容量会与信号功率和噪声谱密度之比成正比,而这一比值是加性高斯噪声信道信息传输率的极限值,如图 8.1 所示。

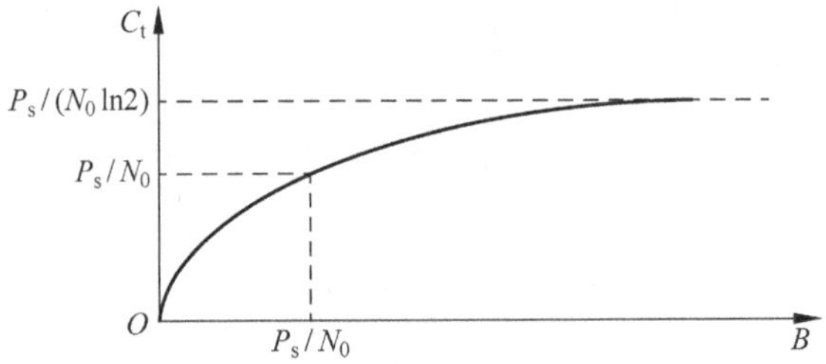

图 8.1 高斯信道容量极限

8.3.3 信道编码定理与香农限

第 6 章给出了离散情况下信道编码定理,并阐明了信道容量与信道编码之间的密切联系。在连续情况下,也有如下信道编码定理。

定理 8.1 对于一个高斯白噪声加性信道,信道带宽为 B,噪声方差为 $N_0/2$,信号平均功率上限为 P_s,那么当信息传输率满足

$$R \leqslant C_t = B\log\left(1+\frac{P_s}{N_0 B}\right)$$

时,总可以找到一种信道编码在信道中以信息传输率 R 传输信息,并使错误概率任意小。然而,若要求信息传输率 $R>C_t$,那么肯定找不到任何一种信道编码在信道中以信息传输率 R 传输信息,而使错误概率任意小。

定理 8.1 表明,连续信道的信道容量同样是连续信道中可靠通信的最大信息传输率。这个最大信息传输率是由香农公式所确定,因此称为**香农限**。如何达到和接近香农理论极限,香农并没有给出具体方案,而这正是通信工程领域的工程技术人员长期奋斗的目标。

8.4 连续信源的信息率失真函数

信息率失真函数表示在允许一定失真的情况下给定信源所需输出最小信息率。第5章讨论了离散情况下的信息率失真函数的定义、性质、计算方法。本节将研究连续情况下的信息率失真函数,并侧重讨论单维连续信源的信息率失真函数,尤其关注其中的高斯信源。

8.4.1 信息率失真函数的定义和性质

对于连续信源,在不允许失真的情况下,信源所需输出的信息率是无穷大的,这在工程实施上是不可行的,因此需要对信源进行数据压缩。进而需要考虑如下问题:在允许一定失真的情况下,或者说在满足保真度准则条件下,连续信源最小需要输出多少信息率,或者说信息率能被压缩的最大程度如何?为了探索这一问题,也像在离散情况一样,我们将数据压缩过程看作信源输出通过一个具有干扰的试验信道。在此思路下,给出失真函数和率失真函数数学定义如下。

单维连续型试验信道的数学模型可表示为$\{X,p(y|x),Y\}$,其中X表示输入信道的连续随机变量,Y表示信道输出的连续随机变量,而$p(y|x)$表示输入x输出y情况下信道转移概率密度函数。对于信道输入X,假定其概率密度函数为$p_X(x)$。记输入x输出y情况下引起的失真度为$d(x,y)$,那么输入X输出Y之间的**平均失真度**定义为

$$\overline{D}=\int_{-\infty}^{+\infty}\int_{-\infty}^{+\infty}p_X(x)p(y\mid x)d(x,y)\mathrm{d}x\,\mathrm{d}y \tag{8.24}$$

若选定允许失真度为D,那么D失真许可的试验信道集合可表示为

$$C_D=\{p(y\mid x):\overline{D}\leqslant D\}$$

这样我们定义连续信源X的**信息率失真函数**为

$$R(D)=\inf_{P(y|x)\in C_D}\{I(X;Y)\} \tag{8.25}$$

式中,inf表示取下确界。不同于离散情况,连续集合中可能不存在最小值,但存在下确界。

连续信源的信息率失真函数$R(D)$保持离散情况下$R(D)$所拥有的一些性质。特别地,$R(D)$也是在$D_{\min}\leqslant D\leqslant D_{\max}$内严格递减的,其中$D_{\min}$和$D_{\max}$可表示为

$$D_{\min}=\int_{-\infty}^{+\infty}p_X(x)\inf_y d(x,y)\mathrm{d}x$$

$$D_{\max}=\inf_y\int_{-\infty}^{+\infty}p_X(x)d(x,y)\mathrm{d}x$$

8.4.2 高斯信源的信息率失真函数

高斯信源是重要的连续信源。下面将采用5.2.3节离散情况下的求解方法,求出高斯信源的$R(D)$函数。

假设连续信源X是高斯随机变量,其概率密度函数为

$$p(x)=\frac{1}{\sqrt{2\pi}\sigma}\mathrm{e}^{-\frac{(x-m)^2}{2\sigma^2}}$$

而失真函数规定为"均方失真",表示为

$$d(x,y)=(x-y)^2$$

让 $p(y|x)$ 表示试验信道转移概率密度函数，并令

$$D(y)=\int_{-\infty}^{+\infty} p(x \mid y)(x-y)^2 \mathrm{d}x \tag{8.26}$$

那么平均失真度可表示为

$$\begin{aligned}\bar{D}&=\int_{-\infty}^{+\infty}\int_{-\infty}^{+\infty} p_X(x)p(y \mid x)d(x,y)\mathrm{d}x\mathrm{d}y \\ &=\int_{-\infty}^{+\infty}\int_{-\infty}^{+\infty} p_Y(y)p(x \mid y)d(x,y)\mathrm{d}x\mathrm{d}y \\ &=\int_{-\infty}^{+\infty} p_Y(y)D(y)\mathrm{d}y \end{aligned}\tag{8.27}$$

值得注意的是，式(8.26)所定义的 $D(y)$ 实际上表示在 $Y=y$ 已知条件下随机变量 X 的方差。因此，依据 8.1.2 节平均功率受限的连续信源最大熵原理，条件相对熵可满足

$$H_C(X \mid Y=y) \leqslant \frac{1}{2}\log(2\pi e D(y))$$

进而对 $Y=y$ 进行统计处理有

$$\begin{aligned}H_C(X \mid Y)&=\int_{-\infty}^{+\infty} p_Y(y)H_C(X \mid Y=y)\mathrm{d}y \\ &\leqslant \int_{-\infty}^{+\infty} p_Y(y)\left(\frac{1}{2}\log(2\pi e D(y))\right)\mathrm{d}y \\ &=\frac{1}{2}\log(2\pi e)+\frac{1}{2}\int_{-\infty}^{+\infty} p_Y(y)\log D(y)\mathrm{d}y\end{aligned}\tag{8.28}$$

对式(8.28)中的第二项运用詹森不等式，并由式(8.27)可得

$$\begin{aligned}H_C(X \mid Y)&\leqslant \frac{1}{2}\log(2\pi e)+\frac{1}{2}\int_{-\infty}^{+\infty} p_Y(y)\log D(y)\mathrm{d}y \\ &\leqslant \frac{1}{2}\log(2\pi e)+\frac{1}{2}\log\int_{-\infty}^{+\infty} p_Y(y)D(y)\mathrm{d}y \\ &=\frac{1}{2}\log(2\pi e\bar{D})\end{aligned}$$

在满足保真度准则的条件下，有

$$H_C(X \mid Y) \leqslant \frac{1}{2}\log(2\pi e D)$$

高斯信源 X 的方差为 σ^2，因而其相对熵为

$$H_C(X)=\frac{1}{2}\log(2\pi e\sigma^2)$$

因此试验信道的平均互信息量应满足

$$\begin{aligned}I(X;Y)&=H_C(X)-H_C(X \mid Y) \\ &\geqslant \frac{1}{2}\log(2\pi e\sigma^2)-\frac{1}{2}\log(2\pi e D) \\ &=\frac{1}{2}\log\left(\frac{\sigma^2}{D}\right)\end{aligned}$$

最后由率失真函数的定义式(8.25)和其非负性要求可得

$$R(D) \geqslant \max\left\{\frac{1}{2}\log\left(\frac{\sigma^2}{D}\right), 0\right\} \tag{8.29}$$

下面将分三种情况证明率失真函数就是不等式(8.29)给出的下限。

(1) $\frac{\sigma^2}{D}>1$。

就像在离散情况下,我们需要设计一个反向试验信道。这个试验信道应是高斯加性信道:信道输入高斯随机变量 Y,输出高斯随机变量 $X=Y+Z$,其中 Z 是加性高斯噪声,且与 Y 统计独立。假定 Y 服从均值为 0、方差为 $\sigma_y^2=\sigma^2-D$ 的高斯分布,而 Z 服从均值为 0、方差为 $\sigma_z^2=D$ 的高斯分布,那么 X 服从均值为零、方差为 $\sigma_y^2+\sigma_z^2=\sigma^2$ 的高斯分布,则这个试验信道的平均失真度为

$$\begin{aligned}\bar{D} &= \int_{-\infty}^{+\infty}\int_{-\infty}^{+\infty} p_Y(y)p(x \mid y)d(x,y)\mathrm{d}x\mathrm{d}y \\ &= \int_{-\infty}^{+\infty}\int_{-\infty}^{+\infty} p_Y(y)p_Z(z)z^2\mathrm{d}z\mathrm{d}y \\ &= \int_{-\infty}^{+\infty} p_Y(y)\mathrm{d}y\int_{-\infty}^{+\infty} p_Z(z)z^2\mathrm{d}z \\ &= D\end{aligned}$$

这表明所设计的试验信道满足保真度准则 $\bar{D}\leqslant D$。既然

$$H_C(X)=\frac{1}{2}\log(2\pi e\sigma^2)$$

$$H_C(X \mid Y)=H_C(Z)=\frac{1}{2}\log(2\pi eD)$$

那么

$$\begin{aligned}I(X;Y) &= H_C(X)-H_C(X \mid Y) \\ &= \frac{1}{2}\log(2\pi e\sigma^2)-\frac{1}{2}\log(2\pi eD) \\ &= \frac{1}{2}\log\left(\frac{\sigma^2}{D}\right)\end{aligned}$$

由于$\frac{\sigma^2}{D}>1$,从式(8.29)最后可得

$$R(D)=\frac{1}{2}\log\left(\frac{\sigma^2}{D}\right)$$

(2) $\frac{\sigma^2}{D}=1$。

与(1)一样,我们设计一个反向高斯加性试验信道:信道输入 Y,输出 $X=Y+Z$,其中 Z 是加性噪声。假定 Z 与 Y 统计独立的,Y 服从均值为 0、方差为 $\sigma_y^2=\varepsilon(\varepsilon>0)$的高斯分布,而 Z 服从均值为 0、方差为 $\sigma_z^2=\sigma^2-\varepsilon(\varepsilon<\sigma^2)$的高斯分布。这样 X 服从均值为 0、方差为 $\sigma_y^2+\sigma_z^2=\sigma^2$ 的高斯分布。对于这样的试验信道,其平均失真度为

$$\begin{aligned}\bar{D} &= \int_{-\infty}^{+\infty} p_Y(y)\mathrm{d}y\int_{-\infty}^{+\infty} p_Z(z)z^2\mathrm{d}z \\ &= \sigma^2-\varepsilon=D-\varepsilon\end{aligned}$$

这意味着试验信道满足 $\bar{D}\leqslant D-\varepsilon$ 保真度准则。依据连续信源最大熵原理可得

$$
\begin{aligned}
I(X;Y) &= H_C(X) - H_C(X \mid Y) \\
&= \frac{1}{2}\log(2\pi e\sigma^2) - \frac{1}{2}\log(2\pi e(\sigma^2 - \varepsilon)) \\
&= \frac{1}{2}\log\left(\frac{\sigma^2}{\sigma^2 - \varepsilon}\right)
\end{aligned}
$$

因此

$$
R(D-\varepsilon) \leqslant \frac{1}{2}\log\left(\frac{\sigma^2}{\sigma^2 - \varepsilon}\right)
$$

进而由 $R(D)$ 单调递减性可有

$$
R(D) \leqslant R(D-\varepsilon) \leqslant \frac{1}{2}\log\left(\frac{\sigma^2}{\sigma^2 - \varepsilon}\right)
$$

对上式令 $\varepsilon \to 0$ 有

$$
R(D) \leqslant 0
$$

结合式(8.29)最后可得

$$
R(D) = 0
$$

(3) $\frac{\sigma^2}{D} < 1$。

从(2)可知，$R(\sigma^2)=0$，因此在 $D>\sigma^2$ 时由 $R(D)$ 单调递减性可有

$$
R(D) = 0
$$

综上所述，有

$$
R(D) = \begin{cases} \frac{1}{2}\log\left(\frac{\sigma^2}{D}\right), & D < \sigma^2 \\ 0, & D \geqslant \sigma^2 \end{cases} \tag{8.30}
$$

另外，值得一提的是，式(8.30)也可通过率失真函数参量表示法推出。由式(8.30)，可得

$$
D_{\min} = 0, \quad D_{\max} = \sigma^2
$$

如果令 $D=D_{\min}$，那么 $R(D) \to \infty$。这说明对于连续信源，要无失真地传递信息，其信息传输率必须无穷大。显然，这对实际通信系统是无法做到的。另外，如让 $D=D_{\max}$，那么 $R(D)=0$。这意味着通信系统不需要传递任何信息。对于信源而言，只要一直输出其均值就能满足保真度准则的要求。

习题解答

8.1 设随机变量 X 的概率密度函数为

$$
p(x) = \begin{cases} \frac{1}{a}e^{-\frac{x}{a}}, & x > 0 \\ 0, & x \leqslant 0 \end{cases}
$$

其中，$a>0$。试求随机变量 X 的相对熵。

解 令 $\lambda = \frac{1}{a}$，则指数概率密度函数的连续随机变量 X 的相对熵为

$$\begin{aligned}h(X)&=-\int_0^{\infty}p(x)\log p(x)\mathrm{d}x\\&=-\int_0^{\infty}\lambda \mathrm{e}^{-\lambda x}\log(\lambda \mathrm{e}^{-\lambda x})\mathrm{d}x\quad(\lambda>0)\\&=-\log\lambda\int_0^{\infty}\lambda \mathrm{e}^{-\lambda x}\mathrm{d}x+\lambda\log \mathrm{e}\int_0^{\infty}\lambda x(\mathrm{e}^{-\lambda x})\mathrm{d}x\\&=-\log\lambda\int_0^{\infty}p(x)\mathrm{d}x+\lambda\log \mathrm{e}\int_0^{\infty}xp(x)\mathrm{d}x\\&=-\log\lambda+\frac{\lambda\log \mathrm{e}}{\lambda}=\log\frac{\mathrm{e}}{\lambda}\quad(\lambda>0)\end{aligned}$$

最后可得相对熵为

$$h(X)=\log(a\mathrm{e})$$

■

注意：对数取不同的底将得不同的单位。

8.2 设随机变量 X 与 Y 的联合概率密度函数为

$$p(x,y)=\frac{1}{2\pi\sqrt{SN}}\mathrm{e}^{-\frac{1}{2N}\left[x^2\left(1+\frac{N}{S}\right)-2xy+y^2\right]}$$

求：(1) $H_C(Y)$；

(2) $I(X;Y)$；

(3) $H_C(Y|X)$。

解　方法一：从两连续变量 X 和 Y 的联合概率密度可以看出，这是 X 与 Y 的协方差不为 0 时的正态分布。可以计算出 $p(x)$ 概率密度函数为

$$\begin{aligned}p(x)&=\int_{-\infty}^{\infty}\frac{1}{2\pi\sqrt{SN}}\exp\left\{-\frac{1}{2N}\cdot\left[x^2\left(1+\frac{N}{S}\right)-2xy+y^2\right]\right\}\mathrm{d}y\\&=\frac{1}{2\pi\sqrt{SN}}\int_{-\infty}^{\infty}\exp\left\{-\frac{1}{2N}\cdot\left[(y^2-2xy+x^2)+\frac{N}{S}x^2\right]\right\}\mathrm{d}y\\&=\frac{1}{2\pi\sqrt{SN}}\mathrm{e}^{-\frac{x^2}{2s}}\int_{-\infty}^{\infty}\exp\left[-\frac{1}{2N}\cdot(y-x)^2\right]\mathrm{d}y\\&=\frac{1}{2\pi\sqrt{SN}}\mathrm{e}^{-\frac{x^2}{2s}}2\times\frac{\sqrt{2\pi N}}{2}=\frac{1}{\sqrt{2\pi S}}\mathrm{e}^{-\frac{x^2}{2s}}\end{aligned}$$

可见，X 是均值为 0、方差为 $\sigma_X^2=S$ 的正态分布随机变量。

同理，可以计算出 $p(y)$ 概率密度函数为

$$\begin{aligned}p(y)&=\int_{-\infty}^{\infty}\frac{1}{2\pi\sqrt{SN}}\exp\left\{-\frac{1}{2N}\cdot\left[x^2\left(1+\frac{N}{S}\right)-2xy+y^2\right]\right\}\mathrm{d}x\\&=\frac{1}{2\pi\sqrt{SN}}\int_{-\infty}^{\infty}\exp\left\{-\frac{1}{2N}\cdot\left[\left(\sqrt{\frac{S+N}{S}}x-\frac{y}{\sqrt{\frac{S+N}{S}}}\right)^2+\frac{N}{S+N}y^2\right]\right\}\mathrm{d}x\\&=\frac{1}{2\pi\sqrt{SN}}\exp\left[-\frac{y^2}{2(S+N)}\right]\int_{-\infty}^{\infty}\exp\left\{-\frac{1}{2N}z^2\right\}\sqrt{\frac{S}{S+N}}\mathrm{d}z\\&=\frac{1}{2\pi\sqrt{N(S+N)}}\exp\left[-\frac{y^2}{2(S+N)}\right]\times2\times\frac{\sqrt{2\pi N}}{2}\\&=\frac{1}{\sqrt{2\pi(S+N)}}\exp\left[-\frac{y^2}{2(S+N)}\right]\end{aligned}$$

所以 Y 是均值为 0、方差 $\sigma_Y^2=S+N$ 的正态分布随机变量。

但 X 与 Y 互相相关，因为 X 和 Y 的联合概率密度为

$$\begin{aligned} p(x,y) &= \frac{1}{2\pi\sqrt{SN}}\exp\left\{-\frac{1}{2N}\cdot\left[x^2\left(1+\frac{N}{S}\right)-2xy+y^2\right]\right\} \\ &= \frac{1}{2\pi\sqrt{SN}}\exp\left\{-\frac{1}{2}\left[\frac{S+N}{SN}x^2-\frac{2xy}{N}+\frac{1}{N}y^2\right]\right\} \end{aligned} \tag{8.31}$$

一般 X 与 Y 的联合二维高斯随机变量的协方差矩阵为

$$\boldsymbol{C}=\begin{bmatrix}\sigma_X^2 & \rho\sigma_X\sigma_Y \\ \rho\sigma_X\sigma_Y & \sigma_Y^2\end{bmatrix}$$

令 $\sigma_X^2=S$，$\sigma_Y^2=S+N$，则 $p(x,y)$ 的标准形式为

$$p(x,y)=\frac{1}{2\pi\sigma_X\sigma_Y\sqrt{1-\rho^2}}\exp\left\{-\frac{1}{2(1-\rho^2)}\cdot\left[\frac{x^2}{\sigma_X^2}-\frac{2xy}{\sigma_X\sigma_Y}+\frac{y^2}{\sigma_Y^2}\right]\right\} \tag{8.32}$$

其中，X 和 Y 均值都为 0。

所以比较式(8.31)和式(8.32)，可得

$$\sqrt{SN}=\sigma_X\sigma_Y\sqrt{1-\rho^2}$$

$$\sqrt{1-\rho^2}=\sqrt{\frac{N}{S+N}(1-\rho^2)}=\frac{N}{S+N}$$

而 X 与 Y 的协方差 $\mu_{XY}=\rho\sigma_X\sigma_Y$ 可从 $p(x,y)$ 中 xy 一项中求出，即比较式(8.31)和式(8.32)可得

$$\frac{2}{N}=\frac{2\rho}{(1-\rho^2)\sigma_X\sigma_Y}$$

所以

$$\frac{2}{N}=\frac{2\rho(S+N)}{N\sqrt{S(S+N)}}$$

$$\rho=\sqrt{\frac{S}{S+N}},\quad \rho\sigma_X\sigma_Y=S$$

则得此协方差矩阵为

$$\boldsymbol{C}=\begin{bmatrix}S & S \\ S & S+N\end{bmatrix}$$

再由 $p(x,y)$ 和 $p(x)$ 求出 $p(y|x)$

$$p(y\mid x)=\frac{p(x,y)}{p(x)}=\frac{1}{\sqrt{2\pi N}}\exp\left[-\frac{(x-y)^2}{2N}\right]$$

所以

$$H_C(X)=\frac{1}{2}\log 2\pi e S$$

$$H_C(Y)=\frac{1}{2}\log 2\pi e(S+N)$$

$$H_C(Y\mid X)=-\int_{-\infty}^{\infty}\int_{-\infty}^{\infty}p(x,y)\log\left\{\frac{1}{\sqrt{2\pi N}}\exp\left[-\frac{(x-y)^2}{2N}\right]\right\}\mathrm{d}x\mathrm{d}y$$

$$=\log\sqrt{2\pi N}\int_{-\infty}^{\infty}\int_{-\infty}^{\infty}p(x,y)\mathrm{d}x\mathrm{d}y+\int_{-\infty}^{\infty}\int_{-\infty}^{\infty}\frac{1}{2N}(x-y)^2p(x,y)\mathrm{d}x\mathrm{d}y\log e$$

$$=\frac{1}{2}\log 2\pi N+\left[\frac{1}{2N}\int_{-\infty}^{\infty}\int_{-\infty}^{\infty}x^2p(x,y)\mathrm{d}x\mathrm{d}y+\right.$$

$$\left.\frac{1}{2N}\int_{-\infty}^{\infty}\int_{-\infty}^{\infty}y^2p(x,y)\mathrm{d}x\mathrm{d}y-\frac{1}{2N}\int_{-\infty}^{\infty}\int_{-\infty}^{\infty}2xyp(x,y)\mathrm{d}x\mathrm{d}y\right]\log e$$

$$=\frac{1}{2}\log 2\pi N+\frac{\log e}{2N}S+\frac{\log e}{2N}(S+N)-\frac{\log e}{2N}\times 2S$$

$$=\frac{1}{2}\log 2\pi N+\frac{1}{2}\frac{S+N}{N}\log e-\frac{1}{2}\frac{S}{N}\log e$$

$$=\frac{1}{2}\log 2\pi eN$$

其中因为

$$\int_{-\infty}^{\infty}\int_{-\infty}^{\infty}x^2p(x,y)\mathrm{d}x\mathrm{d}y=\int_{-\infty}^{\infty}x^2\mathrm{d}x\int_{-\infty}^{\infty}p(x,y)\mathrm{d}y$$

$$=\int_{-\infty}^{\infty}x^2p(x)\mathrm{d}x=\sigma_x^2=S$$

$$\int_{-\infty}^{\infty}\int_{-\infty}^{\infty}y^2\rho(xy)\mathrm{d}x\mathrm{d}y=\int y^2\rho(y)\mathrm{d}y=\sigma_Y^2=S+N$$

$$\int_{-\infty}^{\infty}\int_{-\infty}^{\infty}xy\rho(x,y)\mathrm{d}x\mathrm{d}y=\mu_{12}=\rho\sigma_X\sigma_Y=S$$

则可得

$$I(X;Y)=H_C(X)-H_C(Y\mid X)=\frac{1}{2}\log\left(1+\frac{S}{N}\right)$$

注：上式对数取不同的底就得到不同单位下的数值。

方法二：此题实际是高斯加性信道，令 $Y=X+n$，因为 $y-x=n$，则

$$p(y\mid x)=\frac{1}{\sqrt{2\pi N}}e^{-\frac{n^2}{2N}}=p(n)$$

所以是均值为零、方差为 N 的高斯噪声，有

$$p(x,y)=\frac{1}{2\pi\sqrt{SN}}\exp\left\{-\frac{1}{2N}\cdot\left[x^2\left(1+\frac{N}{S}\right)-2xy+y^2\right]\right\}$$

$$=\frac{1}{2\pi\sqrt{SN}}\exp\left[-\frac{x^2}{2S}\right]\exp\left[-\frac{1}{2N}(y-x)^2\right]$$

$$=\frac{1}{\sqrt{2\pi S}}e^{-\frac{x^2}{2S}}\frac{1}{\sqrt{2\pi N}}e^{-\frac{n^2}{2N}}$$

$$=p(x)p(y\mid x)=p(x)p(n)$$

所以 X 与 N 统计独立。由此可直接求得 $p(x)$，即 X 是均值为 0、方差为 S 的正态分布随机变量。然后可直接得出 Y 是均值为 0、方差为 $S+N$ 的正态分布随机变量。最后就可计算出 $H_C(Y)$、$I(X;Y)$ 及 $H_C(Y|X)$。用此方法计算既简单又准确。 ■

8.3 设随机变量 X 与 Y 的联合概率密度函数为

$$p(x,y)=\frac{1}{(b-a)(d-c)}\quad a<x<b,c<y<d$$

分别求出 $H_C(X)$、$H_C(Y)$、$H_C(X,Y)$和 $I(X;Y)$。

解 因为

$$p(x)=\int_{-\infty}^{\infty}p(xy)=\int_{c}^{d}\frac{1}{(b-a)(d-c)}\mathrm{d}y=\frac{1}{(b-a)}$$

所以

$$\begin{aligned}H_C(X)&=-\int_a^b p(x)\log p(x)\mathrm{d}x\\&=-\int_a^b\frac{1}{(b-a)}\log\frac{1}{(b-a)}\mathrm{d}x\\&=-\log\frac{1}{(b-a)}=\log(b-a)\end{aligned}$$

同理可得

$$H_C(Y)=\log(d-c)$$

由于

$$\begin{aligned}H_C(X,Y)&=-\int_{-\infty}^{\infty}\int_{-\infty}^{\infty}p(xy)\log p(xy)\mathrm{d}x\mathrm{d}y\\&=-\int_a^b\int_c^d\frac{1}{(b-a)(d-c)}\log\frac{1}{(b-a)(d-c)}\mathrm{d}x\mathrm{d}y\\&=\log(b-a)(d-c)\end{aligned}$$

那么

$$\begin{aligned}I(X;Y)&=H_C(X)+H_C(Y)-H_C(X,Y)\\&=\log(b-a)+\log(d-c)-\log(b-a)(d-c)\\&=0\end{aligned}$$

■

8.4 设有 K 个相互独立的连续随机变量 $X_k,k=1,2,\cdots,K$。求证

$$H_C\left(\sum_{k=1}^{K}X_k\right)\geqslant\frac{1}{2}\log\left(\sum_{k=1}^{K}\mathrm{e}^{2H_C(X_k)}\right)$$

并说明什么情况下等号成立。

证明 首先，假设 $Y_1=X_1+X_2$，X_1 与 X_2 统计独立，并设 Y_1 的连续熵为 $H(Y_1)=H(X_1)+H(X_2)$，则 Y_1 的熵功率为

$$P_{Y_1}=\frac{1}{2\pi\mathrm{e}}\exp\left[\frac{2H_C(X_1+X_2)}{\log\mathrm{e}}\right]$$

而连续随机变量 X_1 与 X_2 的熵功率为

$$P_{X_1}=\frac{1}{2\pi\mathrm{e}}\exp\left[\frac{2H_C(X_1)}{\log\mathrm{e}}\right],\quad P_{X_2}=\frac{1}{2\pi\mathrm{e}}\exp\left[\frac{2H_C(X_2)}{\log\mathrm{e}}\right]$$

根据熵功率不等式有

$$P_{Y_1}\geqslant P_{X_1}+P_{X_2}$$

所以

$$\exp\left[\frac{2H_C(X_1+X_2)}{\log\mathrm{e}}\right]\geqslant\exp\left[\frac{2H_C(X_1)}{\log\mathrm{e}}\right]+\exp\left[\frac{2H_C(X_2)}{\log\mathrm{e}}\right]\tag{8.33}$$

(注意式(8.33)中的单位是任意的)

$$H_C(X_1+X_2)\geqslant\frac{\log e}{2}\ln\left\{\exp\left[\frac{2H_C(X_1)}{\log e}\right]+\exp\left[\frac{2H_C(X_2)}{\log e}\right]\right\}$$

则有

$$H_C(X_1+X_2)\geqslant\frac{1}{2}\log(e^{2H_C(X_1)}+e^{2H_C(X_2)})\tag{8.34}$$

当 X_1 和 X_2 是高斯随机变量时，因为 X_1 和 X_2 统计独立，所以 $Y_1=X_1+X_2$ 也是高斯随机变量，则有

$$P_{Y_1}=P_{X_1}+P_{X_2}$$

当 X_1 和 X_2 是高斯随机变量时，式(8.33)和式(8.34)中的等号成立。

又设 $Y_2=X_1+X_2$。因为 $Y_1=X_1+X_2$，所以 Y_1 只与 X_1、X_2 有关，而 X_3 与 X_1、X_2 相互独立，因此 Y_1 与 X_3 相互独立。

同理，根据熵功率不等式，可得

$$P_{Y_2}\geqslant P_{Y_1}+P_{X_3}$$

即有

$$\exp\left[\frac{2H_C(Y_1+X_3)}{\log e}\right]\geqslant\exp\left[\frac{2H_C(Y_1)}{\log e}\right]+\exp\left[\frac{2H_C(X_3)}{\log e}\right]$$

把式(8.33)代入上式，得

$$\exp\left[\frac{2H_C(Y_1+X_3)}{\log e}\right]\geqslant\exp\left[\frac{2H_C(Y_1)}{\log e}\right]+\exp\left[\frac{2H_C(X_2)}{\log e}\right]+\exp\left[\frac{2H_C(X_3)}{\log e}\right]\tag{8.35}$$

则有

$$H_C(Y_1+X_3)=H_C(X_1+X_2+X_3)\geqslant\frac{1}{2}\log(e^{2H_C(X_1)}+e^{2H_C(X_2)}+e^{2H_C(X_3)})\tag{8.36}$$

当 X_1、X_2、X_3 都是高斯变量时，Y_1 和 Y_2 也都是高斯随机变量，则式(8.35)和式(8.36)等号成立。

以此类推，则 $Y_{K-2}=X_1+X_2+\cdots+X_{K-1}$ 时有

$$\exp\left[\frac{2H_C(Y_{K-2})}{\log e}\right]\geqslant\sum_{k=1}^{K-1}\exp\left[\frac{2H_C(X_k)}{\log e}\right]\tag{8.37}$$

和

$$H_C(Y_{K-2})=H_C(X_1+X_2+\cdots+X_{K-1})\geqslant\frac{1}{2}\log\left(\sum_{k=1}^{K}H_C(X_k)\right)\tag{8.38}$$

当 $X_1,X_2,\cdots,X_{K-1}$ 都是高斯随机变量时，Y_{K-2} 也是高斯变量，式(8.37)和式(8.38)等号成立。再设 $Y_{K-1}=Y_{K-2}+X_K$，因为 $X_1,X_2,\cdots,X_{K-1}$ 与 X_K 相互独立，所以 Y_{K-2} 与 X_K 相互独立。Y_{K-2} 的熵功率为

$$P_{Y_{K-2}}=\frac{1}{2\pi e}\exp\left[\frac{2H_C(Y_{K-2})}{\log e}\right]$$

而 X_K 的熵功率为

$$P_{X_K}=\frac{1}{2\pi e}\exp\left[\frac{2H_C(X_K)}{\log e}\right]$$

根据熵功率不等式可得

$$P_{Y_{K-1}}\geqslant P_{Y_{K-2}}+P_{X_K}$$

即有

$$\exp\left[\frac{2H_C(Y_{K-1})}{\log e}\right] \geqslant \exp\left[\frac{2H_C(Y_{K-2})}{\log e}\right] + \exp\left[\frac{2H_C(X_K)}{\log e}\right] \tag{8.39}$$

将式(8.37)代入上式得

$$\exp\left[\frac{2H_C(Y_{K-1})}{\log e}\right] \geqslant \sum_{k=1}^{K-1}\exp\left[\frac{2H_C(X_K)}{\log e}\right] + \exp\left[\frac{2H_C(X_K)}{\log e}\right] = \sum_{k=1}^{K}\exp\left[\frac{2H_C(X_k)}{\log e}\right]$$

变换得

$$\begin{aligned} H_C(Y_{K-1}) &= H_C(X_1 + X_2 + \cdots + X_{K-1} + X_K) \\ &\geqslant \frac{1}{2}\log\left[\sum_{k=1}^{K}\exp\left[\frac{2H_C(X_k)}{\log e}\right]\right] = \frac{1}{2}\log\left[\sum_{k=1}^{K} e^{2H_C(X_k)}\right] \end{aligned} \tag{8.40}$$

当 $X_1, X_2, \cdots, X_{K-1}$ 与 X_K 都是相互独立的高斯变量时，Y_{K-1} 也是高斯变量，则式(8.39)和式(8.40)等号成立。

由此证得，对于 K 个相互独立的连续随机变量 $X_k, k=1,2,\cdots,K$，有

$$H_C\left(\sum_{k=1}^{K} X_k\right) \geqslant \frac{1}{2}\log\left(\sum_{k=1}^{K} e^{2H_C(X_k)}\right)$$

当 $X_K(k=1,2,\cdots,K)$ 都是高斯变量时等号成立。 ■

8.5 证明相对熵 $H_C(X)$ 是关于信源 X 的概率密度函数 $p(x)$ 的上凸函数。

证明 设连续信源的两个概率密度函数 $p_1(x)$ 和 $p_2(x)$，它们对应的连续熵为 $H_1(X)$ 和 $H_2(X)$，即 $H_1(X) = H_C[p_1(x)]$，$H_2(X) = H_C[p_2(x)]$。在凸域选择一概率密度函数

$$p(x) = \alpha p_1(x) + \bar{\alpha} p_2(x) \quad 0 < \alpha < 1, \alpha + \bar{\alpha} = 1$$

其对应的连续熵为 $H_C(X) = H_C[p(x)]$。根据连续熵的定义可得

$$\begin{aligned} &\alpha H_C[p_1(x)] + \bar{\alpha} H_C[p_2(x)] - H_C[p(x)] \\ &= -\alpha\int_R p_1(x)\log p_1(x)\mathrm{d}x - \bar{\alpha}\int_R p_2(x)\log p_2(x)\mathrm{d}x + \int_R p(x)\log p(x)\mathrm{d}x \\ &= -\alpha\int_R p_1(x)\log p_1(x)\mathrm{d}x - \bar{\alpha}\int_R p_2(x)\log p_2(x)\mathrm{d}x + \alpha\int_R p_1(x)\log p(x)\mathrm{d}x + \\ &\quad \bar{\alpha}\int_R p_2(x)\log p(x)\mathrm{d}x \\ &= \alpha\int_R p_1(x)\log\frac{p(x)}{p_1(x)}\mathrm{d}x + \bar{\alpha}\int_R p_2(x)\log\frac{p(x)}{p_2(x)}\mathrm{d}x \end{aligned}$$

根据詹森不等式得

$$\int_R p_1(x)\log\frac{p(x)}{p_1(x)}\mathrm{d}x \leqslant \int_R p_1(x)\left(\frac{p(x)}{p_1(x)} - 1\right)\log e\,\mathrm{d}x = 0$$

同理

$$\int_R p_2(x)\log\frac{p(x)}{p_2(x)}\mathrm{d}x \leqslant 0$$

又因为 $0<\alpha, \bar{\alpha}<1, \alpha+\bar{\alpha}=1$，所以

$$\alpha H_C[p_1(x)] + \bar{\alpha} H_C[p_2(x)] - H_C[p(x)] \leqslant 0$$

$$H_C[\alpha p_1(x) + \bar{\alpha} p_2(x)] \geqslant \alpha H_C[p_1(x)] + \bar{\alpha} H_C[p_2(x)]$$

即证得 $H_C(X)$ 是连续信源 X 的概率密度函数 $p(x)$ 的凸函数。 ■

8.6　当信源概率密度函数 $p(x)$ 固定时，试证平均互信息量 $I(X;Y)$ 是关于信道转移概率密度函数 $p(y|x)$ 的下凸函数。

证明　两连续随机变量 X 与 Y 之间的平均互信息为

$$I(X;Y)=-\iint_R p(xy)\log\frac{p(y\mid x)}{p(y)}\mathrm{d}x\mathrm{d}y$$

$$=\iint_R p(y)p(y\mid x)\log\frac{p(y\mid x)}{p(y)}\mathrm{d}x\mathrm{d}y$$

其中，

$$p(y)=\int_R p(x)p(y\mid x)\mathrm{d}x$$

所以，当信源固定($p(x)$给定)时，平均互信息只是信道转移概率密度函数 $p(y|x)$ 的函数，简写成 $I[p(y|x)]$。

现选择两种信道概率密度函数分布分别为 $p_1(y|x)$ 和 $p_2(y|x)$，其联合概率密度函数分别为 $p_1(xy)=p(x)p_1(y|x)$，$p_2(xy)=p(x)p_2(y|x)$。因而信道输出端的平均互信息分别为 $I[p_1(y|x)]$ 和 $I[p_2(y|x)]$。现在另选择一信道转移概率密度函数 $p(y|x)$，令 $0<\theta<1$，$\theta+\bar{\theta}=1$，并使 $p(y|x)=\theta p_1(y|x)+\bar{\theta}p_2(y|x)$，则其对应的平均互信息为 $I[p(y|x)]=I[\theta p_1(y|x)+\bar{\theta}p_2(y|x)]$。

根据连续变量的平均互信息的定义有

$$I[\theta p_1(y\mid x)]+I[\bar{\theta}p_2(y\mid x)]-I[p(y\mid x)]$$

$$=\iint_R \theta p_1(xy)\log\frac{p_1(x\mid y)}{p(x)}\mathrm{d}x\mathrm{d}y+\iint_R \bar{\theta}p_2(xy)\log\frac{p_2(x\mid y)}{p(x)}\mathrm{d}x\mathrm{d}y-\iint_R p(xy)\log\frac{p(x\mid y)}{p(x)}\mathrm{d}x\mathrm{d}y$$

$$=\theta\iint_R p_1(xy)\log\frac{p(x\mid y)}{p_1(x\mid y)}\mathrm{d}x\mathrm{d}y+\iint_R \bar{\theta}p_2(xy)\log\frac{p(x\mid y)}{p_2(x\mid y)}\mathrm{d}x\mathrm{d}y$$

这是因为

$$p(xy)=p(x)p(y\mid x)=\theta p(x)p_1(y\mid x)+\bar{\theta}p(x)p_2(y\mid x)$$

$$=\theta p_1(xy)+\bar{\theta}p_2(xy)$$

又因为对数函数是凸函数，所以根据詹森不等式有

$$\theta\iint_R p_1(xy)\log\frac{p(x\mid y)}{p_1(x\mid y)}\mathrm{d}x\mathrm{d}y+\bar{\theta}\iint_R p_2(xy)\log\frac{p(x\mid y)}{p_2(x\mid y)}\mathrm{d}x\mathrm{d}y$$

$$\leqslant\theta\log\iint_R\frac{p_1(xy)}{p_1(x\mid y)}p(x\mid y)\mathrm{d}x\mathrm{d}y+\bar{\theta}\log\iint_R\frac{p_2(xy)}{p_2(x\mid y)}p(x\mid y)\mathrm{d}x\mathrm{d}y$$

$$=\theta\log\int_R p_1(y)\mathrm{d}y\int_R p(x\mid y)\mathrm{d}x+\bar{\theta}\log\int_R p_2(y)\mathrm{d}y\int_R p(x\mid y)\mathrm{d}x$$

$$=\theta\log\int_R p_1(y)\mathrm{d}y+\bar{\theta}\log\int_R p_2(y)\mathrm{d}y=0$$

因为 $0<\theta<1$ 和 $\theta+\bar{\theta}=1$，所以

$$I[\theta p_1(y\mid x)]+I[\bar{\theta}p_2(y\mid x)]-I[p(y\mid x)]\geqslant 0$$

$$I[\theta p_1(y\mid x)+\bar{\theta}p_2(y\mid x)]\leqslant\theta I[p_1(y\mid x)]+\bar{\theta}I[p_2(y\mid x)]$$

最后根据凸函数的定义证得 $I(X;Y)$ 是转移概率密度函数 $p(y|x)$ 的下凸函数。 ■

8.7 设某信号的信息率为 5.6kbps，噪声功率谱为 $N=5\times10^{-6}$ mW/Hz，在带限 $B=$ 4kHz 的高斯信道中传输。试求无差错传输需要的最小输入功率 P 是多少。

解 当信道容量大于或等于信号的信息速率时才能无差错传输，因此

$$C \geqslant R_s$$

根据香农公式，即

$$C = B\log\left(1+\frac{\sigma_x^2}{N_0 B}\right) \geqslant R_s$$

所以

$$P=\sigma_x^2 \geqslant N_0 B(2^{\frac{R_s}{B}}-1)=5\times10^{-6}\times4\times10^3\times(2^{\frac{5.6}{4}}-1)=3.28\times10^{-2}(\text{mW})$$

即最小限输入功率 P 为 3.28×10^{-2} mW。 ■

8.8 在图片传输中，每帧约为 2.25×10^6 像素，为了能很好地重现图像，需分 16 个亮度电平，并假设亮度电平等概率分布。试计算每秒钟传送 30 帧图片所需信道的带宽（信道功率比为 30dB）。

解 首先计算每秒钟需传送多少图片信息。因为每一像素分 16 个亮度电平，并设亮度电平等概率分布，所以每一像素携带的信息量为 log16（比特/像素），则每秒钟需传送的信息速率为

$$\begin{aligned} R &= 30\times2.25\times10^6\times\log16 \\ &= 2.7\times10^8\,\text{bps} \end{aligned}$$

信道的信噪功率比 $10\lg\frac{P_S}{P_N}=30\text{dB}$，所以

$$\frac{P_S}{P_N}=10^3$$

$$C_t = W\log(1+10^3)=2.7\times10^8$$

$$W\approx2.7\times10^7\,\text{Hz}$$ ■

8.9 设在平均功率受限高斯可加波形信道中，信道带宽为 3kHz，又设（信号功率＋噪声功率）/噪声功率＝10dB。

（1）试计算该信道传送的最大信息率（单位时间）；

（2）若功率信噪比降为 5dB，要达到相同的最大信息传输率，信道带宽应是多少？

解 （1）平均功率受限高斯可加波形信道，其 $W=3\text{kHz}$，$\left(1+\frac{P_S}{P_N}\right)=10\text{dB}=10$。

因此，这信道传送的最大信息率为

$$C_t = W\log\left(1+\frac{P_S}{P_N}\right)=3\times10^3\log10\approx9.96\times10^3\,\text{bps}$$

（2）C_t 仍应为 9.96×10^3 bps，而

$$\left(1+\frac{P_S}{P_N}\right)=5\text{dB}=10^{\frac{1}{2}}$$

所以

$$9.96\times10^3 = W\log10^{\frac{1}{2}}=\frac{W}{2}\log10$$

所以信道带宽应是

$$W=6\times10^3\ \text{Hz}$$

这说明在相同的信息传输速率下，降低信噪比就需要增加带宽。 ■

8.10 设一连续信源 X 的概率密度函数为

$$p(x)=\begin{cases}\dfrac{1}{2a}e^{-\frac{x}{a}}, & x>0\\ \dfrac{1}{2a}e^{\frac{x}{a}}, & x\leqslant 0\end{cases}$$

其中，$a>0$。失真函数定义为

$$d(x,y)=|x-y|$$

试求信源 X 的 $R(D)$。

解 令 $\theta=x-y$，得 $d(x,y)=|x-y|=|\theta|$

$$g_s(\theta)=\frac{e^{Sd(\theta)}}{\int_{-\infty}^{\infty}e^{Sd(\theta)}\mathrm{d}\theta}=\frac{e^{S|\theta|}}{\int_{-\infty}^{\infty}e^{S|\theta|}\mathrm{d}\theta}$$

因为 $S\leqslant 0$，所以

$$\int_{-\infty}^{\infty}e^{S|\theta|}\mathrm{d}\theta=2\int_{0}^{\infty}e^{S|\theta|}\mathrm{d}\theta=\frac{2}{|S|}$$

因此得

$$g_s(\theta)=\frac{|S|}{2}e^{S|\theta|}$$

又

$$\begin{aligned}D&=\int_{-\infty}^{\infty}g_s(\theta)d(\theta)\mathrm{d}\theta\\&=\frac{|S|}{2}\int_{-\infty}^{\infty}|\theta|e^{S|\theta|}\mathrm{d}\theta\\&=\frac{|S|}{2}\times2\int_{0}^{\infty}|\theta|e^{S|\theta|}\mathrm{d}\theta\\&=\frac{|S|}{2}\times\frac{2}{|S|^2}\\&=\frac{1}{|S|}\end{aligned}$$

$g_s(\theta)$的傅里叶变换是

$$G_s(w)=\int_{-\infty}^{\infty}g_s(\theta)e^{-jw\theta}\mathrm{d}\theta=\frac{S^2}{S^2+w^2}$$

又因为

$$Q_s(w)=\frac{p(w)}{G_s(w)}=\frac{S^2+w^2}{S^2}p(w)$$

$$= p(w) + \frac{w^2}{S^2} p(w)$$

则

$$p_Y(y) = p_X(x = y) - D^2 p''_X(x = y)$$

$$p(x) = \begin{cases} \frac{1}{2a} e^{-\frac{x}{a}}, & x > 0 \\ \frac{1}{2a} e^{\frac{x}{a}}, & x \leqslant 0 \end{cases}$$

可简写为

$$p(x) = \frac{1}{2a} e^{-\frac{|x|}{a}}$$

将 $p(x) = \frac{1}{2a} e^{-\frac{|x|}{a}}$ 代入上式，得

$$p_Y(y) = \frac{1}{2a} e^{-\frac{|y|}{a}} - \frac{1}{2a^3} D^2 e^{-\frac{|y|}{a}}$$

$$= \left(1 - \frac{D^2}{a^2}\right) \frac{1}{2a} e^{-\frac{|y|}{a}}$$

因为对所有的 y 的取值必须有 $p_Y(y) \geqslant 0$，所以 $D \leqslant a$，而

$$D_{\max} = \inf_y \int_{-\infty}^{\infty} p_x(x) d(x, y) \mathrm{d}x$$

$$= \inf_y \int_{-\infty}^{\infty} |x - y| \frac{1}{2a} e^{-\frac{|x|}{a}} \mathrm{d}x$$

$$= a$$

所以，由 $p_Y(y) \geqslant 0$ 中得到的 $D \leqslant a$，正好能达到 $D_{\max} = a$

$$R(D) = R_L(D)$$

$$= H(X) - H(g_s)$$

在 $0 \leqslant D \leqslant D_{\max} = a$ 内，对任意 y，$p(y) > 0$ 有

$$R(D) = \log 2a\mathrm{e} - \log 2\mathrm{e}D$$

$$= -\log \frac{D}{a}, \quad 0 \leqslant D \leqslant a$$

■

第 9 章 信息论的发展与应用

CHAPTER 9

信息论经历了多年的发展，一方面，其自身理论随着通信网络技术的蓬勃发展不断向网络化的方向进军；另一方面，其思想方法日益向自然科学和社会科学领域渗透。本章将简略介绍网络信息论的初步知识及信息论在密码学中的应用。

9.1 网络信息论

前面 8 章所讨论的主要内容均局限于只有一个信源和一个信宿的单用户通信系统模型。本节将介绍由多个信源和多个信宿组成的多用户通信系统模型，并以多址接入信道模型为例讨论其信息传输问题。

9.1.1 网络信道分类

网络信息论是以网络为研究对象的信息理论。不同的网拓扑结构对应的信息传输问题尤其是信道容量问题差异很大。下面介绍几种基本的网络信道模型。

1. 多址接入信道

多址接入信道(Multiple Access Channel)是多输入单输出信道，如图 9.1 所示。对于多址接入信道，多个不同信源的信息经过多个不同编码器编码后，送入同一信道传送，而接收端仅由一个译码器处理这些来自不同信源的信息，并将译码结果传给信宿。

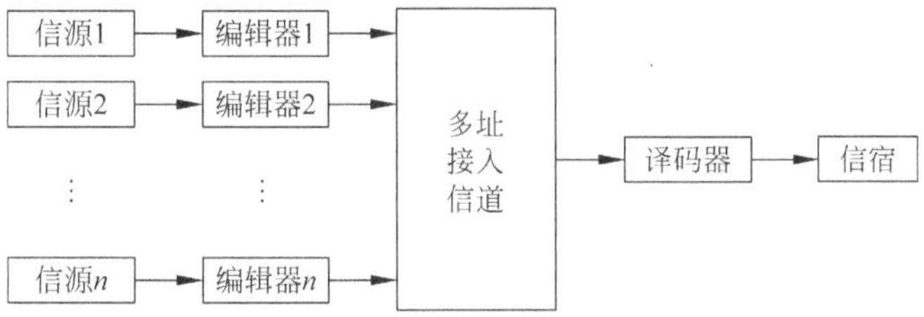

图 9.1 多址接入信道

在卫星通信中，多个地面站同时向一个卫星发送信息形成一个多址接入信道。在蜂窝移动通信网络中，多个移动终端与基站通信的上行链路也是多址接入信道典型的例子。

2. 广播信道

广播信道(Broadcast Channel)是单输入多输出信道，如图 9.2 所示。对于广播信道，多个不同信源的信息经过一个公用编码器编码后送入信道，而信道输出通过多个不同译码器处理后分别传给不同的信宿。

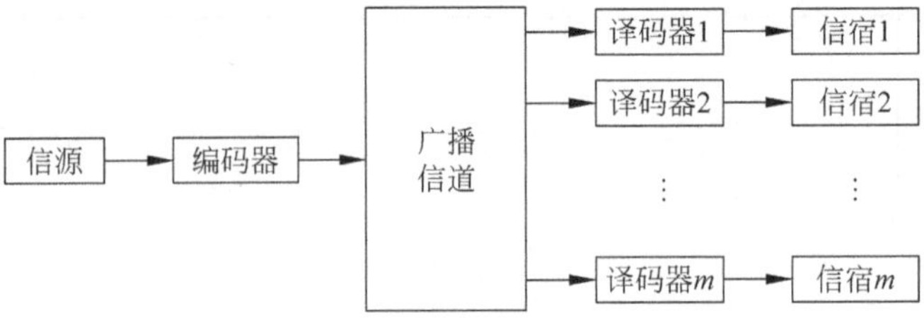

图 9.2　广播信道

广播电视台与多个电视接收机之间的通道就是最常见的广播信道。在蜂窝移动通信网络中，多个移动终端与基站通信的下行链路也是广播信道典型的例子。

3. 中继信道

中继信道(Relay Channel)是指一对用户之间经过多种途径中转而形成的单向通信信道，如图 9.3 所示。

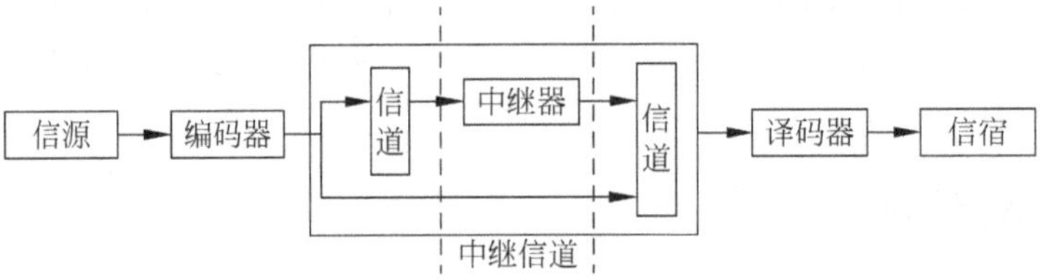

图 9.3　中继信道

典型的中继信道模型有微波中继接力的通信信道、蜂窝移动用户之间的通信信道、经卫星中转的卫星地面站之间的通信信道等。无线协作中继通信是当前无线通信领域的热门话题之一，其上采用了多种中继信道模型，例如，如图 9.4 所示的三节点协作中继通信模型。

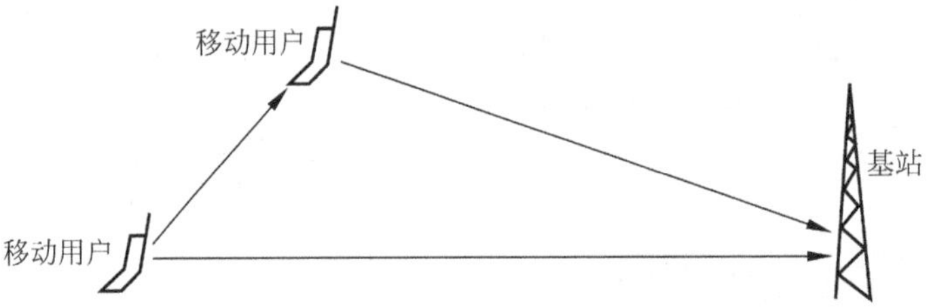

图 9.4　三节点协作中继通信模型

4. 双向信道

双向信道(Two-Way Channel)是指有两个信源和两个信宿进行前向和后向通信的信道，如图 9.5 所示。在双向信道中，信源 1 和信宿 2 位于信道的同一端，而信宿 1 与信源 2 位信道的另一端；信源 1 向信宿 1 发送信息，信源 2 向信宿 2 发送信息；信源 1 可以根据前一时刻信宿 2 所接收到的来自信源 2 的消息来决定下一时刻向信宿 1 发送什么样的消息，而信源 2 也可以根据前一时刻信宿 1 所接收到的来自信源 1 的消息来决定下一时刻向信宿 2 发送什么样的消息。

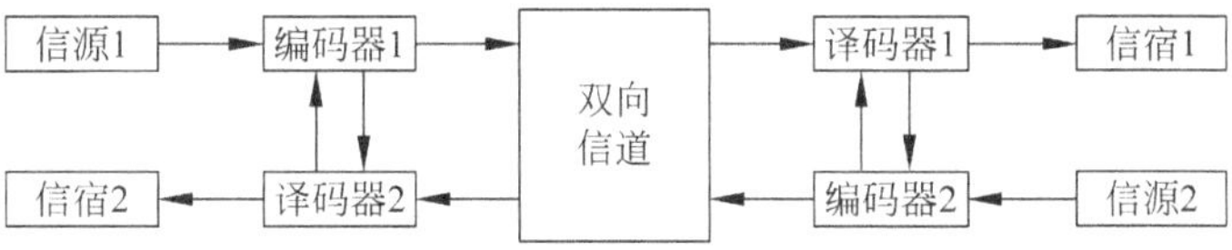

图 9.5 双向信道

在计算机网络中，计算机之间可进行双向有线或无线通信，如图 9.6 所示。

图 9.6 计算机之间双向通信

5. 反馈信道

反馈信道(Feedback Channel)可以视为在普通单向通信系统中增加一个反馈链路，该链路将译码器输出的部分信息反馈传送到编码器，如图 9.7 所示。

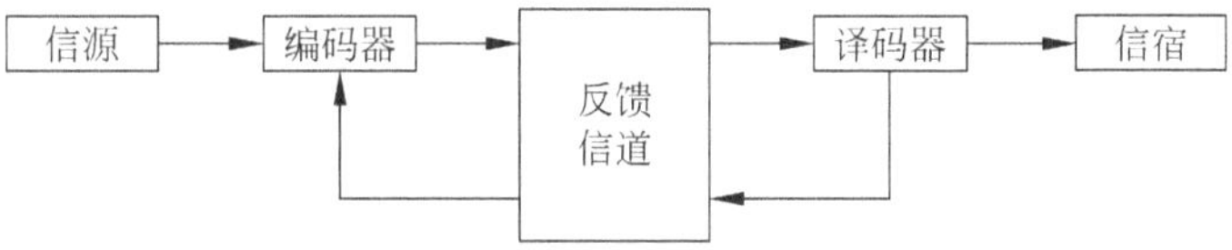

图 9.7 反馈信道

6.2 节介绍的 ARQ 差错控制系统就是采用反馈信道模式开展检错重发工作。

6. 串扰信道

当两对或者多对用户利用公共信道传输信息时，不同用户之间的信号彼此产生串扰，这种信道就称为串扰信道(Interference Channel)。图 9.8 所示为两对用户互相串扰的情况。

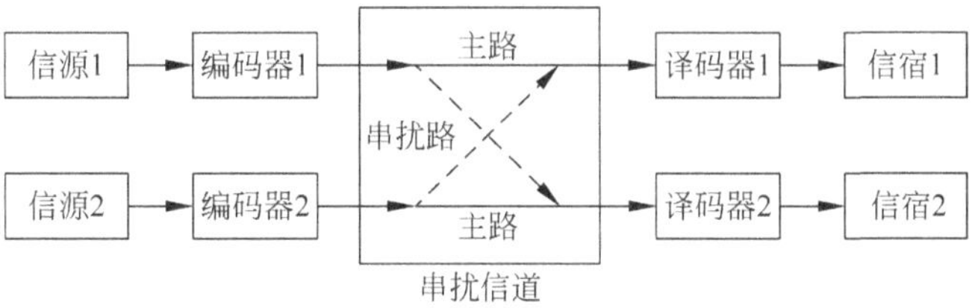

图 9.8 串扰信道

在蜂窝移动通信网络中，不同小区频率复用，就会产生同频道串扰的问题。

一般多用户通信信道比较复杂，往往是多种信道模型的组合，数学上对信道模型依然要用多维信道转移概率描述，如图 9.9 所示。

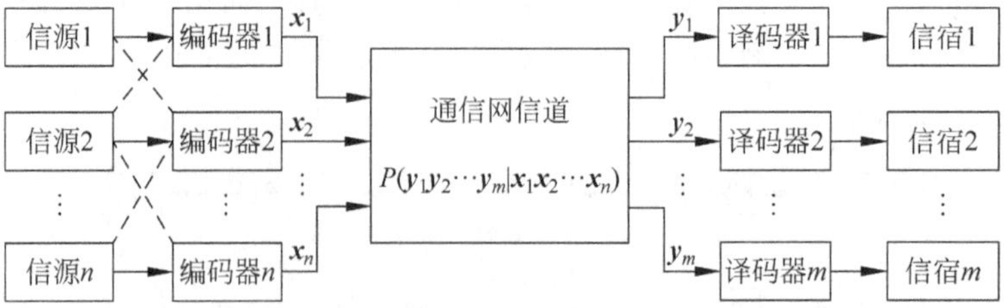

图 9.9 一般多用户通信信道

9.1.2 网络信道容量

多用户信道研究的主要问题仍然是信道容量和信道编码问题。对于信道容量不能像单路情况那样简单地表示为一个实数，而是要表示成一个多维空间中的一个区域。下面将以二址接入信道为例讨论多用户通信信道的容量区域问题。

1. 离散二址接入信道

离散二址接入信道由两个离散无记忆信源 X_1 和 X_2，以及一个信宿 Y 组成，如图 9.10 所示。两信源 X_1 和 X_2 首先分别发出信息序列 $\boldsymbol{s}_1$ 和 $\boldsymbol{s}_2$，然后两个序列 $\boldsymbol{s}_1$ 和 $\boldsymbol{s}_2$ 经编码器 f_1 和 f_2 分别编码后变成码字 $\boldsymbol{x}_1$ 和 $\boldsymbol{x}_2$，这两个码字随后一起输入公共信道，在噪声干扰下信道输出 $\boldsymbol{y}$，接收端将输出序列 $\boldsymbol{y}$ 输入译码器 g，最后译码器将译码结果 $(\hat{\boldsymbol{s}}_1, \hat{\boldsymbol{s}}_2)$ 给信宿 Y，从而完成一次通信。图 9.10 中的编码器 f_1 和 f_2 采用码长为 K、码率分别为 R_1 和 R_2 的二进制分组码 $\boldsymbol{\Omega}_1^{(K)}$ 和 $\boldsymbol{\Omega}_2^{(K)}$。假定信道是无记忆的，即满足

$$P(\boldsymbol{y} \mid \boldsymbol{x}_1\boldsymbol{x}_2) = \prod_{k=1}^{K} P(y_k \mid x_{1k}x_{2k})$$

其中

$$\boldsymbol{y} = (y_1, y_2, \cdots, y_K)$$
$$\boldsymbol{x}_1 = (x_{11}, x_{12}, \cdots, x_{1K})$$
$$\boldsymbol{x}_2 = (x_{21}, x_{22}, \cdots, x_{2K})$$

那么平均译码错误概率可表示为

$$P_e^{(K)} = \sum_{\boldsymbol{s}_1, \boldsymbol{s}_2} P(\boldsymbol{s}_1, \boldsymbol{s}_2) P((\hat{\boldsymbol{s}}_1, \hat{\boldsymbol{s}}_2) \neq (\boldsymbol{s}_1, \boldsymbol{s}_2) \mid (\boldsymbol{s}_1, \boldsymbol{s}_2))$$

在码长 $K \to \infty$ 的情况下，如果存在分组码对 $(\boldsymbol{\Omega}_1^{(K)}, \boldsymbol{\Omega}_2^{(K)})$ 能使 $P_e^{(K)} \to 0$，那么码速率对 (R_1, R_2) 就称为可达速率对。所有可达速率对的集合就称为该接入信道的**信道容量区域**。

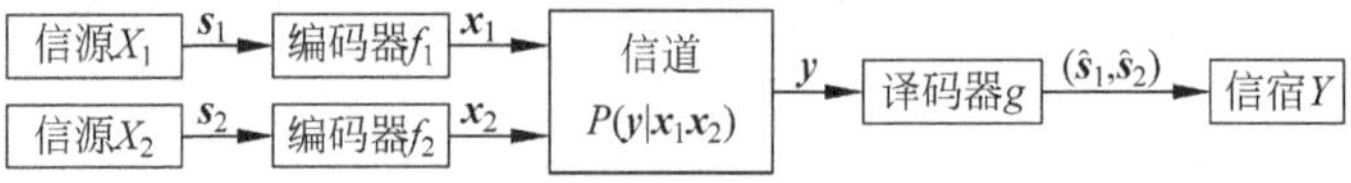

图 9.10 离散二址接入信道

定理 9.1 独立的二址接入信道 $\{(X_1, X_2), P(\boldsymbol{y} \mid \boldsymbol{x}_1\boldsymbol{x}_2), Y\}$ 的信道容量区域由下面凸集的闭包给定

$$C(P_1,P_2)=\left\{(R_1,R_2):\begin{array}{l}0\leqslant R_1\leqslant I(X_1;Y\mid X_2)\\ 0\leqslant R_2\leqslant I(X_2;Y\mid X_1);\quad P(x_1,x_2)=P(x_1)P_2(x_2)\\ 0\leqslant R_1\leqslant R_2\leqslant I(X_1X_2;Y)\end{array}\right\} \tag{9.1}$$

这里闭包是指一个集合的边界和本身的并集。在定理 9.1 中，$C(P_1,P_2)$表示对所有可能的输入概率分布对(P_1,P_2)求得的可达速率对(R_1,R_2)的集合。对于给定某输入概率分布对(P_1,P_2)，可得某可达速率区域$C(P_1,P_2)$；不同的输入概率分布对(P_1,P_2)，对应不同的可达速率区域$C(P_1,P_2)$。而由所有这些$C(P_1,P_2)$形成凸集的闭包就是信道容量区域，如图 9.11 所示，其中

$$C_1=\max_{P_1(x_1),P_2(x_2)}\{I(X_1;Y\mid X_2)\} \tag{9.2}$$

$$C_2=\max_{P_1(x_1),P_2(x_2)}\{I(X_2;Y\mid X_1)\} \tag{9.3}$$

$$C_{12}=\max_{P_1(x_1),P_2(x_2)}\{I(X_1,X_2;Y)\} \tag{9.4}$$

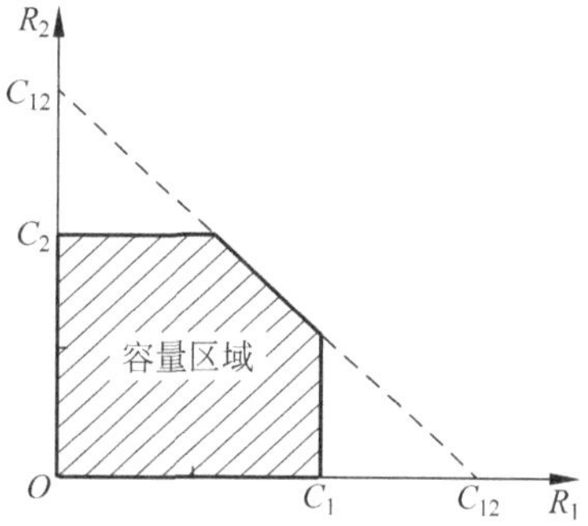

图 9.11 离散二址接入信道容量区域

上述结论容易推广到一般多址接入信道。一般多址接入信道的容量区域是多面体集合的凸闭包。

例 9.1(二址接入二进制乘积信道) 设一个二址接入信道，其输入 X_1 和 X_2 是二进制符号，输出 Y 也是二进制符号，并满足

$$Y=X_1X_2$$

求其信道容量区域。

解 当 $X_2=1$ 时，$I(X_1;Y|X_2)$达到最大为 1，因此有

$$C_1=\max_{P_1(x_1),P_2(x_2)}\{I(X_1;Y\mid X_2)\}=1$$

类似有

$$C_2=\max_{P_1(x_1),P_2(x_2)}\{I(X_2;Y\mid X_1)\}=1$$

另外，由于

$$R_1+R_2\leqslant I(X_1X_2;Y)\leqslant H(Y)=1$$

因此

$$C_{12}=\max_{P_1(x_1),P_2(x_2)}\{I(X_1,X_2;Y)\}=1$$

信道容量区域如图 9.12 所示。

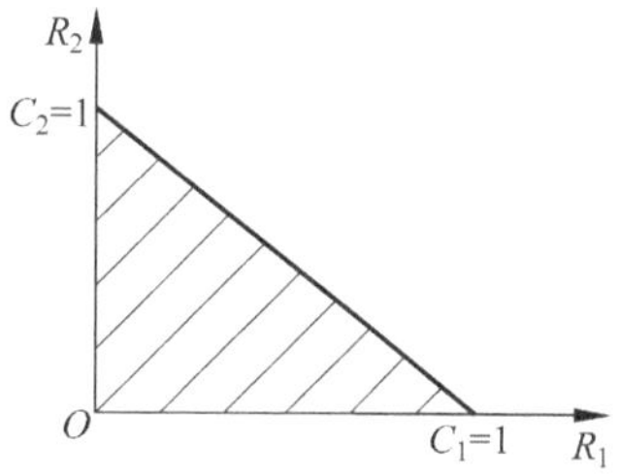

图 9.12 二址接入二进制乘积信道容量区域

2. 高斯二址接入信道

前面讨论了离散型多址接入信道，下面讨论连续型多址接入信道。由于加性高斯噪声是最简单、最常用的噪声干扰，因此下面将以高斯二址接入信道为例分析连续型接入信道的容量区域。

对于加性高斯二址接入信道，其输入 X_1 和 X_2 是均值为零的随机变量，输出 Y 也是均值为零的随机变量，输入和输出随机变量之间满足如下关系

$$Y=X_1+X_2+Z$$

其中，Z 是均值为零、方差为 σ_z^2 的高斯随机变量，且与 X_1 和 X_2 统计独立，如图 9.13 所示。假定输入信号 X_1 和 X_2 统计独立，且均是平均功率受限的，最高平均功率分别为 P_{s1} 和 P_{s2}，这样输出信号 Y 也是平均功率受限的，最高平均功率为 $P_{s1}+P_{s2}+\sigma_z^2$。类似于离散情况讨论，可以证明，高斯二址接入信道的容量区域为如下凸集的闭包

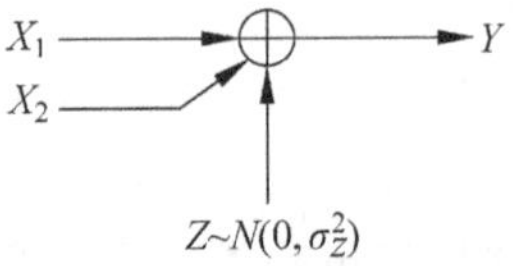

图 9.13　高斯二址接入信道模型

$$C(P_1,P_2)=\left\{(R_1,R_2):\begin{array}{l}0\leqslant R_1\leqslant I(X_1;Y\mid X_2)\\ 0\leqslant R_2\leqslant I(X_2;Y\mid X_1)\\ 0\leqslant R_1+R_2\leqslant I(X_1X_2;Y)\\ E[X_1^2]\leqslant P_{s1},\quad E[X_2^2]\leqslant P_{s2}\\ P(x_1,x_2)=P_1(x_1)P_2(x_2)\end{array}\right\} \tag{9.5}$$

依据第 8 章的讨论，条件平均互信息量可表示为两个条件相对熵之差

$$\begin{aligned}I(X_1;Y\mid X_2)&=H_C(Y\mid X_2)-H_C(Y\mid X_1X_2)\\&=H_C(X_1+Z)-H_C(Z)\\&=H_C(X_1+Z)-\frac{1}{2}\log(2\pi e\sigma_z^2)\end{aligned}$$

因为平均功率受限，高斯分布的随机变量能获得最大熵，因此

$$I(X_1;Y\mid X_2)\leqslant\frac{1}{2}\log(2\pi e(P_{s1}+\sigma_z^2))-\frac{1}{2}\log(2\pi e\sigma_z^2)=\frac{1}{2}\log\left(1+\frac{P_{s1}}{\sigma_z^2}\right)$$

显然，只有当输入信号 X_1 和 X_2 是均值为零、方差分别为 P_{s1} 和 P_{s2} 的高斯随机变量时，平均互信息量才能达到最大，故

$$\begin{aligned}R_1\leqslant C_1&=\max_{P_1(x_1),P_2(x_2)}\{I(X_1;Y\mid X_2)\\&=\frac{1}{2}\log\left(1+\frac{P_{s1}}{\sigma_z^2}\right)\end{aligned} \tag{9.6}$$

类似可得

$$\begin{aligned}R_2\leqslant C_2&=\max_{P_1(x_1),P_2(x_2)}\{I(X_2;Y\mid X_1)\\&=\frac{1}{2}\log\left(1+\frac{P_{s2}}{\sigma_z^2}\right)\end{aligned} \tag{9.7}$$

$$\begin{aligned}R_1+R_2\leqslant C_{12}&=\max_{P_1(x_1),P_2(x_2)}\{I(X_1X_2;Y)\}\\&=\frac{1}{2}\log\left(1+\frac{P_{s1}+P_{s2}}{\sigma_z^2}\right)\end{aligned} \tag{9.8}$$

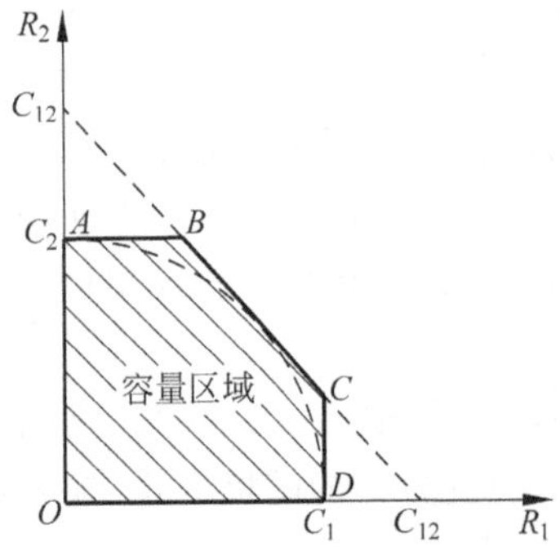

图 9.14　高斯二址接入信道的容量区域

至此，可以画出高斯信道的容量区域如图 9.14 所示。图 9.14 中 B 点是在信源 X_2 不传送信息时信源 X_1 能传送的最大信息传输率，而 A 点是在信源 X_1 不传送信息时信源 X_2 能传送的最大信息传输率；D 点是在信源 X_1 传送最大信息率下信源 X_2 所能传送的最大信息率，而 C 点是在信源 X_2 传送最大信息率下信源 X_1 所能传送的最大信息率。

上述讨论容易推广到一般高斯多址接入信道。一般高斯多址接入信道的容量区域是多面体集合的凸闭包。

与多址接入信道不同，广播信道的容量区域分析比较困难。目前对退化广播信道研究得比较透彻，解决了一些特殊情况下的容量区域问题，而一般广播信道的容量区域问题亟待解决。至于中继信道、双向信道、反馈信道、串扰信道等都已展开了深入研究，但仍有大量的容量区域问题尚未解决。

目前是通信网络蓬勃发展的时代，网络信息论已引起人们的广泛关注和探讨。随着网络信息论的不断发展，其理论与实践必将逐步走向成熟和完善。本节只简单介绍网络信息论初步知识，仅作为今后进一步学习和研究的一个起点。

9.2 信息论在密码学中的应用

人类自从有了战争，就有了密码。密码学源远流长，可以追溯到远古时代。但是，密码学真正发展成为一门科学则是在 20 世纪 70 年代，这是由于信息与通信技术蓬勃发展而引发的结果。在如今的信息时代，信息安全问题日益受到全社会普遍的重视，作为信息安全领域的核心技术，密码学也发挥着越来越重要的作用。

早在 1949 年，香农就在其著名的《保密系统的通信理论》中用信息论的观点对信息保密问题作了全面的论述。信息论现已成为密码学发展的重要理论基础之一。本节将简述信息论在密码学中的应用初步。

9.2.1 保密系统

香农从概率统计观点出发研究信息传输和保密问题，将通信系统归结为如图 9.15 所示的模型，而将保密系统归结为如图 9.16 所示的模型。通信系统设计的目的是在信道有扰情况下使接收的信息错误尽可能地小，而保密系统设计的目的则在于使窃听者即使在完全准确收到接收信号的情况下也无法恢复出原始的秘密消息。

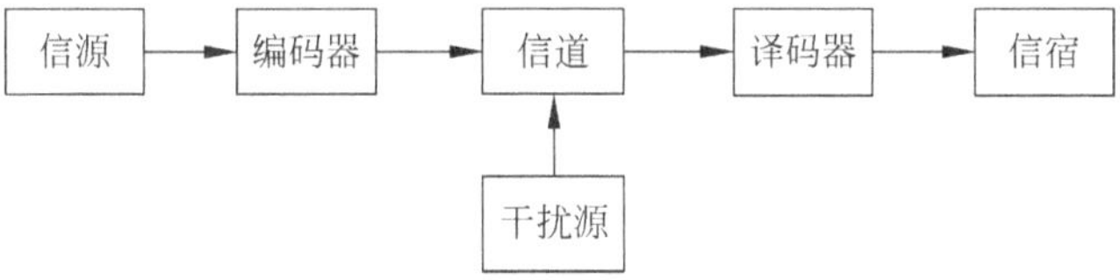

图 9.15 通信系统模型

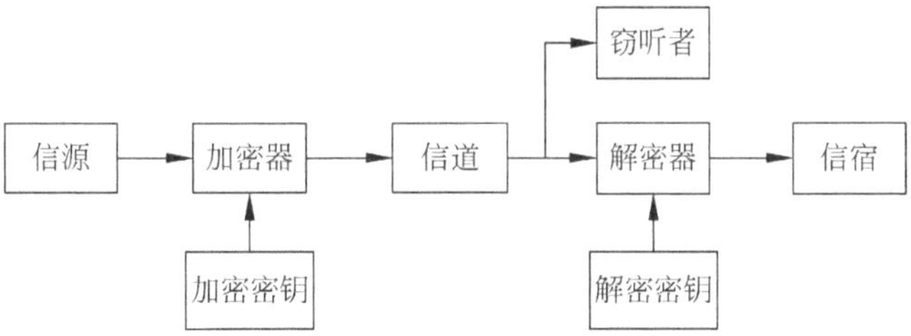

图 9.16 保密系统模型

一般保密系统的操作过程如图 9.16 所示。明文即秘密消息在被发送之前，发送者（信源）和接收者（信宿）之间使用的密钥须事先通过协议商定。即从对应的密钥集合 $\boldsymbol{K}$ 中选取一个特定的密钥。密钥集合称为**密钥空间**。采用的密钥必须严加保密。一般来说，加密与解密算法是可以公开的，窃听者可以知道。因此，密码的安全完全取决于密钥的安全。

值得一提的是，密钥分加密密钥和解密密钥。对于私钥密码体制而言，加密密钥和解密密钥其实是一样的。而对于公钥密码体制，加密密钥和解密密钥是不一样的，一个是可以公开的，另一个必须是保密的。为了讨论方便，本节只考虑私钥密码体制，因此所讨论的密钥既指加密密钥也指解密密钥。

待加密后发送的所有可能的消息的集合称为**明文空间**，记之为 $\boldsymbol{M}$，而所有密文的集合称为**密文空间**，记为 $\boldsymbol{C}$。密钥空间、明文空间与密文空间都是离散有限集合。加密和解密算法确定后，对于给定 $\boldsymbol{m}\in\boldsymbol{M}$，$\boldsymbol{k}\in\boldsymbol{K}$，则可以唯一确定 $\boldsymbol{c}\in\boldsymbol{C}$，反之对于给定 $\boldsymbol{c}\in\boldsymbol{C}$，$\boldsymbol{k}\in\boldsymbol{K}$，则可以唯一确定 $\boldsymbol{m}\in\boldsymbol{M}$。加密和解密过程可表示为

$$\boldsymbol{c}=E_k(\boldsymbol{m}),\quad \boldsymbol{m}=D_k(\boldsymbol{c}) \tag{9.9}$$

并且有

$$\boldsymbol{m}=D_k(E_k(\boldsymbol{m})) \tag{9.10}$$

一般而言，加密和解密算法不是单一的，而是由一族算法构成的，记为$(\boldsymbol{E},\boldsymbol{D})$。这样一套密码系统由 5 个集合构成，可表示为$\{\boldsymbol{M},\boldsymbol{K},\boldsymbol{C},(\boldsymbol{E},\boldsymbol{D})\}$。

假设明文空间所采用的符号集为 $\boldsymbol{A}$，那么所有长度为 S 取值于 $\boldsymbol{A}$ 的符号序列就可形成一种明文空间：

$$\boldsymbol{M}=\{\boldsymbol{m}=(m_1,m_2,\cdots,m_S):\ m_s\in\boldsymbol{A},1\leqslant s\leqslant S\}$$

这样的明文空间记为 $\boldsymbol{A}^S$。同样，假如密文空间所采用的符号集为 $\boldsymbol{B}$，那么所有长度为 T 取值于 $\boldsymbol{B}$ 符号序列也可形成一种密文空间：

$$\boldsymbol{C}=\{\boldsymbol{c}=(c_1,c_2,\cdots,c_T):\ c_t\in\boldsymbol{B},1\leqslant t\leqslant T\}$$

记为 $\boldsymbol{B}^T$。进一步地，给定某 S 和 T，若存在一种一一对应的映射 $f:\boldsymbol{A}^S\to\boldsymbol{B}^T$，那么可用该映射形成一个加密和解密算法，即 $E_k=f$，$D_k=f^{-1}$。通过这种方式可构成多种多样的古典密码系统。例如，取 $\boldsymbol{A}=\boldsymbol{B}$，当 $S=T=1$ 时，就可形成多种单表古典密码；而当 $S=T>1$ 时，就可形成数种多表古典密码。

例 9.2 恺撒(Caesar)密码是著名的单表密码。让 26 个英文字母用有限域 $\boldsymbol{Z}_{26}=\{0,1,2,\cdots,25\}$表示，其字母与整数之间对应关系如表 9.1 所示。那么由于 $\boldsymbol{A}=\boldsymbol{B}=\boldsymbol{Z}_{26}$，给定一个密钥 $k\in\boldsymbol{Z}_{26}$，恺撒加密变换实际上可表示为

$$c=m+k \bmod 26$$

当 $k=3$ 时，明文字母与密文字母之间对应关系见表 9.2。恺撒密码实际上是对 26 个英文字母的一种置换。不同的 k，就会形成不同的置换表。

表 9.1 字母与数字对应关系

字　母	数　字	字　母	数　字	字　母	数　字
a	0	j	9	s	18
b	1	k	10	t	19
c	2	l	11	u	20
d	3	m	12	v	21
e	4	n	13	w	22
f	5	o	14	x	23
g	6	p	15	y	24
h	7	q	16	z	25
i	8	r	17		

表 9.2　$k=3$ 时的恺撒密码表

明文字母	a	b	c	d	e	f	g	h	i	j	k	l	m	n	o	p	q	r	s	t	u	v	w	x	y	z
密文字母	d	e	f	g	h	i	j	k	l	m	n	o	p	q	r	s	t	u	v	w	x	y	z	a	b	c

例 9.3　维吉尼亚(Vigenere)密码是著名的多表密码，是恺撒密码的自然推广。让 $\boldsymbol{A}=\boldsymbol{B}=\boldsymbol{Z}_{26}$ 表示 26 个英文字母，且设 $S=T=d\geqslant 1$，并取密钥为 $\boldsymbol{k}=(k_1 \quad k_2 \quad \cdots \quad k_d)$，$k_i\in\boldsymbol{Z}_{26}$，$1\leqslant i\leqslant d$。维吉尼亚密码先将明文序列每 d 明文符号分一组然后逐组进行加密。如让 $\boldsymbol{m}=(m_1,m_2,\cdots,m_d)$，那么相应的密文可表示为

$$\boldsymbol{c}=E_k(\boldsymbol{m}),\quad c_i=m_i+k_i \bmod 26 \quad 1\leqslant i\leqslant d$$

9.2.2　完全保密性

对于明文空间 $\boldsymbol{M}=\{\boldsymbol{m}_1,\boldsymbol{m}_2,\cdots,\boldsymbol{m}_U\}$，其第 u 个明文出现的概率为 $P(\boldsymbol{m}_u)$，那么该明文信息熵表示为

$$H(\boldsymbol{M})=-\sum_{\boldsymbol{m}_u\in\boldsymbol{M}}P(\boldsymbol{m}_u)\log P(\boldsymbol{m}_u)$$

类似地，密钥熵和密文熵可表示为

$$H(\boldsymbol{K})=-\sum_{\boldsymbol{k}_v\in\boldsymbol{K}}P(\boldsymbol{k}_v)\log P(\boldsymbol{k}_v)$$

$$H(\boldsymbol{C})=-\sum_{\boldsymbol{c}_w\in\boldsymbol{C}}P(\boldsymbol{c}_w)\log P(\boldsymbol{c}_w)$$

其中，$\boldsymbol{K}=\{\boldsymbol{k}_1,\boldsymbol{k}_2,\cdots,\boldsymbol{k}_V\}$ 和 $\boldsymbol{C}=\{\boldsymbol{c}_1,\boldsymbol{c}_2,\cdots,\boldsymbol{c}_W\}$ 分别为密钥空间和密文空间，而 $P(\boldsymbol{k}_v)$ 和 $P(\boldsymbol{c}_w)$ 分别为第 v 个明文的出现概率和第 w 个密文的出现概率。对于密码学来说，人们更感兴趣的是在已获得某些密文的条件下，对发送某些明文或者使用某一密钥的不确定性度量。这一信息度量正好用疑义度来表示：

$$H(\boldsymbol{M}\mid\boldsymbol{C})=-\sum_{\boldsymbol{m}_u\in\boldsymbol{M},\boldsymbol{c}_w\in\boldsymbol{C}}P(\boldsymbol{m}_u,\boldsymbol{c}_w)\log P(\boldsymbol{m}_u\mid\boldsymbol{c}_w)$$

$$H(\boldsymbol{K}\mid\boldsymbol{C})=-\sum_{\boldsymbol{k}_v\in\boldsymbol{K},\boldsymbol{c}_w\in\boldsymbol{C}}P(\boldsymbol{k}_v,\boldsymbol{c}_w)\log P(\boldsymbol{k}_v\mid\boldsymbol{c}_w)$$

进一步，通过截获密文而获得关于明文和密钥方面的信息量分别表示为

$$I(\boldsymbol{M};\boldsymbol{C})=H(\boldsymbol{M})-H(\boldsymbol{M}\mid\boldsymbol{C}) \tag{9.11}$$

$$I(\boldsymbol{K};\boldsymbol{C})=H(\boldsymbol{K})-H(\boldsymbol{K}\mid\boldsymbol{C}) \tag{9.12}$$

显然，$H(\boldsymbol{M}|\boldsymbol{C})$ 越大，可获得明文方面的信息量越小；类似地，$H(\boldsymbol{K}|\boldsymbol{C})$ 越大，可获得密钥方面的信息量越小。当然，从保密系统安全性角度来讲，窃听者从截获的密文中得不到关于明文任何信息最好。这意味着 $I(\boldsymbol{M};\boldsymbol{C})=0$。为此，有下面定义。

定义 9.1　对于一个保密系统 $\{\boldsymbol{M},\boldsymbol{K},\boldsymbol{C},(\boldsymbol{E},\boldsymbol{D})\}$，若满足

$$I(\boldsymbol{M};\boldsymbol{C})=0 \tag{9.13}$$

则称该系统为**完全的保密系统**或无条件的保密系统。

值得一提的是，上述完全的安全性是对唯密文破译而言的，它不一定能保证在已知明文或选择明文破译条件下也是安全的。

若一个系统为完全保密的，即式(9.13)成立，则由式(9.12)可知

$$H(\boldsymbol{M})=H(\boldsymbol{M}\mid\boldsymbol{C}) \tag{9.14}$$

而式(9.14)要求

$$P(\boldsymbol{m})=P(\boldsymbol{m}\mid \boldsymbol{c}),\quad \forall \boldsymbol{m}\in \boldsymbol{M},\forall \boldsymbol{c}\in \boldsymbol{C} \tag{9.15}$$

成立。这表明明文与密文必须是完全统计独立的。反过来，若明文与密文是完全统计独立的，则窃听者不可能从截获的密文中获得关于明文的任何信息。

此外，窃听者从密文中获得明文的信息量 $I(\boldsymbol{M};\boldsymbol{C})$ 有如下一个下界。

定理 9.2 对于任何一个保密系统 $\{\boldsymbol{M},\boldsymbol{K},\boldsymbol{C},(\boldsymbol{E},\boldsymbol{D})\}$，均有

$$I(\boldsymbol{M};\boldsymbol{C})\geqslant H(\boldsymbol{M})-H(\boldsymbol{K}) \tag{9.16}$$

证明 若窃听者能同时获得密钥和密文，则必可推知明文，故有

$$H(\boldsymbol{M}\mid \boldsymbol{C},\boldsymbol{K})=0$$

这样

$$\begin{aligned}H(\boldsymbol{M},\boldsymbol{K}\mid \boldsymbol{C})&=H(\boldsymbol{K}\mid \boldsymbol{C})+H(\boldsymbol{M}\mid \boldsymbol{C},\boldsymbol{K})\\&=H(\boldsymbol{K}\mid \boldsymbol{C})\end{aligned}$$

反过来，有

$$\begin{aligned}H(\boldsymbol{K}\mid \boldsymbol{C})&=H(\boldsymbol{M},\boldsymbol{K}\mid \boldsymbol{C})\\&=H(\boldsymbol{M}\mid \boldsymbol{C})+H(\boldsymbol{K}\mid \boldsymbol{C},\boldsymbol{M})\\&\geqslant H(\boldsymbol{M}\mid \boldsymbol{C})\end{aligned}$$

进而有

$$\begin{aligned}I(\boldsymbol{M};\boldsymbol{C})&=H(\boldsymbol{M})-H(\boldsymbol{M}\mid \boldsymbol{C})\\&\geqslant H(\boldsymbol{M})-H(\boldsymbol{K}\mid \boldsymbol{C})\end{aligned}$$

既然 $H(\boldsymbol{K}|\boldsymbol{C})\leqslant H(\boldsymbol{K})$，故有

$$I(\boldsymbol{M};\boldsymbol{C})\geqslant H(\boldsymbol{M})-H(\boldsymbol{K})$$

即得证。 ■

一般密钥空间中的密钥是等概率分布的，因此 $H(\boldsymbol{K})$ 与密钥空间的密钥量有关。密钥量越大，$H(\boldsymbol{K})$ 也越大，密钥量越小，$H(\boldsymbol{K})$ 亦越小。由式(9.16)可知，密钥量越小，$H(\boldsymbol{K})$ 将会越小，而 $I(\boldsymbol{M};\boldsymbol{C})$ 越接近 $H(\boldsymbol{M})$，从而会使窃听者从截获的密文中获得关于明文的信息量越大，其成功破译的可能性亦越大。因此，从设计保密系统安全性角度来看，必须使密钥空间的密钥量尽可能大。

定理 9.3 对于一个完全的保密系统 $\{\boldsymbol{M},\boldsymbol{K},\boldsymbol{C},(\boldsymbol{E},\boldsymbol{D})\}$，必有

$$H(\boldsymbol{K})\geqslant H(\boldsymbol{M}) \tag{9.17}$$

证明 由完全保密系统的定义可知 $I(\boldsymbol{M};\boldsymbol{C})=0$，因此有

$$H(\boldsymbol{M})=H(\boldsymbol{M}\mid \boldsymbol{C})$$

由于 $H(\boldsymbol{M}|\boldsymbol{C},\boldsymbol{K})=0$ 和 $H(\boldsymbol{K}|\boldsymbol{C})\leqslant H(\boldsymbol{K})$ 成立，进一步可有

$$\begin{aligned}H(\boldsymbol{M})&=H(\boldsymbol{M}\mid \boldsymbol{C})\\&\leqslant H(\boldsymbol{M},\boldsymbol{K}\mid \boldsymbol{C})\\&=H(\boldsymbol{K}\mid \boldsymbol{C})+H(\boldsymbol{M}\mid \boldsymbol{C},\boldsymbol{K})\\&=H(\boldsymbol{K}\mid \boldsymbol{C})\\&\leqslant H(\boldsymbol{K})\end{aligned}$$

即得证。 ■

由定理 9.3 可知，要构造完全的保密系统，密钥熵必须大于明文熵。当所有密钥等概率

分布时，密钥量的对数要大于明文熵。这再次强调了密钥空间的密钥量越大，系统越安全。

定理 9.4 对于一个保密系统$\{\boldsymbol{M},\boldsymbol{K},\boldsymbol{C},(\boldsymbol{E},\boldsymbol{D})\}$，若有$|\boldsymbol{M}|=|\boldsymbol{K}|=|\boldsymbol{C}|$，即$U=V=W$成立，则其为完全的保密系统的充分必要条件为

(1) 将每个明文$\boldsymbol{m}_u$加密成每个密文$\boldsymbol{c}_w$的密钥$\boldsymbol{k}_v$只有一个；

(2) 所有密钥都是等概率的，即$P(\boldsymbol{k}_v)=\frac{1}{V}$。

证明 (必要性)对于完全的保密系统，明文与密文必须是完全统计独立的，因此会有

$$P(\boldsymbol{c}_w)=P(\boldsymbol{c}_w \mid \boldsymbol{m}_u),\quad \forall \boldsymbol{m}_u \in \boldsymbol{M},\quad \forall \boldsymbol{c}_w \in \boldsymbol{C}$$

这表明任意一明文$\boldsymbol{m}_u$可通过某一密钥$\boldsymbol{k}_w$加密成任意一密文$\boldsymbol{c}_w$。由于密文数量和密钥数量相等，那么固定某一明文$\boldsymbol{m}_u$，能让密钥$\boldsymbol{k}_w$和密文$\boldsymbol{c}_w$一一对应，即说明结论(1)成立。另外，对于完全的保密系统，任意一个密文$\boldsymbol{c}_w$，均有

$$P(\boldsymbol{c}_w \mid \boldsymbol{m}_u)=P(\boldsymbol{c}_w),\quad \forall \boldsymbol{m}_u \in \boldsymbol{M}$$

这里$P(\boldsymbol{c}_w|\boldsymbol{m}_u)$是将明文$\boldsymbol{m}_u$变成$\boldsymbol{c}_w$的唯一密钥的概率，因此每个密钥都是等可能地出现，即(2)也成立。

(充分性)现假定(1)和(2)成立。$P(\boldsymbol{c}_w|\boldsymbol{m}_u)$是将一明文$\boldsymbol{m}_u$变成一密文$\boldsymbol{c}_w$的密钥的概率。根据(1)，这个密钥是唯一的；根据(2)，这个密钥与其他密钥一样都是等可能出现的。这说明对所有的明文$\boldsymbol{m}_u$和密文$\boldsymbol{c}_w$均有$P(\boldsymbol{c}_w|\boldsymbol{m}_u)=\frac{1}{V}$。另外

$$\begin{aligned}P(\boldsymbol{c}_w) &= \sum_{\boldsymbol{m}_u \in \boldsymbol{M}} P(\boldsymbol{m}_u)P(\boldsymbol{c}_w \mid \boldsymbol{m}_u)\\ &= \frac{1}{V}\sum_{\boldsymbol{m}_u \in \boldsymbol{M}} P(\boldsymbol{m}_u)=\frac{1}{V}\end{aligned}$$

即有

$$P(\boldsymbol{c}_w)=P(\boldsymbol{c}_w \mid \boldsymbol{m}_u)$$

由$\boldsymbol{m}_u$和$\boldsymbol{c}_w$的任意性可知，明文与密文是完全统计独立的，从而说明该保密系统是完全的。■

"一次一密"的加密方案就可实现完全保密：对不同的明文用不同密钥进行加密。但在实际应用中，"一次一密"方案要求每传送一个明文，都必须产生一个新的密钥，并通过安全的信道传送给接收者，这无疑会给密钥管理带来很大困难。

总之，完全保密系统虽然十分安全，但是为了确保完全保密，分配和管理大量的密钥量会产生很实际的问题。

随着人类进入信息时代，信息安全与通信保密问题日益突出。因此，研究通信系统不光要提高其信息传输的有效性和可靠性，还要提高其安全性。本节仅简单地介绍一些保密通信的初步知识，至于更详细、更完全的内容请参阅有关书籍。

习题解答

9.1 设有一个离散二址接入信道，其信源为X_1和X_2，信宿为Y。该信道是由两个独立的二元对称信道构成的，其错误概率分别为p_1和p_2，如图 9.17 所示。试求该信道容量区域。

解 第一个信道的信道容量 $C_1=1-H(p_1)$,第二个信道的信道容量 $C_2=1-H(p_2)$。因为这两信道是相互独立的,所以没有彼此干扰。它的信道容量区域如图 9.18 所示。

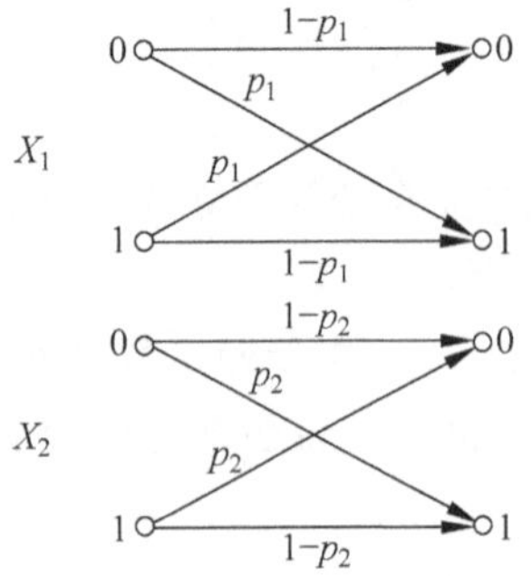

图 9.17 习题 9.1 图(一)

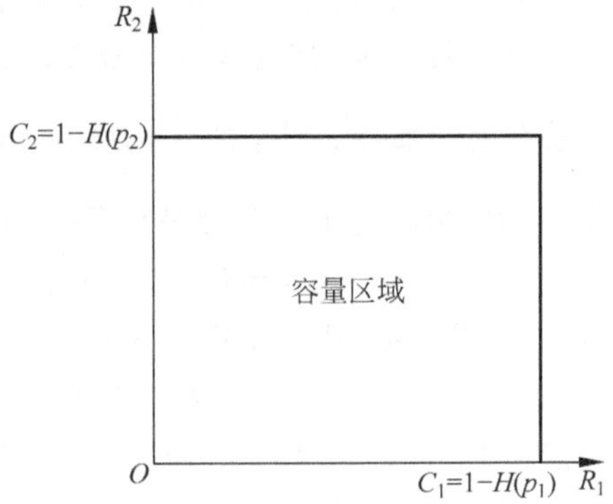

图 9.18 习题 9.1 图(二) ■

9.2 有一个二址接入信道,其信道输入端 $X_1=\{0,1\}$,$X_2=\{0,1\}$,输出端 $Y=\{0,1,2\}$,其输入与输出关系为 $Y=X_1+X_2$。试求该信道容量区域。

解 此信道为二址接入二元和信道,可由图 9.19 表示。

其信道的传递概率 $P(y/x_1x_2)$ 如图 9.20 所示。

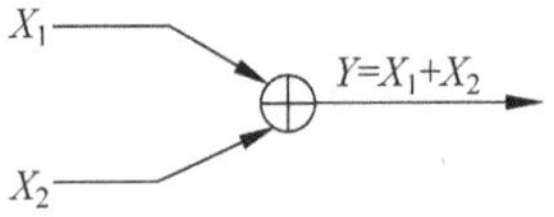

图 9.19 习题 9.2 图(一)

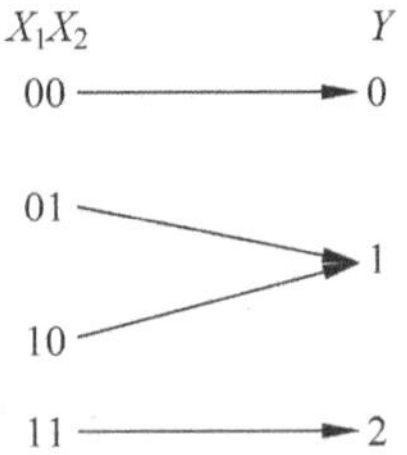

图 9.20 习题 9.2 图(二)

由图 9.20 可知,这个信道等价于一个有 4 个输入端、3 个输出端的无扰有损信道。信道传递概率 $P(y/x_1x_2)$ 是 0,1 分布(对所有 x_1、x_2 和 y)。因此,对任何输入概率分布都有 $H(Y|X_1X_2)=0$。当 $X_2=x_2$ 时,X_1 与 Y 是一一对应的传递,所以 $H(X_1|X_2Y)=0$。同理,$H(X_2|X_1Y)=0$。由定理 9.1 得,速率对(R_1R_2)的可达区域为

$C(P_1P_2)=\{(R_1R_2):0\leqslant R_1\leqslant H(X_1),\quad 0\leqslant R_2\leqslant H(X_2),\quad 0\leqslant R_1+R_2\leqslant H(Y)\}$

计算得

$$C_1=\max_{P_1(x_1)}H(X_1)=1\text{ 比特}$$

$$C_2=\max_{P_2(x_2)}H(X_2)=1\text{ 比特}$$

且

$$C_{12}=\max_{P_1(x_1)P_2(x_2)}I(X_1X_2;Y)=\max_{P_1(x_1)P_2(x_2)}H(Y)$$

可计算得 $P_1(x_1=0)=P_1(x_1=1)=P_2(x_2=0)=P_2(x_2=1)=\dfrac{1}{2}$ 时为最佳分布,$C_{12}=1.5$

比特。注意，现在是在 X_1 和 X_2 统计独立的情况下求 $H(Y)$ 最大，因此得其容量区如图 9.21 所示的阴影部分。

也可以根据前面的分析，在找出 B 点后来寻求 D 点。在假设取 1 比特/符号这个最大值时，取 0 和 1 是等概率分布的。因此，这时对传输 X_2 来说，X_1 相当于一种噪声。它使 X_2 传输到 Y 的信道成为二元删除信道。可求得二元删除信道的信道容量为 0.5(比特/符号)。因此，当 $R_1=1$(比特/符号)时，发送者 2 还能传输 0.5(比特/符号)，由此求出 D 点。同理，可计算出 C 点。它对应的是 $R_2=1$(比特/符号)。同样，可计算得到图 9.21 的容量区。 ■

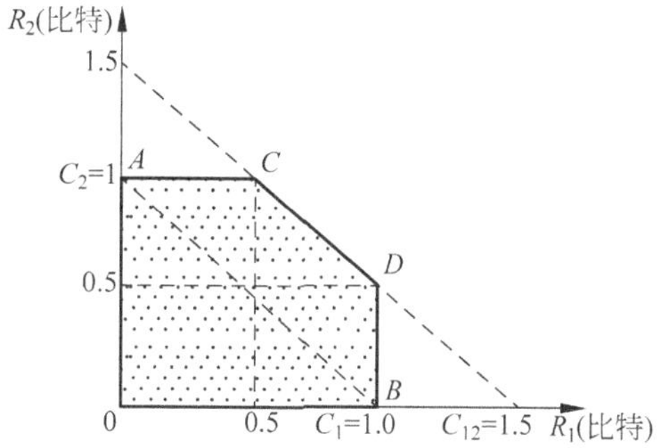

图 9.21 习题 9.2 图(三)

9.3 对于英文字母，已知一种简单的加密方式如下：

$$c = 5m + 12 \bmod 26$$

若明文为 Information，试求加密后的密文。

解 明文为 Information 的密文为 AZLETUMDAEZ。

9.4 对于一个多字母代换密码，其加密算法为

$$\begin{bmatrix} c_1 \\ c_2 \\ c_3 \end{bmatrix} = \begin{bmatrix} 1 & 2 & 3 \\ 4 & 5 & 6 \\ 7 & 8 & 9 \end{bmatrix} \begin{bmatrix} m_1 \\ m_2 \\ m_3 \end{bmatrix} \bmod 26$$

当明文为 Data Security(不计单字间空隙)时，试求加密后的密文。

解 明文 Data Security 表示为

表 9.3 习题 9.4 表

d	a	t	a		s	e	c	u	r	i	t	y
3	0	19	0		18	4	2	20	17	8	19	24

既然

$$\begin{bmatrix} c_1 \\ c_2 \\ c_3 \end{bmatrix} = \begin{bmatrix} 1 & 2 & 3 \\ 4 & 5 & 6 \\ 7 & 8 & 9 \end{bmatrix} \begin{bmatrix} 3 \\ 0 \\ 19 \end{bmatrix} = \begin{bmatrix} 60 \\ 126 \\ 192 \end{bmatrix} \bmod 26 = \begin{bmatrix} 8 \\ 22 \\ 10 \end{bmatrix}$$

$$\begin{bmatrix} c_4 \\ c_5 \\ c_6 \end{bmatrix} = \begin{bmatrix} 1 & 2 & 3 \\ 4 & 5 & 6 \\ 7 & 8 & 9 \end{bmatrix} \begin{bmatrix} 0 \\ 18 \\ 4 \end{bmatrix} = \begin{bmatrix} 48 \\ 114 \\ 180 \end{bmatrix} \bmod 26 = \begin{bmatrix} 22 \\ 10 \\ 24 \end{bmatrix}$$

$$\begin{bmatrix} c_7 \\ c_8 \\ c_9 \end{bmatrix} = \begin{bmatrix} 1 & 2 & 3 \\ 4 & 5 & 6 \\ 7 & 8 & 9 \end{bmatrix} \begin{bmatrix} 2 \\ 20 \\ 17 \end{bmatrix} = \begin{bmatrix} 93 \\ 210 \\ 327 \end{bmatrix} \bmod 26 = \begin{bmatrix} 15 \\ 2 \\ 15 \end{bmatrix}$$

$$\begin{bmatrix} c_{10} \\ c_{11} \\ c_{12} \end{bmatrix} = \begin{bmatrix} 1 & 2 & 3 \\ 4 & 5 & 6 \\ 7 & 8 & 9 \end{bmatrix} \begin{bmatrix} 8 \\ 19 \\ 24 \end{bmatrix} = \begin{bmatrix} 118 \\ 271 \\ 424 \end{bmatrix} \bmod 26 = \begin{bmatrix} 14 \\ 11 \\ 8 \end{bmatrix}$$

所以密文为 iwkw kypcpoli。 ■

9.5 对于一个保密系统$\{\boldsymbol{M},\boldsymbol{K},\boldsymbol{C},(\boldsymbol{E},\boldsymbol{D})\}$,若有

$$P(\boldsymbol{m})=P(\boldsymbol{m} \mid \boldsymbol{c}), \quad \forall \boldsymbol{m} \in \boldsymbol{M}, \quad \forall \boldsymbol{c} \in \boldsymbol{C}$$

证明该系统是一个完全的保密系统。

证明 若一个系统为完全保密的,即有式(9.13)成立,则由式(9.12)可知

$$H(\boldsymbol{M})=H(\boldsymbol{M} \mid \boldsymbol{C})$$

而上式要求下式

$$P(\boldsymbol{m})=P(\boldsymbol{m} \mid \boldsymbol{c}), \quad \forall \boldsymbol{m} \in \boldsymbol{M}, \quad \forall \boldsymbol{c} \in \boldsymbol{C}$$

成立。这表明明文与密文必须是完全统计独立的。反过来,若明文与密文是完全统计独立的,则窃听者不可能从截获的密文中获得关于明文的任何信息,即式(9.13)必成立,故该系统是一个完全的保密系统。 ■

参考文献

[1] 周荫清.信息论基础[M].北京：北京航空航天大学出版社，2006.

[2] 傅祖芸.信息论——基础理论与应用[M].北京：电子工业出版社，2001.

[3] 万旺根，余小清.信息与编码理论基础[M].上海：上海大学出版社，2000.

[4] 姜丹.信息论与编码[M].合肥：中国科技大学出版社，2001.

[5] 曹雪虹，张宗橙.信息论与编码[M].北京：北京邮电大学出版社，2001.

[6] 沈连丰，叶芝慧.信息论与编码[M].北京：科学出版社，2004.

[7] 吴伟陵.信息处理与编码[M].北京：人民邮电出版社，2003.

[8] 王育民，李晖，梁传甲.信息论与编码理论[M].北京：高等教育出版社，2005.

[9] 陈杰，徐华平，周荫清.信息理论基础习题集[M].北京：清华大学出版社，2005.

[10] 傅祖芸.信息论与编码学习辅导及习题详解[M].北京：电子工业出版社，2004.

[11] 岳殿武.分组编码学[M].西安：西安电子科技大学出版社，2007.

[12] 沈世镒，吴忠华.信息论基础与应用[M].北京：高等教育出版社，2004.

[13] 王新梅，肖国镇.纠错码——原理与方法[M].西安：西安电子科技大学出版社，1991.

[14] 张宗橙.纠错编码原理和应用[M].北京：电子工业出版社，2003.

[15] 卢开澄.计算机密码学[M].北京：清华大学出版社，2003.

[16] 刘东华.Turbo码原理与应用技术[M].北京：电子工业出版社，2004.

[17] 袁东风，张海刚.LDPC码理论与应用[M].北京：人民邮电出版社，2008.

[18] T. M. Cover, J. A. Thomas. Elements of Information Theory[M]. New York: John Wiley & Sons. Inc.，1991.

[19] T. J. Richardson, R. Urbanke. Modern Coding Theory[M]. Cambridge University Press, 2005.

[20] V. D. Goppa. Geometry and codes[M]. Kluwer Academic Publishers, 1988.

[21] D. S. Jones. Elementary Information Theory[M]. Oxford: Clarendon, 1979.

[22] F. J. MacWilliams, N. J. A. Sloane. The Theory of Error-Correcting Codes[M]. North-Holland: Elsevier, 1977.

[23] B. J. Frey, et al. Introduction to the special issue on codes on graphs and iterative algorithms[J]. IEEE Trans. on Information Theory, 2001, 47(2): 493-496.

[24] A. R. Hammons, P. V. Kumar, A. R. Calderbank, et al. The linearity of Kerdock, Preparata, Goethals, and related codes[J]. IEEE Trans. Information Theory, 1994, 40(2): 301-319.

[25] Z. Zhang. Network error correlation coding in packetized networks[C]. In Proc. IEEE Information Theory Workshop, 433-437, 2006.

[26] S. Y. Shen, K. Wang, G. Hu, et al. On the alignment space and its applications[C]. In Proc. IEEE Information Theory Workshop, 2006, 165-169.

[27] L. R. Bahl, J. Cocke, F. Jelinek, et al. Optimal decoding of linear codes for minimizing symbol error rate[J]. IEEE Trans. on Information Theory, 1974, 20(2): 284-287.

[28] J. Hagenauer, E. Offer, L. Papke. Iterative decoding of binary block and convolutional codes[J]. IEEE Trans. on Information Theory, 1996, 42(2): 429-445.

[29] H. Jin, J. McEliece. Coding Theorems for turbo code ensembles[J]. IEEE Trans. on Information Theory, 2002, 48(6): 1451-1461.

[30] D. J. C. Mackay. Good error-correcting codes based on very sparse matrices[J]. IEEE Trans. on

Information Theory, 1999, 45(2): 399-431.
[31] C. Berrou, A. Glavieux, P. Thitimajshima. Near Shannon limit error-correcting coding and decoding: turbo codes[C]. Proc. ICC'93, Geneva, Switzerland, 1993, 1064-1070.
[32] R. G. Gallager. Low-density parity-check codes[J]. IRE Trans. on Information Theory, 1962, 8(1): 21-28.
[33] S. Y. Chung, G. D. Forney, T. J. Richardson, et al. On the design of low-density parity-check codes with 0.0045 dB of the Shannon limit[J]. IEEE communications Letters, 2001, 5(2): 58-60.
[34] Y. Kou, S. Lin, M. Fossorier. Low density parity check codes based on finite geometries: a rediscovery and new results[J]. IEEE Trans. on Information Theory, 2001, 47(7): 2711-2736.
[35] J. Boutrous, O. Pothier, G. Zemor. Generalized low density (Tanner) codes[C]. in Proc. ICC'99, Houston, 1999, 441-445.
[36] M. Lentmaier, K. S. Ziganfirov. On generalized low-density parity-check codes based on Hamming component codes[J]. IEEE Communication Letter, 1999, 3(8): 248-250.
[37] M. G. Luby, M. Mitzenmacher, M. A. Shokrollahi, et al. Efficient erasure correcting codes[J]. IEEE Trans. on Information Theory, 2001, 47(2): 569-584.
[38] D. J. C. Mackay, R. M. Neal. Near Shannon limit performance of low-density parity-check codes[J]. Electronic Letters, 1996, 32: 1645-1646.
[39] D.-W. Yue, E.-H. Yang. Asymptotically Gaussian weight distribution and performance of multi-dimensional turbo block codes and product codes[J]. IEEE Transactions on Communications, 2004, 52(5): 728-736.
[40] C. E. Shannon. A mathematical theory of Communication[J]. Bell Syst. Tech. J., 1948, 27(7,12): 379-423, 623-656.
[41] C. E. Shannon. Communication theory of secrecy systems[J]. Bell Syst. Tech. J., 1949, 28(7): 656-715.
[42] 黎洪松. 数字通信原理[M]. 西安：西安电子科技大学出版社，2012.
[43] 吴伟陵，牛凯. 移动通信原理[M]. 北京：电子工业出版社，2005.
[44] 王新梅，张焕国，马建峰，等. 计算机中的纠错码技术[M]. 北京：人民邮电出版社，1999.
[45] 宋焕章. 计算机纠错编码[M]. 长沙：国防科技大学出版社，1990.

附录 代数基础知识

APPENDIX

线性代数、近世代数等是研究具有纠、检错功能的信道编码理论的有力工具。信道编码的迅速发展，一是取决于它的广泛应用，二是取决于所用的数学工具。本附录无意系统讨论信道编码理论的数学基础，旨在简要地介绍本书涉及的代数基本知识。本附录主要参考了文献[44,45]。

A.1 群

群是各种代数系统如环、域等的基础，也是学习信道编码的基础。这部分先介绍群的基本知识，然后再介绍子群、循环群等。

A.1.1 基本概念

定义 A.1 令 $\boldsymbol{G}$ 是一组元素的集合，在该集合内定义了一种代数运算。(例如，模 2 加和模 2 乘等)，若满足以下 4 条公理，则称该元素集合 $\boldsymbol{G}$ 是一个群(Group)。

(1) 封闭性　对任意一对元素 a、$b\in\boldsymbol{G}$($\in$表示 a、b 元素均含在集合 $\boldsymbol{G}$ 内)，恒有

$$a\circ b\in\boldsymbol{G}$$

(2) 有单位元　在 $\boldsymbol{G}$ 内含有一个单位元(或恒等元)e，使对任意 $a\in\boldsymbol{G}$ 恒有

$$e\circ a=a\circ e=a$$

(3) 有逆元　对任意元素 $a\in\boldsymbol{G}$，必有一个元素 $a^{-1}\in\boldsymbol{G}$ 使得

$$a^{-1}\circ a=a\circ a^{-1}=e$$

(4) 结合律　对任意 a、$b\in\boldsymbol{G}$ 有

$$a\circ(b\circ c)=(a\circ b)\circ c$$

可以证明，群中的单位元和元素的逆元是唯一的。如果群 $\boldsymbol{G}$ 还满足交换律，即对任意元素 a、$b\in\boldsymbol{G}$，在$\circ$运算下，满足

$$a\circ b=b\circ a$$

则称该群 $\boldsymbol{G}$ 是可(交)换群或阿贝尔群。

例 A.1 全体整数集合，记为 $\mathbf{Z}$，在整数相加运算下组成整数加群，该群中两个整数之和仍是整数，单位元是 0，整数 a 的逆元是($-a$)，显然满足结合律，并且也满足交换律，因此

整数加群是一个可换群。

例 A.2 全体有理数(除 0 以外)集合 **Q**，在普通相乘运算下，组成阿贝尔群(乘群)，该群中的单位元是 1，有理数 a 的逆元是 a^{-1}，交换律与结合律也显然都满足。

上例两个群中元素的个数有无限多，称为无限群。当然，也存在元素个数有限的群，称为有限群。通常定义群中元素的个数为群的阶数。

例 A.3 0、1 两个元素的集合，在模 2 加运算下，组成一个二阶群，并且是一个可换群。而 1 这一个元素的集合，在模 2 相乘运算下，也组成群，该群中的单位元、逆元均为 1，结合律和交换律也均满足，所以是一个一阶可换群。

例 A.4 {000,001,010,011,100,101,110,111}是 8 个元素的集合，在对应位模 2 加运算下，也构成一个可换群，显然这是一个由 8 个元素组成的八阶有限群。

A.1.2 剩余类群

由欧几里得除法可知，任给两个整数 a、m 一定可表示成

$$a = qm + r, \quad 0 \leqslant r \leqslant m-1$$

式中，q 称为商数，r 称为余数。若两个数 a、b 相加或相乘后，再用 m 除并取余数，则这种运算称为模 m 加或 m 乘，用 mod m 表示。在模 m 运算下，若两个数 a、b 的余数相同，则称 a、b 在模 m 下同余，用

$$a \equiv b \bmod m$$

表示。

可以验证，元素集合$\{0,1,2,\cdots,m-1\}$在模 m 加运算下，也构成 m 阶的阿贝尔群，称此群为剩余类群。

例 A.5 $19939 \equiv 27 \pmod{131}$，$9699 \equiv 5 \pmod{131}$，则

$$19939 \times 9699 \equiv 27 \times 5 \equiv 4 \bmod 131$$

A.1.3 子群

定义 A.2 群 $\boldsymbol{G}$ 中部分元素的非空集合 $\boldsymbol{H}$，若在群 $\boldsymbol{G}$ 所定义的运算"$\circ$"下也满足群的条件，则称 $\boldsymbol{H}$ 是 $\boldsymbol{G}$ 的子群。

若 $\boldsymbol{G} \supset \boldsymbol{H}$(表示 $\boldsymbol{G}$ 包含 $\boldsymbol{H}$)，则称 $\boldsymbol{H}$ 是 $\boldsymbol{G}$ 的真子群。若 $\boldsymbol{G}=\boldsymbol{H}$，则称 $\boldsymbol{H}$ 为假子群(平凡子群)。

通常，由群中单位元组成的子群，也称为假子群。因此，一个群必有两个假子群：群本身和由单位元组成的子群。

要检验 $\boldsymbol{H}$ 是否为 $\boldsymbol{G}$ 的子群，不必全部检查群的 4 个条件。可以证明，对任何 a、$b \in \boldsymbol{H}$，若 $a \circ b^{-1} \in \boldsymbol{H}$，则 $\boldsymbol{H}$ 必是 $\boldsymbol{G}$ 的子群。这里 $\boldsymbol{H}$ 中运算$\circ$与 $\boldsymbol{G}$ 中定义的运算相同。

例 A.6 整数加群 $\boldsymbol{Z}$ 中，所有偶数集合组成 $\boldsymbol{Z}$ 的一个真子群，而单位元 0 也组成 $\boldsymbol{Z}$ 的一个假子群。

设 $\boldsymbol{H} \subset \boldsymbol{G}$ 是有限群 $\boldsymbol{G}$ 的子群，$\boldsymbol{G}$ 的阶数等于 n_G，则子群 $\boldsymbol{H}$ 的阶数 n_H，必是 n_G 的因子。

例 A.7 模 9 的剩余类全体：$\bar{0},\bar{1},\cdots,\bar{8}$，对于模 9 的加法运算构成一个群，则 $\bar{0},\bar{3},\bar{6}$ 是它的一个子群。

A.1.4 循环群

循环群在信道编码理论中起着重要作用。

定义 A.3 若群 $\boldsymbol{G}$ 中的所有元素均是其中某一个元素 a 的幂,则称 $\boldsymbol{G}$ 为循环群,用 $\boldsymbol{G}(a)$ 表示。

由此可知,循环群 $\boldsymbol{G}(a)$ 是如下一组元素的集合:$\{a^0=e=1,a^1,a^2,a^3,\cdots\}$。其中,$a^0=1$ 是单位元 e;而 a 称为 $\boldsymbol{G}(a)$ 的生成元,它能生成 $\boldsymbol{G}(a)$ 中的所有元素。

在$\{a^0=e=1,a^1,a^2,a^3,\cdots\}$形成的元素集合中,有两种情况:一种是 a 的幂可以一直无限地写下去,而不会与以前 a 的任何幂相等,即对任意 $i\neq j$,一定有 $a^i\neq a^j$,这种组成的循环群,其阶数是无限的,称为无限循环群。另一种情况是 a 的幂不能无限地写下去,到某次幂后就与以前的幂相等了,这时群的阶数是有限的,称为有限循环群。在有限循环群中,对任一元素 a,必有一个正整数 $n\neq 0$ 使得:

$$a^n=1$$

满足上式的最小正整数 n 称为元素 a 的级。因此,若以 n 级元素 a 作生成元,则生成的循环群 $\boldsymbol{G}(a)$ 由如下元素组成:

$$a^0=1,a,a^2,\cdots,a^{n-1}$$

由于 $a^n=1,a^{n+1}=a,a^{n+2}=a^2,\cdots$,所以由 a 生成的循环群中元素的个数必有限,且等于 n。

循环群中元素的级有如下性质:

(1) a 是 n 级元素,$a^n=1$;如果 $a^m=1$,则 $n|m$(表示 n 整除 m)。

(2) 若 a 是 n 级元素,则 a^i 的级是 $n/(i,n)$,这里 (i,n) 表示 i 与 n 的最大公因子;若 $(i,n)=1$,则 i 与 n 两个数互素。由此可知,a^i 的级一定是 a 的级 n 的因子。

(3) 若 a 是 n 级元素,b 是 m 级元素,且 $(m,n)=1$,则元素 ab 的级是 nm。

例 A.8 整数集合 $\mathbf{Z}$ 可以看作通常加法意义下的以生成元为 1 的循环群。它是一个无限循环群。

例 A.9 在模 5 相乘运算下,$\{1,2,3,4\}$ 4 个元素的集合组成一个有限循环群,其生成元 $a=2$,既然 $2^0=1,2^1=2,2^2=4,2^3\equiv 3 \bmod 5,2^4\equiv 1 \bmod 5$,故 2 是一个四级元素。容易显示,该循环群也可以由另一四级元素 3 生成。

一个循环群的生成元可以不止一个,凡是级为 n 的元素,都可以是 n 阶循环群的生成元。由元素的性质(2)可知,在$\{a,a^2,\cdots,a^n=1\}$的循环群 $\boldsymbol{G}(a)$ 中,对于任意元素 a^i,若 i 与 n 互素,其级都是 n;而在$\{1,2,\cdots,n\}$中,与 n 互素的数有 $\varphi(n)$ 个(称之为欧拉函数),所以在 $\boldsymbol{G}(a)$ 中有 $\varphi(n)$ 个生成元。如例 A-9 中,$\varphi(4)=2$,有两个生成元 2 和 3。

既然子群的阶一定是群的阶的因子,所以在循环群 $\boldsymbol{G}(a)$ 中,凡是元素的级是 n 因子的元素 a^i(也即 $d|n$,d 是 a^i 的级),都能生成 $\boldsymbol{G}(a)$ 中的一个子群 $\boldsymbol{H}(a^i)$。如在模 5 运算下,$\{1,2,3,4\}$循环群中,由 $2^2=4$ 生成的群$\{1,4\}$就是其中的一个真子群。

A.2 环

A.2.1 基本概念

定义 A.4 非空元素集合 $\boldsymbol{R}$ 中,若定义了乘和加两种运算,且满足以下条件:

(1) 对加法运算构成阿贝尔加群;

(2) 对乘法运算封闭，即对任何 a、$b\in \boldsymbol{R}$，恒有 $a\cdot b\in \boldsymbol{R}$；

(3) 乘法结合律成立，即对任何 a、b、$c\in \boldsymbol{R}$，恒有 $a\cdot(b\cdot c)=(a\cdot b)\cdot c$；

(4) 加法和乘法之间有分配律，即对任何 a、b、$c\in \boldsymbol{R}$，恒有

$$a\cdot(b+c)=a\cdot b+a\cdot c,\quad (b+c)\cdot a=b\cdot a+c\cdot a$$

则称 $\boldsymbol{R}$ 是一个环(Ring)。如果乘法运算还满足交换律，则称之为可换环。

例 A.10 所有整数集合 **Z**，在实数相加和相乘运算下，组成一个环，通常称之为整数环。它也是一个可换环。

例 A.11 设 $\mathbf{Z}[\mathrm{i}]=\{a+b\mathrm{i}:a,b\in\mathbf{Z},\mathrm{i}=\sqrt{-1}\}$，$\mathbf{Z}[\mathrm{i}]$对复数加法和复数乘法构成环，称为高斯整数环。

例 A.12 集合$\{0,1,2,\cdots,m-1\}$在模 m 运算下也构成一个可换环，称这种环为模 m 的剩余类环。

例 A.13 系数是整数的所有多项式集合$\{f_0+f_1x+\cdots f_ix^i+\cdots\}$全体，在整数相加和相乘运算下也构成环，且是可换环。

A.2.2 多项式剩余类环

和整数的欧几里得除法类似，任何两个系数是实数的多项式 $f(x)$和 $g(x)$，一定可表示成

$$f(x)=q(x)g(x)+r(x)\equiv r(x)\bmod g(x)$$

其中，$0\leqslant\deg r(x)<\deg g(x)$或 $r(x)=0$，$\deg g(x)$和 $\deg r(x)$分别表示 $g(x)$和 $r(x)$的次数。因此，任何多项式 $f(x)$用 n 次多项式 $g(x)$除后所得余式 $r(x)$，一定是次数小于 n 的多项式，它必在所有次数小于 n 的多项式集合 $\boldsymbol{R}(x)=\{\overline{0},\overline{1},\overline{1+x},\overline{x},\cdots,\overline{r_0+r_1x+\cdots+r_{n-1}x^{n-1}}\}$ 中。这里 $\overline{x}$ 表示余式为 x 的所有多项式集合，称为 $g(x)$的一个剩余类，其他符号的意义类似。把所有实系数多项式，按照用 $g(x)$除后所得余式进行分类，余式为 $r(x)$的归在 $\overline{r(x)}$ 类中，则每一多项式必在 $\boldsymbol{R}(x)$集合的某一类中。

例 A.14 系数只取 0、1 的多项式 x^2 与 x^4+x^3，在模 $g(x)=x^2+x+1$ 运算下，都有相同的余式 $x+1$，所以它们在同一剩余类 $\overline{x+1}$ 中。

一个剩余类代表在 $\bmod g(x)$运算下有相同余式的多项式集合。可以验证，在模 $g(x)$ 相加和相乘运算下，多项式剩余类集合 $\boldsymbol{R}(x)=\{\overline{0},\overline{1},\overline{1+x},\overline{x},\cdots,\overline{r_0+r_1x+\cdots+r_{n-1}x^{n-1}}\}$ 构成一个可换环，这类环称为模 n 次多项式 $g(x)$的多项式剩余类环，用 $\boldsymbol{F}(x)/g(x)$表示。由此可知，所有次数小于 n 的多项式，必在该多项式剩余类环中。

例 A.15 系数只取 0、1 的 4 次多项式 $f(x)=x^4+x^2$，用 x^3+x+1 除后，所得之余式是 x，它属于 $\boldsymbol{F}(x)/(x^3+x+1)=\{\overline{0},\overline{1},\overline{x},\overline{1+x},\overline{x^2},\overline{1+x^2},\overline{x+x^2},\overline{1+x+x^2}\}$集合中的 $\overline{x}$ 这一类中。显然，这 8 个多项式剩余类，在模(x^3+x+1)相加和相乘运算下，构成一个剩余类环。例如，$\overline{(1+x+x^2)x^2}=\overline{x^4+x^3+x^2}\equiv\overline{x^1}(\bmod x^3+x+1)$，它仍是 $\boldsymbol{F}(x)/(x^3+x+1)$集合中的一个剩余类。

A.2.3 子环与理想

定义 A.5 若环 $\boldsymbol{R}$ 中一部分元素的集合 $\boldsymbol{S}$，对于 $\boldsymbol{R}$ 中的两个代数运算也构成环，则称 $\boldsymbol{S}$ 是 $\boldsymbol{R}$ 的一个子环，$\boldsymbol{R}$ 为 $\boldsymbol{S}$ 的一个扩环。

例 A.16　全体整数集合 $\mathbf{Z}$ 组成一个可换环，而某一整数 m 的倍数的全体集合 $\mathbf{Z}(m)$，是 $\mathbf{Z}$ 的子集，它显然是 $\mathbf{Z}$ 的一个子环。例如 $m=3$，则 $\mathbf{Z}(3)$ 集合 $\{0,\pm3,\pm6,\pm9,\cdots\}$ 是 $\mathbf{Z}$ 的一个子环。

一个环 $\boldsymbol{R}$ 至少有两个子环：一个由 0 元素组成，另一个是环 $\boldsymbol{R}$ 本身，称这两个子环为 $\boldsymbol{R}$ 的假子环(平凡子环)，除此以外的子环称为 $\boldsymbol{R}$ 的真子环。

定义 A.6　设 $\boldsymbol{R}$ 是可换环，$\boldsymbol{I}$ 是 $\boldsymbol{R}$ 中的非空子集，且满足下列条件：

(1) 对任意两个元素 a、$b\in\boldsymbol{I}$，恒有 $a-b\in\boldsymbol{I}$；

(2) 对任意 $a\in\boldsymbol{I}$，$r\in\boldsymbol{R}$，恒有 $ar=ra\in\boldsymbol{I}$。这时，称 $\boldsymbol{I}$ 是 $\boldsymbol{R}$ 中的一个理想。

例 A.17　在整数环 $\mathbf{Z}$ 中取两个数 a 和 b，则由 a 和 b 的一切组合所成之集合 $\boldsymbol{S}=\{ar+bm\mid r,m\in\mathbf{Z}\}$ 是 $\mathbf{Z}$ 的一个理想。

如果子环 $\boldsymbol{I}$ 中的所有元素都由某一个元素 a 的倍数或线性组合生成，则称子环 $\boldsymbol{I}$ 是主理想，而 a 称为该主理想的生成元。

例 A.18　在系数只取 0、1 的多项式 x^3+1 为模的多项式剩余类环 $\boldsymbol{R}(x)=\{\overline{0},\overline{1},\overline{x},\overline{1+x},\overline{x^2},\overline{1+x^2},\overline{x+x^2},\overline{1+x+x^2}\}$ 中，$\{\overline{0},\overline{1+x},\overline{1+x^2},\overline{x+x^2}\}$ 子集在模 x^3+1 运算下构成一个主理想，它的生成元是 $\overline{1+x}$。

可以证明，多项式剩余类环中的所有理想都是主理想，也就是说，理想中的每个元素(多项式)都可以由一个多项式(生成元)的倍式组成，且生成元必是模多项式的因式，称生成元为主理想的生成多项式。

A.3　域

除上面所介绍的群和环外，还定义了两种代数运算的域，它们在纠错码理论中也起着重要作用。

定义 A.7　$\boldsymbol{F}$ 为非空元素集合，在其中定义了两种代数运算，且满足以下条件：

(1) $\boldsymbol{F}$ 关于加法构成阿贝尔加群，加法单位元记为 0；

(2) $\boldsymbol{F}$ 中全体非 0 元素对乘法构成阿贝尔乘群，乘法单位元是 1；

(3) 加法和乘法之间满足以下分配

$$a\cdot(b+c)=a\cdot b+a\cdot c,$$
$$(b+c)\cdot a=b\cdot a+c\cdot a,\quad a,b,c\in\boldsymbol{F}$$

这时，$\boldsymbol{F}$ 称为是一个域(Field)。

有理数全体、实数全体、复数全体对加法和乘法都分别构成域，分别称为有理数域、实数域和复数域；由于这 3 个域中元素的个数都是无限多个，称它们为无限域。若域中元素的个数为有限个，则称为有限域，也称伽罗华域。域中元素的个数 q 称为域的阶。q 阶有限域用 GF(q)表示。

例 A.19　0、1 两个元素在模 2 加和模 2 乘运算下，组成有两个元素 2 阶有限域 GF(2)。一般地，如果 p 为素数，则整数全体关于模 p 的剩余类集合 $\{\overline{0},\overline{1},\cdots,\overline{p-1}\}$ 在模 p 加和模 p 乘运算下，构成一个有 p 元素的 p 阶有限域 GF(p)。

若 m 次多项式 $f(x)=f_mx^m+f_{m-1}x^{m-1}+\cdots+f_1x+f_0$ 的系数 $f_i(i=1,2,\cdots,m)$ 仅取 GF(p)中的元素，则称 $f(x)$ 是 GF(p)上的多项式。如 $m(x)=x^3+x+1$，它的系数只

取0、1，所以$m(x)$是GF(2)上的多项式。若$f(x)$的最高次数的系数$f_m=1$，则为首一多项式。如果$f(x)$除常数和本身以外，不能再被GF(p)上的其他多项式除尽，则称$f(x)$是GF(p)上的既约多项式，或称$f(x)$是既约的。

设$p(x)$是GF(p)上的m次既约多项式，则所有次数小于m次的、系数取自GF(p)上的p^m个多项式全体为$\{0,1,p_0+p_1x,\cdots,p_0+p_1x+\cdots+p_{m-1}x^{m-1}\}$。在模$p(x)$相加和相乘运算下，它组成一个有$p^m$个元素的有限域GF($p^m$)。

例 A.20 $p(x)=x^3+x+1$是GF(2)上的既约多项式，则在模x^3+x+1运算下，8个剩余类元素集合$\{\overline{0},\overline{1},\overline{x},\overline{x^2},\overline{x+1},\overline{x^2+x},\overline{x^2+1},\overline{x^2+x+1}\}$组成一个8阶有限域GF($2^3$)。可以验证，其中7个非0元素，都可以由一个7级元素$a=\overline{x}$的幂生成。表A.1给出了a的幂次与各剩余类的关系。由表A.1看出，$a^7=a^6\cdot a=\overline{(1+x^2)}\cdot\overline{x}=\overline{x+x^3}\equiv\overline{1}$，$a=\overline{x}$是GF($2^3$)的生成元。

表 A.1 GF(2^3)中的元素与剩余类的关系

GF(2^3)的元素	剩　余　类	GF(2^3)的元素	剩　余　类
0	$\overline{0}$	a^3	$\overline{x+1}$
$a^0=1$	$\overline{1}$	a^4	$\overline{x^2+x}$
a	$\overline{x}$	a^5	$\overline{x^2+x+1}$
a^2	$\overline{x^2}$	a^6	$\overline{x^2+1}$

如果域$\boldsymbol{F}$中的部分元素集合$\boldsymbol{F}_1$也满足域的条件，则$\boldsymbol{F}_1$是$\boldsymbol{F}$的子域。可以证明，GF(q)域中的元素个数q必是素数p或素数的幂p^m。GF(p^m)是GF(p^n)子域的充要条件是$m|n$。

例 A.21 GF(2)是GF(2^m)和GF(2^{mn})的一个子域，而GF(2^m)是GF(2^{mn})的一个子域。

A.4 线性空间

A.4.1 基本定义

由初等代数可知，平面直角坐标系(x,y)中的有序数对(x_i,y_i)代表平面上的一个矢量，称为二维矢量。所有这些二维矢量全体，组成了一个二维的矢量空间或线性空间。同样，空间中所有三维矢量$\boldsymbol{b}_i=(x_i,y_i,z_i)$，$i=0,1,2,\cdots$的全体组成一个三维矢量空间，称为欧几里得空间。每个矢量$\boldsymbol{b}_i=(x_i,y_i,z_i)$中的元素$x_i,y_i,z_i$称为矢量的分量。可把这种二维、三维矢量空间的概念推广到更一般的情况。

定义 A.8 设分量取自域$\boldsymbol{F}$上的有序数组集合$\boldsymbol{\Psi}$：$\{\boldsymbol{v}_i=(v_{i1},v_{i2},\cdots,v_{in}),v_{ij}\in\boldsymbol{F}\}$，并满足以下条件。

(1) $\boldsymbol{\Psi}$中元素$\boldsymbol{v}_i$关于加法构成阿贝尔加群，其中

$$\boldsymbol{v}_i+\boldsymbol{v}_j=(v_{i1}+v_{j1},v_{i2}+v_{j2},\cdots,v_{in}+v_{jn})$$

(2) 对$\boldsymbol{\Psi}$中的任何元素$\boldsymbol{v}_i$和$\boldsymbol{F}$中的任何元素c，恒有$c\boldsymbol{v}_i=(cv_{i1},cv_{i2},\cdots,cv_{in})\in\boldsymbol{\Psi}$，称$c$为纯量(标量)，而$\boldsymbol{v}_i$为向量(矢量)。

(3) 分配律成立：对任何$\boldsymbol{v}_i, \boldsymbol{v}_j \in \boldsymbol{\Psi}$，$c, d \in \boldsymbol{F}$，恒有

$$c(\boldsymbol{v}_i + \boldsymbol{v}_j) = c\boldsymbol{v}_i + c\boldsymbol{v}_j$$

$$(c + d)\boldsymbol{v}_i = c\boldsymbol{v}_i + d\boldsymbol{v}_i$$

(4) 结合律成立：对任何$\boldsymbol{v}_i \in \boldsymbol{\Psi}$，$c, d \in \boldsymbol{F}$，有

$$(cd)\boldsymbol{v}_i = c(d\boldsymbol{v}_i)$$

这时，称$\boldsymbol{\Psi}$是$\boldsymbol{F}$上的一个矢量空间或线性空间。

在上述定义中，对线性空间进行了两方面的推广：一是维数不限于二维或三维，而可以是任意维；二是域不限于实数域，而可以是任何域。

例 A.22 实数域$\mathbf{R}$上的n重数组全体$\{(a_1, a_2, \cdots, a_n), a_i \in \mathbf{R}\}$构成一个线性空间。复数域$\boldsymbol{C}$上的$n$重数组全体$\{(b_1, b_2, \cdots, b_n), b_i \in \boldsymbol{C}\}$也构成一个线性空间。

例 A.23 GF(p)上的所有n重全体$\{(b_1, b_2, \cdots, b_n) \mid \forall b_i \in \mathrm{GF}(p)\}$构成GF($p$)上的一个线性空间。特别地，GF(2)上的$n$重数组全体$\{(a_1, a_2, \cdots, a_n) \mid \forall a_i \in \mathrm{GF}(2)\}$构成GF(2)上的一个线性空间，记为$\mathbf{V}_n$。

若线性空间$\boldsymbol{\Psi}$中的子集$\mathbf{V}$也满足线性空间的条件，则称$\mathbf{V}$是$\boldsymbol{\Psi}$的一个子空间。

例 A.24 GF(2)上的3重全体{000,001,010,011,100,101,110,111}，就是GF(2)上的由8个矢量构成的线性空间$\mathbf{V}_3$。在$\mathbf{V}_3$中，{000,001,010,011}4个元素组成了它的一个子空间。

A.4.2 基底与维数

域$\boldsymbol{F}$上线性空间$\boldsymbol{\Psi}$中的一组矢量$\boldsymbol{v}_1, \boldsymbol{v}_2, \cdots, \boldsymbol{v}_k$，若能写成

$$\boldsymbol{v} = a_1\boldsymbol{v}_1 + a_2\boldsymbol{v}_2 + \cdots + a_k\boldsymbol{v}_k, \quad a_i \in \boldsymbol{F}$$

则称矢量$\boldsymbol{v}$由矢量$\boldsymbol{v}_1, \boldsymbol{v}_2, \cdots, \boldsymbol{v}_k$线性组合而成。

定义 A.9 对于$\boldsymbol{F}$上线性空间$\boldsymbol{\Psi}$中的一组矢量$\boldsymbol{v}_1, \boldsymbol{v}_2, \cdots, \boldsymbol{v}_k$，如果存在一组不全为0的纯量$c_1, c_2, \cdots, c_k \in \boldsymbol{F}$，使

$$c_1\boldsymbol{v}_1 + c_2\boldsymbol{v}_2 + \cdots + c_k\boldsymbol{v}_k = \mathbf{0}$$

则称这组矢量线性相关，否则称为线性无关。式中$\mathbf{0} = (0, 0, \cdots, 0)$为全零矢量。

例 A.25 GF(2)上线性空间$\mathbf{V}_3$中的矢量

$$(011) = (010) + (001)$$

或

$$(011) + (010) + (001) = (000)$$

可知(011)、(010)和(001)这三个矢量是线性相关的。容易证明(001)、(010)和(100)这三个矢量是线性无关的。

如果线性空间(或子空间)中的所有矢量，都可以由其中的一组矢量$\{\boldsymbol{v}_1, \boldsymbol{v}_2, \cdots, \boldsymbol{v}_k\}$的线性组合得到，则称这组矢量张成(生成)了整个空间(或子空间)。如果这组矢量是线性无关的，则称这组矢量是线性空间(或子空间)的基底。基底中矢量的个数称为线性空间(或子空间)的维数。

例 A.26 GF(2)上线性空间$\mathbf{V}_3$中的8个元素，都可由(001)、(010)、(100)三个矢量线性组合生成，而(001)、(010)和(100)线性无关。因此，(001)、(010)、(100)这三个矢量是$\mathbf{V}_3$的一组基底，$\mathbf{V}_3$是GF(2)上的一个三维线性空间。

一般地,GF(2)上的 n 重全体组成一个 n 维线性空间 $\mathbf{V}_n$,它的一个基底是{(100…0),(010…0),…,(00…01)},称之为 n 维线性空间的自然基底。一个线性空间的基底可以不止一个,但基底中矢量的个数,也就是线性空间的维数是一定的。如例 A-26 的 $\mathbf{V}_3$,也可以由三个矢量(101)、(110)和(010)张成,所以这三个矢量也是 $\mathbf{V}_3$ 的一个基底。

两个矢量(或数组)$\boldsymbol{v}_1=(v_{11},v_{12},\cdots,v_{1n})$和$\boldsymbol{v}_2=(v_{21},v_{22},\cdots,v_{2n})$,若其点(内)积

$$\boldsymbol{v}_1\cdot\boldsymbol{v}_2=v_{11}\cdot v_{21}+v_{12}\cdot v_{22}+\cdots+v_{1n}\cdot v_{2n}=\sum_{i=1}^{n}v_{1i}\cdot v_{2i}=0$$

则称此两个矢量(或数组)互为正交。

如果 $\mathbf{V}^{(1)}$、$\mathbf{V}^{(2)}$ 是$\boldsymbol{\Psi}$ 中的两个子空间,且 $\mathbf{V}^{(1)}$ 中的每个矢量都与 $\mathbf{V}^{(2)}$ 中的每个矢量正交,即

$$\boldsymbol{v}_i^{(1)}\cdot\boldsymbol{v}_j^{(2)}=0,\quad \boldsymbol{v}_i^{(1)}\in\mathbf{V}^{(1)},\quad \boldsymbol{v}_j^{(2)}\in\mathbf{V}^{(2)},\quad i,j=0,1,2,\cdots$$

则称 $\mathbf{V}^{(1)}$ 与 $\mathbf{V}^{(2)}$ 互为零空间(解空间)或正交。命题 A-1 说明了两个正交子空间的维数之间的关系。

命题 A-1 对于一个 n 维线性空间$\boldsymbol{\Psi}$ 中两个正交的子空间 $\mathbf{V}^{(1)}$、$\mathbf{V}^{(2)}$ 而言,若 $\mathbf{V}^{(1)}$ 是 k 维子空间,则 $\mathbf{V}^{(2)}$ 必是 $n-k$ 维子空间。

该结论在信道编码理论中起着重要作用。

例 A.27 GF(2)上 $\mathbf{V}_3$ 的子集{(000),(001),(010),(011)}是由{(010),(001)}两个矢量生成的空间,它是 $\mathbf{V}_3$ 中的一个二维子空间,记为 $\mathbf{V}_{32}$。而{(000),(100)}集合中的每个矢量(或元素)都与 $\mathbf{V}_{32}$ 中的每个矢量正交,如

$$(100)\cdot(010)=(1\cdot0+0\cdot1+0\cdot0)=0$$
$$(100)\cdot(001)=0$$

所以{(000),(100)}不仅是 $\mathbf{V}_3$ 中的一个一维子空间 $\mathbf{V}_{31}$,而且是一个与 $\mathbf{V}_{32}$ 正交的子空间,即 $\mathbf{V}_{32}$ 与 $\mathbf{V}_{31}$ 互为零空间。

A.5 矩阵

定义 A.10 $m\times n$ 个元素 a_{ij} 排成 m 行 n 列的方阵叫作 $m\times n$ 阶矩阵:

$$\mathbf{A}=\begin{bmatrix}a_{11} & a_{12} & \cdots & a_{1n}\\ a_{21} & a_{22} & \cdots & a_{2n}\\ \vdots & \vdots & & \vdots\\ a_{m1} & a_{m2} & \cdots & a_{mn}\end{bmatrix}=[a_{ij}]$$

式中,a_{ij} 是矩阵的第 i 行第 j 列元素,$i=1,2,\cdots,m$,$j=1,2,\cdots,n$。在编码理论中,a_{ij} 一般是域中的元素,称矩阵为域上的矩阵。若 $m=n$,则 $\mathbf{A}$ 叫作 n 阶方阵。

定义 A.11 将矩阵 $\mathbf{A}$ 的行与列交换,便得到 $\mathbf{A}$ 的转置矩阵,记为 $\mathbf{A}'$或 $\mathbf{A}^{\mathrm{T}}$:

$$\mathbf{A}^{\mathrm{T}}=\begin{bmatrix}a_{11} & a_{21} & \cdots & a_{m1}\\ a_{12} & a_{22} & \cdots & a_{m2}\\ \vdots & \vdots & & \vdots\\ a_{1n} & a_{2n} & \cdots & a_{mn}\end{bmatrix}=[a_{ji}]$$

定义 A.12 若 n 阶方阵中主对角线上元素均为 1,而其他元素均为 0,则称之为单位矩阵 $\boldsymbol{I}_n$:

$$I_n=\begin{bmatrix}1 & 0 & 0 & \cdots & 0\\ 0 & 1 & 0 & \cdots & 0\\ 0 & 0 & 1 & \cdots & 0\\ \vdots & \vdots & \vdots & & \vdots\\ 0 & 0 & 0 & \cdots & 1\end{bmatrix}$$

矩阵之间可以进行加法和乘法运算。只有两个矩阵的行数和列数分别相当时才能相加。如有两个矩阵

$$\boldsymbol{A}=\begin{bmatrix}a_{11} & a_{12} & \cdots & a_{1n}\\ a_{21} & a_{22} & \cdots & a_{2n}\\ \vdots & \vdots & & \vdots\\ a_{m1} & a_{m2} & \cdots & a_{mn}\end{bmatrix}$$

和

$$\boldsymbol{B}=\begin{bmatrix}b_{11} & b_{12} & \cdots & b_{1n}\\ b_{21} & b_{22} & \cdots & b_{2n}\\ \vdots & \vdots & & \vdots\\ b_{m1} & b_{m2} & \cdots & b_{mn}\end{bmatrix}$$

它们对应位置的元相加则得到 $\boldsymbol{A}$ 与 $\boldsymbol{B}$ 之和：

$$\boldsymbol{C}=\boldsymbol{A}+\boldsymbol{B}=\begin{bmatrix}a_{11}+b_{11} & a_{12}+b_{12} & \cdots & a_{1n}+b_{1n}\\ a_{21}+b_{21} & a_{22}+b_{22} & \cdots & a_{2n}+b_{2n}\\ \vdots & \vdots & & \vdots\\ a_{m1}+b_{m1} & a_{m2}+b_{m2} & \cdots & a_{mn}+b_{mn}\end{bmatrix}$$

作矩阵乘法时应注意：矩阵 $\boldsymbol{A}$ 的列数和矩阵 $\boldsymbol{B}$ 的行数相同才能相乘，且矩阵乘法不满足交换率。一个 $m\times n$ 阶矩阵和一个 $n\times s$ 阶矩阵相乘，则矩阵之积是一个 $m\times s$ 阶矩阵。如

$$\boldsymbol{A}=\begin{bmatrix}a_{11} & a_{12} & \cdots & a_{1n}\\ a_{21} & a_{22} & \cdots & a_{2n}\\ \vdots & \vdots & & \vdots\\ a_{m1} & a_{m2} & \cdots & a_{mn}\end{bmatrix}=[a_{ij}]$$

和

$$\boldsymbol{B}=\begin{bmatrix}b_{11} & b_{12} & \cdots & b_{1s}\\ b_{21} & b_{22} & \cdots & b_{2s}\\ \vdots & \vdots & & \vdots\\ b_{n1} & b_{n2} & \cdots & b_{ns}\end{bmatrix}=[b_{ij}]$$

则

$$\boldsymbol{C}=\boldsymbol{AB}=\begin{bmatrix}c_{11} & c_{12} & \cdots & c_{1s}\\ c_{21} & c_{22} & \cdots & c_{2s}\\ \vdots & & & \vdots\\ c_{m1} & c_{m2} & \cdots & c_{ms}\end{bmatrix}=[c_{ij}]$$

式中，$c_{ij}=a_{i1}b_{1j}+a_{i2}b_{2j}+\cdots+a_{in}b_{nj}$ 是 $\boldsymbol{A}$ 的第 i 行与 $\boldsymbol{B}$ 的第 j 列的内积。

例 A.28 实数域上两矩阵

$$\boldsymbol{A}=\begin{bmatrix}1 & 0 & 3\\ 2 & -1 & 0\end{bmatrix},\quad \boldsymbol{B}=\begin{bmatrix}3 & -1\\ -2 & 4\\ 0 & 1\end{bmatrix}$$

则 $\boldsymbol{A}$ 与 $\boldsymbol{B}$ 之积为

$$\boldsymbol{C}=\boldsymbol{AB}=\begin{bmatrix}1 & 0 & 3\\ 2 & -1 & 0\end{bmatrix}\begin{bmatrix}3 & -1\\ -2 & 4\\ 0 & 1\end{bmatrix}=\begin{bmatrix}3 & 2\\ 8 & 6\end{bmatrix}$$

$\boldsymbol{B}$ 与 $\boldsymbol{A}$ 之积为

$$\boldsymbol{D}=\boldsymbol{BA}=\begin{bmatrix}3 & -1\\ -2 & 4\\ 0 & 1\end{bmatrix}\begin{bmatrix}1 & 0 & 3\\ 2 & -1 & 0\end{bmatrix}=\begin{bmatrix}1 & 1 & 9\\ 6 & -4 & -6\\ 2 & -1 & 0\end{bmatrix}$$

显然，$\boldsymbol{AB}\neq\boldsymbol{BA}$。

矩阵分块在矩阵运算中很有好处。如果将矩阵的每一行或每一列看成一个 n 或 m 维数组，即看成行向量或列向量，则一个 $m\times n$ 阶矩阵可表示为行向量矩阵

$$\begin{bmatrix}a_{11} & a_{12} & \cdots & a_{1n}\\ a_{21} & a_{22} & \cdots & a_{2n}\\ \vdots & \vdots & & \vdots\\ a_{m1} & a_{m2} & \cdots & a_{mn}\end{bmatrix}=\begin{bmatrix}\boldsymbol{a}_1\\ \boldsymbol{a}_2\\ \vdots\\ \boldsymbol{a}_m\end{bmatrix}$$

式中

$$\boldsymbol{a}_i=[a_{i1}\quad a_{i2}\quad \cdots\quad a_{in}]$$

或表示为列向量矩阵

$$\begin{bmatrix}a_{11} & a_{12} & \cdots & a_{1n}\\ a_{21} & a_{22} & \cdots & a_{2n}\\ \vdots & \vdots & & \vdots\\ a_{m1} & a_{m2} & \cdots & a_{mn}\end{bmatrix}=[\boldsymbol{a}_1\quad \boldsymbol{a}_2\quad \cdots\quad \boldsymbol{a}_n]$$

式中

$$\boldsymbol{a}_i=\begin{bmatrix}a_{1i}\\ a_{2i}\\ \vdots\\ a_{mi}\end{bmatrix}$$

这是分块矩阵的一种表示方法。因此，两个矩阵相乘也可以表示成

$$\boldsymbol{AB}=[a_{ij}][b_{jk}]=\begin{bmatrix}\boldsymbol{a}_1\\ \boldsymbol{a}_2\\ \vdots\\ \boldsymbol{a}_m\end{bmatrix}[\boldsymbol{b}_1\quad \boldsymbol{b}_2\quad \cdots\quad \boldsymbol{b}_k]$$

显然，只有矩阵 $\boldsymbol{A}$ 中行向量维数等于矩阵 $\boldsymbol{B}$ 中列向量维数时，$\boldsymbol{A}$ 与 $\boldsymbol{B}$ 相乘才有意义。

矩阵不仅可以按列或按行进行分块，也可按需要按几行几列分块。如将下述矩阵按

$$\left[\begin{array}{ccc:cc} a_{11} & a_{12} & a_{13} & a_{14} & a_{15} \\ a_{21} & a_{22} & a_{23} & a_{24} & a_{25} \\ \hdashline a_{31} & a_{32} & a_{33} & a_{34} & a_{35} \\ a_{41} & a_{42} & a_{43} & a_{44} & a_{45} \end{array}\right] = \left[\begin{array}{c:c} \boldsymbol{A}_{11} & \boldsymbol{A}_{12} \\ \hdashline \boldsymbol{A}_{21} & \boldsymbol{A}_{22} \end{array}\right]$$

矩阵中虚线分隔成四块。

矩阵分块时，两个矩阵 $\boldsymbol{A}$ 和 $\boldsymbol{B}$ 的相乘可将小矩阵看成矩阵的元素。

$$\left[\begin{array}{c:c} \boldsymbol{A}_{11} & \boldsymbol{A}_{12} \\ \hdashline \boldsymbol{A}_{21} & \boldsymbol{A}_{22} \end{array}\right] \left[\begin{array}{c:c} \boldsymbol{B}_{11} & \boldsymbol{B}_{12} \\ \hdashline \boldsymbol{B}_{21} & \boldsymbol{B}_{22} \end{array}\right] = \begin{bmatrix} \boldsymbol{A}_{11}\boldsymbol{B}_{11} + \boldsymbol{A}_{12}\boldsymbol{B}_{21} & \boldsymbol{A}_{11}\boldsymbol{B}_{12} + \boldsymbol{A}_{12}\boldsymbol{B}_{22} \\ \boldsymbol{A}_{21}\boldsymbol{B}_{11} + \boldsymbol{A}_{22}\boldsymbol{B}_{21} & \boldsymbol{A}_{21}\boldsymbol{B}_{12} + \boldsymbol{A}_{22}\boldsymbol{B}_{22} \end{bmatrix}$$

据矩阵乘法规则，只有 $\boldsymbol{A}$ 的列数等于 $\boldsymbol{B}$ 的行数时，这两分块矩阵才能相乘。

定义 A.13　$m \times n$ 阶矩阵 $\boldsymbol{A}$ 的行(列)空间以 $\boldsymbol{A}$ 的行(列)作为向量所张成的空间，它是 $n(m)$ 维向量空间中的一个子空间。行(列)空间的维数叫作行(列)秩，它等于行(列)空间中的线性无关的最大行(列)数。

例 A.29　GF(2)上的矩阵

$$\boldsymbol{A} = \begin{bmatrix} 1 & 0 & 0 & 0 & 1 \\ 0 & 1 & 0 & 1 & 0 \\ 1 & 0 & 1 & 0 & 1 \end{bmatrix}$$

由行向量(10001)、(01010)、(10101)所张成的行空间共有 8 个向量：(10001)、(01010)、(10101)、(11011)、(00100)、(11111)、(01110)和(00000)。显然，这三个行向量是该空间的一组基底，是五维空间中的一个三维空间，故行秩为 3。

由行向量(101)、(010)、(001)、(010)、(101)张成的列空间有 8 个向量：(101)、(010)、(001)、(111)、(100)、(011)、(110)及(000)。其中(101)、(010)、(001)是一组基底，故列秩为 3，因此矩阵的秩为 3。

矩阵的秩定义为矩阵中行列式不等于零的子式的最大阶数，也可以定义为行(列)秩。

定义 A.14　对矩阵实行下列三种运算叫作初等变换：

(1) 将矩阵的任意两行(列)互换；

(2) 用任意不为 0 的数乘矩阵的行(列)；

(3) 将矩阵某一行(列)的 K 倍加至另一行(列)。

可以证明：对矩阵实行初等变换后，矩阵的秩不变。如果一个矩阵可以由另一矩阵逐次实行初等变换得到，则此二矩阵有相同的行空间，并称这二矩阵为等价矩阵。

通过初等变换可将矩阵化成梯形标准(典型)阵。任一矩阵的梯形标准阵是唯一的，其非 0 行均线性无关，所以梯形标准阵中非 0 行的数目就是行空间的维数，也就是矩阵的秩。

定义 A.15　如下形式的矩阵是梯形标准阵：

(1) 非 0 行自左算起，第一个非 0 元素为 1；

(2) 下一行的首项非 0 元素，在上一行首项非 0 元素的右边；

(3) 所有的 0 行均在非 0 行的下边。

例 A.30 下面的两个矩阵均满足定义 A-15 要求，故都是梯形标准阵。

$$\begin{bmatrix}1&0&0&0&0\\0&1&2&0&0\\0&0&0&1&0\end{bmatrix}$$

$$\begin{bmatrix}0&1&0&0&1&0\\0&0&0&1&0&0\\0&0&0&0&0&0\end{bmatrix}$$

例 A.31 求 GF(2)上的矩阵的秩：

$$\begin{bmatrix}0&1&0&1&1\\1&0&0&1&1\\0&1&0&0&0\\0&0&0&1&1\end{bmatrix}$$

将上述矩阵进行初等变换化成梯形典型阵：

$$\begin{bmatrix}0&1&0&1&1\\1&0&0&1&1\\0&1&0&0&0\\0&0&0&1&1\end{bmatrix}\xrightarrow[\text{互换}]{\text{1行与2行}}\begin{bmatrix}1&0&0&1&1\\0&1&0&1&1\\0&1&0&0&0\\0&0&0&1&1\end{bmatrix}\xrightarrow[\text{作为3行}]{\text{2行加3行}}\begin{bmatrix}1&0&0&1&1\\0&1&0&1&1\\0&0&0&1&1\\0&0&0&1&1\end{bmatrix}$$

$$\xrightarrow[\text{作为4行}]{\text{3行加4行}}\begin{bmatrix}1&0&0&1&1\\0&1&0&1&1\\0&0&0&1&1\\0&0&0&0&0\end{bmatrix}$$

可见，它只有三行线性无关，故矩阵的秩为 3。

定义 A.16 n 阶方阵的各行若线性无关，则称该方阵为非奇异矩阵或满秩矩阵，否则称为奇异矩阵或非满秩矩阵。

显然，n 阶单位矩阵 $\boldsymbol{I}_n$ 是非奇异矩阵，任意 n 阶方阵与单位矩阵 $\boldsymbol{I}_n$ 相乘后保持不变。故单位矩阵 $\boldsymbol{I}_n$ 相当于乘法运算中的恒等元（单位元）。单位矩阵也可简记为 $\boldsymbol{I}$。

定义 A.17 对任意方阵 $\boldsymbol{A}$，若有 $\boldsymbol{A}\boldsymbol{A}^{-1}=\boldsymbol{I}$ 则称 $\boldsymbol{A}^{-1}$ 为 $\boldsymbol{A}$ 的左逆阵，若有则 $\boldsymbol{A}^{-1}\boldsymbol{A}=\boldsymbol{I}$ 称 $\boldsymbol{A}^{-1}$ 为 $\boldsymbol{A}$ 的右逆阵。

命题 A.2 每个非奇异方阵都有一个左逆阵和一个右逆阵。

命题 A.3 如果 $\boldsymbol{A}$ 是 $m\times n$ 阶矩阵，$\boldsymbol{S}$ 是 $m\times m$ 阶非奇异方阵，则 $\boldsymbol{SA}$ 与 $\boldsymbol{A}$ 有相同的行空间。

本附录简要介绍了信道编码所必需的一些基本代数知识：群、环、域、向量空间和矩阵的概念及相关结论。其他更详细的代数知识请参阅有关的数学书籍。

图书资源支持

感谢您一直以来对清华大学出版社图书的支持和爱护。为了配合本书的使用，本书提供配套的资源，有需求的读者请扫描下方的“书圈”微信公众号二维码，在图书专区下载，也可以拨打电话或发送电子邮件咨询。

如果您在使用本书的过程中遇到了什么问题，或者有相关图书出版计划，也请您发邮件告诉我们，以便我们更好地为您服务。

我们的联系方式：

地　　址：北京市海淀区双清路学研大厦 A 座 714

邮　　编：100084

电　　话：010-83470236　010-83470237

资源下载：http://www.tup.com.cn

客服邮箱：tupjsj@vip.163.com

QQ：2301891038（请写明您的单位和姓名）

教学资源 · 教学样书 · 新书信息

人工智能科学与技术

人工智能|电子通信|自动控制

资料下载 · 样书申请

书圈

用微信扫一扫右边的二维码，即可关注清华大学出版社公众号。